煤炭技工学校“十二五”规划教材

采煤机械

中国煤炭教育协会职业教育教材编审委员会　编

煤炭工业出版社

·北　京·

内 容 提 要

本书是根据煤炭技工院校“十二五”普通采煤专业教学计划和采煤机械课程教学大纲编写的，共3篇10章。其中：第一篇采煤机包括采煤机概论、液压牵引采煤机和电牵引滚筒式采煤机三章；第二篇工作面运输机械包括刮板输送机、带式输送机、桥式转载机和破碎机、小型绞车四章；第三篇高档普采工作面支护设备包括单体液压支柱，单体液压支柱的使用、维修与故障处理，乳化液泵站三章。每章都编有教学目标、教学重点难点和复习思考题。

为满足不同地区的教学需要，本书在编写过程中，根据每章的教学目标要求，在系统阐述一般机械共性知识的基础上，重点介绍了典型机械，并最大限度地反映现代高档普采机械化采煤设备的一些新成果和新应用。本书以实用、必需、够用为原则，注重理论知识和实践知识的统一、内容先进性与实用性的统一，力求做到结构合理、层次清晰、语言通顺。

本书是煤炭中职和技工院校采煤及相关专业的教材，也适合用于煤矿职工的培训和自学。

前　　言

“十二五”期间，煤炭职业教育必须坚持认真贯彻党的教育方针，全面实施素质教育；坚持以服务为宗旨、以就业为导向、以提高质量为重点，立足煤炭、面向社会办学，增强职业教育服务煤炭工业发展和社会主义现代化建设的能力；深化人才培养模式改革，完善教学内容，创新教学方法，突出职业技能培养，全面提升学生的综合素质和职业能力。为此，中国煤炭教育协会组织煤炭行业职业教育专家编制了《煤炭技工学校专业目录》并在人力资源和社会保障部备案，同时完成了《煤炭职业教育“十二五”教材建设规划》编制工作，提出了教材建设工作继续坚持“改革创新、突出特色、提高质量、适应发展”的指导思想，新的教学方法研究和教材开发工作进展顺利，一套“结构科学、特色突出、专业配套、质量优良”的煤炭技工学校“十二五”规划教材正在陆续出版发行，将为煤炭职业教育的创新发展提供有力的技术支撑。

这套教材主要适用于煤炭技工学校教学、工人在职培训和就业前培训，也适合具有初中文化程度的工人自学和工程技术人员参考。

《采煤机械》是这套教材中的一种，是根据中国煤炭教育协会发布并经人力资源和社会保障部认可的全国煤炭技工学校统一教学计划、教学大纲的规定编写的，经中国煤炭教育协会职业教育教材编审委员会审定，并认定为合格教材，是全国煤炭技工学校教学、工人在职培训和就业前培训必备的统一教材。

本书由辽北技师学院黄艳杰任主编，佟晶洁、梁光辉任副主编，袁亚娜、王伟佳、王大志参编。在本书的编写过程中，得到了有关煤炭技工学校的广大教师和铁法能源公司等煤矿企业有关工程技术人员的大力支持和帮助，在此一并表示感谢。

中国煤炭教育协会职业教育
教材编审委员会
2014 年 5 月

目　次

绪　论

采煤机械化是指采煤的五个工序（破煤、装煤、运煤、支护和控制顶板）都用机械来完成的。

根据我国的实际情况，机械化采煤分为三类：普通机械化采煤、高档普通机械化采煤和综合机械化采煤。

普通机械化采煤：简称普采，采煤工作面装有采煤机、可弯曲刮板输送机、摩擦式金属支柱和金属顶梁，可完成前三个工序的机械化。采煤效率较低，一般工作面年产量15万～20万t。

高档普通机械化采煤：简称高档普采，采煤工作面装有采煤机、可弯曲刮板输送机、液压支柱和金属顶梁，可完成前三个工序的机械化。由于有液压支柱，因此顶板维护状况良好，支护和控制顶板虽为手工操作，但劳动强度大为减轻，采煤效率较高，年产量20万～30万t。

综合机械化采煤：简称综采，可完成破煤、装煤、运煤、支护、控制顶板五个工序的机械化，不需要人工。具体的工艺过程是：采煤机破煤，刮板输送机运煤，液压支架支护顶板。液压支架和刮板输送机互为支点向前推进。当前综采设备和工艺不断改进，能力不断增大，操作日益简化，应用范围也进一步扩大。

高档普采工作面成套设备主要有滚筒采煤机、单体液压支柱、工作面刮板输送机、转载机、带式输送机、乳化液泵站、喷雾泵站、绞车和配电设备等。

当前，我国在因地制宜推广综采的同时，也在不断发展高档普采。基于我国煤炭的赋存状况，高档普采在我国仍具有广阔的发展前景。普通机械化采煤，配套装备性能差，采煤机功率小，滚筒调高有限，不能截割较硬煤层；输送机功率小，运输能力低、不耐磨、寿命短；摩擦支柱初撑力小，受压后下缩量大，支柱回收率低等都严重地阻碍了工作面单产和工效的进一步提高，已经不适应当前煤炭工业发展的需要。综采对煤炭的储量和煤层的赋存条件要求苛刻，资金投入多，技术要求高，煤炭采出率相对低，资源浪费较严重。从设备开采能力、初期投资及技术能力等方面综合比较，高档普采具有投资少、见效快、适应性强、技术容易掌握等优点，是提高煤炭采出率的重要举措。因此在地方国有煤矿、乡镇煤矿大力推广使用高档普采具有十分重要的现实意义。

高档普采机械分为采煤机、工作面运输机械和支护设备三大部分。

第一篇　采　　煤　　机

第一章　采 煤 机 概 述

【教学目标】

1. 掌握滚筒式采煤机的组成与分类。
2. 熟悉滚筒式采煤机工作原理与参数。
3. 掌握高档普采工作面配套设备。
4. 了解高档普采采煤工艺过程。
5. 掌握滚筒式采煤机组成部分的结构及特点。

【教学重点】

1. 滚筒式采煤机的组成、工作原理。
2. 高档普采工作面配套设备及作用。
3. 滚筒式采煤机组成部分的结构及特点。

【教学难点】

滚筒式采煤机组成部分的结构及特点。

第一节　滚筒式采煤机简述

高档普采工作面有破煤、装煤、运煤、支护、控制顶板五大工序。采煤机负责完成破煤和装煤两大工序，是高档普采工作面的核心生产设备。

一、滚筒式采煤机的分类

目前，国内外滚筒式采煤机的种类很多，分类方式也各不相同。常用采煤机的分类方式、特点及适用范围见表1-1。

表1-1　采煤机的分类方式、特点及适用范围

分类方式	采煤机类型	特点及适用范围
按滚筒数目	单滚筒采煤机	机身较短，重量较轻，自开切口性能较差，适宜在煤层起伏变化不大的条件下工作
	双滚筒采煤机	调高范围大，生产效率高，可在各种煤层地质条件下工作
按调高方式	固定滚筒式采煤机	靠机身上的液压缸调高，调高范围小
	摇臂调高式采煤机	调高范围较大，挖底量大，装煤效果好
	机身摇臂调高式采煤机	机身短窄，稳定性好，但自开切口性能差，挖底量较小，适应煤层起伏变化小、顶板条件差等特殊地质条件
按牵引工作机构	液压牵引采煤机	控制、操作简单，可靠，功能齐全，适用范围广
	电牵引采煤机	控制、操作简单，传动效率高，适用各种地质条件

表1-1（续）

分类方式	采煤机类型	特点及适用范围
按牵引工作机构	钢丝绳牵引采煤机	牵引力较小，一般适用于中小型矿井的普采工作面
	锚链牵引采煤机	中等牵引力，安全性较差，适用于中厚煤层工作面
	无链牵引采煤机	工作平稳、安全，结构简单，适用于倾斜煤层开采

二、滚筒式采煤机的组成

滚筒式采煤机是以装有绕水平轴线旋转的截割滚筒为截割工作机构的采煤机械。

（一）工作原理

滚筒式采煤机工作时，滚筒随机体沿煤壁移动，截割刀具在机器牵引力作用下切入煤体，利用滚筒旋转产生的转矩将煤从煤体上破落下来，同时，利用滚筒上的螺旋叶片将破碎下来的煤装入刮板输送机。

（二）基本结构

滚筒式采煤机主要由电动部、截割部、牵引部以及辅助装置组成。如图1-1所示为双滚筒采煤机。

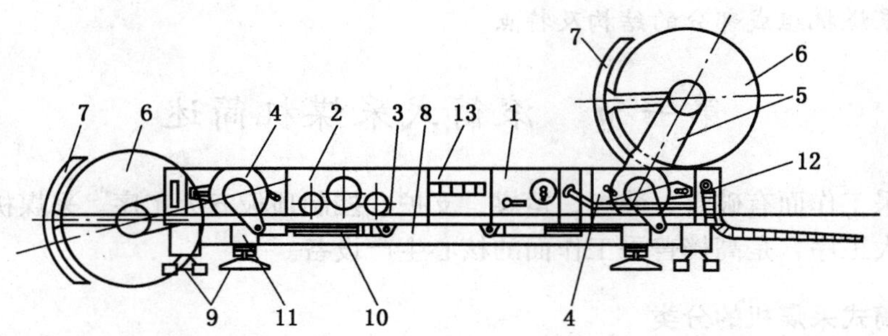

1—电动机；2—牵引部；3—牵引链；4—机头减速箱；5—摇臂；6—滚筒；7—弧形挡煤板；8—底托架；9—滑靴；10—摇臂调高油缸；11—机身调斜油缸；12—拖缆装置；13—电气控制箱

图1-1 双滚筒采煤机

1. 电动部

电动部包括电动机与电气控制装置，是采煤机的动力源，为截割部、牵引部和部分辅助装置提供动力。电动机必须防爆，一般都采用定子水冷电动机，也有定子和转子双水冷电动机。

2. 截割部

截割部由截割滚筒及其机械传动装置组成，是滚筒式采煤机完成破煤和装煤工序的重要部件。

滚筒式采煤机的截割滚筒都采用螺旋滚筒，兼有破煤和装煤两种功能。滚筒外围的齿座上装有截齿，当滚筒转动时截齿把煤从煤体上破落下来，同时螺旋叶片把煤块装入刮板输送机。滚筒安装在机械传动装置的输出轴上。

机械传动装置用来将电动机的动力和转速传递给滚筒，以满足滚筒所需转矩、转速和转向的要求。机械传动装置有双减速箱和单减速箱两类。

（1）双减速箱机械传动装置。双减速箱机械传动装置用于主电动机纵向布置于机身的采煤机。机械传动装置包括固定减速箱和摆动减速箱（摇臂）两部分。固定减速箱安装在滚筒式采煤机的底托架上，是高速级齿轮传动装置，壳体为箱形结构，直接与主电动机对接。固定减速箱内可布置一至三级齿轮传动，其中必须有一级锥齿轮传动，以便把平行于煤壁的传动轴转变为垂直于煤壁的输出轴。摆动减速箱既是低速级齿轮传动装置，又是实现调整截割高度的构件，故通称摇臂。摇臂的输出轴上安装滚筒，输入端支承在固定减速箱的输出轴孔内并绕其摆动。摇臂按外形有直摇臂和弯摇臂两种。弯摇臂可以增加滚筒装煤时的排煤空间，提高装煤效果，但加工较困难。摇臂内一般有两级传动，前级为摇臂本体内的正齿轮传动；后级为悬置于摇臂端部煤壁侧的行星齿轮传动，位于滚筒的轮毂内并带动滚筒转动。

（2）单减速箱机械传动装置。单减速箱机械传动装置也有两种结构形式：一种是机械传动装置和电动机等部件相互紧固连接，共同组成摇臂；另一种是机械传动装置完全置于摇臂内部，截割电动机垂直布置在摇臂根部，成为截割部的组成部分。

截割部机械传动装置通常备有几对不同传动比的变速齿轮，使用时可根据滚筒直径和工作条件等因素选用。除了锥齿轮和行星齿轮传动以外，其余各级齿轮都可作变速齿轮。

3. 牵引部

牵引部用来移动机体，使滚筒切入煤体，调节机器的牵引速度和变换机器的牵引方向。牵引部主要由牵引传动装置和牵引机构两大部分组成。

1）牵引传动装置

采煤机的牵引传动装置的功用是将采煤机电动机的能量（转速和转矩）传递到主动链轮或驱动轮上并实现调速和换向，以使采煤机适应在不同的地质条件下工作。牵引部传动装置按传动类型可分为机械牵引、液压牵引和电牵引三类。

（1）机械牵引。机械牵引的采煤机是我国使用较早的一种牵引形式的采煤机。

机械牵引采煤机具有结构紧凑、简单，传动比稳定，运行可靠，便于制造和维修等特点，但不能实现无级调速，尤其在需调速范围广时使传动系统较复杂，所以对煤层条件的变化适应性差，目前已淘汰。

（2）液压牵引。液压牵引采煤机是继机械牵引采煤机之后迅速发展起来的一种采煤机。

液压牵引采煤机具有体积小、重量轻、惯性小、转矩大、运行平稳、易于实现过载保护、能自行润滑、能无级调速、调速范围广、易于实现自动调速等优点；缺点是其液压系统的使用要求高，系统复杂，故障的分析处理难度大，尤其对油液的清洁度要求甚高。这种采煤机能适应各种地质条件。

（3）电牵引。电牵引采煤机充分消除了机械牵引和液压牵引方式的采煤机所存在的结构复杂、体积大、操作和维护困难等缺陷。电牵引采煤机是采煤机发展的主体方向。

电牵引采煤机是由专用牵引电动机经传动装置带动驱动轮，利用电气调速装置来改变电动机的旋转方向和旋转速度，以实现牵引方向的变换和牵引速度的调节。

电牵引采煤机按电气调速传动的类型可分为直流电牵引和交流电牵引两种。直流电牵引采用直流调速传动，交流电牵引采用交流调速传动。

2）牵引机构

采煤机牵引机构是牵引动力的输出装置，牵引采煤机沿工作面上下运行。

牵引机构分为有链牵引机构、钢绳牵引机构和无链牵引机构。因为钢绳牵引机构、有链牵引机构具有弹性伸长和弹性蠕动、故障率高、易发生伤人事故、传递的牵引力较小及采煤机适应较大倾角的能力差等缺点，所以已逐渐被无链牵引机构所取代。

（1）有链牵引机构。有链牵引采煤机沿刮板输送机的移动是由固定在输送机两端的圆环链链环与链轮的啮合来实现的。

（2）无链牵引机构。无链牵引机构取消了牵引链，而依靠采煤机上的驱动轮与固定在刮板输送机中部槽上的齿轨相啮合的方式实现采煤机的牵引。

4. 辅助装置

采煤机除有电动部、牵引部和截割部以外，还要有辅助装置的配合才能正常工作。采煤机的辅助装置主要包括底托架、降尘装置、拖缆装置、破碎装置、挡煤板、张紧装置、防滑装置和辅助液压装置等。不同型号的采煤机具有不同的辅助装置，并可根据不同的使用条件和要求有所取舍。

1）底托架

底托架是采煤机的基座，是滚筒式采煤机机身与刮板输送机相连接的组件。底托架由托架、导向滑靴、支撑滑靴等组成。电动机、截割部和牵引部组装成整体固定在底托架上，通过其下部的4个滑靴（分别安装在前后左右）骑在刮板输送机上，并沿输送机滑行。靠采空区侧的两个滑靴称为导向滑靴，套装在刮板输送机中部槽的导轨或无链牵引的行走轨上，防止采煤机运行时掉道。靠煤壁侧的两个滑靴称为支撑滑靴，有滑动式和滚轮式两种，用以支撑采煤机，也起导向作用。底托架与刮板输送机中部槽之间留有足够的空间，便于煤流从中顺利通过。

2）喷雾降尘系统

喷雾降尘系统的主要作用是以高压水雾来降低采煤机在截割煤层和装煤过程中产生的大量煤尘，保护工人的健康。喷雾降尘方式分为外喷雾和内喷雾两大类。

（1）外喷雾。外喷雾是喷嘴设置在滚筒以外部位的喷雾方式，以降落或捕集已飞扬起来的含尘空气中的煤尘。一般把喷嘴布置在机身两端和摇臂上，使喷出的水雾覆盖住滚筒出煤口和煤尘扬起的部位。

（2）内喷雾。内喷雾是喷嘴设置在滚筒上的喷雾方式，将水直接喷射于截割区和截齿上，使煤尘灭除在刚刚生成尚未飞扬起来之前，降尘效率较高。内喷雾除有抑制煤尘的功能外，还具有扑灭截齿截割坚硬岩石而产生的火花和冷却截齿的作用。喷嘴的布置方式主要有两种：一种是喷嘴安装在螺旋叶片外缘上，位于相邻两齿座之间；另一种是喷嘴安装在螺旋叶片背面的水管上。为了提高降尘效果，一般采煤机都采用内、外喷雾相结合的喷雾方式。

3）拖缆装置

拖缆装置的作用是在滚筒采煤机沿工作面行走时，拖动电缆和水管，以不间断地给采煤机提供电源和水源。

拖缆装置的主要功能如下：

（1）使电缆芯线不受拉力和过度的折弯，以免折断。

（2）使滚筒采煤机引入口处的电缆不致承受异常拉力而拔脱，或拔脱时自动切断电源，防止失爆事故。

（3）避免因受大块矸石和煤块砸碰及机械损伤而引起电缆芯线折断或破坏外层橡胶而失去防爆性。

为了使拖动部分的长度最短，电缆和水管从工作面运输巷引入采煤工作面后，先固定铺设在刮板输送机中部槽侧板电缆架中，直至工作面中部；再将工作面中部到采煤机之间的电缆和水管引入电缆槽内随采煤机的运行而来回移动。

采煤机的拖缆装置主要有不用电缆夹板和采用链式电缆夹板两种形式。

4）破碎装置

破碎装置用来破碎将要进入机身下的大块煤。破碎装置安装在迎着煤流的机身端部，由破碎滚筒及其传动装置组成，有由截割部减速箱带动或用专用电动机传动两种驱动方式。

5）挡煤板

挡煤板是配合螺旋滚筒提高装煤效果、减少煤尘飞扬的构件。采煤机工作时，挡煤板总是离截齿一定距离，紧靠于滚筒后面。挡煤板有弧形挡煤板和门式挡煤板两种结构形式。弧形挡煤板为圆弧形，可绕滚筒轴线翻转360°，有专用翻转机构和无翻转机构两种翻转方法，这是一种常用的结构形式。门式挡煤板为平板状，不能翻转，但可绕垂直轴折叠成与机身平行，早期滚筒式采煤机曾使用过这种挡煤板。

6）张紧装置

张紧装置用于钢丝绳牵引或链牵引的滚筒式采煤机，起张紧牵引构件及补偿其弹性伸长量变化的作用。张紧装置有弹簧式和液压式两种。

（1）弹簧式张紧装置。它是利用预先压缩的弹簧来预紧牵引构件的松边，并通过弹簧的压缩行程补偿牵引构件的弹性伸长量变化。

（2）液压式张紧装置。它是利用液压缸的推力来张紧牵引构件的松边，并通过活塞杆的收缩补偿牵引构件的弹性伸长量变化，使其松边的张力不致过大。液压张紧装置兼有自动紧链和补偿作用。

7）防滑装置

防滑装置是防止滚筒式采煤机下滑的装置，用于煤层倾角大于采煤机自滑坡度（15°）的工作面。常用的防滑装置有防滑杆、抱闸式防滑装置、液压安全绞车以及液压制动器等。

三、滚筒式采煤机的工作过程

滚筒式采煤机的割煤是通过螺旋滚筒上的截齿对煤壁进行切割实现的。

滚筒式采煤机的装煤是通过滚筒螺旋叶片的螺旋面进行装载的，利用螺旋叶片的轴向推力，将从煤壁上切割下的煤抛到刮板输送机溜槽内运走。

单滚筒采煤机的滚筒一般位于采煤机下端，以使滚筒割落下的煤不经机身下部就运走，从而可降低采煤机机面高度。单滚筒采煤机上行工作（图1－2a）时，滚筒割顶部煤并把落下的煤装入刮板输送机，同时跟机悬挂铰接顶梁，割完工作面全长后，将弧形挡煤板翻转180°；下行工作（图1－2b）时，滚筒割底部煤及装煤，并随之推移刮板输送机。这种采煤机沿工作面往返一次进一刀的采煤法称为单向采煤法。

双滚筒采煤机（图1－2c）工作时，前滚筒割顶部煤，后滚筒割底部煤。因此，双滚筒采煤机沿工作面牵引一次，可以进一刀，返回时又可进一刀，即采煤机往返一次进二刀，这种采煤法称为双向采煤法。

必须指出，为了使落下的煤能装入刮板输送机，滚筒上螺旋叶片螺旋方向必须与滚筒旋转方向相适应。对于顺时针旋转（人站在采空区侧看）的滚筒，螺旋叶片方向必须右旋；对于逆时针旋转的滚筒，螺旋叶片方向必须左旋。因此，可归结为“左转左旋，右转右旋”。

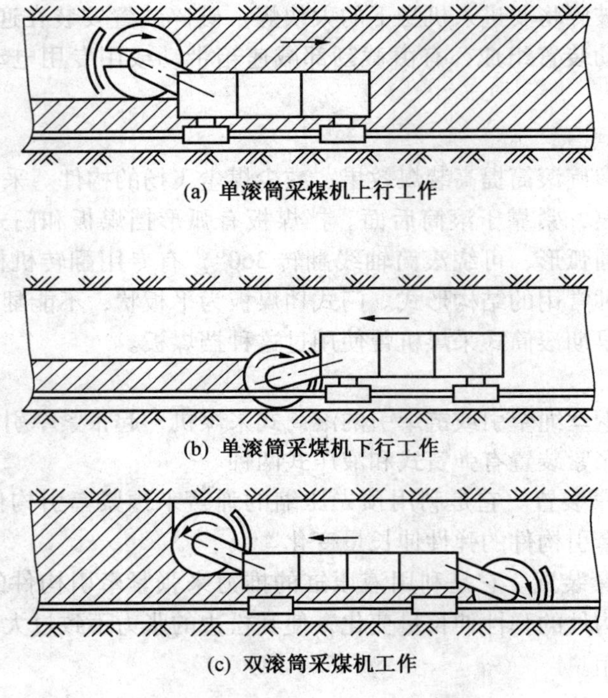

(a) 单滚筒采煤机上行工作

(b) 单滚筒采煤机下行工作

(c) 双滚筒采煤机工作

图1－2 滚筒式采煤机的工作原理

四、滚筒式采煤机的工作参数

滚筒式采煤机的工作参数规定了滚筒式采煤机的适用范围和主要技术性能，它们既是设计滚筒式采煤机的主要依据，又是机械化采煤成套设备选型的依据。

1. 生产率

采煤机的工作条件不同，其生产率也不相同。技术特征给出的值是指可能的最大生产率，即理论生产率应大于实际生产率。

2. 采高

采煤机的实际开采高度称为采高，采高的概念不同于煤层厚度。分层开采厚煤层，或有顶煤垮落，或有底煤残留时，煤层厚度就大于采高；反之，在薄煤层中，由于截割顶板或底板，采高也可能大于煤层厚度。考虑煤层厚度的变化、顶板下沉和浮煤等会使工作面高度缩小，因此煤层（或分层）厚度不宜超过采煤机最大采高的90%～95%，不宜小于采煤机最小采高的110%～120%。采高对确定采煤机整体结构有决定性影响，它既规定了采煤机适用的煤层厚度，也是与支护设备配套的一个重要参数。

双滚筒采煤机的采高范围主要决定于滚筒的直径，但也与采煤机的某些结构参数有关，如机身高度、摇臂长度及其摆动角度范围等。对于双滚筒采煤机，其最大采高一般不超过滚筒直径的2倍。

对于一定直径的滚筒，采煤机的采高范围是一定的。如果需要在较大范围内改变采高，则必须改变滚筒的直径，必要时还需相应地改变机身的高度（即改变底托架的高度）和改变摇臂的长度及其摆角范围。

在选用采煤机时，为了满足采高的要求，需要合理地选择滚筒直径和机身高度，还要考虑挖底量要求，挖底量一般为100～300 mm。

3. 截深

采煤机截割机构（如滚筒）每次切入煤体内的深度称为截深。它决定工作面每次推进的步距，是决定采煤机装机功率和生产率的主要因素，也是支护设备配套的一个重要参数。

截深与煤层厚度、煤质软硬、顶板岩性以及支架移架步距有关。在薄煤层中，由于工作条件困难，采煤机牵引速度受到限制，为了保证适当的生产率，宜用较大的截深（可达0.8～1.0 m）；反之，在厚煤层中，由于受输送机能力和顶板易冒顶片帮条件的限制，宜用较小的截深。

采煤机截深应与支护设备的推移步距相适应，以便于顶板控制。当用液压支架支护时，要求采煤机截深略小于液压支架的移架步距（考虑片帮影响），保证采煤机每采完一个截深后液压支架可以推进一个步距。当用单体液压支柱支护顶板时，金属顶梁的长度应是采煤机截深的整倍数。

滚筒式采煤机的截深一般小于1 m，多数采用0.6 m，大功率滚筒式采煤机可取0.8 m左右。

4. 截割速度

滚筒上截齿齿尖所在圆周的切线速度称为截割速度。截割速度取决于截割部传动比、滚筒直径和滚筒转速，对采煤机的功率消耗、装煤效果、煤的块度和煤尘大小等有直接影响。为了减少滚筒截割时产生的细煤和粉尘，增加大块煤，应降低滚筒转速。滚筒转速对滚筒截割和装载过程的影响都比较大，而对粉尘生成和截齿使用寿命影响较大的是截割速度，并不是滚筒转速。截割速度一般为3.5～5.0 m/s，少数机型只有2.0 m/s左右。滚筒转速是设计截割部的一项重要参数。直径为2.0 m左右的新型采煤机滚筒转速多为25～40 r/min，直径小于1.0 m的滚筒转速可高达80 r/min。

5. 牵引速度

采煤机截煤时的运行速度称为牵引速度。采煤机截煤时，牵引速度越高，单位时间内的产煤量越大，但电动机的负荷和牵引力也相应增大。为使牵引速度与电动机负荷相适应，牵引速度应能随截割阻力的变化而变化。当截割阻力变小时，应加快牵引，以获得较大的切割厚度，增加产量和增大煤的块度；当截割阻力变大时，则应降速牵引，以减小切割厚度，防止电动机过载，保证机器的正常工作。为此，牵引速度应采用无级调速，至少是多级调速，并且能随截割阻力的变化自动调速。目前，液压牵引采煤机的牵引速度一般为5～6 m/min，双滚筒电牵引采煤机的最大截割牵引速度可达12 m/min，电牵引采煤机最大牵引速度高达25 m/min。

选择牵引速度时，应考虑采煤机的负荷、生产能力以及运输设备的运输能力。

6. 牵引力

牵引力是牵引部的另一个重要参数，是由外载荷决定的。影响采煤机牵引力的因素很多，如煤质、采高、牵引速度、工作面倾角、机器自重及导向机构的结构和摩擦因数等。由于采煤机的工作条件很不稳定，因而精确计算采煤机所需要的牵引力既不可能，也没必要。

7. 装机功率

采煤机所装备电动机的总功率，称为装机功率。装机功率越大，采煤机可采越坚硬的煤层，生产能力也越高。滚筒式采煤机总装机功率 P 包括截割消耗功率 P_j、牵引消耗功率 P_q 和辅助泵站等消耗功率 P_f 三部分，即

$$P = P_j + P_q + P_f \tag{1-1}$$

第二节 高档普采工作面配套设备及采煤工艺

一、高档普采工作面配套设备

1. 高档普采工作面设备布置

高档普采工作面的配套设备布置如图1-3所示，主要机械配套设备的作用和相互关系见表1-2。

表1-2 高档普采工作面的主要机械设备

设备名称	作业与相互关系
滚筒采煤机	以刮板输送机槽帮或底板为轨道，沿工作面往返运行，完成落煤和装煤工序
单体液压支柱	沿工作面全长架设，随采煤作业推进而自行前移并推移刮板输送机，可及时支护、控制新裸露的顶板与采空区，为连续实现采煤作业提供安全的工作空间
刮板输送机	沿工作面铺设，以千斤顶与液压支架相联系，为采煤机提供运行轨道，将采煤机落下的煤运入转载机，完成工作面运煤工序
转载机	铺设在顺槽中，是工作面输送机与顺槽可伸缩带式输送机之间的中间转运设备
可伸缩带式输送机	沿顺槽全长铺设，可随工作面推进改变长度，将煤运出采区
乳化液泵站	安置在顺槽设备列车上，为单体液压支柱提供动力
喷雾泵站	安置在顺槽内，为采煤机喷雾冷却装置提供高压水
液压安全绞车	工作面倾角15°以上时必须配备，用于防止链牵引采煤机断链下滑

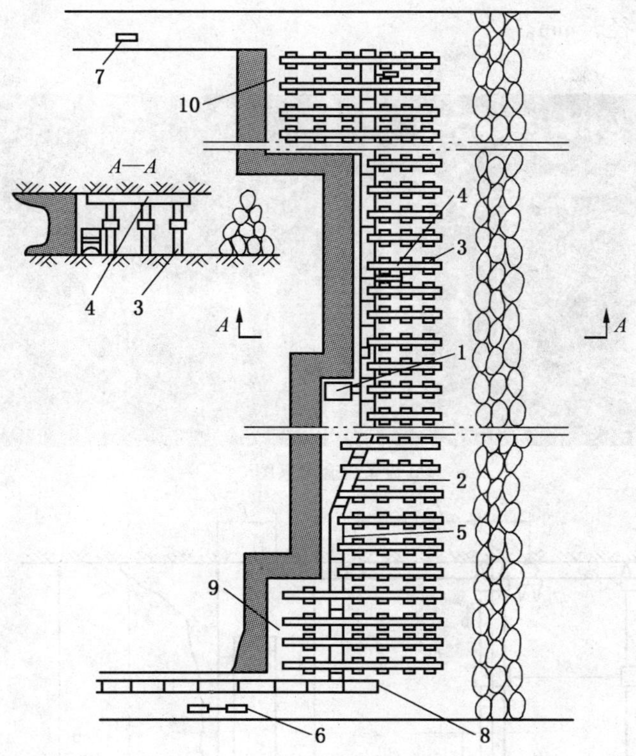

1—滚筒式采煤机；2—刮板输送机；3—单体液压支柱；4—金属铰接顶梁；5—推移千斤顶；6—乳化液泵站；7—液压安全绞车；8—转载机和可伸缩带式输送机；9—下缺口；10—上缺口

图1-3 高档普采工作面的配套设备布置

2. 高档普采工作面的设备配套关系

高档普采工作面的设备配套关系主要指采煤机、刮板输送机、支柱间的配套关系，如图1-4所示。在图1-4中，R是无立柱空间距离，又称机道宽度，是工作面最前面一排支柱与煤壁之间的距离。从安全角度看，该值越小越好。无立柱空间距离是普采工作面的基本工作宽度。高档普采工作面宽度应小于1.8 m，其尺寸组成如下：

$$R = B + E + W + X + d/2 \tag{1-2}$$

$$W = F + G + J + V \tag{1-3}$$

式中 R——无立柱空间距离，mm；

B——滚筒截深，mm；

E——铲煤板与滚筒之间的距离，一般为50~100 mm；

W——刮板输送机宽度，mm；

F——铲煤板宽度，mm；

G——中部槽宽度，mm；

J——导轨宽度，mm；

V——电缆槽宽度，mm；

X——输送机电缆槽与支柱之间的距离，一般为100~150 mm；

d——支柱外径，mm。

(a) 设备配套关系图

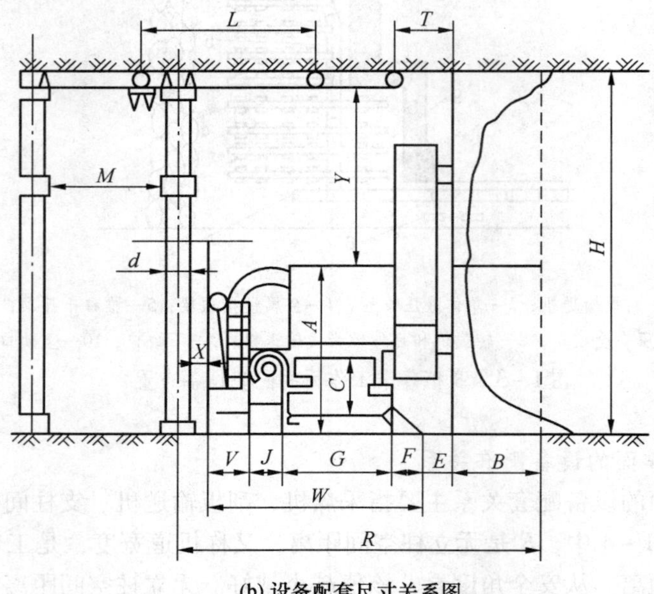

(b) 设备配套尺寸关系图

图 1-4 高档普采工作面设备配套关系图

无立柱空间距的上部尺寸等于截深 *B*、梁端距 *T* 及顶梁悬臂部分长度之和。截深 *B* 一般为 0.6 m，也有采用 0.5 m、0.8 m、1.0 m 截深的。

梁端距 *T* 应不小于 150～200 mm，薄煤层可减小到 100 mm，厚煤层应为 300 mm。

工作面人行道宽度 *M* 按规定不得小于 700 mm。

过煤高度 *Y* 要按最小煤层厚度计算，其值不小于 200 mm。采煤机底托架过煤高度 *C*＞250 mm。若为薄煤层，应不小于 200 mm。

3. 高档普采工作配套设备应用实例

采煤机 MG100/240－WD、工作面刮板输送机 SGZ－630/75、石门带式输送机 DTL－80、机巷刮板输送机 SGZ－630/75、运输巷回柱绞车 JH－14、回风巷回柱绞车 JH－14、喷雾泵 XPB－250/50、乳化液泵 WRB－200/31.5。

二、高档普采工作面的采煤工艺

滚筒式采煤机沿工作面割完一刀后，需要重新将滚筒切入煤壁，推进一个截深，这一过程称为“进刀”。采煤机的截割工序和其他工序的配合关系称为采煤机的截割方式。

1. 单向采煤

单向采煤机沿工作面往返一次进一刀。当煤层厚度和滚筒直径相近时，采煤机可上行割煤，下行装煤、移溜和支护；当煤层厚度较大时，采煤机可上行割顶煤，下行割底煤和清浮煤。采煤机也可采取工作面中部“∞”字形截煤方式，即采煤机由中部进刀向两端移动时割顶煤，而由两端向中部移动时割底煤和清浮煤。单向采煤法一般是单滚筒采煤的截割方式。

2. 双向采煤

双滚筒采煤机沿工作面往返截割两刀（机穿梭割煤）称为双向采煤。双向采煤的进刀方式有正切法进刀和斜切法进刀两种。正切法进刀要求滚筒端盘有截齿，采用门式挡煤板，进刀时打开挡煤板，利用推移千斤顶，把输送机和滚筒端盘推向煤壁，旋转的滚筒在端部截齿作用下切入煤壁。这种方法使采煤机机身受到横向反力很大，机器的横向稳定性差，滚筒强度要求高，因而没有得到推广。

斜切法进刀又分为端部斜切法和中部切法（半工作面法）。

第三节 采煤机的截割部

一、工作机构的类型

采煤机截割部的工作机构是直接担负落煤和装煤的部件，目前我国使用最多的是滚筒式工作机构，也有少量刨削式工作机构和钻削式工作机构。

滚筒式工作机构以铣削原理实现破煤，如图 1－5a 所示。在滚筒以转速 n 转动的同时，采煤机以牵引速度 v_q 运行，其上截齿从煤壁上截割下断面为月牙形的煤体，破落下来的煤在螺旋叶片的作用下被推入输送机中。因此滚筒式工作机构兼有破煤和装煤两种能力，同时滚筒可依靠摇臂摆动而升降。滚筒式工作机构对采高的适应性较强，成为应用最广泛的采煤机械工作机构。

刨削式工作机构的工作原理如图 1－5b 所示。在刨头以刨速 v_b 沿工作面运行中，其上的刨齿从煤壁上截割下断面为矩形的煤体，它的特点是刨速快而截深小，刨落下来的煤靠刨头下面的犁形板装入输送机。刨头不能调高、刨力小、无法自开缺口且对煤质硬度和煤层厚度的适应性差，所以我国煤矿中很少应用刨削式工作机构。

钻削式工作机构如图 1－5c 所示，它是一个在环形臂 1 上装有截齿 2 的钻削头，在它一面旋转一面向煤体推进中，依靠截齿切割在煤体中截出环形煤槽，当截入一定深度时，环形槽间的煤体由装在环形臂内锥面上的破碎齿 3 和挤落器切断挤落，并由环形臂将破落的煤装入输送机中。这种工作机构调高范围小，也不能自开缺口，还必须在其上方和下方安装水平截割圆盘，以适应顶底板，这样使得结构比较复杂，所以仅见于少数薄煤层采煤机上。

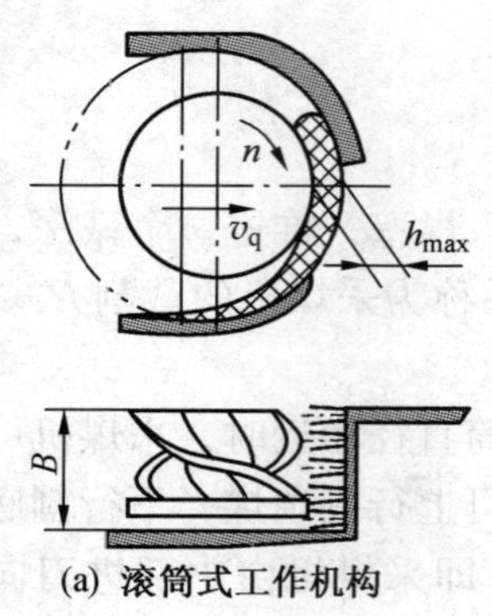

(a) 滚筒式工作机构

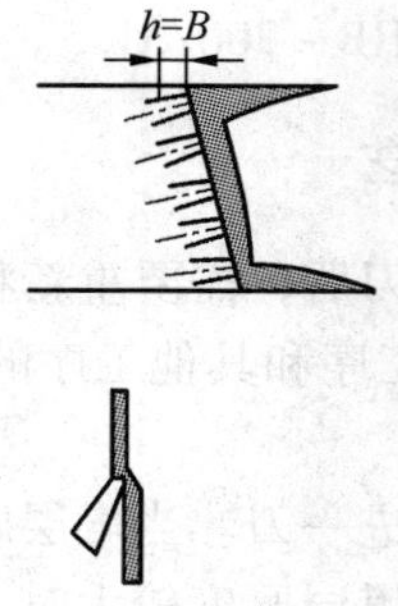

(b) 刨削式工作机构

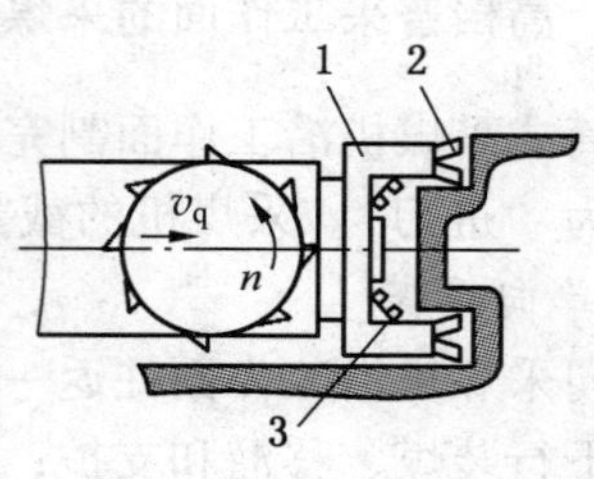

(c) 钻削式工作机构

1—环形臂；2—截齿；3—破碎齿

图 1-5 工作机构的类型

二、滚筒与截齿

(一) 螺旋滚筒

螺旋滚筒是滚筒式采煤机的工作机构。如图 1-6所示，它由轮毂5、螺旋叶片4、端盘6、齿座2和截齿1等组成。轮毂与传动装置的滚筒轴联结，它的外圆柱面上和靠煤壁一侧分别焊接螺旋叶片和端盘，螺旋叶片与端盘的周边上按一定排布方式焊接有齿座，齿座内装入截齿。

由图1-6可见，螺旋叶片上截齿排列的一般特点是截距较大。圆周方向上相邻截齿在螺旋叶片和端盘上的排布方式称为截齿排列。截齿排列一般用截齿排列图表示，它是将滚筒展开成平面后，将截齿位置和安装角度标在上面得到的。如图 1-7所示，它的长度是滚筒的周长，标以360°，它的宽度即为滚筒宽度（截深）。图 1-7 上的每个小圆圈（圆点）表示截齿所在位置。横线（水平线）表示截齿的截割路线，称为截线，相邻截线的距离称为截距。截齿安装角度是指截齿与垂直面的夹角，偏向煤壁的称为正角度齿，偏向采空区的称为负角度

1—截齿；2—齿座；3—碳化钨堆焊耐磨层；4—螺旋叶片；5—轮毂；6—端盘

图1-6 滚筒结构

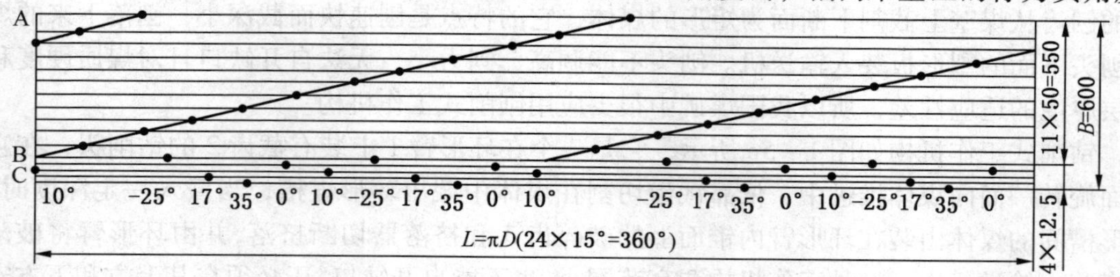

图1-7 等截距截齿排列

齿，不偏斜的为零度齿。图 1－7 中的 *AB* 段表示螺旋叶片上的截齿排列，*BC* 段表示端盘上的截齿排列。截齿的夹角相等均为零度齿。

端盘截齿在封闭截割条件下工作，受力大，磨损严重，因此排列得合理与否，对截割效率和采煤机运行的稳定性影响很大。端盘截齿排列的一般特点是：按角度排列，沿圆周分为 2～4 组；截距小、截齿密度大；多数为正角度齿，以适应封闭截割条件；配置少量零度齿和负角度齿，以减小滚筒所受侧向力。

图 1－7 中螺旋叶片上的截距都相等，称为等截距截齿排列。为了适应截齿负荷由煤壁向采空区方向不断减小的工作条件，截距在这个方向上可以逐渐加大，则成为变截距截齿排列，如图 1－8 所示。

螺旋叶片除由周边截齿实现截煤功能外，本身还具有装煤功能。螺旋叶片的头数对装煤效果影响较大。增加螺旋头数可提高装煤效果，同时增加一条截线上的截齿数，适用于截割硬煤。但螺旋头数多会使煤尘量增大，且煤块易被抛出而影响安全操作。所以截割中硬以下的煤层时，多采用双头螺旋滚筒；截割中硬以上煤层时，多采用 3 头螺旋滚筒。图 1－7 和图 1－8 分别为双头和 3 头螺旋滚筒的截齿排列。

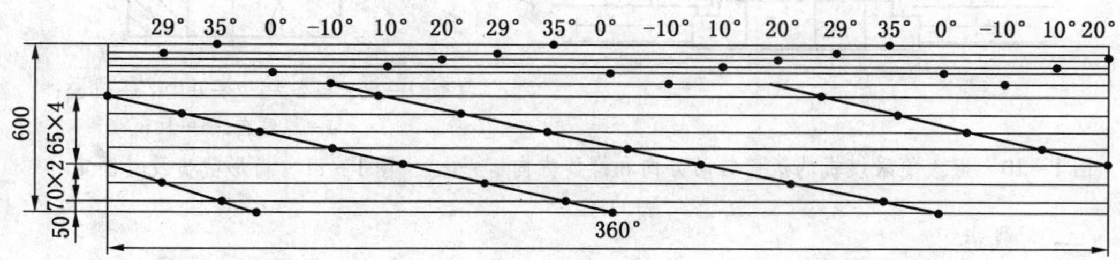

图 1－8 变截距截齿排列

螺旋滚筒的转动方向影响采煤机的装煤能力、运行稳定性和司机操作安全。对于单滚筒采煤机，由于滚筒布置在机身靠下顺槽一端（图 1－9a），因此滚筒采取向内回转，以便在采煤机向上牵引截割顶部煤时，摇臂不会阻碍装煤，而在向下牵引截割底部煤时，滚筒上方自由空间大，有利于增加块度、降低能耗。为了使螺旋滚筒适应工作面装煤的要求，右工作面必须使用左螺旋滚筒，左工作面必须使用右螺旋滚筒。

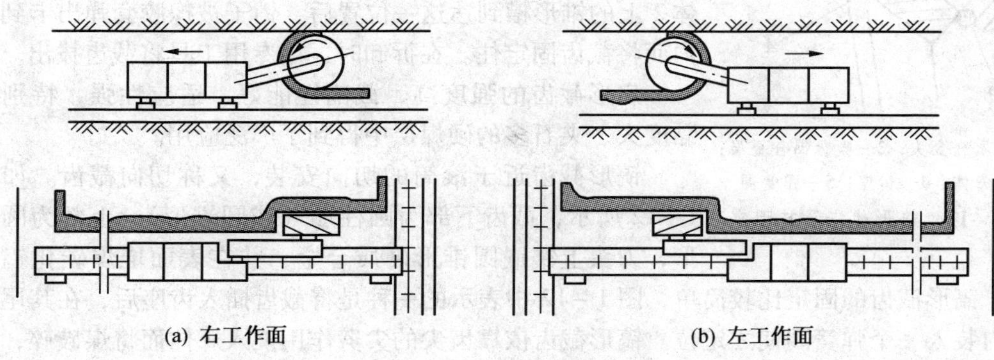

图 1－9 单滚筒采煤机的滚筒转动方向和螺旋方向

双滚筒采煤机的两个滚筒采取相背向外的转动方向，如图1-10所示，这主要是考虑司机的操作安全。为了实现装煤，滚筒的螺旋方向：左滚筒为左螺旋，右滚筒为右螺旋。

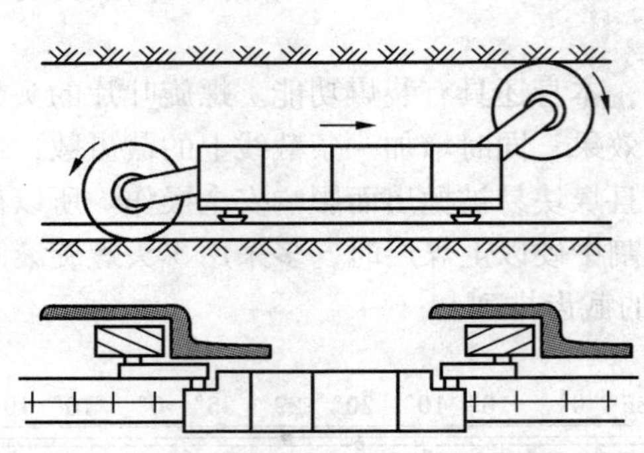

图1-10 双滚筒采煤机的滚筒转动方向和螺旋方向

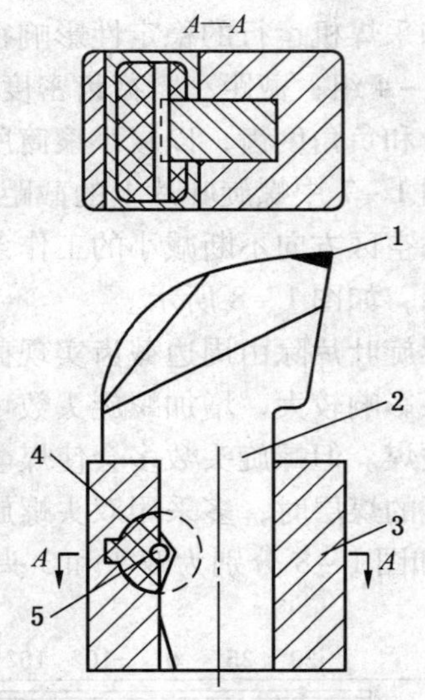

1—硬质合金头；2—刀体；3—齿座；4—橡胶套；5—柱销

图1-11 扁形截齿及其固定

（二）截齿

截齿是直接担负落煤的刀具。对它的基本要求是：强度和耐磨性高；几何参数合理，截割效率高；固定可靠，拆装方便。截齿有扁形截齿和镐形截齿两种基本形式。

扁形截齿沿滚筒的径向安装，也称为径向截齿，如图1-11所示。它的断面呈矩形，用优质合金钢锻制而成，为了满足强度高、韧性好的要求，刀头要热处理，而且镶嵌碳化钨硬质合金以增强耐磨性。扁形截齿的固定方式很多。图1-11中所示的一种是在齿座侧壁孔内预先装入带柱销5的橡胶套4，当插入截齿时，靠下端斜面将销子压入，待刀体2上的锥形槽到达这一位置后，销子被橡胶套弹出卡到槽内而将截齿固定住。在拆卸时，用专用工具将截齿拔出。

扁形截齿的强度高、截割性能好、适应性强，特别在黏度大、夹石多的硬煤层中得到了广泛应用。

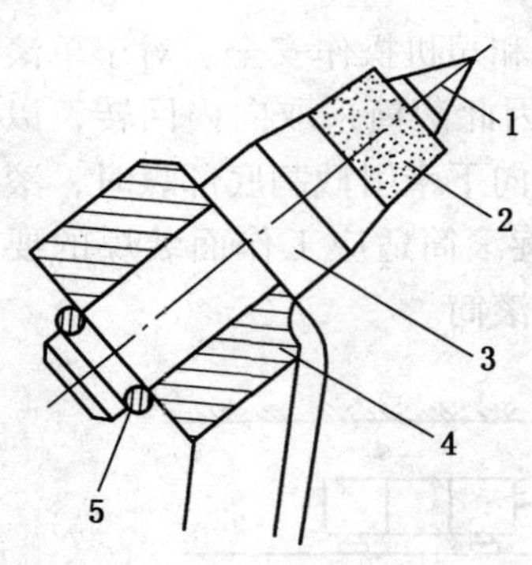

1—硬质合金头；2—碳化钨合金层；3—刀体；4—齿座；5—弹簧圈

图1-12 镐形截齿及其固定

镐形截齿近于滚筒的切向安装，又称切向截齿。如图1-12所示，截齿下部为圆柱形（或圆锥形），上部为圆锥形，刀头上镶嵌圆锥形硬质合金，并在表面堆焊碳化钨合金层。镐形截齿的固定比较简单，图1-12中表示的一种是将截齿插入齿座后，在其尾端环槽内装入一个弹簧圈使之定位。镐形截齿依靠齿尖的尖劈作用楔入煤体而将煤破碎，所以特别适用于脆性大、裂隙多的松软煤层。

三、固定减速器和摇臂

固定减速器和摇臂是截割部的传动装置，它们将电动机的动力经减速后传递给螺旋滚筒。传动系统的两种常见形式是：圆锥—圆柱齿轮传动和圆锥—圆柱齿轮—行星齿轮传动。圆锥—圆柱齿轮传动的一个例子如图 1 - 13 所示，采用四级减速，第一级为锥齿轮传动，其他三级均为圆柱齿轮传动。前二级布置在固定减速器中，后二级布置在摇臂内。

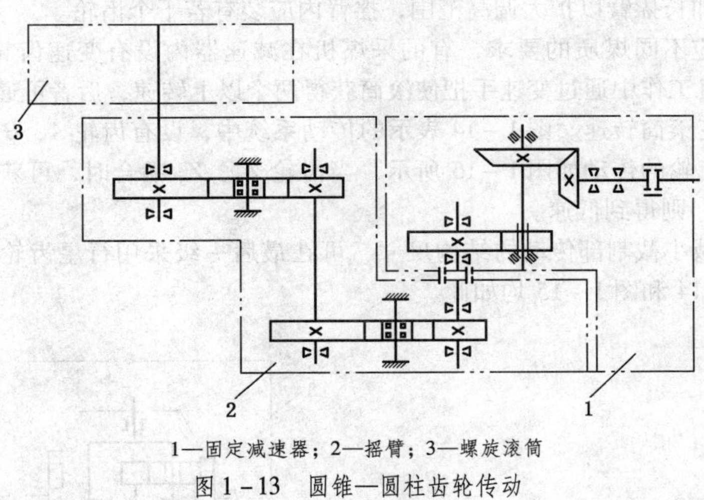

1—固定减速器；2—摇臂；3—螺旋滚筒

图 1 - 13 圆锥—圆柱齿轮传动

圆锥—圆柱齿轮—行星齿轮传动的例子如图 1 - 14 所示。第一级为锥齿轮传动，布置在固定减速器内。第二级为圆柱齿轮传动，第三级为行星齿轮传动，它们布置在摇臂内。

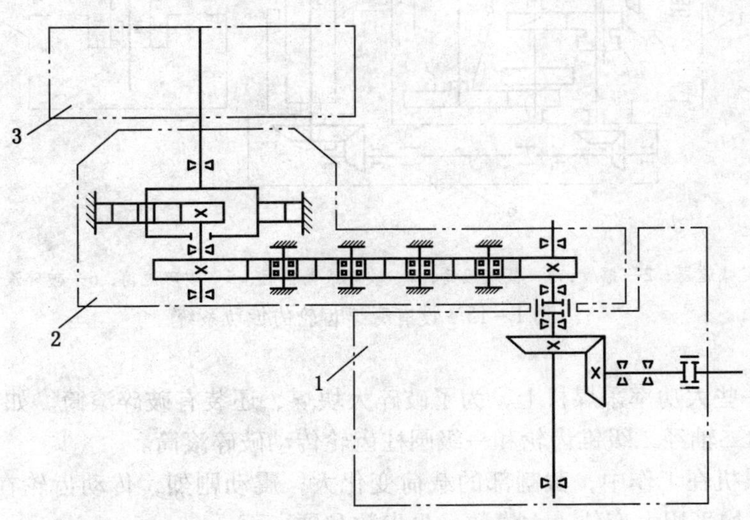

1—固定减速器；2—摇臂；3—螺旋滚筒

图 1 - 14 圆锥—圆柱齿轮—行星齿轮传动

截割部的传动具有以下特点：

（1）由于电动机转速在 1460 ~ 1475 r/min 范围内，而滚筒转速范围要求在 20 ~ 50 r/min

之间，所以一般需采用3~5级传动。

（2）由于滚筒中心线与电动机中心线垂直，所以必须设一级锥齿轮以改变传动方向。为了便于加工和延长使用寿命，锥齿轮应布置在高速级（第一或第二级），以减小传递的扭矩，使齿轮模数较小。

（3）为了在调动采煤机或检修时将滚筒与电动机脱离传动，必须设置离合器，离合器也应设在高速级，以减小尺寸，方便操作。

（4）为了加长摇臂以扩大调高范围，摇臂内应装有若干个惰轮。

（5）为适应不同煤质的要求，有的采煤机在减速器内设有变速齿轮或换速齿轮对，前者可在采煤机工作中通过变速手把使滚筒获得两个以上转速，后者可通过更换齿数不同的齿轮对来改变滚筒转速。图1－14表示的传动系统中，设有齿轮A、B组成的换速齿轮对。设有变速齿轮的传动如图1－15所示，当齿轮Z_3、Z_5啮合时，可获得高速；当齿轮Z_4、Z_6啮合时，则得到低速。

（6）为了减小截割部传动的结构尺寸，可在最后一级采用行星齿轮传动，以减少传动级数，图1－14和图1－15均如此。

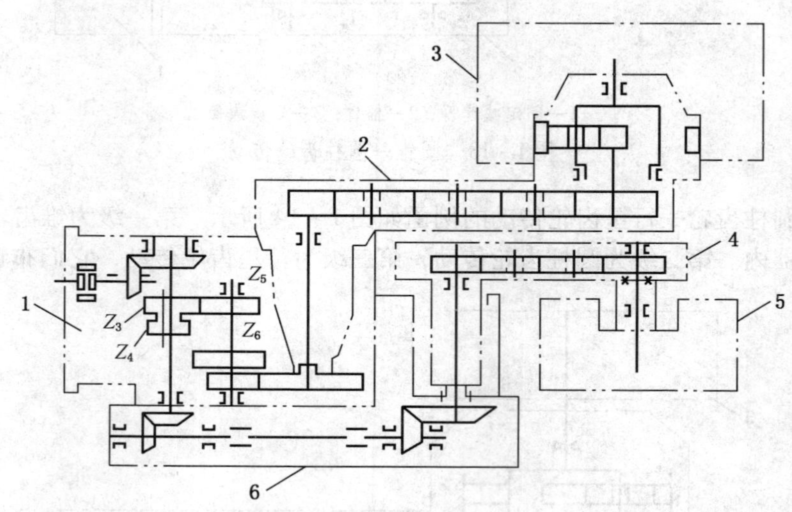

1—固定减速器；2—摇臂；3—截煤滚筒；4—破碎滚筒摇臂；5—破碎滚筒；6—破碎滚筒减速器

图1－15 设有变速齿轮的传动系统

（7）在一些大功率采煤机上，为了破碎大块煤，还装有破碎滚筒。如图1－15所示，固定减速器的二轴经二级锥齿轮和一级圆柱齿轮传动破碎滚筒。

（8）采煤机在工作中，截割部的载荷变化大，震动剧烈，传动齿轮在低速重载条件下运行，因此均采用大变位、大模数、少齿数和硬齿面。

摇臂除起传动作用外，还具有调高功能。它相对固定减速器的布置和支承方式，对截割部的工作影响很大，目前使用较多的是侧面布置悬臂支承方式和端面布置两侧支承方式。

图1－16a所示为侧面布置悬臂支承的方式，摇臂突出在机身外面，因而呈悬臂支承

状态。这种方式的优点是有利于缩短开缺口的长度以及扩大调高范围；其缺点是滚筒离输送机较远，对装煤不利，且因悬臂支承，支承刚度较差，影响采煤机工作的稳定性。

图1－16b所示为端面布置两侧支承的方式，摇臂位于机身内，它的两侧均有支承点。这种方式的优点是滚筒离输送机较近，对装煤有利，且支承刚性好；其缺点是自开缺口长度较大且挖底性能较差。

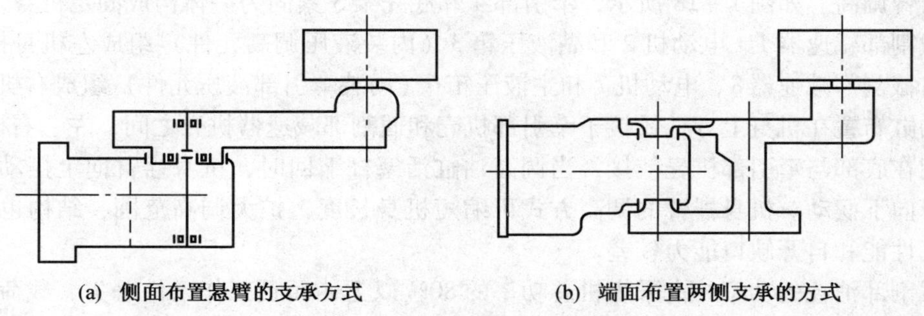

(a) 侧面布置悬臂的支承方式　　(b) 端面布置两侧支承的方式

图1－16　摇臂布置与支承方式

摇臂是在调高油缸作用下实现其调高功能的。调高油缸的布置方式常见的有以下几种：

（1）调高油缸布置在机身下面（图1－17a）。这种方式使调高油缸受到机身保护不易损坏，而且受力也较合理。其缺点是维护检修不便，还减小了底托架下的过煤空间。一般用于中厚煤层采煤机中。

（2）调高油缸布置在机身上面（图1－17b）。这种方式有利于维护检修，但易被碰砸损坏，且摇臂上摆时，调高油缸必须产生拉力，因而要求增大缸径或提高供油压力。

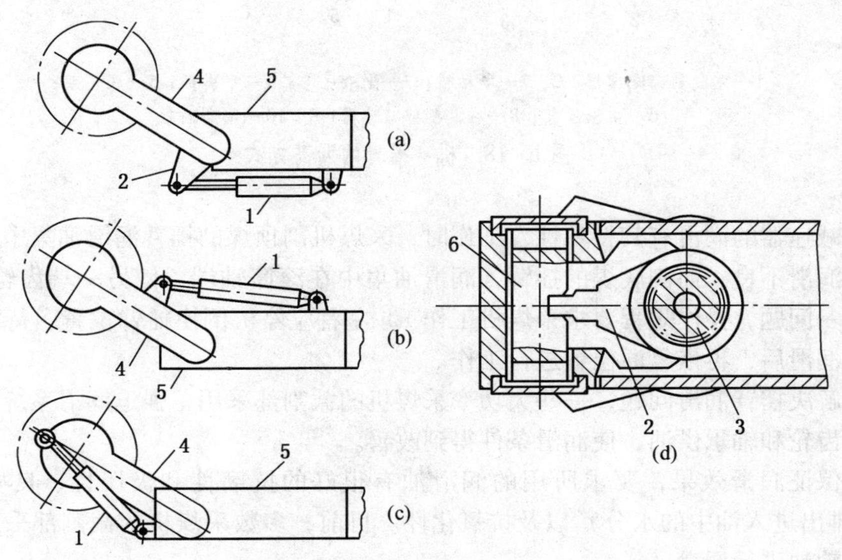

1—调高油缸；2—小摇臂；3—摇臂轴；4—摇臂；5—固定减速器；6—活塞

图1－17　调高油缸的布置方式

(3) 调高油缸布置在机身端头和摇臂侧面（图1-17c）。这种方式支承刚性好，维修也方便，但易被碰砸，并且摇臂摆动中的力臂变化大，使调高力不稳定。

(4) 调高油缸设在固定减速器箱体内（图1-17d）。活塞6经小摇臂2和摇臂轴3使摇臂摆动，从而实现调高。这种方式有利于降低机身高度，多见于薄煤层采煤机中。除以上的独立摇臂的调高方式外，有的采煤机还采用以一部分机身组成摇臂的调高方式，称为机身摇臂调高。如图1-18所示，牵引部4和底托架5紧固为一体构成固定机身，其左侧由左截割部减速器1、电动机2和副液压箱3（内装液压调高元件）组成左机身摇臂，右侧由右截割部减速器8、电动机7和主液压箱6（内装牵引部液压元件）组成右机身摇臂，调高油缸布置在机身上方，铰接于牵引部机壳和截割部减速器机壳之间，左、右机身摇臂则分别在底部与牵引部机壳铰接，当调高油缸活塞杆缩回时，机身摇臂向上摆动；反之，则机身向下摆动。机身摇臂的调高方式可缩短机身长度，扩大调高范围，结构也较简单，但挖底性能和自开缺口能力较差。

截割部消耗的功率约占采煤机总功率的80%以上，而且工作条件恶劣、载荷变化大、振动剧烈，因此正确有效的润滑是保证正常高效工作的重要条件。多数采煤机的截割部采用飞溅润滑方式，这种润滑方式具有润滑强度高、散热快、对油质变化不敏感且不需附加设施等优点。其缺点是在倾斜工作面工作时，位于高处的传动件润滑条件较差。为了保证润滑效果，要求减速器长度不可太大，即减速器内的传动级数不可太多。

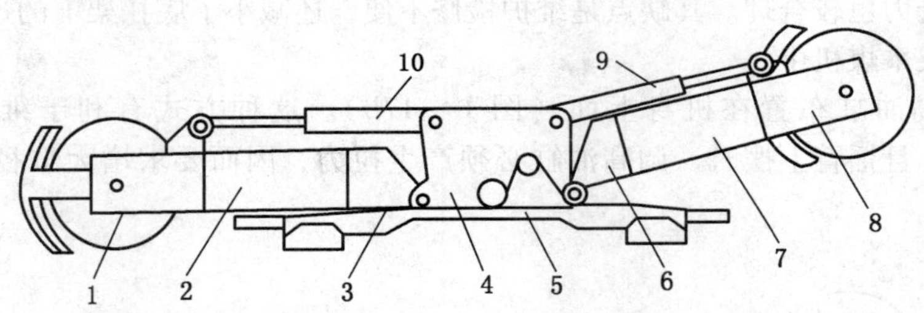

1—左截割部减速器；2、7—电动机；3—副液压箱；4—牵引部；5—底托架；
6—主液压箱；8—右截割部减速器；9、10—调高油缸

图1-18 机身摇臂的调高方式

摇臂减速器的润滑有其特殊性，工作时，采煤机割顶煤的摇臂润滑油集中在下部，使上部齿轮润滑不良；而割底煤的摇臂，润滑油集中在滚筒轴端，使另一端齿轮润滑不良。为解决这一问题，操作规程要求采煤机工作1 h左右应停机倒换摇臂位置，待润滑不良的齿轮得到润滑后，再恢复原位置进行工作。

为了解决摇臂润滑问题，一些大功率采煤机的截割部采用了强迫润滑系统，通过润滑液压泵向齿轮和轴承供油，使润滑条件得到改善。

为了保证润滑效果，要求所用的润滑油有很好的抗磨性和极压性、良好的分水性（能及时排出进入油中的水分）以及抗氧化性。目前，多数采煤机的截割部采用硫磷型极压工业齿轮油进行润滑。

第四节 采煤机的牵引部

采煤机牵引部的作用是使采煤机以所需要的速度沿工作面往返运行，以实现连续割煤或调动。它由牵引机构和减速器组成。

一、牵引机构

（一）链牵引机构

链牵引机构如图1－19所示，牵引部减速器输出轴上安装传动链轮1，牵引链绕过传动链轮和导向链轮2后，两端沿工作面拉直并分别固定在刮板输送机机头、机尾上。传动链轮被驱动后，由于牵引链两端固定不动，于是依靠链轮与牵引链的啮合作用而迫使采煤机沿工作面运行。

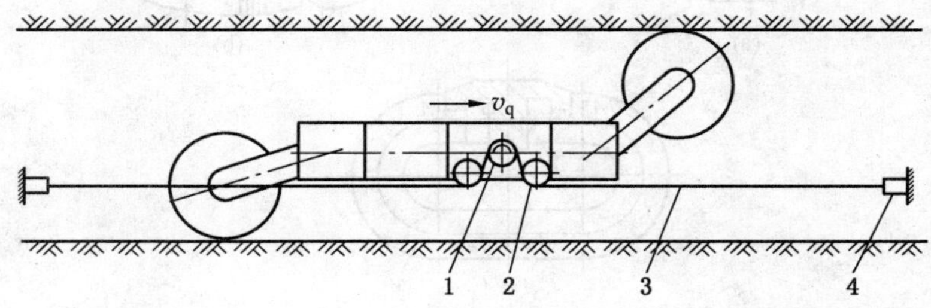

1—传动链轮；2—导向链轮；3—牵引链；4—紧链装置

图1－19 链牵引机构

牵引链与链轮的啮合作用如图1－20所示，牵引链是由平环和立环交替相接构成的圆环链条，它与链轮啮合时，平环卧在链轮齿间槽内，立环嵌入齿部立槽中，链轮转动时，依靠齿的圆弧面将作用力传递到牵引链上，而牵引链对齿的反作用力即成为迫使采煤机运行的动力，即牵引力。

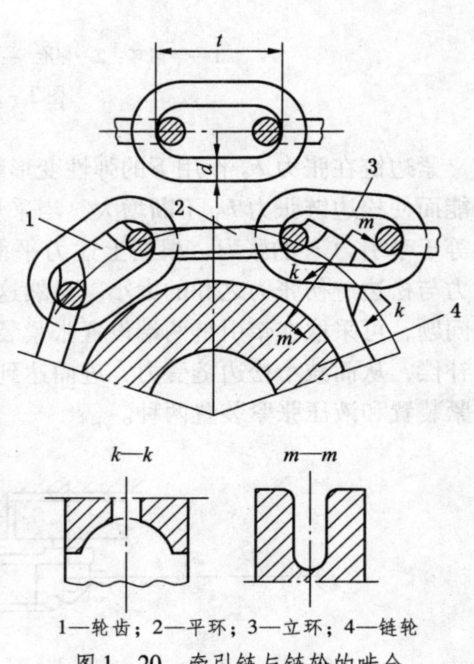

1—轮齿；2—平环；3—立环；4—链轮

图1－20 牵引链与链轮的啮合

由于制造和使用的原因，牵引链做成由奇数个链环组成的长度适当的链段，使用时用链接头将一定数量的链段接成所需长度的牵引链。链接头的种类很多，图1－21所示为常见的几种。图1－21a为侧卸式链接头，它由两个半圆环1侧向扣合而成，用限位块2横向推入卡紧，再用弹性销3紧固。图1－21b为锯齿式链接头，它由2个半圆环1靠锯齿咬合而成，再用弹性销3紧固。图1－21c所示为卡块式链接头，它由开口环4、卡块5和弹性销3组成。

圆环链的规格用直径 d 和节距 t 表示（图1－21），如 $\phi18\times64$ 的圆环链，即 $d=18$ mm，$t=64$ mm。

牵引链的固定方式直接影响其工作中的张力变化和状态。采煤机工作中牵引链的受力分析如图1－22所示，若采煤机由左向右运行，则右侧牵引链处于张紧状态，称为紧边链，其张力为 F_2，左侧牵引链处于松弛状态，称为松边链，其张力为 F_1，采煤机的牵引阻力为 F 时，它们之间存在关系 $F_2=F_1+F$。由于牵引链为弹性体，在张力作用下必然产生弹性变形。

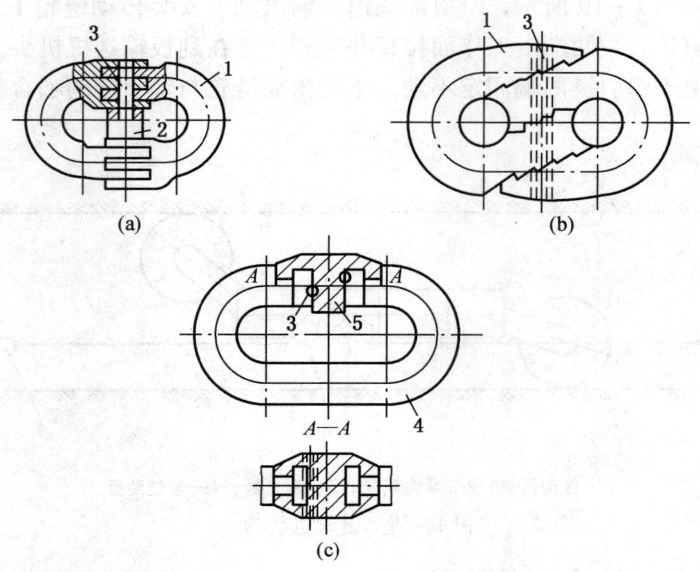

1—半圆环；2—限位块；3—弹性销；4—开口环；5—卡块

图1－21 链接头类型

紧边链在张力 F_2 作用下的弹性变形随着采煤机的运动，逐渐转移到松边释放出弹性势能而使松边链张力 F_1 不断增大，当采煤机运行完工作面全长后，松边链张力就相应增大等于牵引力 F 的张力，根据上述力平衡方程，紧边链张力相应增大，最终达到2倍牵引力与松边链初张力之和的大小。显然这会使牵引链因受力过大而过早损坏。为了解决这一问题，可采取在牵引链两端设置张紧装置的措施，使紧边链的弹性变形转移到松边后得到补偿，从而减小松边链受力，进而达到减小紧边链张力的目的。常用的张紧装置有弹簧张紧装置和液压张紧装置两种。

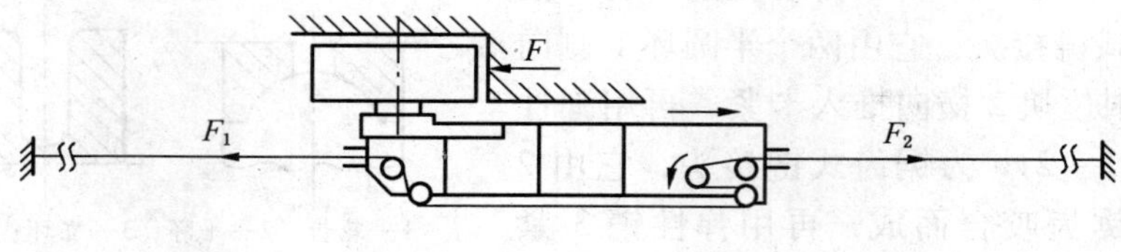

图1－22 牵引链受力分析

带有弹簧张紧装置的牵引链固定方式如图 1－23 所示，当采煤机在左端时，通过左端张紧装置弹簧的初压缩量使松边链获得初张力 F_0，采煤机由此向右牵引时，紧边链张力为 F_0+F，在牵引过程中，紧边链的弹性、变形不断转移到松边，并在松边转化为相应的弹簧压缩量，也就是靠弹簧的压缩量补偿了链子的弹性变形（收缩），由于弹簧的刚度较链子的刚度小得多，所以使松边链张力的增大受到控制，从而限制了紧边链张力的增大，达到了减小牵引链受力的目的。

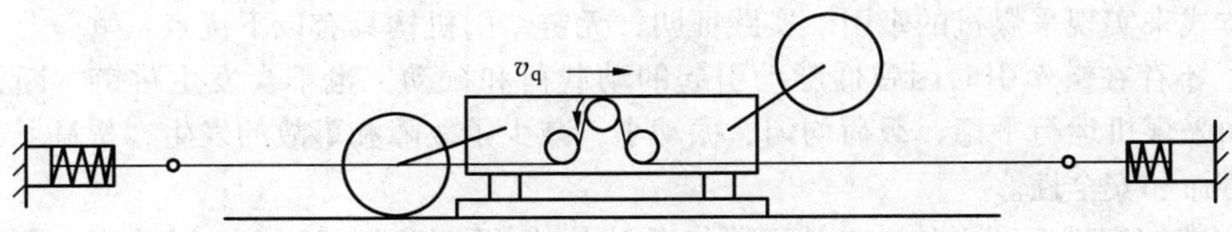

图 1－23　带弹簧张紧装置的固定方式

带液压张紧装置的固定方式如图 1－24 所示。液压张紧装置的结构原理如图 1－25 所示。牵引链 1 的两端分别经导向滑轮 2 后固定在紧链液压缸 3 的缸体上，紧链液压缸的缸体固定在输送机机头和机尾架上，其活塞杆的端部安装滑轮。工作面供液管经减压阀 5 向液压缸活塞腔供液，并由安全阀限定活塞腔内的最大压力，由此控制松边链的最大张力。

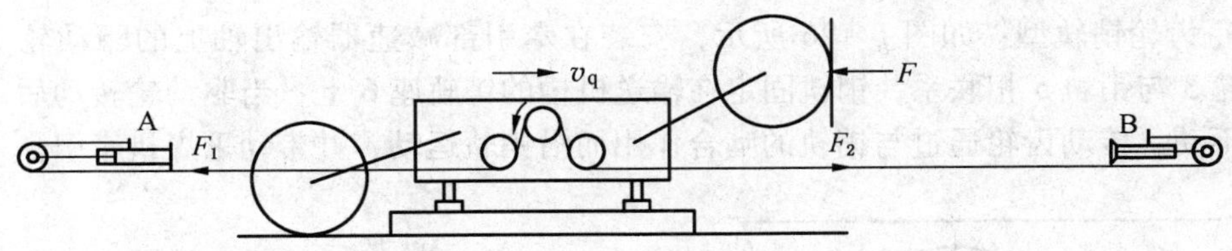

图 1－24　带液压张紧装置的固定方式

采煤机位于工作面左端向右牵引时（图 1－24），通过减压阀向紧链缸 A 供液，在液压力作用下活塞杆伸出而使松边链拉紧并产生初张力 F_0，开始牵引后，紧边链张力为 F_0+F，在此张力作用下紧链缸 B 的活塞杆缩入缸体。随着采煤机向右运行，紧边链的弹性变形转移到松边使之收缩，从而欲将紧链缸 A 的活塞杆推入缸体，由于单向阀 6（图 1－25）将紧链缸活塞腔封闭，因而其内液体受压缩而压力增高，当压力增高到安全阀动作压力 P_a 后，活塞腔液体就通过安全阀溢流

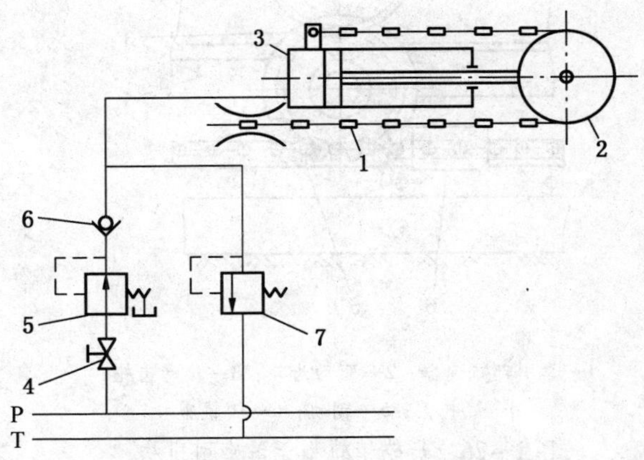

1—牵引链；2—导向滑轮；3—紧链液压缸；4—手动截止阀；5—减压阀；6—单向阀；7—安全阀

图 1－25　液压张紧装置

并保持压力 P_a，此后松边链张力就保持张力 F_1 不变，紧边链弹性变形再转移到松边后，便由安全阀的溢流来补偿，因而紧边链也保持张力 F_1+F 不变。由此可见，采用液压张紧装置后，松边链张力在 $F_0\sim F_1$ 间变化，紧边链张力在 $F_0+F\sim F_1+F$ 间变化，即紧边链张力最大不超过 F_1+F_0。工作中，一般通过调定安全阀动作压力使松边链张力 $F_1=30\sim60$ kN，从而使牵引链受力大为减小，提高了采煤机工作的可靠性。

（二）无链牵引机构

无链牵引机构取消了牵引链，而依靠采煤机上的驱动轮与固定在输送机槽上的齿轨相啮合的方式来实现采煤机的牵引。实践证明，无链牵引机构具有以下优点：

（1）不存在链牵引时因弹性脉动引起的动载荷和振动，也不会发生跳链、断链等现象，因而采煤机运行平稳、载荷均匀、振动小，减少了故障和事故的发生，提高了采煤机的使用寿命和安全性。

（2）能够实现双牵引传动，从而可将牵引力提高到 400～600 kN，以适应大倾角采煤机的要求。同时，可通过在牵引传动系统中设置制动器来解决采煤机的防滑问题。

（3）牵引机构的传动损失小，牵引力的利用率高。

（4）一个工作面可有多台采煤机同时作业，从而大大提高生产率。

无链牵引机构存在的问题是：对输送机的弯曲和起伏不平比较敏感；对煤层地质条件的适应性较差；对工作面管理水平要求较高。另外，无链牵引将增大机道宽度，所以要求液压支架的控顶能力较强。

目前，使用较普遍的无链牵引机构有以下几种：

（1）齿轮销轨型：如图 1－26 所示，安装在牵引部减速器输出轴上的驱动轮 2 通过传动齿轮 3 与销轨 5 相联系，销轨固定在输送机槽的销轨座 6 上，当驱动轮转动后，因销轨固定不动，传动齿轮通过与销轨的啮合作用而沿销轨运动，并带动采煤机牵引。

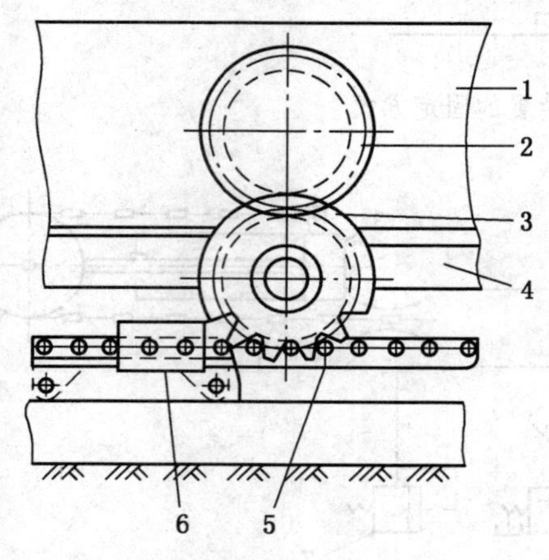

1—牵引部减速器；2—驱动齿轮；3—传动齿轮；
4—底托架；5—销轨；6—销轨座

图 1－26 齿轮销轨型无链牵引机构

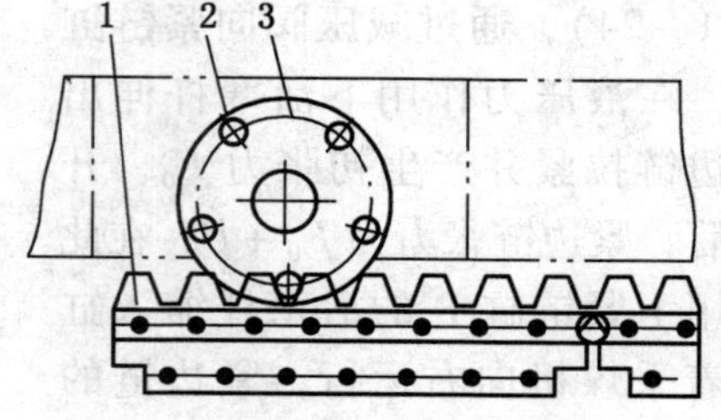

1—齿轨；2—销轴；3—销轮

图 1－27 销轮齿轨型无链牵引机构

（2）销轮齿轨型：如图 1－27 所示，在牵引减速器输出轴上安装有由数个销轴 2 构成的销轮 3，而齿条式齿轨 1 固定在输送机槽帮上，销轮被驱动后，因齿轨固定不动，采煤机便以齿轨为导轨移动。

（3）复合齿轮齿条型：如图 1－28 所示，它的驱动轮和传动轮均为交错齿双齿轮，而齿条也是相应的交错齿双齿条，它们之间对应形成双啮合而使采煤机运行。这种无链牵引机构具有强度高、寿命长、啮合运行平稳和定位导向作用好等优点。

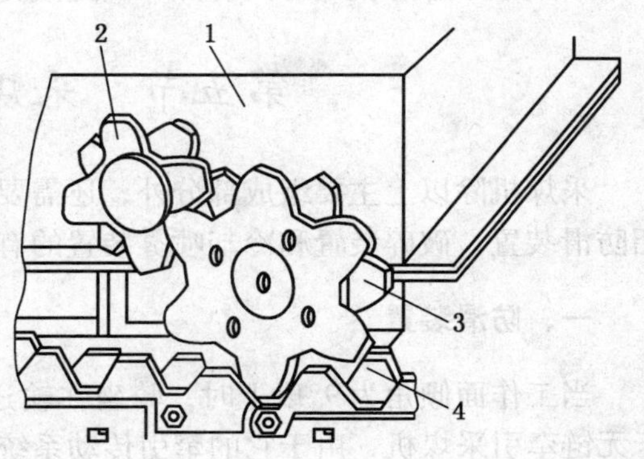

1—牵引减速器；2—驱动轮；
3—传动齿轮；4—交错齿双齿条

图 1－28 复合齿轮齿条型无链牵引机构

二、牵引部减速器

牵引部减速器将电动机的动力经减速后传递给牵引机构，使采煤机获得牵引，有机械调速、液压调速和电气调速 3 种形式。

1. 机械调速

机械调速的减速器全部采用机械传动，利用齿轮变挡实现调速，因此只能是有级的，且不易实现自动调速。另外，尚需液压控制系统完成操纵、控制和保护等功能，使结构十分复杂，现已很少使用。

2. 液压调速

液压调速的牵引部具有无级调速、易实现控制和保护以及能根据负载变化自动调速等优点，是我国目前应用最多的一种。

液压调速一般是通过改变液压泵的排量调节牵引速度，通过改变液压泵的供液方向来改变牵引方向。根据所选用液压马达的转速范围，又分为全液压传动和液压机械传动。

全液压传动采用低速大扭矩液压马达，多为径向柱塞内曲线液压马达，转速范围为 0～40 r/min，如图 1－29a 所示，液压马达可直接或经一级机械减速传动主动链轮。虽然这种方式具有机械结构简单的优点，但因内曲线马达径向尺寸大，使牵引部不好布置，以及链牵引时存在“回链敲缸”问题，所以近年来的应用已明显减少。

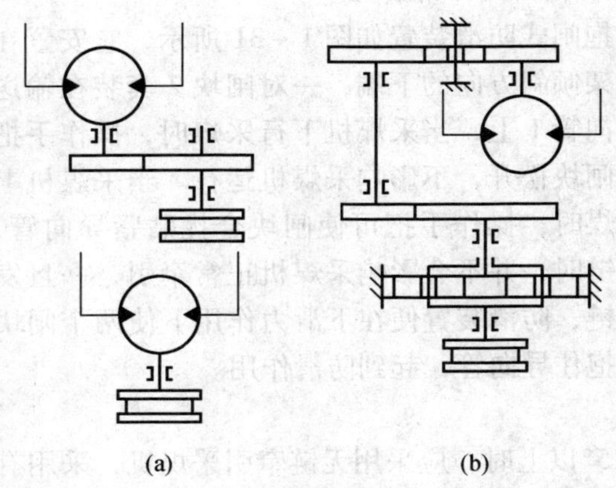

图 1－29 液压调速传动

液压机械传动一般采用高速液压马达，如图 1－29b 所示，需经过较大传动比的齿轮减速才能满足主动链轮或驱动轮（无链牵引）的转速要求。目前，采用的高速液压马达形式有轴向柱塞式和行星转子式。

3. 电气调速

电气调速是新一代采煤机采用的牵引调速方式，有晶闸管直流电动机调速、大功率晶体管变频交流电动机调速，电控采用交—直—交调频调压的电机调速等 3 种形式。电气调速不仅克服了液压调速时工作介质易受污染以及受温度变化影响大的弊端，而且有效率高、寿命长、易实现各种保护、监控和显示以及减小采煤机尺寸的优点，因此成为今后的发展方向。

第五节 采煤机的辅助装置

采煤机除以上主要组成部分外，还需要有辅助装置的配合才能正常工作，下面扼要介绍防滑装置、破碎装置和冷却喷雾装置的有关内容。

一、防滑装置

当工作面倾角为9°以上时，骑坐在输送机槽之上运行的采煤机就有下滑的危险，对于无链牵引采煤机，由于它的牵引传动系统中设有制动装置可起到可靠的防滑作用，所以不必设置单独的防滑装置。而链牵引采煤机为了防止牵引链拉断时下滑，必须设置单独的防滑装置。

1. 防滑杆

如图1－30所示，防滑杆1安装在底托架3上，其端部指向下顺槽方向，它靠手把2操纵，可以抬起和放下。当采煤机上行采煤时，用手把2将防滑杆放下，这样在未断链时，防滑杆自由滑过输送机刮板链不会影响采煤机的运行，一旦断链时，防滑杆便顶在输送机刮板上，这时立即停止输送机，便可阻止采煤机下滑。当下行采煤时，由于滚筒顶着煤壁，采煤机没有下滑的可能，所以应将防滑杆抬起，否则将影响采煤机运行。防滑杆的防滑阻力有限，仅用于中小型采煤机。

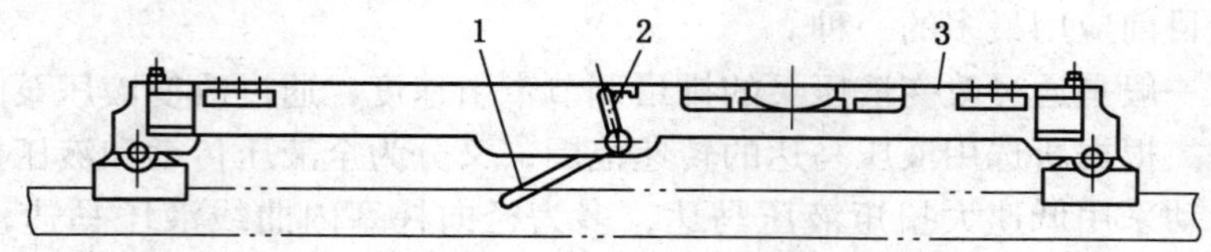

1—防滑杆；2—手把；3—底托架

图1－30 防滑杆

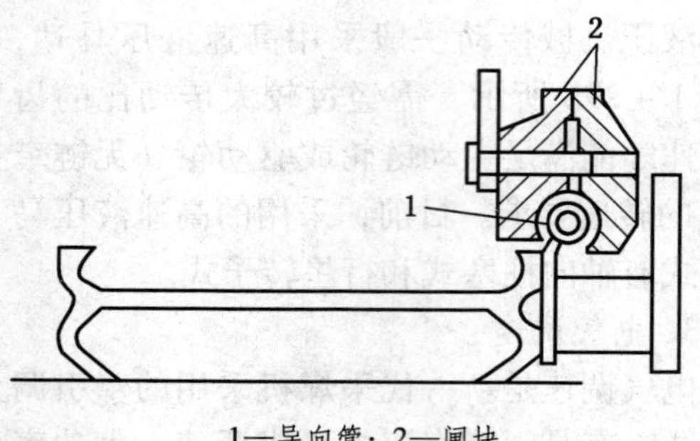

1—导向管；2—闸块

图1－31 抱闸式防滑装置

2. 抱闸式防滑装置

抱闸式防滑装置如图1－31所示，它安置在底托架倾斜方向的下端，一对闸块2套装在输送机导向管1上，当采煤机下行采煤时，操作手把可使闸块松开，不影响采煤机运行。当采煤机上行采煤时，操作手把可使闸块合拢贴紧导向管，未断链时，并不会影响采煤机正常牵引，一旦发生断链，防滑装置便在下滑力作用下使两个闸块紧紧抱住导向管，起到防滑作用。

3. 液压安全绞车

《煤矿安全规程》规定："工作面倾角在15°以上时，应采用无链牵引采煤机，采用有链牵引采煤机必须配有液压安全绞车，同时绞车与采煤机的牵引速度必须保持同步。"

液压安全绞车是一种液压传动的滚筒式小绞车，安装在工作面上顺槽中，绞车钢丝绳的放出端固定在采煤机上。当发生断链时，采煤机的下滑使绞车立即制动，于是采煤机被钢丝绳牵制住停止下滑。

二、破碎装置

一些大型采煤机配备有破碎装置，可在采高较大、片帮煤较多的情况下安装使用。破碎装置由破碎滚筒和传动机构组成。

破碎滚筒结构如图 1－32 所示，由小破碎齿 1、大破碎齿 2、轮毂 3、端盖 4 和键 5 组成。轮毂上用键固定 3 片大破碎齿和 4 片小破碎齿，每片破碎齿沿圆周径向交错布置 6 把刀齿。为提高齿面的耐磨性，刀齿表面堆焊新型耐磨材料。

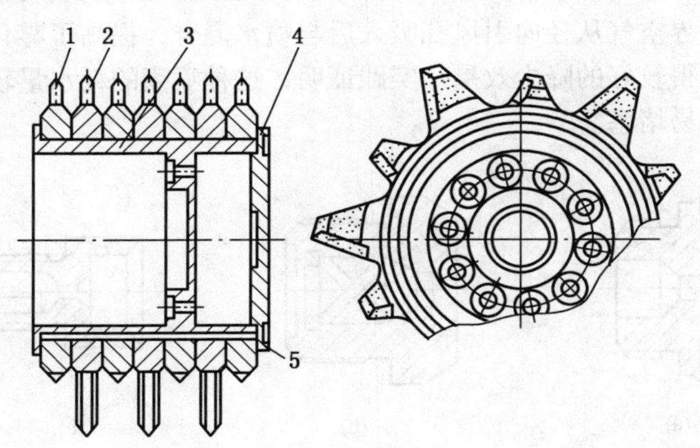

1—小破碎齿；2—大破碎齿；3—轮毂；4—端盖；5—键

图 1－32 破碎滚筒

三、喷雾冷却装置

采煤机工作中会产生大量煤尘，不仅危害矿工健康，也是工作面的不安全因素，因此《煤矿安全规程》规定："开动采煤机时，必须喷雾降尘，其水压必须达到规定压力，并保证恒压，以保证喷水雾化。无水或喷雾装置损坏时，必须停机。"另外，采煤机的电动机和牵引部为了降温，也需要冷却水。所以，采煤机必须配备喷雾冷却装置。

1. 采煤机的喷雾降尘方式

喷雾降尘是通过喷嘴将压力水高度扩散达到雾化程度，从而形成隔离粉尘源和外界环境的水幕。雾化水可将飞扬的粉尘拦截捕捉，使其降落起到降尘效果。此外，还可冲淡瓦斯、冷却截齿、湿润煤层以及防止截割火花。

采煤机采用的喷雾降尘方式有内喷雾和外喷雾两种。

（1）内喷雾。内喷雾是从安装在滚筒上的喷嘴向截齿直接喷射，由于喷嘴离截齿很近，可以将粉尘扑灭在刚刚生成还来不及扩散的时候，其效果较好。但内喷雾的缺点是，供水管道要通过滚筒轴和滚筒，甚至通过齿座，活动联结处多，密封的可靠性要求高，而且喷嘴易堵塞和损坏。

（2）外喷雾。外喷雾是从安装在采煤机箱体上的喷嘴向滚筒喷射。由于喷嘴离粉尘源较远，粉尘容易扩散，为了达到降尘效果，必须消耗较多的水量，因而会造成工作面潮湿和增大煤的水分。但供水系统的密封和维护较易实现，喷嘴的保护也较容易。

2. 喷嘴

喷嘴是使压力水直接雾化的元件，其质量好坏对喷雾效果有决定性的影响。下面介绍几种典型的喷嘴结构。

图1－33a所示为平射型喷嘴，喷口是一直槽，形成扁平矩形的喷雾断面，它的结构简单、防堵性好，但扩散面小。图1－33b所示为涡旋型喷嘴，喷口为圆孔状，并装了刻有双头螺旋槽的旋轮，因而使喷雾具有旋转力，可形成圆锥形喷雾雨。这种喷嘴扩散面大、效果佳，但小孔易堵。图1－33c所示为PN引射型喷嘴，喷嘴口六角头上开了两个径向引风孔，旋轮有3条螺旋槽，做成可拆卸式。其原理是，从喷嘴孔喷出的高速水流使出口形成负压。外界空气从径向引风孔吸入后与喷水混合，提高了雾化效果，还可以从空气中捕集粉尘，获得较好的降尘效果。实践证明，这种喷嘴的耗水量较小，由于喷嘴口得到较好保护，也不易堵塞。

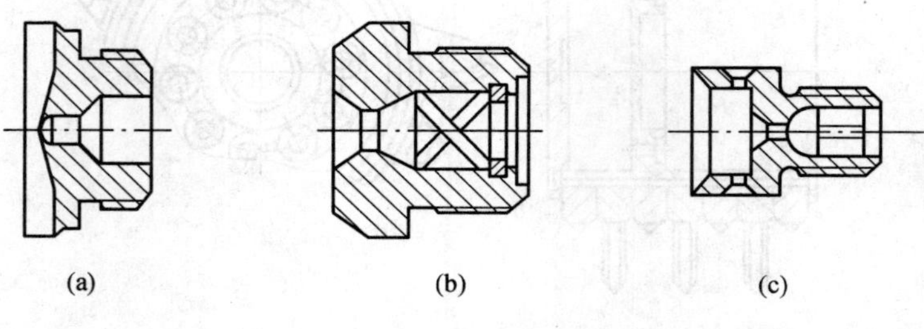

图1－33 喷嘴结构

3. 喷雾冷却系统

采煤机的喷雾冷却系统将引入的压力水分配到各个喷雾点和冷却点。图1－34所示为MG－150型双滚筒采煤机的喷雾冷却系统，压力水由工作面水管接到进水阀1上，经水过滤器2之后分两路供水。第Ⅰ路经可调节流阀3后分为两路；第Ⅴ路在通过牵引部冷却器

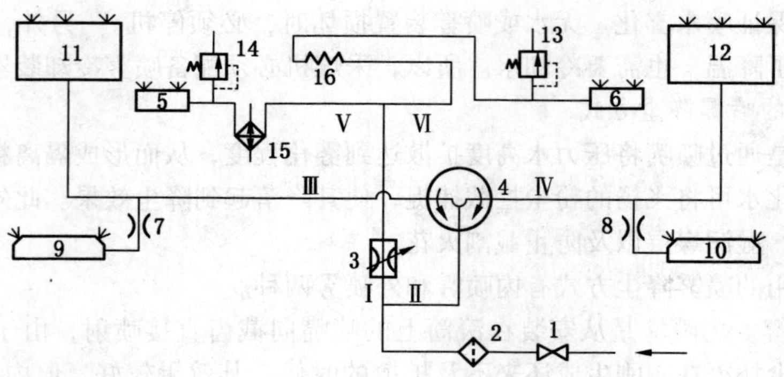

1—进水阀；2—水过滤器；3—可调节流阀；4—水量分配阀；5、6、9、10—外喷雾点；7、8—节流孔；11、12—截煤滚筒内喷雾点；13、14—安全阀；15—牵引部冷却器；16—电动机水套

图1－34 喷雾冷却系统

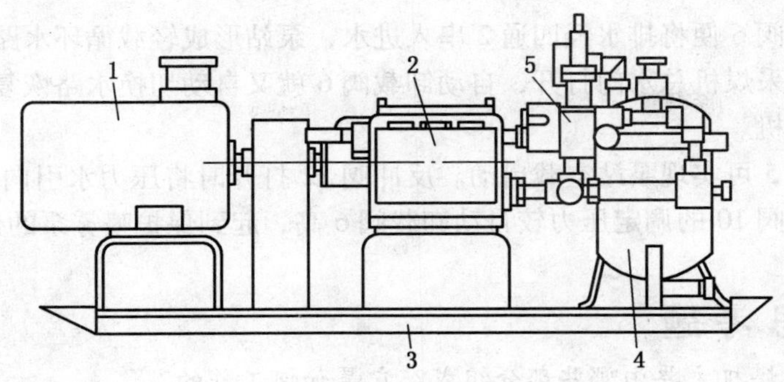

1—电动机；2—喷雾泵；3—底托架；4—过滤器；5—卸载阀

图 1-35 XPB125/5.5 型喷雾泵站的组成

15 由机身左端外喷雾点 5 喷出；第Ⅵ路在冷却电动机后由机身右端外喷雾点 6 喷出，安全阀 13、14 的调定压力不允许大于 1 MPa，以防损坏冷却器和电动机水套；第Ⅱ路经水量分配阀也分为两路；第Ⅲ路向左滚筒内喷雾和左摇臂外喷雾供水；第Ⅳ路则向右滚筒内喷雾和右摇臂外喷雾供水。水流分配阀用于调节两个滚筒的供水量，通常前滚筒大于后滚筒。节流孔 7、8 可限制外喷雾点 9、10 的水量，以保证内喷雾的降尘效果。

4. 喷雾泵站

实践证明，为了达到好的喷雾降尘效果，喷嘴口的供水压力以 1～1.5 MPa 为宜，考虑到水管和附件的压力损失，采煤机进水口压力应达到 4 MPa。供水量一般应达到 250 L/min。喷雾泵站正是向冷却喷雾系统提供压力和流量都符合要求的水源。

XPB125/5.5 型喷雾泵站的组成如图1-35 所示，包括喷雾泵总成（电动机 1、喷雾泵 2、底托架 3）和过滤器组（过滤器 4 和卸载阀 5）两大部分，喷雾泵总成的结构基本与乳化液泵的总成相同。

XPB125/5.5 型喷雾泵站的液压系统如图 1-36 所示，其工作原理如下所述：

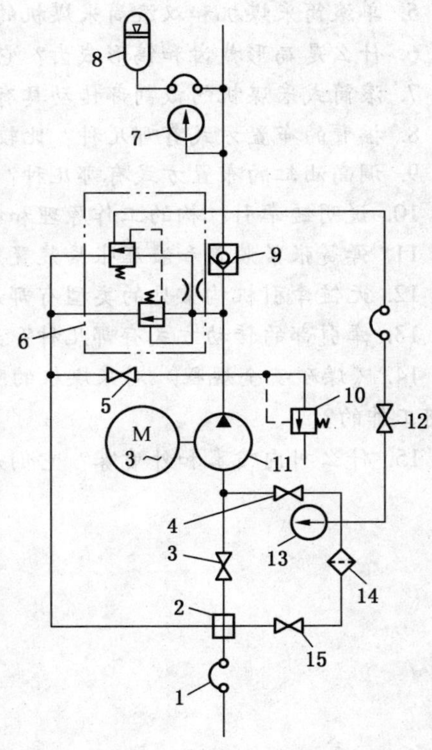

1—进水管；2—四通；3—截止阀（常闭）；
4、15—截止阀（常开）；5—手动卸载阀；
6—自动卸载阀；7、13—压力表；8—蓄能器；
9—单向阀；10—安全阀；11—泵与电机；
12—反冲阀（常闭）；14—过滤器

图 1-36 XPB125/5.5 型喷雾泵站液压系统

正常工作时，由进水管供入的水经四通 2 和截止阀 15 进入过滤器 14，过滤后通过截止阀 4 供入喷雾泵增压，喷雾泵排出的压力水经单向阀 9 和管路供给采煤机喷雾冷却用。采煤机停机不需要水时，司机将采煤机上的总水门关闭，泵站排水管路被切断。此时压力升高，自动卸载阀6便将排水经四通2串入进水，泵站形成轻载循环水路。当采煤机又需用水时，只要将采煤机总水门打开，自动卸载阀6就又自动切换水路恢复供水，因而避免了频繁启动电动机。

手动卸载阀5可实现泵站空载启动。反冲阀12打开时将压力水引向过滤器14，起到清洗作用。安全阀10的调定压力较自动卸载阀6高，起到保护喷雾泵的作用。

复习思考题

1. 滚筒式采煤机主要由哪些部分组成？它是如何工作的？
2. 滚筒式采煤机工作机构的优缺点有哪些？
3. 滚筒的结构是怎样的？
4. 截齿排列图上能够表示哪些内容？螺旋叶片和端盘上的截齿排列各有什么特点？
5. 单滚筒采煤机和双滚筒采煤机的滚筒各采取怎样的旋向？为什么？
6. 什么是扁形截齿和镐形截齿？它们各适用于什么条件？
7. 滚筒式采煤机的截割部传动具有什么特点？
8. 摇臂的布置方式有哪几种？比较它们的优缺点？
9. 调高油缸的布置方式有哪几种？各有何优缺点？
10. 说明链牵引机构的工作原理和存在的问题。
11. 弹簧张紧装置和液压张紧装置为什么能减小牵引链的张力？
12. 无链牵引机构常见的类型有哪几种？它们是如何工作的？
13. 牵引部的传动方式有哪几种？为什么说液压传动将会被电气传动所代替？
14. 《煤矿安全规程》对采煤机的防滑有什么规定？防滑杆式防滑和抱闸式防滑各是如何工作的？
15. 什么叫内喷雾和外喷雾？它们是如何起到防尘作用的？喷嘴有哪些类型？

第二章 液压牵引采煤机

【教学目标】

1. 了解高档普采工作面常用液压牵引采煤机类型、特点及配套设备。
2. 熟练掌握典型液压牵引采煤机的组成和工作原理。
3. 掌握典型液压牵引采煤机截割部结构及传动原理。
4. 熟悉典型液压牵引采煤机牵引部的结构及传动原理。
5. 熟悉典型液压牵引采煤机附属装置结构。
6. 了解液压牵引采煤机的使用与维护内容和方法。

【教学重点】

1. 典型液压牵引采煤机的组成和工作原理。
2. 典型液压牵引采煤机截割部结构及传动原理。
3. 典型液压牵引采煤机牵引部的结构及传动原理。
4. 典型液压牵引采煤机附属装置结构。

【教学难点】

1. 典型液压牵引采煤机牵引部的结构及传动原理。
2. 典型液压牵引采煤机的使用与维护内容和方法。

第一节 MXG－350 型液压牵引滚筒式采煤机

一、概述

MXG－350 型采煤机系多电机驱动、截割电动机（150 kW）两台横向布置、全液压恒功率自动调速的无链双驱动牵引采煤机，适用于缓倾斜或倾斜，中厚或较厚，煤层中硬或较硬，煤层中无坚硬夹杂物或有不厚的较软夹石的长壁工作面落煤及装煤。

该采煤机可与 SGB－630/220 可弯曲刮板输送机、单体液压支柱、长钢梁或金属铰接顶梁配套，实现“新高档普采”；也可与相应的液压支架，槽宽 630 mm、730 mm 或 764 mm的刮板输送机配套，实现综合机械化采煤。

1. 特点

该采煤机除具备一般双滚筒采煤机的主要特点外，还具有以下特点：

（1）采用多电机驱动方式（电动机功率为 2 × 150 kW + 50 kW），使机械结构大大简化，从而提高了采煤机的使用可靠性，使维护更加方便，给稳产、高产创造了条件。

（2）两台截割电动机分别横向布置在摇臂上，这样布置不但取消了加工、调整复杂且制造成本高的伞齿轮传动，而且还使摇臂摇点无动力传动通过，使故障点、漏油点减少，使维护特别是更换电动机更加方便。

(3) 能力余量大，安全系数高，自然可靠性亦高，易于实现稳产、高产，如液压牵引部主要元部件的使用参数只有额定值的一半或更低，截割部主传动系统中各轮系的安全系数在1倍或2倍以上。

(4) 双驱动无链牵引，停机自动制动，这样使牵引行走运行更加平稳，而且使爬坡能力大大提高，在缓倾斜煤层中使用牵引部可靠性更高。

(5) 采用积木组合方式，各主要大部件相对独立，而且体积较小，互相配合简单，可大大减少维修时间，提高开机率。

2. 主要结构及组成部分

MXG－350型采煤机由摇臂（左右）、150 kW 截割电动机（两台）、螺旋滚筒等组成左右对称的两大可摇部分；由50kW牵引电动机、电控箱、泵箱、左右牵引箱和底托架及调高油缸组成机身的主体部分；另外，还设有内、外喷雾冷却系统，无链牵引系统，电缆水管自动拖拽装置，如图2－1所示。

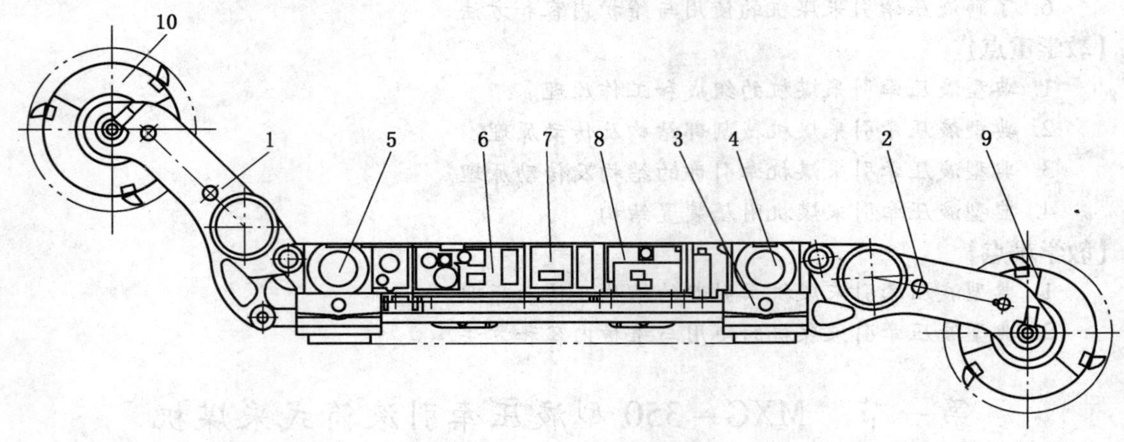

1、2—摇臂（左、右）；3—底托架；4、5—牵引箱（右、左）；6—泵箱
7—牵引电动机；8—电控箱；9、10—螺旋滚筒（右、左）

图2－1 MXG－350型滚筒式采煤机

1) 摇臂

摇臂是左、右对称的独立机构，主要完成落煤、装煤、喷雾降尘作业，每个摇臂又由单独的电动机（150 kW）来驱动。整个摇臂是由三级圆柱齿轮和一级行星齿轮组成的一个减速机构，并设有一推拉式离合装置。左右摇臂除壳体外，其内部零件均可左右通用。

2) 牵引部

牵引部主要由泵箱、左右牵引箱组成。泵箱中装有主油泵、辅助泵、调高泵、阀组和调速机构等，牵引箱中有油马达齿轮及行星减速机构。由50kW牵引电动机同时驱动主油泵、辅助泵、调高泵运转。主泵为斜轴式变量泵，经闭式油路系统驱动牵引箱中的油马达，再经齿轮及行星机构带动装在牵引箱采空区侧出轴上的驱动轮，驱动轮通过和导向滑靴同轴的齿轨轮与固定在刮板输送机侧面的销轨啮合，实现无链牵引。

牵引系统中设有自动调速、液压保护、停机、回零、断电制动器等，调速换向合为一个手把操作。滚筒调高通过按钮式操纵阀实现。

3) 底托架

底托架是一整体式托架，用于固定泵箱、牵引箱、牵引电动机、电控箱等，如图2－2所示。底托架下部设有4个滑靴，靠煤壁侧为两个平滑靴，在刮板输送机槽帮上行走；靠采空区侧为两个导向滑靴，其同轴装有齿轨轮，与无链牵引系统中的销排相啮合。

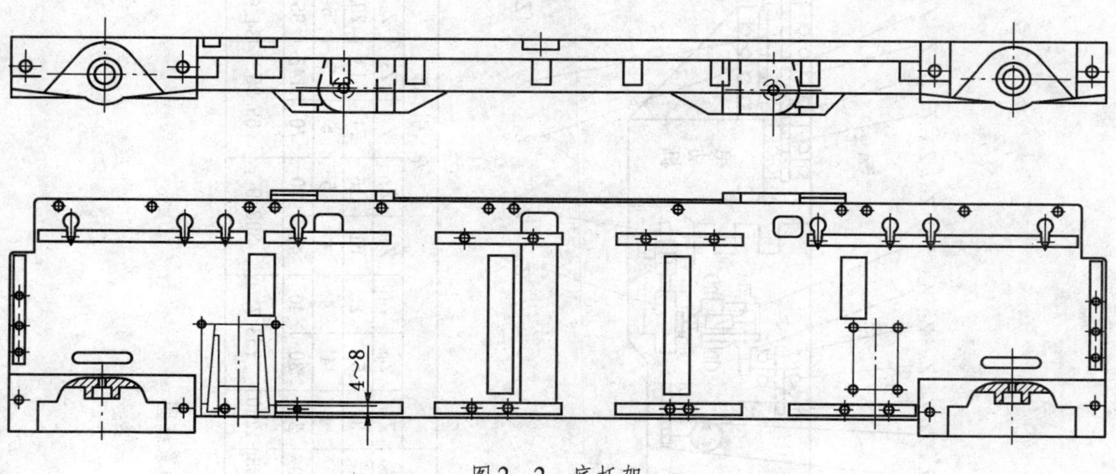

图2－2　底托架

4）滚筒

本采煤机滚筒采用三头螺旋叶片、刀形截齿。叶片上装有内喷雾喷嘴。滚筒与摇臂通过方块和螺栓连接。滚筒分左、右旋，两个滚筒的螺旋方向相反。

5）调高系统

调高系统包括装在泵箱内的21X型轴向柱塞泵、按钮式换向阀及安装在底托架下的左右调高油缸（包括液压锁），与左右摇臂连接实现调高。系统中设有安全溢流阀及压力表、吸油过滤器（与辅助系统共用）。

6）无链牵引系统

无链牵引系统采用齿轮—销排式传动并采用双驱动方式，由两个牵引（马达）箱出轴上的驱动轮和装在底托架上的齿轨轮、导向滑靴以及装在采空区侧刮板输送机中部槽上的销轨等组成，由液压马达驱动来实现采煤机行走。为了适应井下工作面底板的起伏，齿轨在水平和垂直两个方向上均可以弯曲，但弯曲均不得超过2°。

7）冷却喷雾系统

冷却喷雾系统采用串并联方式，来水分两路并联：一路为高压（来水压力），经摇臂中配水机构供左右滚筒内喷雾；另一路减压后又分3路，即一路供牵引部，先经牵引电动机，再经牵引泵箱，最后由煤壁侧喷出，另两路分别经截割电动机，再经左右摇臂的水槽后喷出，形成外喷雾。

8）动力及电控系统

本采煤机动力部分包括50 kW方形水冷电动机一台，150 kW水冷圆形电动机两台，用一根电缆供电，供电电压为1140 V。电控部分使用动力载波，电控箱分为两部分：一部分在牵引电动机采空区侧，另一部分是与其相连接的电控箱。

本机的操作控制除设有供电总启动、停止按钮外，还设有截割电动机分别启动停止钮、停止输送机钮、打信号钮等。

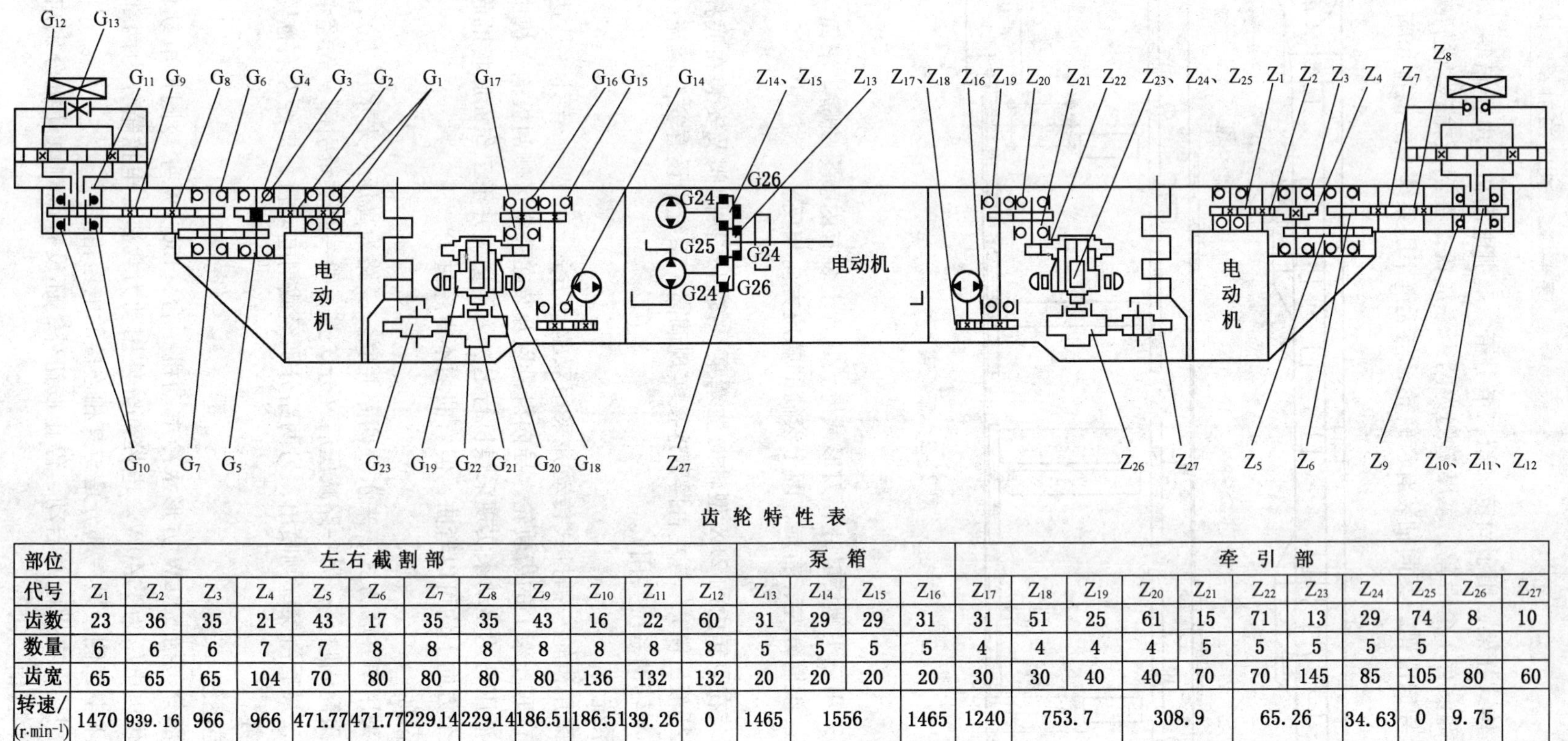

齿轮特性表

部位	左右截割部												泵箱				牵引部										
代号	Z_1	Z_2	Z_3	Z_4	Z_5	Z_6	Z_7	Z_8	Z_9	Z_{10}	Z_{11}	Z_{12}	Z_{13}	Z_{14}	Z_{15}	Z_{16}	Z_{17}	Z_{18}	Z_{19}	Z_{20}	Z_{21}	Z_{22}	Z_{23}	Z_{24}	Z_{25}	Z_{26}	Z_{27}
齿数	23	36	35	21	43	17	35	35	43	16	22	60	31	29	29	31	31	51	25	61	15	71	13	29	74	8	10
数量	6	6	6	7	7	8	8	8	8	8	8	8	5	5	5	5	4	4	4	4	5	5	5	5	5		
齿宽	65	65	65	104	70	80	80	80	80	136	132	132	20	20	20	20	30	30	40	40	70	70	145	85	105	80	60
转速/(r·min⁻¹)	1470	939.16	966	966	471.77	471.77	229.14	229.14	186.51	186.51	39.26	0	1465	1556		1465	1240	753.7		308.9		65.26		34.63	0	9.75	

图 2-3　MXG-350 型采煤机机械传动系统图

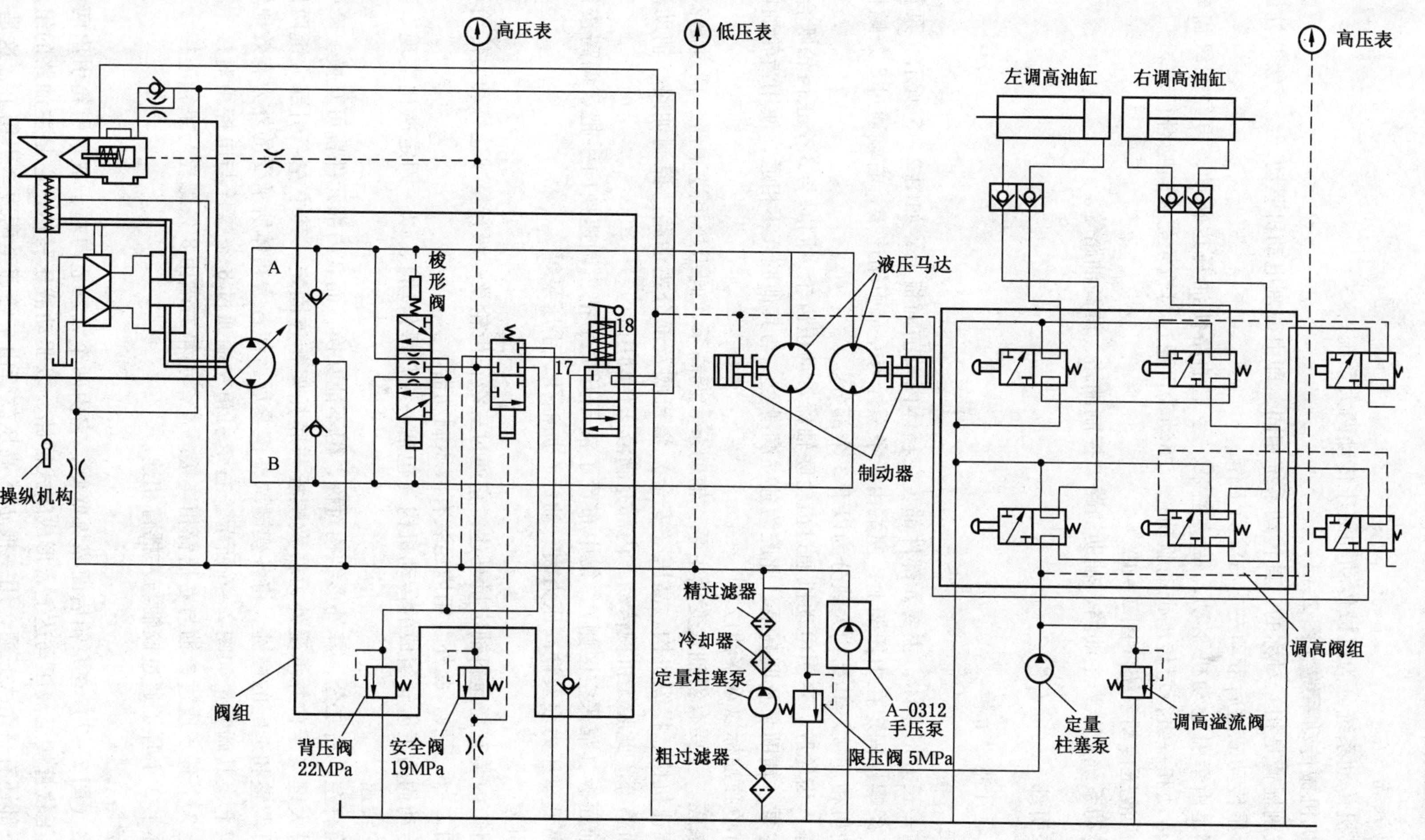

图2-4 MXG-350型采煤机整机液压传动系统图

3. 传动系统

该采煤机传动系统分为机械传动和液压传动两大系统。

1）整机机械传动系统（图2－3）

左右截割摇臂是相互对称的，其传动系统相同，即由截割电动机驱动，经三级圆柱齿轮和一级行星传动减速后带动左、右滚筒工作。

牵引部是由牵引电动机驱动，带动主泵，经主油路使油马达转动，再经三级齿轮（正齿轮）传动和一级行星传动带动驱动轮，驱动轮再通过齿轨轮与齿轨啮合行走。

2）整机液压传动系统（图2－4）

液压传动系统又分为主油路、辅助油路、控制油路、调高油路等。

二、牵引部

（一）牵引部的结构

1. 泵箱

泵箱为一长方形箱体，主要元部件都装在箱体内及前面板上，如图2－5所示。泵箱下部通过4条螺栓固定在中托架上，左端由8条螺栓与左牵引箱连接，右端通过8条螺栓与牵引电动机相连接。其结构大致分为以下3个部分。

（1）输入齿轮腔。牵引电动机通过齿轮联轴器带动正齿轮，同时与3个正齿轮啮合，分别带动主泵、辅助泵及调高泵。此腔为独立润滑腔，与其他腔互不相通，使用齿轮油单独润滑，有单独油标以观察油位。

（2）泵腔。主要有斜轴式变量主泵、辅助泵、调高泵、阀组、粗过滤器、精过滤器、冷却器、调速机构、操纵机构、高压（安全）溢流阀及部分主油路、控制油路、辅助油路、调高油路等。此腔无机械传动，内部充满液压传动用油。

（3）前面板（靠采空区侧）。集中布置了液压开关手把、调速换向手把、调高按钮（阀组）、高低压压力表及调高压力表、油标、加油孔、手压泵等。

2. 牵引箱

在牵引箱内装有高速斜轴定量马达，它通过三级正齿轮及一级行星减速将动力传给驱动轮，如图2－6所示。此外，箱内还装有液压制动器等。

机械传动均为正齿轮组成的传动机构（包括一级行星传动），以一固定速比实现牵引机构要求的转速。

牵引箱有左、右之分，其外形结构对称，但不能互换，而其内部元件皆可互换。牵引箱底部通过大键（定位并承受外力）及螺栓与底托架相连固定，其中左牵引部大键两侧各有一对可调整和选配的楔键。将各楔键调整楔紧后，使各大箱体所承受的外力有效地转移到底托架上，其调整量如图2－6所示。右牵引箱左端通过8条螺栓与电控箱对接，右端由箱体上3个耳子通过铰轴与右摇臂相连接。左牵引箱右端由8条螺栓与泵箱连接，左端则由箱体上3个耳子通过铰轴与左摇臂相连。

3. 外管路

外管路（图2－7）在泵箱后面靠煤壁侧，它由两个大三通向左、右牵引箱引出两根$\phi25$ mm高压软管接至液压马达上，形成闭式回路，以驱动液压马达，它是主油路的组成部分。其下部还有一个大三通，用一根$\phi25$高压软管由泵箱通至两边牵引箱上，这是一

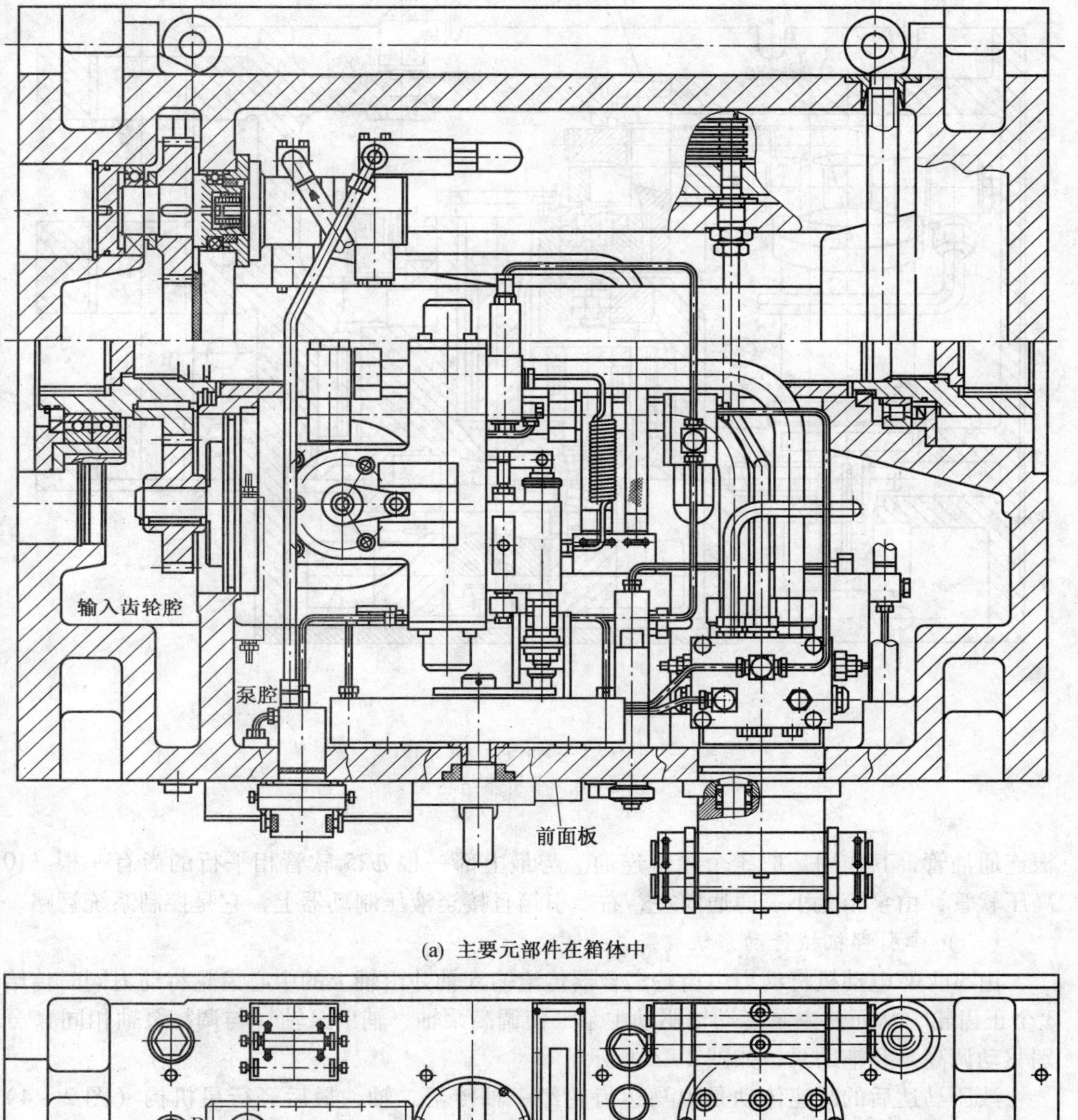

输入齿轮腔
泵腔
前面板

(a) 主要元部件在箱体中

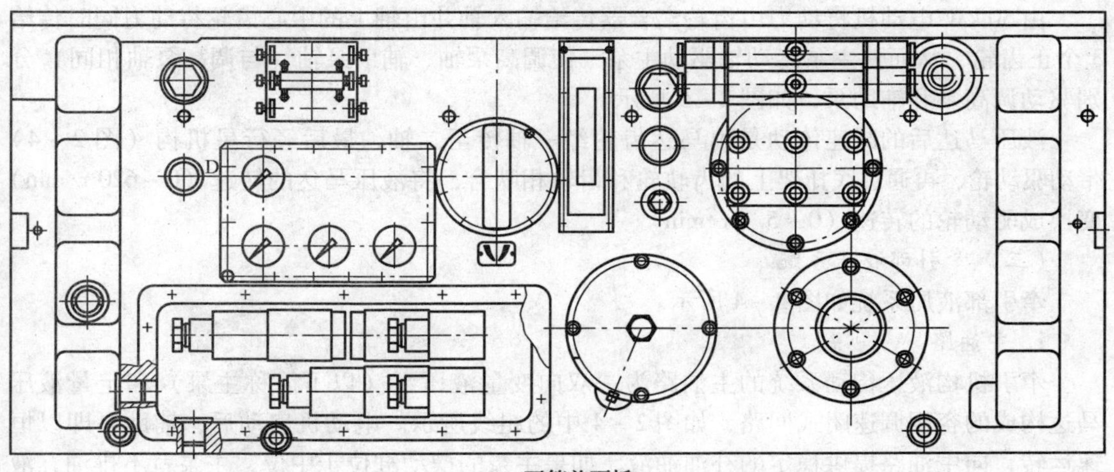

(b) 泵箱前面板

图 2－5　泵箱结构图

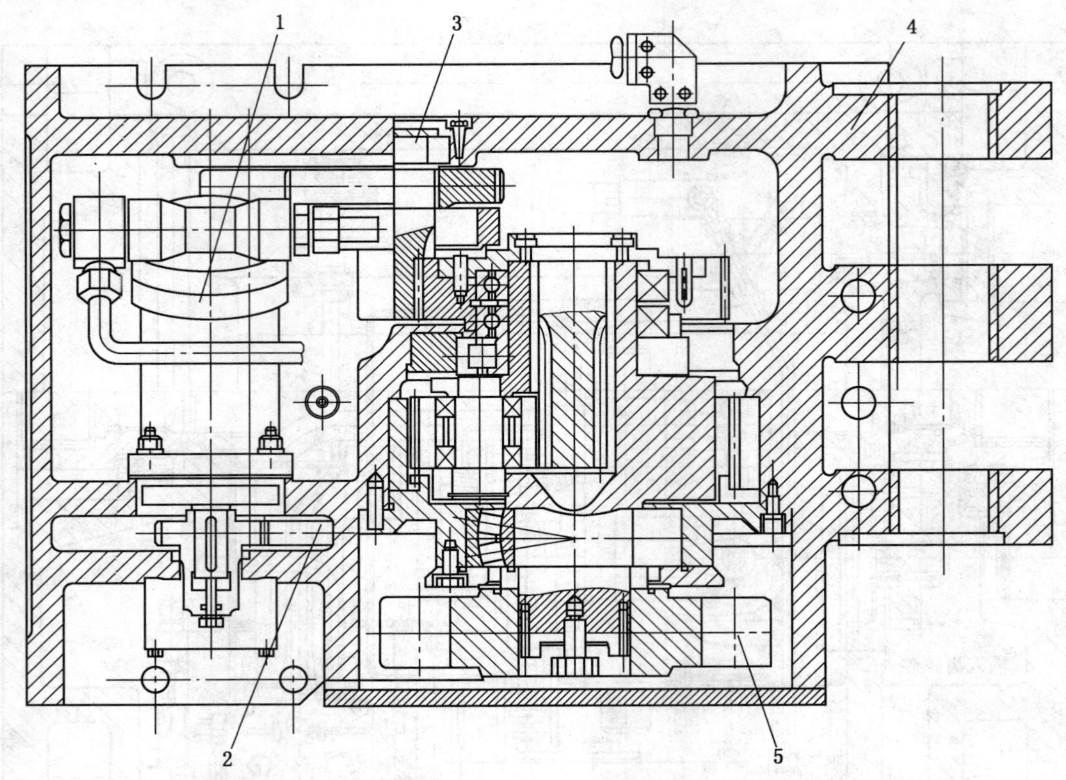

1—马达；2—轴；3—二轴；4—行星机构；5—驱动轴

图 2-6 牵引箱结构图

根连通油管，其作用是把 3 个箱体连通。与最上部一根 $\phi25$ 软管相平行的尚有一根 $\phi10$ 高压软管，由泵箱上小三通通向左、右牵引箱且接至液压制动器上，它是控制系统管路。

（二）牵引部机械传动系统

由 50 kW 电动机将动力由齿轮离合器传给输入轴并由轴上的中心齿轮将动力同时传给 3 个正齿轮，从而使主泵传动轴驱动主泵，使调高泵轴、辅助泵轴（与调高泵轴相同）分别驱动调高泵和辅助泵，如图 2-5 所示。

液压马达后的减速传动是由马达齿轮经一轴传至二轴，最后经行星机构（图 2-4）带动驱动轮，再通过底托架上的齿轨轮和齿轨相啮合，将液压马达的转速（0～620 r/min）变换成驱动轮的转速（0～5.4 r/min）。

（三）牵引部液压系统

牵引部液压系统如图 2-4 所示。

1. 主油路

牵引机构液压传动系统的主油路为一双向变量液压泵（以下简称主泵）和定量液压马达构成的容积调速闭式回路，如图 2-4 中的粗线所示。电动机启动后，辅助泵即以恒速运转，向主油路提供稳定的补油油液。如果主泵的摆动缸位于中位，主泵就不排油，液压马达亦不运转；如果缸体偏离中位，则泵即有油液排出，并驱动液压马达运转。主泵缸体摆角越大，液压马达转速也就越高，亦即机器牵引速度越高。改变主泵摆缸的方向，即

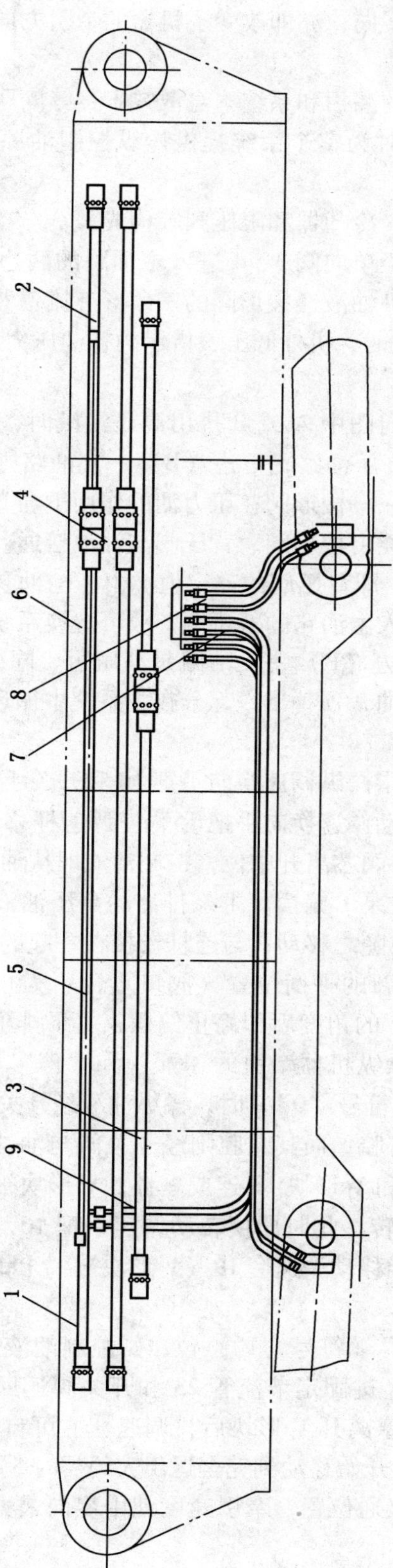

图2-7 外管路

1、2、5、6—主油路管道；3、4、9—控制油路管道；7、8—调高油路管道

改变了主泵液流方向和液压马达转向，亦即改变了机器的牵引方向。

2. 补油和热交换油路

为解决闭式回路中不可避免的漏损和系统本身散热不良等问题，系统中设有补油和热交换油路。补油和热交换油路同时为整个系统提供操纵控制油源。补油路也称为辅助油路。

补油路由辅助泵、粗过滤器、冷却器和限压阀等构成。

当主泵处于中位时，补油液经单向阀3、4进入主油路的两边A、B，形成低压平衡。此时梭形阀处于中位，一小部分补油液经梭形阀的三角形节流槽背压阀流回油池；大部分补油液经限压阀直接返回油池。此时，机外低压表指示的补油压力应为2.5 MPa +0.2 MPa，即限压阀的整定值。

当主泵向一个方向偏摆，即向图中A或B排出高压油液时，油马达则正向或反向运转。如果上边（A）一支油路为高压油路，下边（B）一支油路则为低压油路，而位于两支油路之间的液控三位五通滑阀——梭形阀在压力油的作用下与d接通，从而使高压油路与高压关闭阀接通，而低压油则经由梭形阀、背压阀与油池接通。此时，低压表指示的补油压力应为2.22 MPa +0.1 MPa，即背压阀的整定值。由于辅助泵连续排出比低压边压力稍高的冷油，由单向阀4直接注入主油路的低压侧，故可置换系统中的一部分热油，经梭形阀和背压阀返回油池。如果下边（B）一支油路是高压边，同样可对系统进行热交换，不停地向系统补充一部分新的凉油，顶替出一部分在主系统中循环的热油。

3. 操纵油路

牵引液压系统的操纵油路是指操纵调速换向手把16和开关手把18的控制油路。

牵引方向选定后，若继续转动调速换向手把16，使调速杆移动，则在弹簧12的作用下，调速套19即带动先导阀9的阀芯离开中位，控制油液即从油管20进入先导阀9和变量活塞21的上腔或下腔，带动主泵1偏摆，主泵排出的高压油液即驱动油马达转动。当变量活塞上下移动时，连杆10亦随之移动；与连杆铰接在一起的先导阀阀芯也跟着移动，直到先导阀阀壳和阀芯重新达到新的平衡位置（阀口重合）为止。此时，主泵缸体摆到与之相应（手把16转角的大小）的角度后即停止偏摆，主泵排出恒定的油液，油马达恒速运转。牵引部开关阀手把18操纵机器牵引的“开”和“停”。开关阀是一个二位五通阀。开关阀手把置于“停”位（符号“0”）时，操纵油液经开关阀和单向阀22进入液压恒功率控制器的开关活塞14的右腔，而其左腔则经开关阀与油池连通，故可推出开关活塞，锁住V形块13。调速套19和V形块13连成一体，V形块被锁在中位，亦即主泵位于中位，主泵不排油，马达不运转。此时即使转动调速手把16，使调速杆上下移动，也只能使弹簧12受到压缩，而不能移动调速套19（V形块被“上锁”），即不能实现牵引调速。

如果将开关阀手把置于“开”（符号“I”）位，则控制油液通过可调节流孔17进入开关活塞14左腔，而其右腔则经过固定节流管23和开关阀返回油池，故可退出开关活塞，使V形块“解锁”。开关活塞离开V形块后，调速套方可自由移动，实现牵引调速。调整节流元件17，使开关活塞从开始移动到完全退出大约需时5 s，亦即当手把16置于最大位置时，一旦将手把18扳到接通位置，牵引速度就由零向最大速度缓慢增加，总共需时5 s左右。

4. 主泵自动回零油路

在下列情况下，主泵可自动回零（中位），机器停止牵引。

（1）调速换向手把 16 转到零（“0”）位。

（2）开关阀手把 18 扳到零（“0”）位。

（3）补油路压力不足（低压保护，补油压力<0.5 MPa）。

（4）主油路压力超限（高压保护，主油路压力>19 MPa）。

正常牵引时，只要把调速换向手把 16 转到零位，则调速杆带动调速套、连杆和整个伺服系统将主泵拉回零位。

如果情况稍为紧急，即把开关手把 18 立即打回零位，则开关阀处于切断位置，控制油液从单向阀 22 直接进入开关活塞 14 右腔（左腔回油），迅速将开关活塞顶出，锁住 V 形块；同时控制油液不经阻尼管 20 进入伺服活塞，而是打开单向阀 24 直接进入伺服系统，使主泵快速回零。

无论主油路的哪一边是高压边，高压油液总是可以通过梭形阀与溢流阀和高压关闭阀相接通；如果主油路工作压力超过允许值 19 MPa 时，高压关闭阀和溢流阀便动作，高压关闭阀动作时，高压油使高压关闭阀的阀杆克服弹簧力上移，切断去开关阀活塞下的控制油路，并使活塞下腔的油液经高压关闭阀返回油箱，和低压保护一样，开关阀落到“停”位，主油泵快速回零，机器停止牵引。压力过载自动回零时，高压油分为三路溢流：一路经溢流阀和节流孔 6 直接回油池；另一路经高压关闭阀、背压阀回油池；再一路经高压关闭阀、梭形阀回到主油路的低压边。高压关闭阀的控制油路有两条：一条与主油路高压边相通，发生过载时，控制油作用到阀芯下部的小端面（$\phi 8$）上，使主阀芯动作；另一条与溢流口相通，溢出的压力油（由节流孔 6 形成的背压）作用到该阀阀芯的大端面（$\phi 30$）上，一旦滑阀发生阻塞卡紧现象，操作该阀动作的力便要增大。由于这两条控制油路的同时作用，故而使高压关闭阀的动作更可靠。

一旦过载消除，工作压力下降到溢流阀的调整压力时，它们会重新回到工作位置，补油压力油又回到开关阀活塞的下腔，为再次启动牵引做好准备。

5. 液压恒功率控制

在液压牵引部增设恒功率控制系统，是希望当外界阻力（牵引力）亦即系统压力 P 增高时，机器能按一定的函数关系降低其流量 Q，亦即减少牵引速度，使 P 与 Q 之积基本维持恒定（$PQ = N \approx$ 常数），这就是液压恒功率控制。

此控制作用系由恒功率控制器的压力测量机构通过自动调速机构来控制主泵变量机构，增减主泵摆缸倾角或使其回零来实现的，这样机器就可能在基本保持牵引功率恒定的前提下，自动调节牵引速度，以适应外界工作条件的变化。

在图 2-8 中，AB 为液压系统容量限制线，BC 为液压恒功率限制线，CD 为过压安全阀的限制线（即牵引力保护线）。在 $OABCD$ 区域内任何一点，均是该液压系统可以工作的工况点。若调速手把拧到 EG 限速线时，如果给定的牵引速度为 V_e，当牵引力在 $0 \sim F_n$ 范围内变化时，采煤机将以 V_e 的速度沿 EG 线牵引（牵引部没有达到额定功率）。

当牵引力超过 F_n 之后，液压自动调速开始起作用。控制杆将在高压油的作用下伸出与 V 形槽接触，牵引速度 V_e 下降，沿 GC 下移。当牵引力超过 F_{max}（即 324 kN 时），系统油压达 19 MPa，过压安全阀起作用，停止牵引。由图 2-8 可以看出，给定的牵引速度 V_e

越大，自动调速的范围也越大；反之，当调速手把给定速度 V_e 低于 V_c 值时，自动调速系统将不起作用，因为在此范围内 F_{max} 与 V_c 之积小于牵引部额定功率。

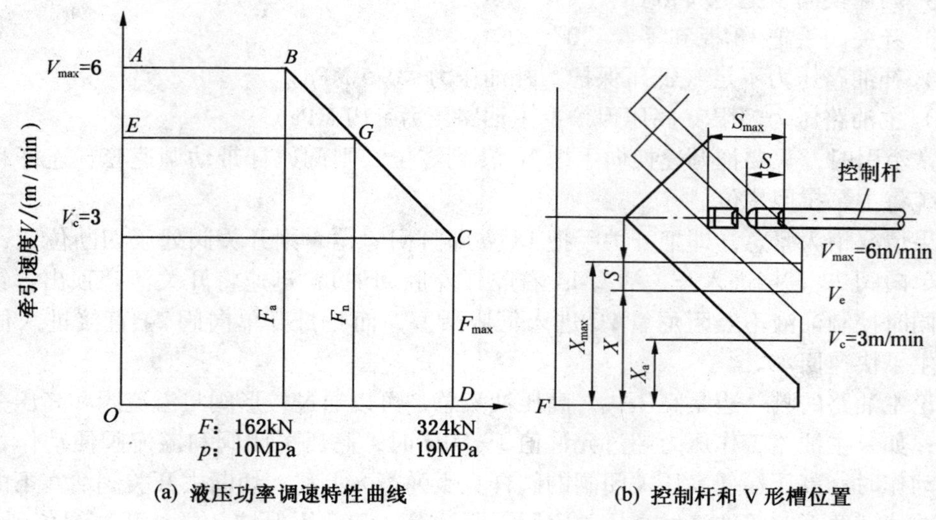

(a) 液压功率调速特性曲线　　(b) 控制杆和 V 形槽位置

B—控制杆初始位置；C—控制杆极限位置

图 2-8 液压恒功率特性

当开关阀接通时，液压恒功率控制器的开关活塞退出 V 形块，使调速套“解锁”，此时即可实现牵引调速，由调速换向手把 16 选定一牵引速度。当开关活塞退出时，控制器中的弹簧受一定的压缩，系统压力自控制器上部接入，作用在测力柱塞（$\phi10$）的上端面，只要系统压力不超过 P_a 值（与弹簧的预压力相比较），测压柱塞下面的控制杆便不会动作。一旦系统压力超过 P_a 值，亦即系统压力与测压柱塞面积的乘积大于控制杆下面弹簧的顶压力，控制杆即由控制器中外伸，迫使 V 形块（调速套）向中立位置移动，整个调速机构亦随之相应动作，带动主泵向零位方向偏摆，使机器牵引调速沿恒功率控制线下降。如果系统压力继续增高，则牵引速度继续降低，直到牵引速度等于零为止。如果系统压力降低，则机器牵引速度又会自动地沿恒功率控制线回升，从而恢复到原先给定的牵引速度。

6. 停机制动

采煤机工作中停止牵引电动机之后，主泵、辅助泵便停止运转。此时，若煤层倾角较大，机器就会下滑，造成驱动轮反转，使马达变成泵工况运转。此时，虽然可以由背吸单向阀 7 自油池吸油，但背吸作用并不理想，因此需尽量避免马达反转。为此，在马达出轴处加装了一个弹簧加载液压释放制动器，一旦牵引电动机停电或开关手把在停止位置时，辅助泵停止供油，制动器制动，防止马达反转。

（四）主要液压元件

1. 主泵与液压马达

主泵为 ZB3－125 型双向变量斜轴式轴向柱塞泵，结构如图 2－9 所示。输入轴 1 的内端为圆盘，7 个柱塞杆 2 支承在此圆盘上均布的球铰中，通过柱塞 3 使缸体 4 旋转。缸体支承在中心轴5上，该轴的一端为滚针轴承支承，另一端为球铰。缸体4装在可摆动的摆缸壳6中，当摆缸壳摆动一个角度，而传动轴圆盘旋转时，缸体内柱塞就被迫产生往复运动，完成吸排油动作。油液通过缸体上油孔7到配油盘8上的月牙形槽9以及后盖10上的月牙槽流至相应的吸排油口。牵引速度和方向的调节是通过控制摆缸壳的摆角大小和方向实现的。

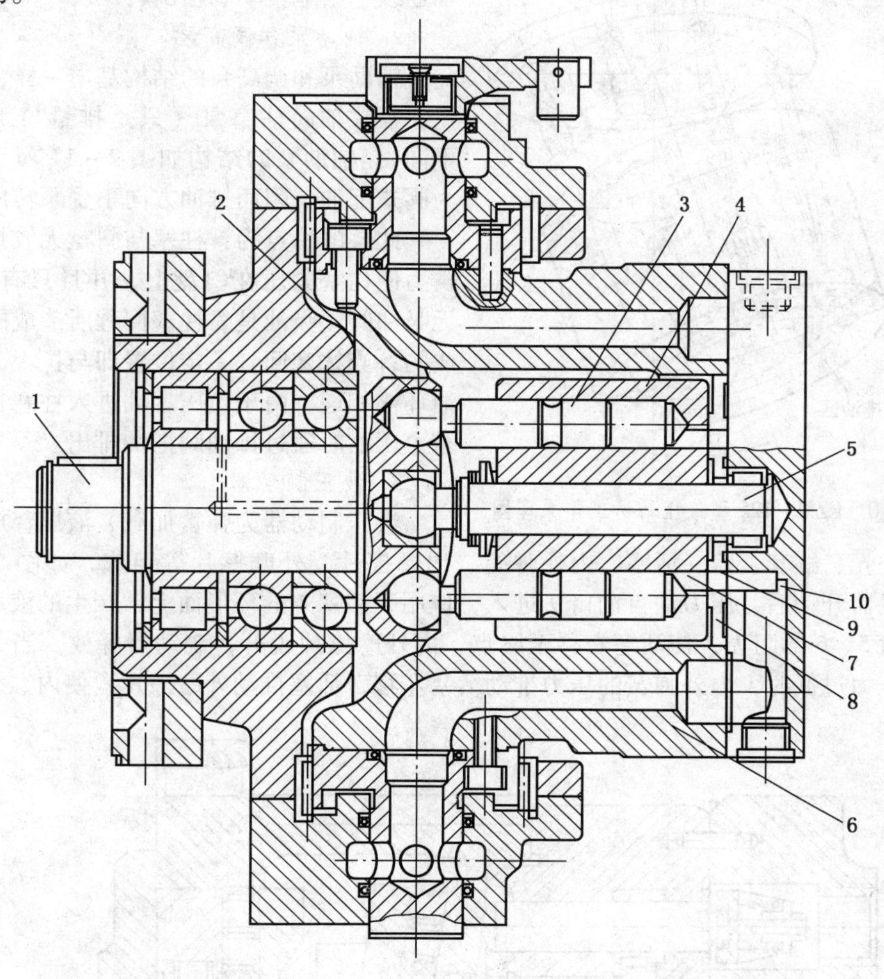

1—传动轴；2—柱塞杆；3—柱塞；4—缸体；5—中心轴；6—摆缸壳；
7—缸体上油孔；8—配油盘；9—月牙形槽；10—后盖

图2-9 主泵结构

液压马达为CZM-125型定量斜轴式轴向柱塞马达，其结构如图2-10所示。它的原理、结构及尺寸与主泵相似，不同的只是它的缸体摆角固定，排量为常数（外形结构相应简化）。当向液压马达一个油口供油，另一个油口排油时，配油口将马达缸体分成供油区和排油区。油液进入位于供油区的各柱塞腔内，作用在柱塞上，产生推力$F(\pi d^2P/4)$，该力分解成F_a、F_r。力F_a由马达轴的轴承承受，而力F_r对$O—O$轴线产生转矩M（$F_rR\sin\phi$），驱动马达轴转动，同时也驱动缸体转动，柱塞也随之绕缸体转动。当转到排

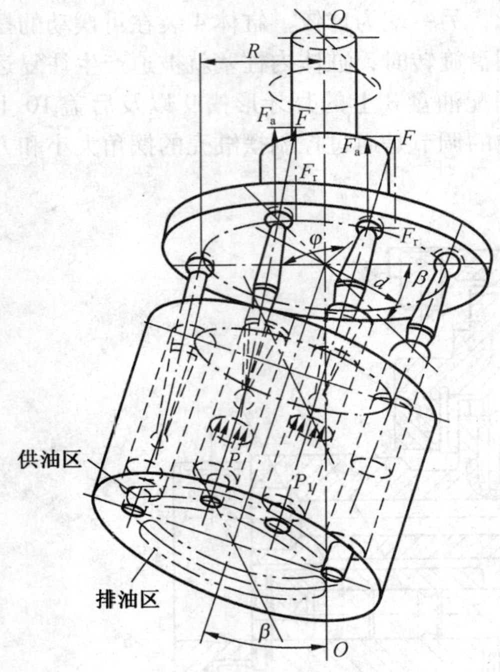

图 2-10 CZM-125 型液压马达工作原理图

油区时，不产生转矩而是排出腔内油液；原在排油区的柱塞腔连续进入供油区，又产生转矩，整个过程是周期进行的，每一瞬间都同时有工作柱塞和回程排油柱塞，因而使液压马达轴连续不断地转动和输出转矩。

2. 辅助泵和调高泵

辅助泵和调高泵的结构基本一样，均为定量斜盘式轴向柱塞泵（只是排量与工作压力不同）。辅助泵的结构如图 2-11 所示。该泵为阀式配油，因而排油方向不受泵转向影响。

此泵的特点为：柱塞与斜盘无铰接，靠弹簧力使柱塞紧压在斜盘上，并且只有排油阀，无吸油阀；吸油是靠柱塞回程所造成的负压完成的，当柱塞回到一定位置即与扩大部分的吸油环槽相通，由于负压，油进入柱塞行程，柱塞再压缩时通过排油阀把油排出。

3. 液压制动器

液压制动器为弹簧加载、液压释放式制动器，由外壳、缸套、盖、活塞、内外弹簧、内摩擦片、外摩擦片等组成，如图 2-12 所示。当机器开动后，压力油自油口 9 进入，作用于活塞 4 的环形面上，产生的液压力克服内外弹簧 5、6 的阻力，使活塞右移至终点，内外摩擦片脱开，制动器释放。当无压力油进入或压力过低时，内外弹簧的压力推动活塞左移，活塞推动外摩擦片，使内、外摩擦片

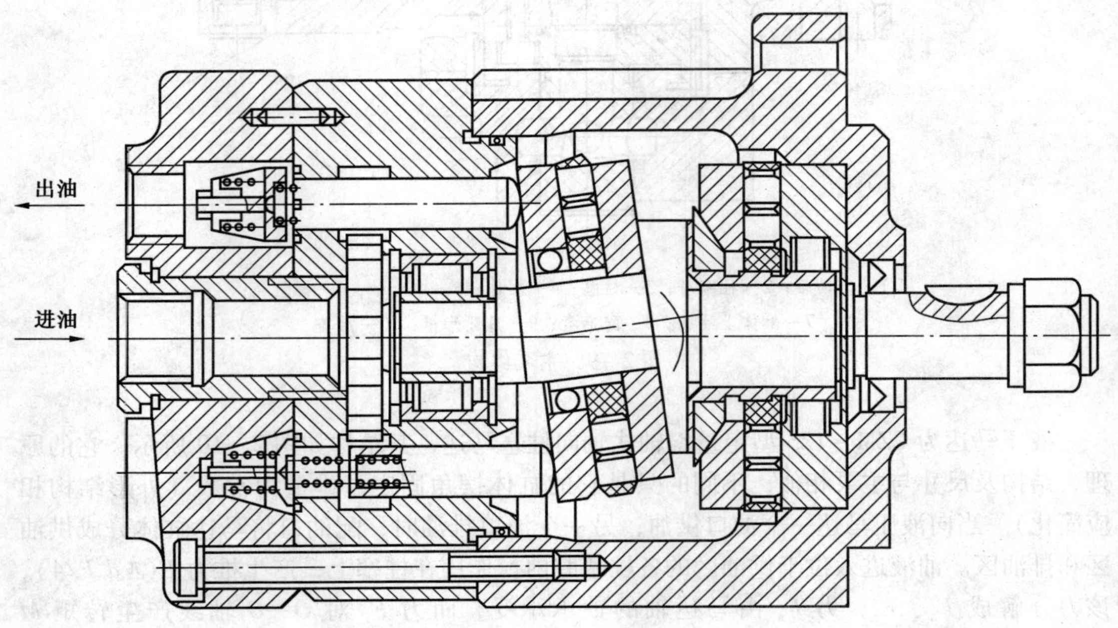

图 2-11 辅助泵结构

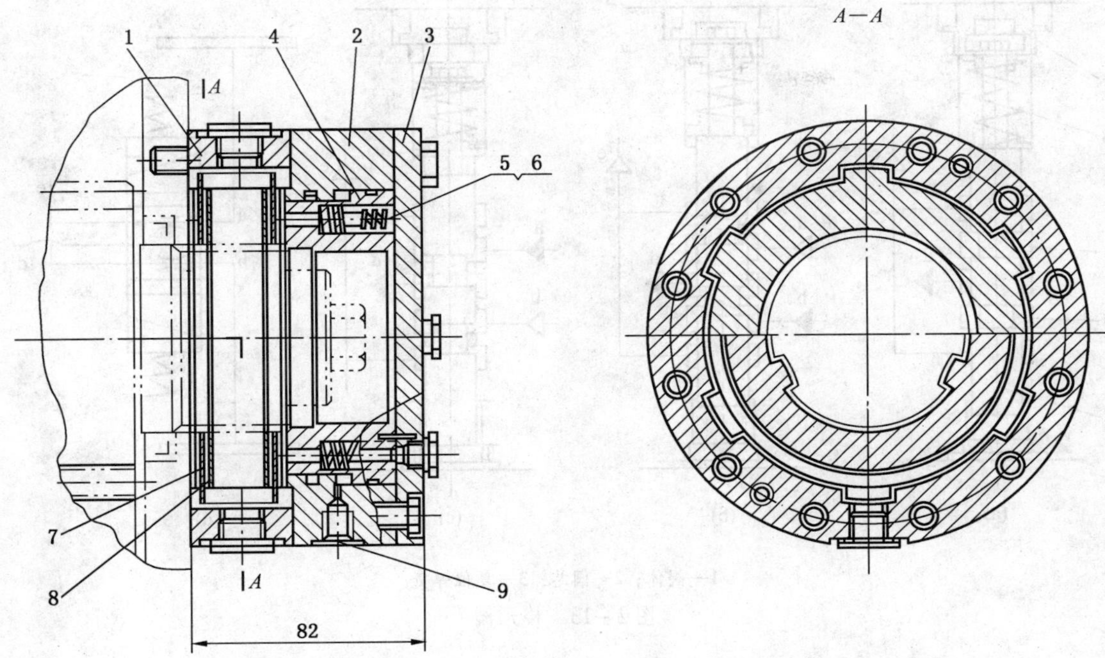

1—外壳；2—缸套；3—盖；4—活塞；5—内弹簧；6—外弹簧；7—内摩擦片；8—外摩擦片；9—油口

图2-12 液压制动器

压紧产生制动力。外摩擦片固定于外壳，内摩擦片随马达运转。

4. 阀组

阀组是由闭式回路中8个阀组合而成的一个阀块，与其他液压元件相配合实现牵引部液压系统的补油、热交换、压力过载保护、系统开关等作用。各阀的位置如图2-4所示。

(1) 梭形阀（图2-13）为液控弹簧复位的三位五通阀，由阀体孔道的连通实现液流整流作用。该阀由阀体、阀芯和复位弹簧等组成。阀芯行程为13.5 mm。

当牵引停止时，梭形阀的阀芯由复位弹簧作用返回中立位置，两条主油路处于压力平衡状态（图2-13a），使主油路高低压经过阀芯的三角槽节流缓慢卸压，辅助泵送来的一少部分油液经梭形阀三角槽泄至e点背压阀，排回油池，起冷热油交换作用；而辅助泵排出的大部分油从低压安全阀排回油池。此时，主辅油路中油压为2.5 MPa，即相应于图d中的中间方框油路。

当牵引工作时，若b为高压，则高压油经阀芯的孔道进入下腔（图2-13b），将阀芯推到上极限位置，这时b与d，a与e相通，使d为高压侧，e为低压侧，相应于图d中下一个方框油路。此时辅助泵来的低压油顶替出一部分马达排出的热油经背压阀流回油池，辅助油路中油压为2.2 MPa，此时低压安全阀关闭。

若牵引换向，即a为高压时，高压油通过阀孔道进入上腔，克服低压侧油压力与弹簧力，将阀芯推到下极限位置（图2-13c），使a与d，b与e相通，此时d为高压侧，e为低压侧，相应于图d中上一个方框的油路。与上述一样，从相反的一支主油路中顶替一部分热油，辅助油路中油压亦为2.2 MPa，低压安全阀关闭。

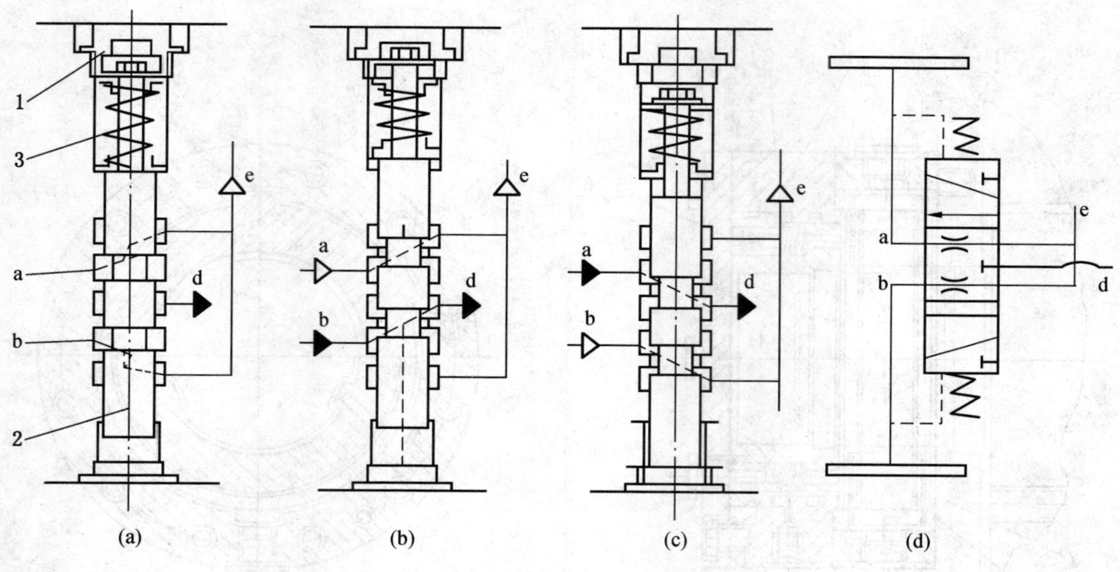

1—阀体；2—阀芯；3—复位弹簧

图 2－13 梭形阀

(2) 背压阀（图 2－14）是一可调的直动型滑阀式溢流阀，由阀套 1、阀芯 2、弹簧 3 和调整螺钉 4 构成。阀套与阀芯的配合直径为 10 mm，其配合间隙为 0.01～0.015 mm。阀芯由本芯①和减震塞②与阀套 1 构成一个减震缸，起稳定阀芯的作用。在装配时要特别小心 O 形密封圈 5 的外圆被啃坏。

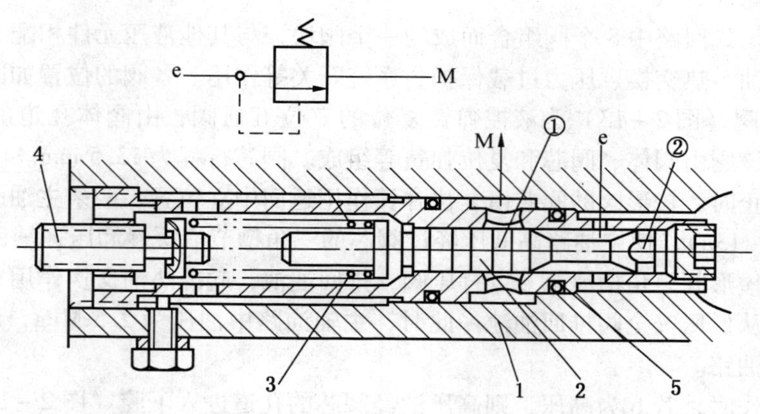

1—阀套；2—阀芯；3—弹簧；4—调整螺钉；5—O 形密封圈

图 2－14 背压阀

该阀用于维持系统背压在 2.2 MPa 左右，所以这种阀在液压系统工作时总处于开启状态，即 e 与 M 总是有阻连通而形成背压。背压由弹簧的预压力限定，而弹簧预压力则由调整螺钉 4 调整。

(3) 安全开关阀是一个二位五通滑阀式安全阀，在主油路压力过载时起保护作用。

它由安全阀阀芯3、调压弹簧2、测压滑阀4、调压螺套1和阀体5构成，如图2－15所示。阀芯3与阀体5的配合直径为30 mm，间隙为0.012～0.025 mm。测压滑阀4与阀芯3的配合直径为8 mm，间隙为0.015～0.020 mm。

在采煤机正常运行时，d点的压力油液进入测压滑阀的阀腔，这时油液压力作用于ϕ8 mm面积上的总压力小于调压弹簧2的预压力，阀芯3处在下极限位置（图2－15a），油路f与g无阻连通，使辅助压力油液供入通向开关阀活塞（图2－15b）的油路，主油路的高压侧d与低压侧e之间被切断，油路相应于图2－15c中上方框的油路。

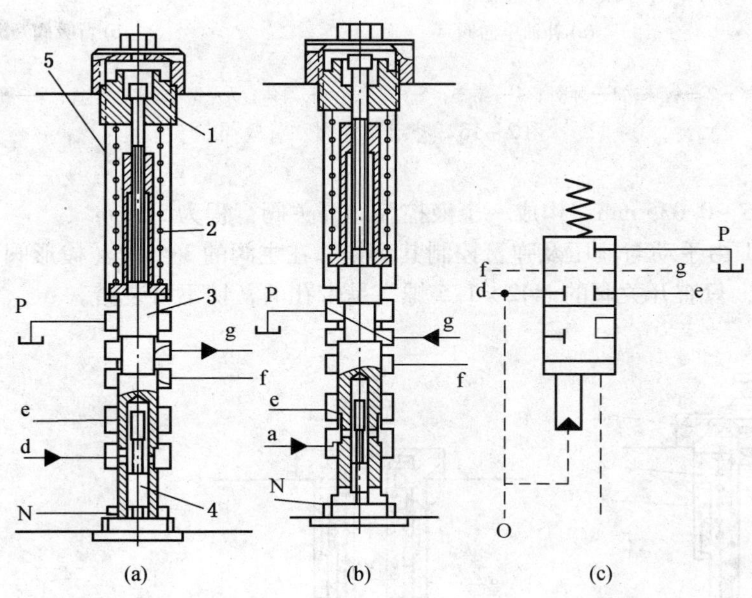

1—调压螺套；2—调压弹簧；3—阀芯；4—测压滑阀；5—阀体

图2－15　安全开关阀

当采煤机牵引阻力过大，使ϕ8阀腔的油液压力超过弹簧预压力时（整定值19 MPa），ϕ8面积上的油液压力将阀芯3向上推移，其阀口便使d与e连通，即主油路的高、低压是通的，高压油通过梭形阀流到低压油路或通过背压阀流回油池；同时切断g的供油阀f，而使g与P连通，油液流回油池。其油路相应于图2－15c下方框的油路。N油路是一个液控油路，由另一个小容量的高压安全阀的溢流油路控制。

（4）补油单向阀与背吸阀是两种最简单的逆止球阀，如图2－16所示。

补油单向阀（图2－16a）由阀体1、ϕ14 mm钢球2、弹簧3、导套4和螺塞5等构成。ϕ14钢球与阀体的ϕ10孔的2.5×45°倒角成密封接触，弹簧力保证工作位置及其初始密封。

背吸阀（图2－16b）由阀体1、ϕ14钢球2、弹簧3、阀座4和弹簧座5等构成。

（5）开关阀是一个既可液控又可手动的二位五通阀，由开关滑阀1、开关活塞2、定位机构3、弹簧4和阀体5等构成，如图2－17所示。开关滑阀与阀体的配合直径为30 mm，配合间隙为0.02～0.025 mm。开关活塞有2个配合直径，为45 mm和65 mm，配

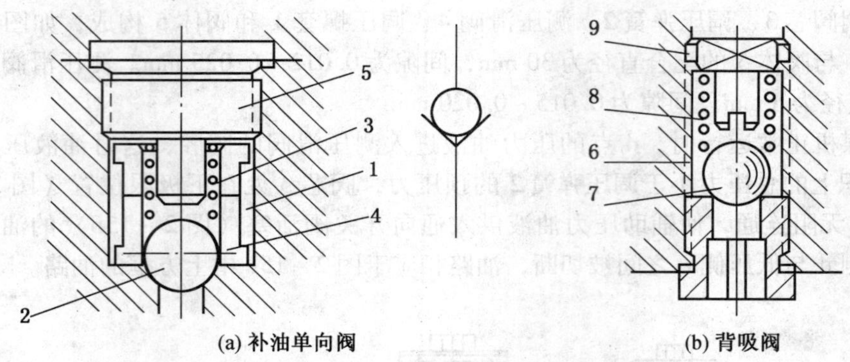

(a) 补油单向阀 (b) 背吸阀

1—阀体；2—钢球；3—弹簧；4—导套；5—螺塞；6—阀体；7—钢球；8—弹簧；9—弹簧座

图 2-16 补油单向阀和背吸阀

合间隙为 0.025 ~ 0.035 mm，构成一个液控腔。开关阀行程为 20 mm。

开关阀芯 1 由手动与液压及弹簧控制其动作。在主阀的 3 个阀（梭形阀、开关阀和安全关闭阀）中，只有开关阀的 M42 × 1.5 螺塞是带孔的，切不可装错。

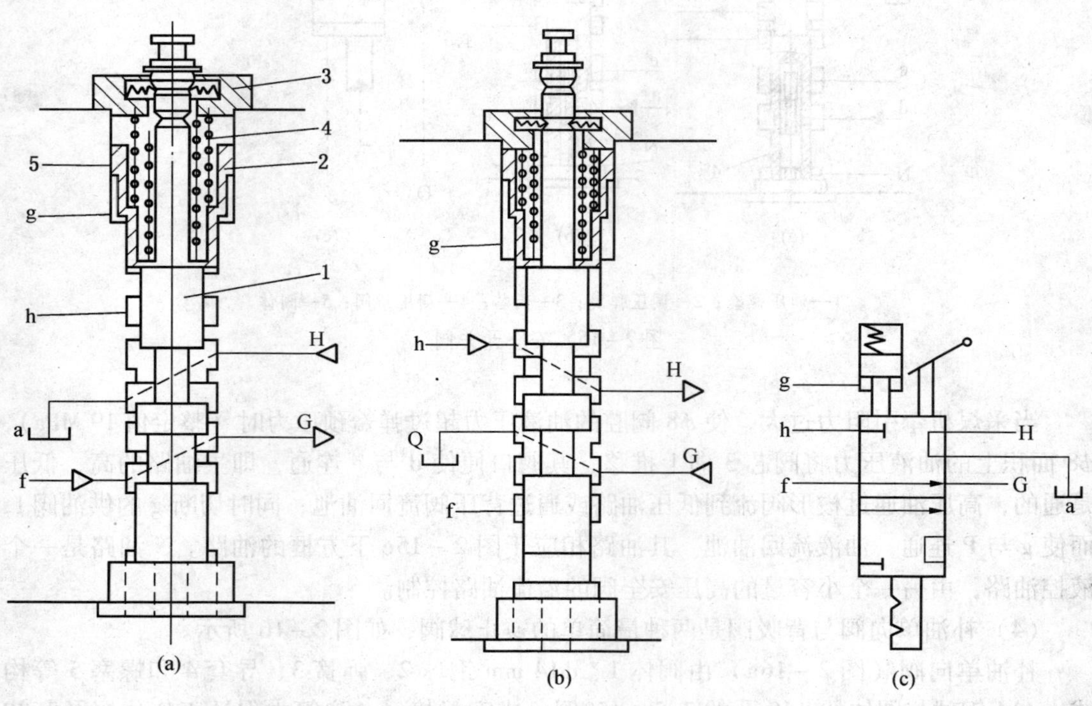

1—开关滑阀；2—开关活塞；3—定位机构；4—弹簧；5—阀体

图 2-17 开关阀

（6）节流阀设在主阀中，是 f 与 h 油路之间的可变液阻元件。该元件是一个节流杆，在其 $\phi5$ mm 圆筒外面钻有成螺旋线排列的 4 个 $\phi0.8$ mm 小孔。$\phi5$ mm 的圆筒与阀杆的配合间隙为0.01～0.04 mm，通过M12螺纹装在阀体中。如果拧动节流杆，即可改变通油的小孔个数（流油面积），以调节通过开关阀H口的流量。

5. 粗、精过滤器

粗过滤器是一个网式滤油器，设于辅助泵吸油管路中，由壳体1、滤网2、压盖3、端盖4、内壳5、弹簧6、阀盘7、吸油管8等组成，如图2－18所示。油液由外壳上的窗口进入，通过滤网2进入吸油管8，并随之进入辅助泵吸油管路中。整个过滤器结构简单，通油能力大，一旦需要清洗，可将装在泵箱面板（采空区侧）上的压盖3、端盖4卸下，并将内壳和滤网一并抽出体外进行清洗，既方便又可靠。

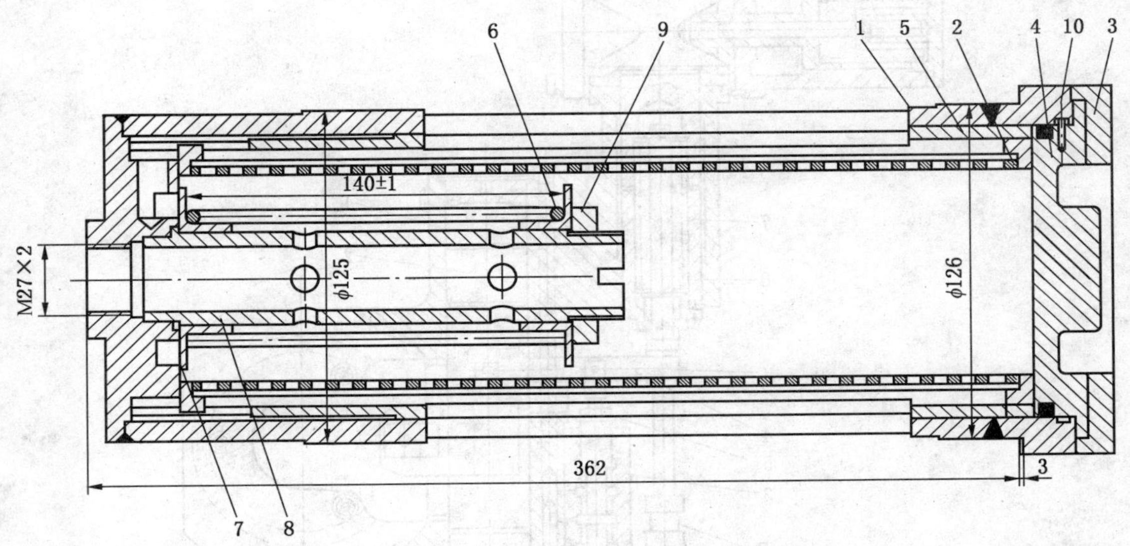

1—壳体；2—滤网；3—压盖；4—端盖；5—内壳；6—弹簧；7—阀盘；8—吸油管；9—螺母；10—销钉

图2－18 过滤器

为了使进入主油路的油液更加清洁无异物，确保主泵、马达及液压阀等可靠运行，在辅助泵排油口又设置一个精过滤器。精过滤器的过滤精度为0.02 mm。

（五）调速机构

调速机构由液压伺服机构和操纵控制机构组成，如图2－19所示。

液压伺服机构是调速系统中的执行机构，即在其输入端给一个小的位移信号，通过该机构可以获得强大的比例位移，直接动作，使主泵摆缸倾角改变，实现调速和换向。该机构主要由调速油缸1、变量活塞2、先导阀3、连杆4等组成。

其工作原理为：先假定主泵变量机构在中立位置，即其流量为零时，变量活塞2、先导阀3的阀芯也应在中立位置，即零位。调整零位时，先旋松螺母5，仔细调整阀芯与阀体的相对位置即可得到零位。变量时，若给控制信号，使A点上移x量（按图所示位置，实际调速机构水平安装），这时，因变量活塞还处于静止不动的位置，先导阀芯由连杆4带动向上移动一个位置，使阀口开启，压力油经过阀口进入变量活塞上腔，而其下腔经过节流孔（在伺服阀体上）通入油池回油（节流孔的作用是可形成变量缸的背压），这样变量活塞向下移动，推动泵体摆动；同时连杆4也被带动，使先导阀阀芯也向下移动，直至返回中立位置使阀口关闭为止，随动过程也就结束。此时，变量活塞的位移量为 x，带动泵缸摆动 β 角，使主泵输出流量 Q，这就是调速过程。调速是无级的。主泵流量 Q 随 A 点位移量 x 成正比变化，即牵引速度正比于 A 点位移量 x 值。A 点向下移动的过程也是一样的，所不同的是使摆角 β 改变了方向，因而使主泵排油方向改变，使牵引方向改变。

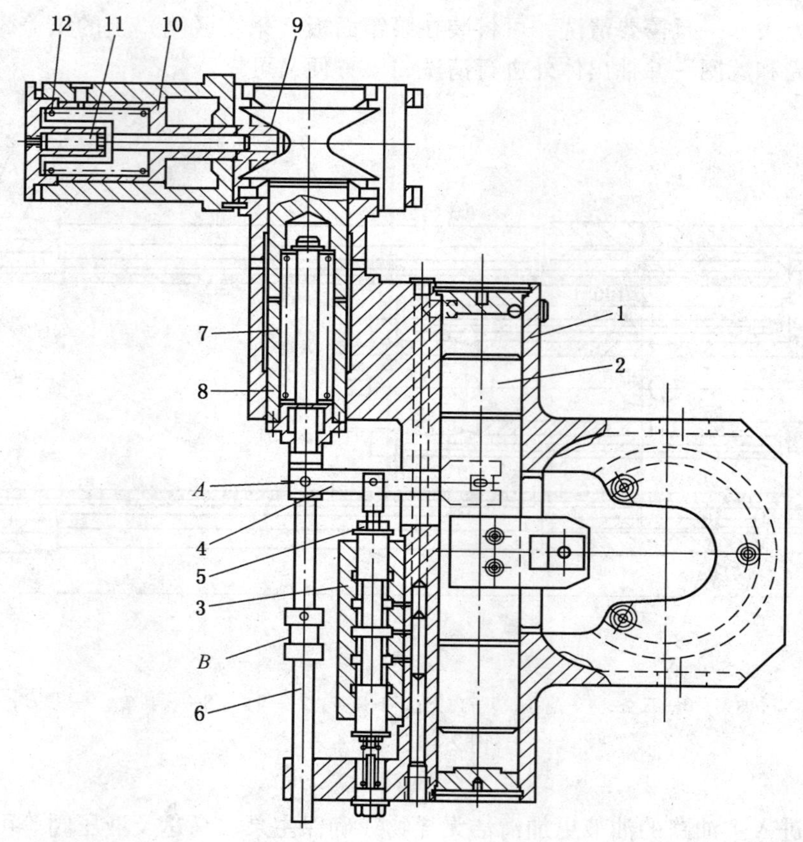

1—调速油缸；2—变量活塞；3—先导阀；4—连杆；5—螺母；6—调速杆；7—调速套；8—弹簧；9—调速V形槽；10—开关活塞；11—液压恒功率控制（调速）活塞；12—弹簧

图2－19 MXG－350型采煤机调速机构

由上可知，A 点相对于其中立位置的方向和位移量决定着主泵的排油方向和流量大小，进而决定着牵引方向与牵引速度的大小。

A 点的位移是由控制机构来控制的。控制机构由调速杆6、调速套7、弹簧8、调速V形槽9、开关活塞10、液压恒功率控制（调速）活塞11和弹簧12等组成，如图2－19所示。对于采煤机的主泵来讲，主泵流量只随4点的位移量 x 成正比变化，因而牵引速度正比于 A 点的位移量 x。

A 点的位移可分别接受：手动信号（调速换向手把）、开关阀信号（开关手把手动）、主油路压力过载、辅助油路压力过低、液压恒功率自动调速等信号控制，如图2－20b所示。

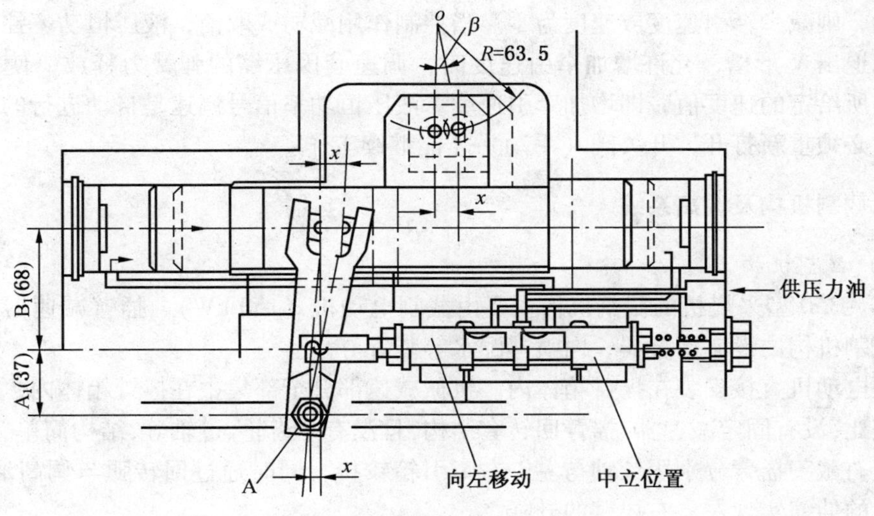

(a) 液压伺服机构

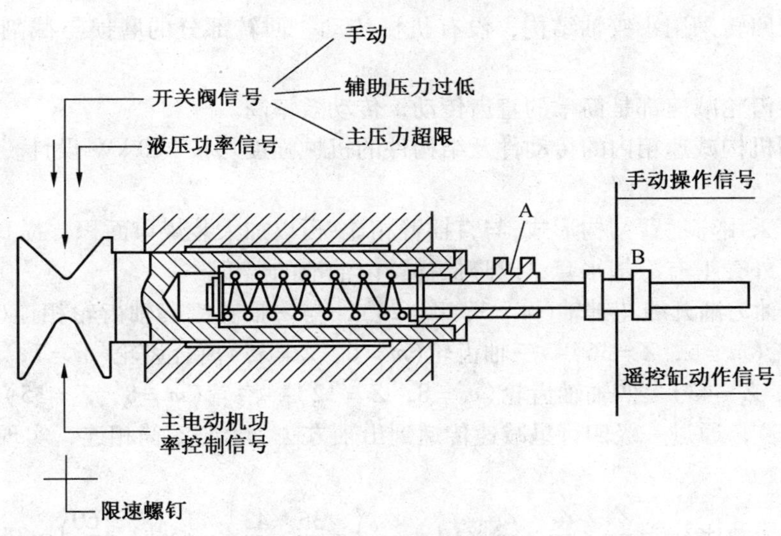

(b) 控制信号示意图

图 2－20　伺服机构与控制信号

手动（调速换向手把）对 A 点的控制，是通过操纵机构的 V 形槽作用于调速杆（图 2－20）上的 B 点，使调速杆上下移动（图面位置），再通过弹簧推动调速套实现的。如果调速套不受其他控制作用的限制，那么当手动操作操纵机构，使调速杆动作压缩弹簧时，调速套便在弹簧力推动下跟随调速杆一起运动到某个位置，即 A 点取得某一位置，亦即人为给定的速度值。

由于调速套与调速杆之间有一个弹性元件——弹簧 8，在外界条件时也能够接受其他控制作用于调速套的 V 形槽上（即液压恒功率自动调速信号和开关阀信号，通过液压恒功率控制活塞与开关活塞作用在 V 形槽上），使调速套向中立位置移动，即使 A 点向中立位置移动，则减少牵引速度或速度为零。当控制作用减弱或取消，液压恒功率控制活塞或开关活塞退出 V 形槽，允许增加牵引速度时，调速套因压缩的弹簧力释放，使之趋向由手动控制所给定的速度值，即增加牵引速度。液压恒功率信号调速是自动进行的。开关阀关闭后，必须重新打开，开关阀（手动）才能继续工作。

三、截割机构及调高系统

（一）截割机构

MXG－350 型采煤机的截割机构主要由截割电动机（150 kW）、摇臂减速器、滚筒等组成。截割机构内设有离合器、内喷雾配水等装置。

截割电动机直接安装在摇臂箱体内。机械减速部分全部集中在摇臂箱体内，与传统的采煤机相比，没有固定减速器、摇臂回转套结构，且没有伞齿轮、过轴等，结构简单、紧凑。

左、右截割摇臂分别用铰轴与左、右牵引箱铰接，同时通过回转腿与调高油缸铰接，通过油缸的伸缩实现左、右摇臂的升降。

截割机构的主要特点如下：

（1）摇臂回转采用小铰轴结构，没有机械传动，回转部分的磨损与截割传动的齿轮啮合无关。

（2）摇臂齿轮减速都是简单的直齿传动，传动效率高。

（3）截割机构减速箱内的传动件及结构件的机械强度均按 200 kW 设计，有较大的安全系数。

（4）摇臂采用弯摇臂结构形式，与直摇臂相比，可以加大装煤口面积，提高装煤效率。

（5）摇臂外壳上有冷却水套，以降低摇臂内油池的温度。

电动机出轴为渐开线花键轴（$m=3$，$Z=24$），与一轴花键套轴齿轮相连（$m=6$，$Z=23$）→二轴齿轮（$m=6$，$Z=36$）→三轴齿轮（$m=6$，$Z=35$）离合齿轮（$m=7$，$Z=21$）→四轴齿轮（$m=7$，$Z=43$）→四轴轴齿轮（$m=8$，$Z=12$）→惰轮（$m=8$，$Z=35$）→输入齿轮（$m=8$，$Z=43$），通过一级四行星减速传递到出轴方法兰上与滚筒相连，实现割煤和装煤工作。

摇臂的总传动比：$i=\frac{Z_3}{Z_1}\times\frac{Z_5}{Z_4}\times\frac{Z_7}{Z_6}\times\left(1+\frac{Z_{10}}{Z_8}\right)=\frac{35}{23}\times\frac{43}{21}\times\frac{43}{17}\times\left(1+\frac{60}{16}\right)\approx37.437$

摇臂由壳体、电动机齿轮组、惰轮组、离合齿轮组、齿轮组、中心齿轮组、行星机构等组成，如图 2－21 所示。如摇臂由 150 kW 电动机驱动时，则其输出轴（行星头上的方法兰）输出扭矩为 36482 Nm；若输入轴转速为 $n=1470$ r/min 时，则其输出轴转速（滚筒转速）为 $n=39.26$ r/min。在其三轴上设有齿轮离合器，可使摇臂的工作状态一般都不呈水平状态，而采用的又是飞溅润滑，为了使行星头中有足够的润滑油，所以将摇臂分为两个润滑油池。分界面是在太阳轮上加一骨架油封，当摇臂升高时，使行星头中的油不致全部进入齿轮箱中（摇臂中部）；当摇臂落下时，油也不能进入行星头中，使行星头中的油过满而发热。

1. 壳体

壳体由 ZG275～485H 材料铸成整体，采用弯摇臂形式，以利于提高整体强度。如图 2－21 所示，在壳体上平面有一层水套，既实现水的流动冷却，又提供内、外喷雾的通道。左、右壳体结构相同，并对称（但左、右不能互换通用），其零部件大部分可以通用。

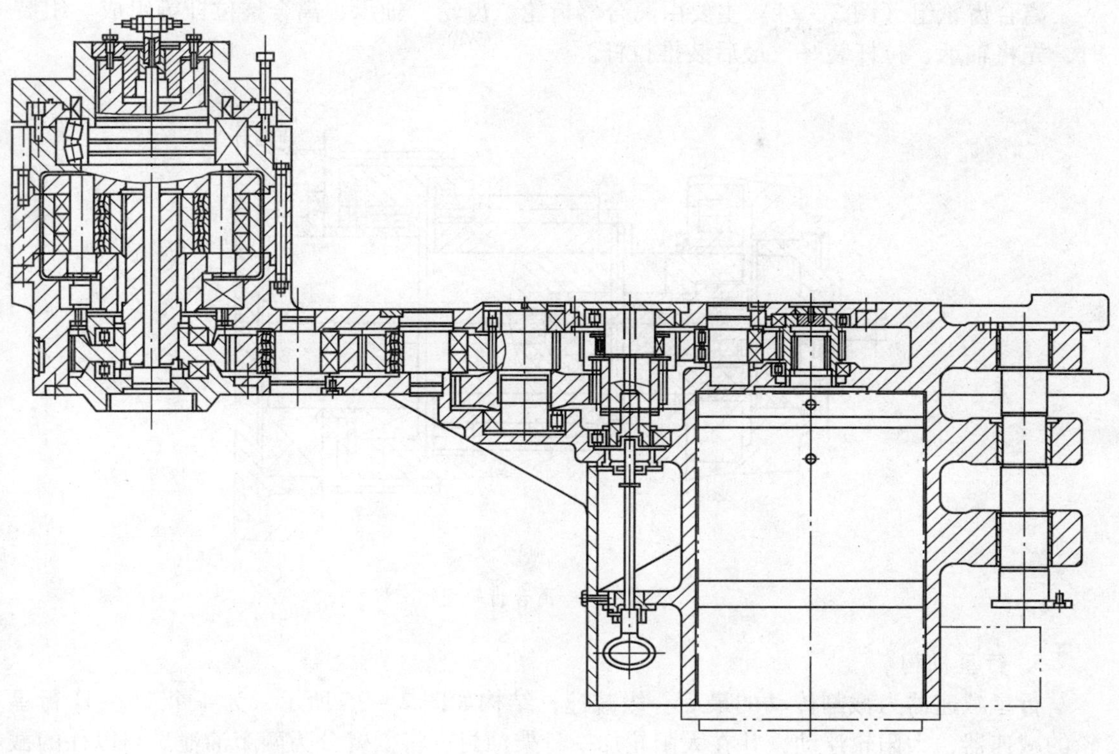

图 2-21　MXG-350 型采煤机摇臂结构图

2. 电动机齿轮组

150kW 截割电动机直接装在箱体内，出轴通过花键与轴齿轮相连。先将高速骨架油封装入，后装电动机齿轮组，轴向间隙靠调整垫来调整。电动机齿轮组如图 2-22 所示。

3. 惰轮组

惰轮组（图 2-23）主要由心轴、轴承、距离套、齿轮等组成，靠心轴与壳体、台阶定位。

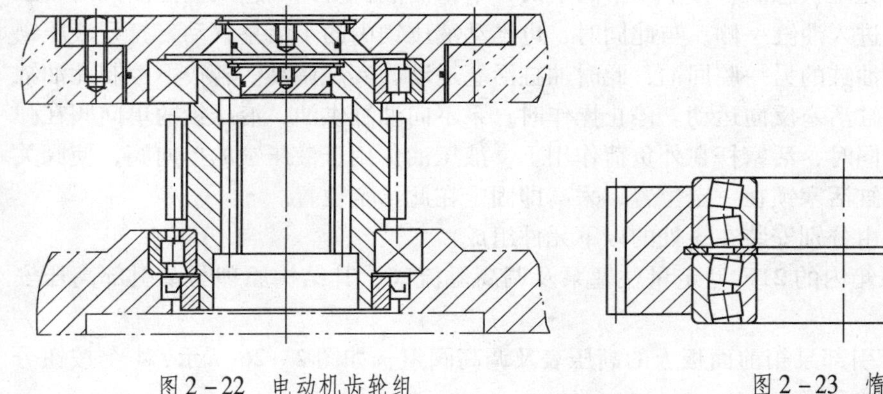

图 2-22　电动机齿轮组

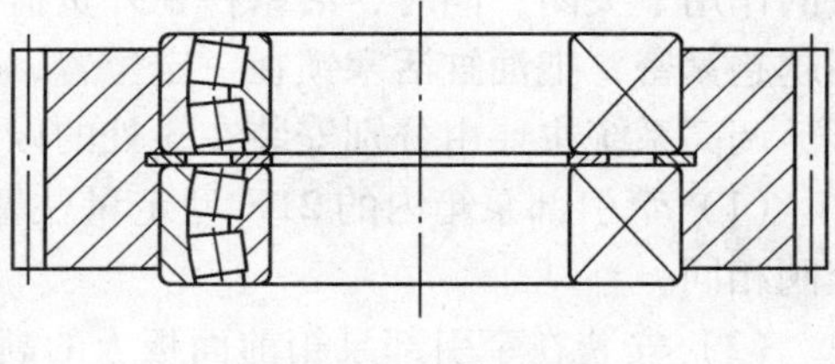

图 2-23　惰轮组

4. 离合齿轮组

离合齿轮组（图2-24）主要由离合器齿轮、齿轮、轴承、离合推拉杆等组成。组装时，先将轴承、拉杆装好，最后装推拉杆。

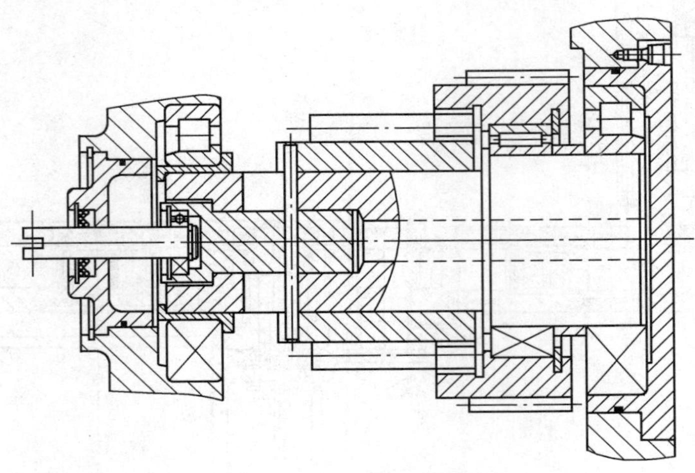

图2-24 离合齿轮组

5. 行星机构

行星减速器为截割传动的最后一级减速，结构如图2-25所示，为4个2K-H行星轮的减速器，太阳轮浮动，并在太阳轮加一骨架油封，将摇臂分为两个油池。与以往的截割行星减速器相比，它多了一个行星轮，这在制造、安装上要求都比3个行星轮的要高，否则均载不好，会起反作用。行星架与行星轮可独立安装成套。行星架两端分别通过轴承支承在轴承座和轴承杯上，安装时，可通过端盖与轴承间的调整垫保证轴承端面调整间隙0.1~0.3 mm。行星减速器的输出端通过花键与滚筒连接套连接。滚筒连接套的外端有与滚筒连接的方块凸缘。

（二）调高系统

调高系统（图2-4中右侧）的工作原理为：当牵引电动机启动后，通过齿轮带动调高泵工作，油液经过调高阀组的4个阀（四阀串联）后回油。此时油缸不动，被锁死在原来位置，泵处于无压状态。若按下4个阀中的一个，油液将从此阀进入被控油缸的液压锁，推开单向阀，进入油缸一侧；与此同时，也推动液压锁中的小活塞移动，打开液压锁的另一单向阀，使油缸的另一腔回油，此时油缸活塞运动，实现调高。若按下控制此油缸的另一个阀时，油缸活塞反向运动。停止操作时，泵不向油缸供油，液压锁的单向阀在弹簧的作用下关闭；同时，活塞杆在外负荷作用下，液压油作用于液压锁的单向阀，使阀关闭越趋紧密，把油缸活塞锁在一定位置，采高即固定在此给定位置。

调高系统主要由分别安装在3处的以下元件组成：

（1）牵引部泵箱内的21X型定量柱塞泵及调高溢流阀，其结构原理与牵引部高压安全阀相同。

（2）安装在牵引部泵箱前面板上的高压表及调高阀组，如图2-26所示，4个按钮分别控制左右调高油缸升降。

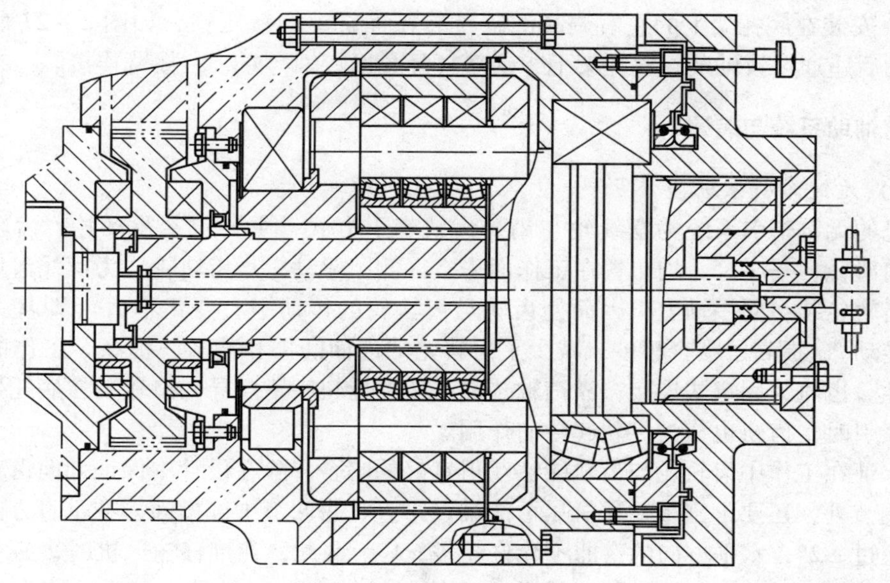

图 2－25 行星机构

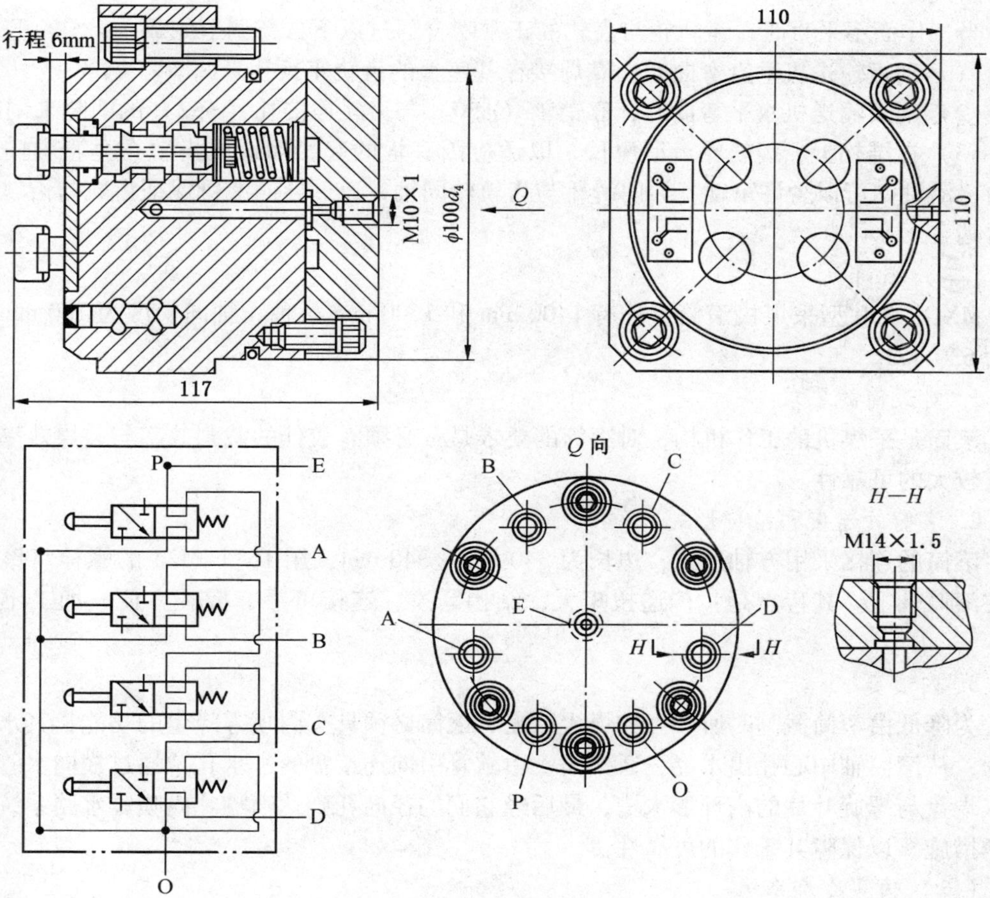

图 2－26 调高阀组

(3) 安装在底托架上的左右调高油缸及装在油缸上的液压锁，如图 2－27 所示。两只油缸的后座通过铰轴装在底托架上，活塞杆耳孔以铰轴与左、右摇臂连接。

四、辅助系统与装置

(一) 无链牵引系统

本机的无链牵引系统为摆线轮与销排齿轨牵引方式，主要包括驱动轮、齿轨轮、齿轨、导向滑靴、基座等，均布置在工作面采空区侧。驱动轮与齿轨轮均为摆线齿型，导向滑靴与齿轨轮装在同一轴上，因而使齿轨与齿轨轮的传动中心变化不大（即基本保证定中心距传动)，提高了啮合精度，减少了齿轨轮的齿面磨损和冲击，提高了工作的安全性和可靠性。齿轨为固定式连接，靠销轴装在基座的齿轨座里。导向滑靴装在底托架上。当采煤机牵引时，齿轨也作为导轨起导向作用。

为保证在工作中齿轨轮与齿轨能够获得良好的啮合，除在设计中保证导向滑靴和齿轨轮自行调节外，还要求刮板输送机尽可能铺设平直，每两节中部槽间，在垂直方向的弯曲不允许超过 ±2°，水平方向的弯曲不允许超过 ±1°。因此，在推移输送机时，必须保证弯曲段不短于 8～12 节中部槽，同时推移力不能超过 196 kN（推移力过大，将会导致连接元件的损坏)。

当工作面不平直时，齿轨轮与齿轨的正常啮合通过以下自行调节完成：

(1) 刮板输送机垂直弯曲时，靠焊接在基座上的齿轨座长孔来调节。

(2) 刮板输送机水平弯曲时，靠销轴（ϕ50）与齿轨连接孔（ϕ52）的间隙来调节。

(3) 在结构上，齿轨轮齿形瘦长，以适应因底板的起伏而造成齿轨在垂直方向上的弯曲；沿轴向可以少许窜动，导向滑靴与齿轨轮同轴，通过导向滑靴保证齿轨与齿轨轮的正常啮合。

(二) 滚筒

MXG－350 型采煤机滚筒直径有 1400 mm 和 1600 mm 两种，轴向长度为 700 mm，截深为 630 mm。

1. 对滚筒的要求

滚筒是采煤机的工作机构，对滚筒的要求是：必须有较佳的截割效率与装煤效率，并且有较大的可靠性。

2. 滚筒的连接和结构形式

滚筒的连接采用方轴形式，边长为 340 mm × 340 mm，用 16 个 M24 的螺栓将滚筒固定在滚筒轴上。其特点是：传递扭矩大，结构紧凑，连接可靠，拆装方便，加工不太困难。

3. 内喷雾

为降低由滚筒截割时所产生的煤尘浓度，滚筒必须具有内喷雾降尘的功能，其水路走向为：从滚筒轴中心孔出水经三通接头，由软管引向连接盘的进水孔，通过横向水管分别进入端盘与螺旋叶片的内环形水槽，最后经它们的径向孔到达喷嘴。内喷雾水路系统均有防锈措施，以保障其工作的可靠性。

(三) 喷雾冷却系统

该采煤机由于体积小、结构紧凑，加之多电机传动，因此冷却、喷雾点多（冷却点 6

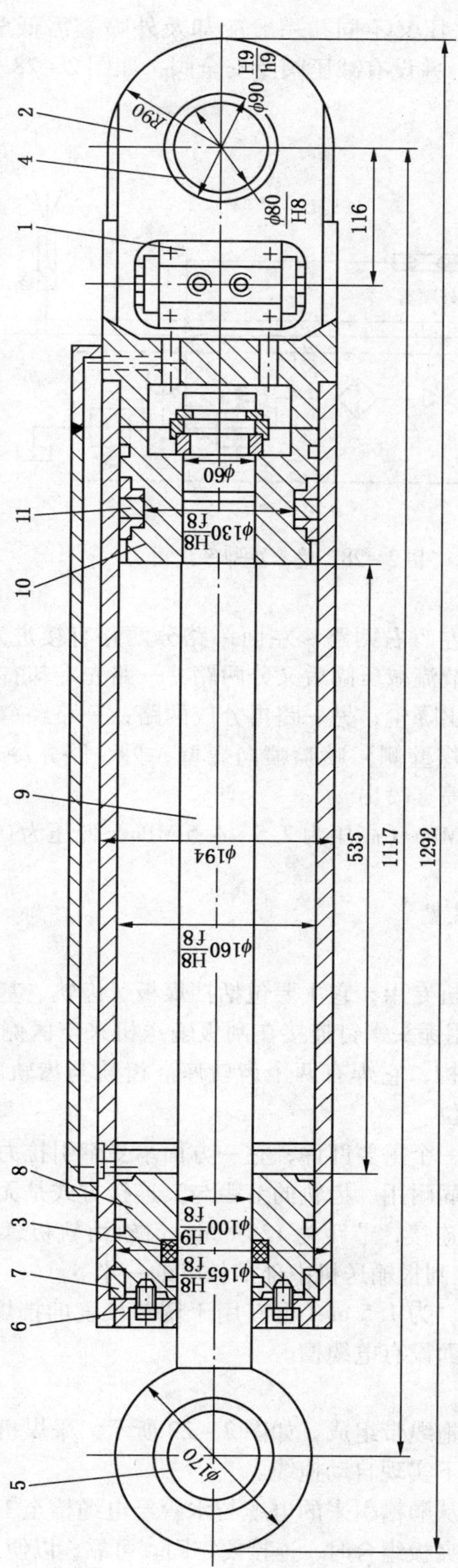

1—液压锁；2—缸体；3—V形夹织物密封圈；4、5—铜套；6—压盖；7—三半块；8—导向套；9—活塞杆；10—活塞；11—鼓形密封圈

图2-27　调高油缸

处，喷雾点5处），并且使用水压又不同，一般冷却及外喷雾需低压水，内喷雾需高压水，所以系统采用串并联方式，并设有减压阀及安全阀，如图2－28所示。

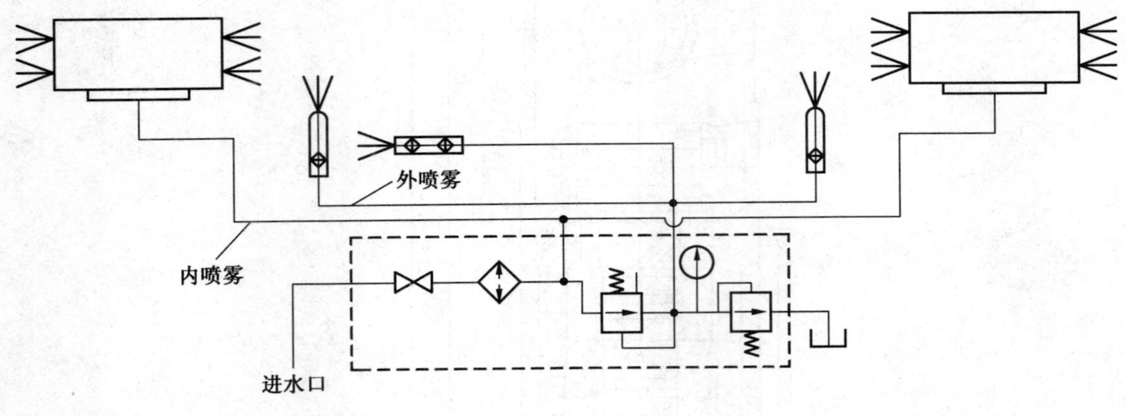

图2－28 喷雾冷却系统图

水经给水总阀门进入后分左、右两路。左面一路分两路直接进入左右滚筒的中心水路，作内喷雾用。右面一路经节流减压阀后又分两路：一路先冷却右截割电动机，再经截煤部冷却器，最后作外喷雾喷出降尘；另一路再分成两路：一路经牵引电动机，再去牵引部冷却器，最后由泵箱侧面（煤壁侧）喷嘴喷向煤壁；另一路先冷却左截割电动机，再经左截煤部冷却器，最后作外喷雾喷出。

供水（水源）压力为5.5 MPa（高压为2.5～4.5 MPa，低压为0.8～1.2 MPa），流量为250 L/min。

（四）工作面附件与拖缆装置

1. 无链牵引的工作面附件

本机的工作面附件为采煤机专用，它主要包括挡煤板、齿轨、基座等。

基座每节长度为1.5 m，用锤头螺钉连接在刮板输送机采空区侧槽帮上。每两节基座间用链环相连。基座为焊接结构，它焊有两个齿轨座。齿轨与齿轨座间用$\phi50$的销孔轴连接，并用弹性圆柱销轴向定位。

齿轨是无链牵引系统中的一个重要部件，它一方面承受牵引拉力，另一方面也是机器的导向轨道，因此要求它要坚固耐用。齿轨的节距与其连接方式是无链牵引的两个重要参数。本机的齿轨连接为固定式连接，节距为125 mm。齿轨由轨板、副轨板、轨销组焊而成。齿轨的长度为145 mm，是刮板输送机中部槽长度的一半。

挡煤板的长度与基座一样，为1.5 m（也有用于调节长度的挡煤板）。挡煤板用方颈螺栓与基座相连。在挡煤板上面设有电缆槽。

2. 拖缆装置

拖缆装置主要由拖缆槽和拖缆带组成，如图2－29所示。采煤机采煤时，拖缆带置于拖缆槽中间，在采煤机的拽动下实现自动拖缆。

在拖缆槽上设有电缆槽，从顺槽引来的电缆与水管经电缆槽至工作面中点后引入拖缆槽，置于拖缆带之中。各电缆夹板组合时，连接要牢固、可靠，以便采煤机在牵引中拖拽。

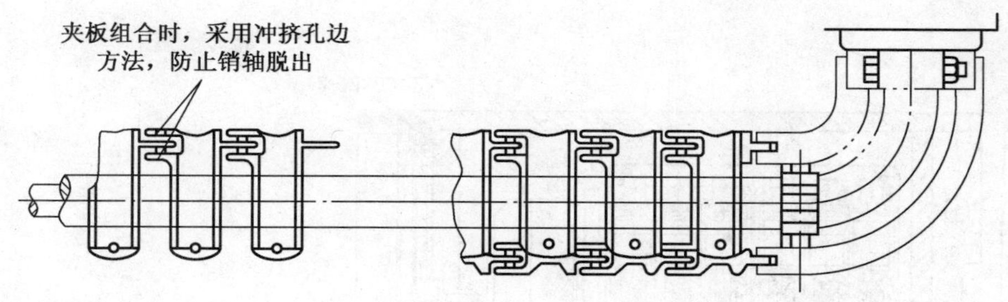

图2-29 拖缆装置

在使用中注意拖缆带总长度应略大于工作面长度的一半，以防止电缆受力。

五、供电与电控装置

本采煤机的主要用电设备为3台隔爆型三相异步电动机，即左、右截割电动机和牵引电动机，额定电压为交流1140 V，频率为50 Hz。电气控制部分主要分布在机器中部的电控箱内，保护装置采用数字式电机综合保护器、电机热保护接点、瓦斯断电控制仪、熔断器和真空接触器，共同组成可靠的保护系统。

（一）结构特性

1. 截割电动机

150 kW截割电动机为隔爆型电动机，适合煤矿井下使用。该电动机为定子强迫水冷，电动机绕组端头部埋设一组温度保护装置。保护装置为常闭型温度节点，当截割电动机内部温度达到155 ℃时，温度保护装置动作，切断主电源。

2. 泵箱电动机

泵箱电动机也为定子强迫水冷，电动机绕组与截割电动机一样内设一组温度保护装置，其关键部件——轴承、骨架油封等全部由国外进口。

3. 电气控制箱

电气控制箱（图2-30）由一个接线腔和一个隔爆腔组成。接线腔供电缆引入接线用，隔爆腔供安装电气元部件用。电气控制箱正面盖板处装有8个控制按钮，即控制采煤机启动、停止、闭锁输送机、综合保护器复位按钮及4个左右截割电动机启停按钮。电气控制箱正面盖板上有两个隔离开关手把和两个采煤机停机按钮，停机按钮与隔离开关手把是靠机械互锁的,不按下停机按钮就无法扳动开关手把。盖板上有采煤机铭牌和开盖警告牌。

接线腔在电气控制箱左面。接线腔和隔爆腔隔板上有两组过线组，一组高压过线组为采煤机进线电源，另外一组为左、右截割电动机和牵引电动机电源，右截割电动机和牵引电动机共用一组过线组；另外还有两只接地线压板。

电气控制箱上面还有盖板，此腔和隔爆腔是相通的。电气控制箱安装时打开盖板，布线方便。电气控制箱主要包括隔离开关（GM3-250）、真空接触器（CKJ5-250）、电动机综合保护器（ABD8-315）、变压器（1140 V/36 V、28 V）等，主要用于控制采煤机的启动、运行等功能。

（二）电气系统

采煤机电气系统原理图，如图2-31所示。电气控制箱的主电源经过一根电缆引入，

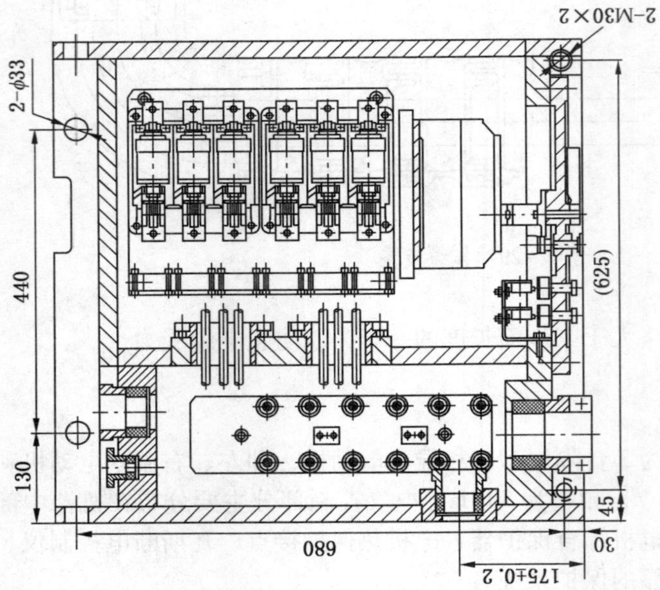

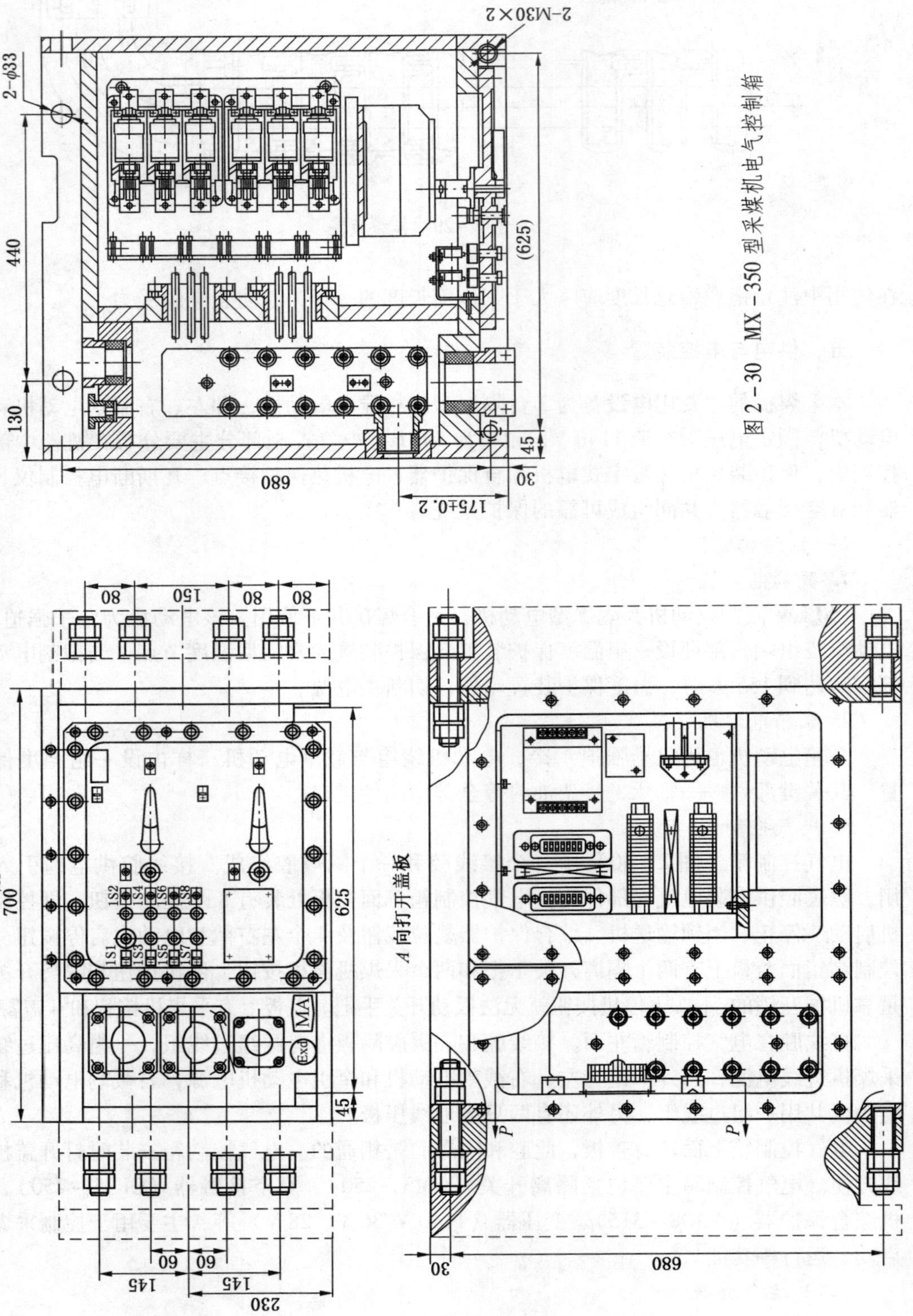

图 2-30 MX-350 型采煤机电气控制箱

电缆规格为 UCPQ3 ×70 +1 ×16 +3 ×4。L1、L2、L3 为主芯线，1. 1 ×1. 5 和 1 ×1. 6 为输送机闭锁线。采煤机的主回路是 AC1140 V 供电系统，控制回路是 AC36 V、AC28 V 供电系统。

1. 采煤机先导启动回路

采煤机先导启动回路为：1. 1 ×1. 1→右截割电动机温度接点→左截割电动机温度接点泵箱电动机温度接点→隔离开关急停按钮→启动按钮（中间继电器节点）→二极管 D→先导回路地。

采煤机上有一个停机按钮（1S8）和两个与隔离开关机械互锁的急停按钮（1Q1S1、1Q2S1）。当按下停机按钮或任一急停按钮，顺槽开关的先导控制回路就会断开，从而实现采煤机的停车。

2. 采煤机的控制和保护回路

1）采煤机的控制

（1）左、右截割电动机的启动、停止。左、右截割电动机的供电主回路中分别接有两台 250 A 的真空接触器，通过电气控制箱上左启（1S3）、左停（1S4）、右启（1S5）、右停（1S6）按钮可分别控制左、右截割电动机的启停。

（2）采煤机的启动。启动采煤机时，应按下 1S7 启动按钮，则采煤机运行。

（3）输送机的控制。采煤机上只控制输送机的停机，主要是从安全角度考虑的。采煤机检修时，输送机应闭锁。1S1 输送机闭锁按钮装在电气控制箱上。

（4）左、右牵引速度和左、右滚筒调高的控制。在泵箱上操纵调速手把，可以操纵采煤机左、右牵引速度；可以直接操纵手动阀来控制左、右滚筒调高。

2）采煤机的保护

本系统总的保护由采煤机磁力启动器中的电子保护组件来执行。

（1）电动机综合保护器。

左、右截割电动机的保护主要靠电动机综合保护器来实现。电动机综合保护器具有过流、断相（包括相不平衡）、漏电闭锁等保护功能，还具有指明故障性质的晶体灯显示。电动机综合保护器（ADB8 -250）通过其常开接点（20，21）（正常时为常闭）来控制截割电动机的启动、运行，以保护截割电动机。电气控制箱上的 1S2 复位按钮，可以对电动机综合保护器进行故障复位。

保护器由主体及其底座、3 个电流互感器和故障显示器组成。主体顶部有 7 个拨动开关，供整定电流用。主体与底座之间由插接件连接，底座与互感器二次侧及显示器之间用导线连接。电流互感器为环型串芯式，显示器上有指示过载、过流、相不平衡、漏电及短路闭锁等故障信号的 5 个发光二极管，以及热态指示、电源指示、工作状态指示 3 个发光二极管。

①过载保护特性。电动机启动后，在正常运行情况下，保护器的过载保护特性由冷态曲线向热态曲线过渡，最后稳定在热态曲线上，以模拟电动机的正常发热。一旦过载保护动作，输出触头断开，真空接触器切断过载电流，保护器将从过载状态向冷态特性方向恢复。其中，保护器的再扣时间为 1 ~2 min，恢复到热态曲线为 3 ~5 min；再从热态曲线恢复到冷态曲线的时间为 30 min，以模拟电动机的散热。

②过流保护。过流保护特性为 8 倍整定电流的 +20% ~ -10%，动作时间为 0. 25 s ±

0.05 s，复位方式为手动。整定值应根据被保护电动机的额定电流，按保护器侧面上的整定值表来确定。

③漏电闭锁保护特性。用在约1140 V回路，闭锁动作值为40×(1±2%)kΩ。漏电闭锁保护检测回路的最大检测电流不大于0.5 mA。

④短路能力闭锁保护。短路能力闭锁保护，即短路电流不让真空接触器来分断，而是让前级的短路保护器（如熔断器）来切断，用以保护真空接触器的安全。短路闭锁保护的整定值为3 kA，可适应我国现有真空接触器的极限分断能力，整定值误差为±20%。

(2) 瓦斯断电保护。

为了确保安全，本采煤机上可装有瓦斯断电仪。瓦斯断电仪由主机和传感器两部分组成，它能连续监测采煤机附近风流中的瓦斯，并显示瓦斯浓度值。当瓦斯浓度超过设定值时，瓦斯断电仪通过电子线路分别实现声、光和断电保护，切断采煤机电源，以保证安全。

(3) 左、右截割电动机和泵电动机的热保护。

电动机三相定子线圈中分别埋设有3只热继电器接点，串联后直接接入采煤机的启动回路中。当电动机定子温度任一相达到155 ℃时，接点动作均可以切断采煤机的启动回路，从而实现电动机的断电保护。直到电动机温度恢复到允许值，采煤机方可再次启动。

六、机器的操作手把与按钮

1. 电控部分

S1——“运停”按钮；S2——“主停”按钮；

S3——“主启”按钮；S4——“总停”按钮；

S5——“信号”按钮；S6——“直流电源”按钮；

1S1——左电动机启动按钮；1S3——右电动机及牵引电动机启动按钮；

1S2——停左电动机按钮；1S4——停右电动机及牵引电动机按钮。

2. 液压部分（集中布置在牵引部面板上）

(1) 开关手把。控制液压牵引部的行走与停止，手把向上为“开位”，机器方可牵引；向下为“关位”，停止牵引。该手把可作急停牵引用。

(2) 牵引换向调速手把。中间位置为“0”位，停止牵引；向右旋转，机器右行牵引，速度随转角增大而提高；向左旋转，机器左行牵引，速度亦随角度增大而提高。

(3) 调高按钮。一组4个，分别控制左、右调高油缸的升降，上边为上升调高，下边为下降调低，左、右两边分别单独控制。

3. 机械部分

离合手把布置于摇臂靠采空区侧，用于离合截割滚筒，通过推拉手把使离合齿轮啮合与脱开。不能在负荷运转时操作手把，以免打牙。

4. 其他

(1) 给水阀：冷却喷雾系统总阀门，开机前应先打开，停机后再关闭。

(2) 手压泵：一种手动的柱塞泵，为牵引液压系统排气用。它的拉动螺杆放置在牵引部泵箱右端中部。使用时，拧出螺盖，再将螺钉杆拧入手压泵柱塞尾端，往复拉动螺钉杆即可工作。

第二节　IMGD200 型单滚筒采煤机

一、概述

（一）用途与适用条件

IMGD200 型单滚筒采煤机是国产 MG 系列采煤机的一个机种（M——采煤机；GD——单滚筒式；200——电动机功率为 200 kW）。它与 SGB－630/220 型刮板输送机、DZ 型单体液压支柱和金属铰接顶梁（或滑移顶梁支架）配套组成新高档普采机组，适用于开采采高为 1.3～2.5 m、煤质中硬以上的缓倾斜煤层。

（二）组成与特点

IMGD200 型采煤机的组成如图 2－32 所示，主要包括电动机 6、牵引部 5、固定减速器 4、摇臂 3、螺旋滚筒 2、底托架 9、电缆架 7 和喷雾冷却系统 10 等。

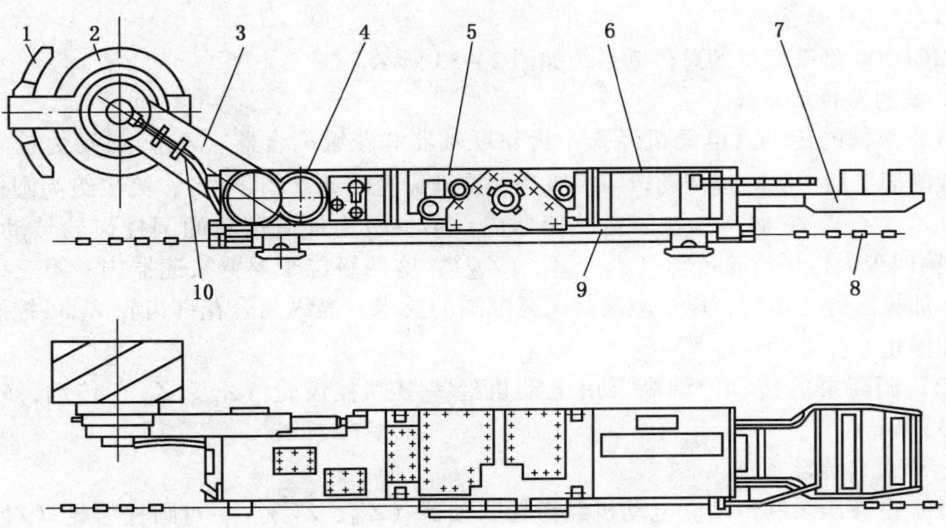

1—挡煤板；2—螺旋滚筒；3—摇臂；4—固定减速器；5—牵引部；6—电动机；7—电缆架；8—牵引链；9—底托架；10—喷雾冷却系统

图 2－32　IMGD200 型采煤机的组成

IMGD200 型单滚筒采煤机总体上具有以下特点：

（1）总体结构比较合理，机面高度低，空顶距较小。

（2）最大牵引力达 250 kN，牵引爬坡能力强。

（3）运行平稳，操作安全方便。

（4）过煤空间大，装煤效果好。

（5）截割部传动件均以电动机功率为 250 kW 设计，强度高，寿命长。

（三）主要技术特征

IMGD200 型单滚筒采煤机的主要技术特征如下：

最大生产能力（t/h）	411
采高（m）	1.3～2.5
截深（m）	0.63
滚筒直径（m）	ϕ1.25、ϕ1.4
滚筒转速（r/min）	38.4
牵引形式	液压传动链牵引
最大牵引力（kN）	250
牵引速度（m/min）	0～6
牵引链规格（mm×mm）	ϕ524×86、ϕ526×92
电动机形式	偏心出轴定子水冷
电动机功率（kW）	200
电动机电压（V）	660、1140
降尘方式	内、外喷雾
外形尺寸（mm×mm×mm）	5230×820×780
质量（t）	14.2

（四）总传动系统

IMGD200 型采煤机的总传动系统如图 2－33 所示。

1. 截割部传动路线

（1）滚筒的传动。电动机经 3 个齿轮联轴器和花键离合器（Z_{13}）将动力输入截割部。截割部采用 4 级减速传动。第一级为螺旋锥齿轮传动（Z_1、Z_2），第二级为圆柱齿轮传动（Z_3、Z_4），它们布置在固定减速器内，第三级为加有惰轮的圆柱齿轮传动（Z_5、Z_9），第四级为行星齿轮传动（Z_{10}、Z_{11}、Z_{12}），这两级位于摇臂减速器内。第三级中的惰轮起加长摇臂的作用，以适应滚筒调高范围的要求。操纵离合花键齿轮 Z_{13} 可控制滚筒转动和停止。

（2）调高泵的传动。调高泵由电动机经一级圆柱齿轮（Z_{14}、Z_{15}）传动，转速为 1496.3 r/min。

2. 牵引部传动系统

（1）主液压泵的传动。电动机经齿轮联轴器（Z'_{14}、Z'_{15}）、一对圆柱齿轮（Z'_6、Z'_7）传动主液压泵，其转速为 2159 r/min。

（2）辅助液压泵的传动。电动机经一对圆柱齿轮（Z'_5、Z'_4）传动辅助液压泵，其转速为 1470 r/min。

（3）主链轮的传动。主液压泵通过液压传动驱动两台液压马达，它们共同经一对圆柱齿轮传动（Z'_8、Z'_9）和一对行星齿轮传动（Z'_{10}、Z'_{11}、Z'_{12}）而向主链轮传递动力。主液压泵流量在 0～155 L/min 范围内，可使中速液压马达输出转速在 0～106 r/min 之间调节，由此可得主链轮转速范围为 0～5.34 r/min。改变主液压泵供液方向，主链轮转动方向随之改变，而使牵引方向得以改变。

二、截割部

（一）组成与特点

截割部由固定减速器、摇臂减速器、螺旋滚筒和液压调高装置等组成，其特点是：

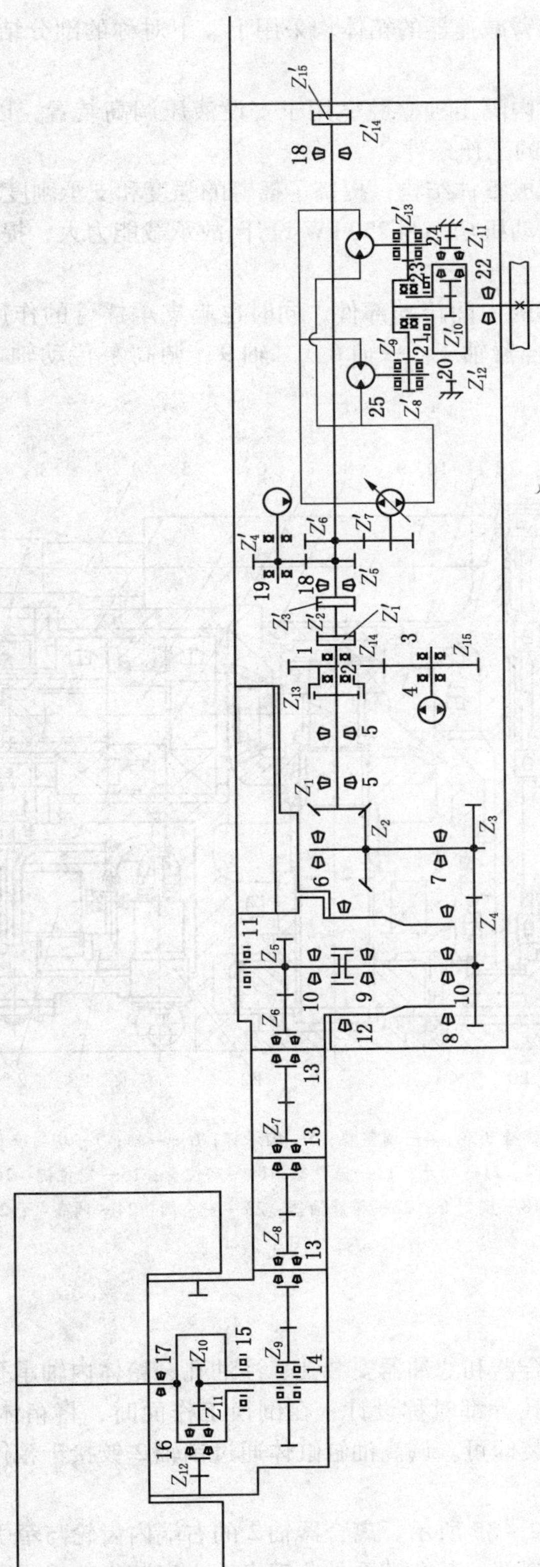

图2-33　IMGD200型采煤机总传动系统

（1）固定减速器和摇臂减速器的箱体均采用上、下对称的剖分结构，改换工作面时，可将箱体翻转180°使用。

（2）固定减速器箱体内隔出独立腔室用于安设液压调高装置，以使机械传动和液压传动分别用油，改善各自的工作条件。

（3）摇臂与摇臂套制成整体结构，提高了摇臂的强度和支承刚度。

（4）所有齿轮均按电动机功率为250 kW设计，故承载能力大，提高了可靠性和寿命。

（二）固定减速器

固定减速器是截割部的中间传动部件，同时也起支承摇臂的作用，其结构如图2－34所示，由箱体11、离合器轴1、一轴6、二轴9、调高泵传动轴25和液压传动箱等组成。

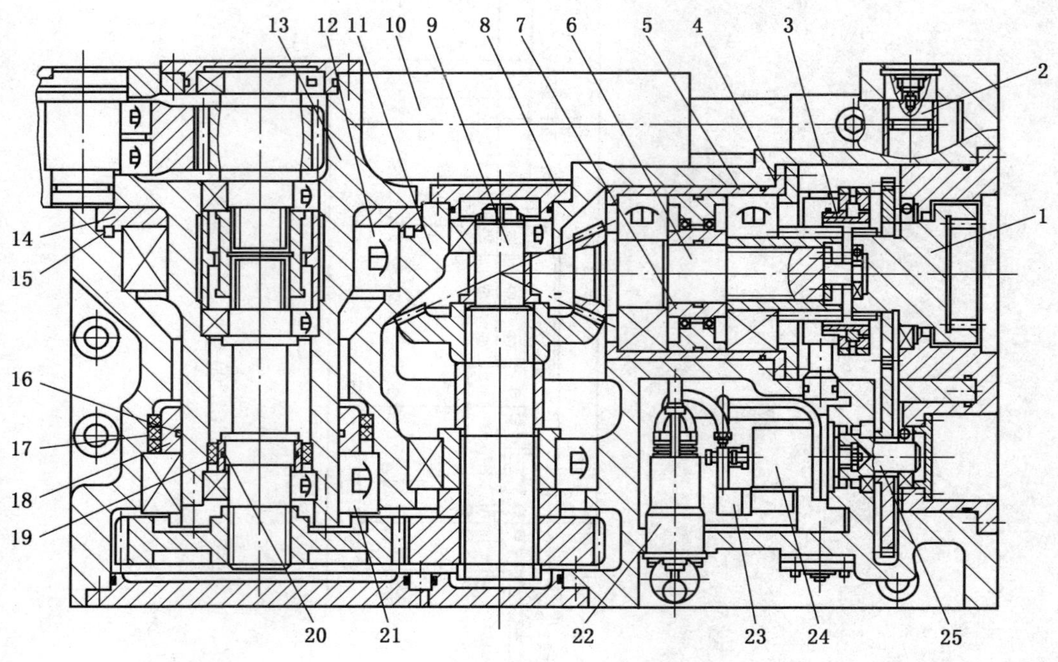

1—离合器轴；2—销轴；3—离合齿轮；4—调整垫；5—轴承杯；6—一轴；7—密封套；8—端盖；9—二轴；10—调高油缸；11—箱体；12、21—轴承；13—摇臂套；14—定位盘；15—定位键；16、20—O形密封圈；17、19—骨架式密封圈；18—密封套；22—粗滤油器；23—安全阀；24—调高泵；25—调高泵传动轴

图2－34 固定减速器

1. 箱体结构

固定减速器箱体的离合器和滤油器安装孔、注油孔、箱体内轴承孔以及与牵引部和底托架的连接螺栓孔和定位孔等都对称设计，在倒换工作面时，将箱体翻转180°，并将离合器和滤油器调换位置安装即可。调高油缸缸体通过销轴2铰接于箱体上。

2. 离合器轴

离合器轴的结构如图2－35所示。离合器轴2的右端内齿轮与牵引部通轴左端外齿轮啮合，以便将动力引入截割部，其左端系外花键齿轮，安装齿轮6用于传动调高泵。离合器轴由轴承5和9支承，由于轴承9装在一轴轴颈上，所以当一轴在调整锥齿轮啮合间隙发生轴向位移时，离合器轴的位置也要变动，为此设置调整垫1用来补偿这种变化。

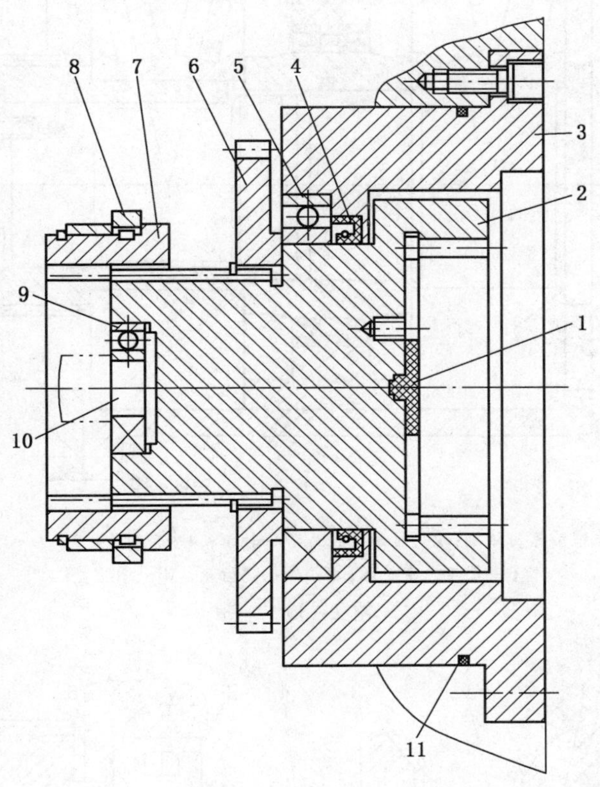

1—调整垫；2—离合器轴；3—密封套；4—骨架式密封圈；5、9—滚动轴承；6—齿轮；
7—离合内齿轮；8—铜环；10—一轴轴颈；11—O形密封圈

图2－35　离合器轴

离合内齿轮7由铜环8控制，以实现与装在一轴上的外花键齿轮（图2－34）的离合。密封套3用螺钉固定在箱体上，它与离合器轴间的骨架式密封圈4和与箱体间的O形密封圈11可防止固定减速器向外窜油。

3. 一轴

如图2－36所示，一轴为圆弧齿螺旋锥齿轮轴，借轴承3、7支承，它们均装入轴承杯2中，轴承杯置于箱体孔中，它与箱体间的调整垫10（0.22~1.00 mm）用来调节锥齿轮的啮合间隙。增加调整垫厚度，一轴将向右位移，啮合间隙增大；反之，则减小。

两盘轴承间的密封套4上装有两个骨架式密封圈（背向安装）和两个O形密封圈9，它将机械传动部分隔成两个油池，以利于传动件的润滑。一轴的另一端花键上安装离合器的外花键齿轮8。

4. 二轴

如图2－37所示，二轴8借轴承1和5支承在箱体孔内，大圆弧锥齿轮3装在二轴中部的花键上，锥齿轮与轴承均以距离套隔开，传动三轴的齿轮7则装在右端花键上，它有

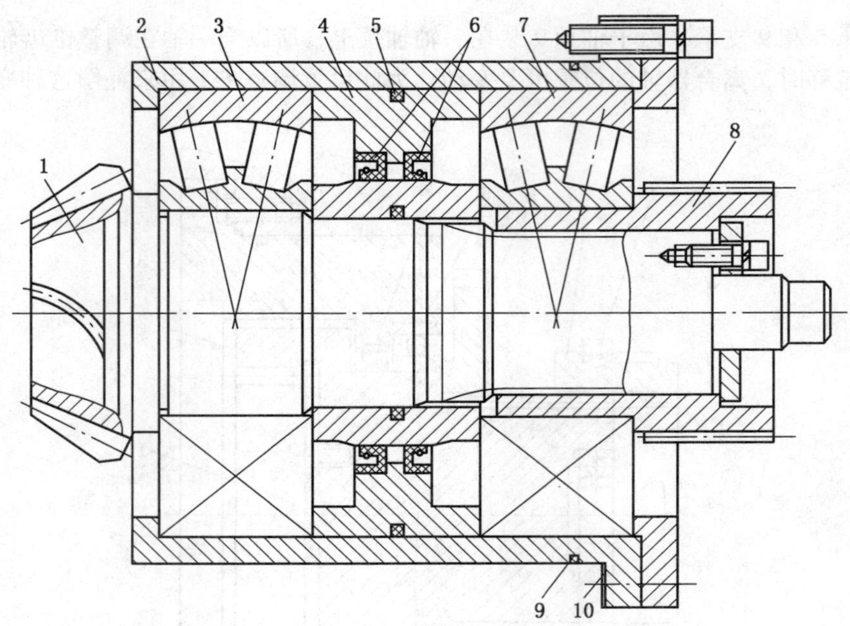

1—圆弧齿螺旋锥齿轮轴；2—轴承杯；3、7—轴承；4—密封套；5、9—O 形密封圈；
6—骨架式密封圈；8—外花键齿轮；10—调整垫

图 2-36 一轴

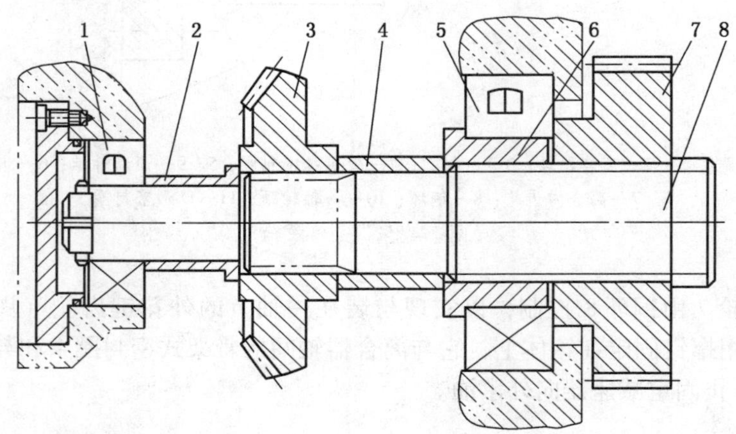

1、5—轴承；2、4—距离套；3—圆弧螺旋锥齿轮；6—轴承套；7—齿轮；8—二轴

图 2-37 二轴

两种齿数可供选择，以变换滚筒转速。

5. 调高泵传动轴

调高泵传动轴的结构如图 2-38 所示，它由轴承 3 和 6 支承，其右端内花键孔与调高泵轴的外花键配合，中部矩形花键上装有齿轮 5。置于轴右端与箱体孔间的两道骨架式密封圈 7（背向安装）用于防止液压传动箱和机械传动箱油池之间窜油。

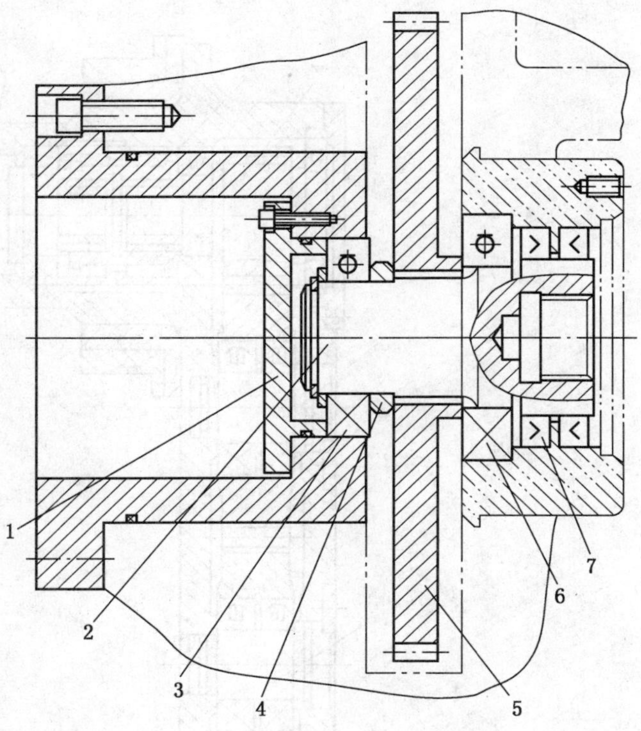

1—端盖；2—调高泵传动轴；3、6—轴承；4—距离垫；5—齿轮；7—骨架式密封圈

图 2－38 调高泵传动轴

6. 摇臂支承结构

如图 2－34 所示，摇臂套 13 借两盘双列向心球面滚子轴承 12 和 21 支承在固定减速器箱体孔内，并以此轴线作为摇臂摆动中心，同时有定位盘 14 和定位键 15 加以定位和作为辅助支承。

骨架式密封圈 17 和 19 以及 O 形密封圈 16 和 20 用于防止摇臂减速器和固定减速器之间串油，以保证各自的良好润滑。

7. 液压传动箱

为了使机械传动和液压传动能够分别用油，在箱体内隔出液压传动箱，用来安置液压调高系统的液压元件，如调高泵、安全阀、换向阀和滤油器等。

（三）摇臂减速器

摇臂减速器如图 2－39 所示，包括截割部三轴、四轴、惰轮轴、行星齿轮减速器、滚筒轴以及内喷雾供水装置等部件。

1. 三轴与四轴

三轴是摇臂减速器的输入轴，通过装在轴端的齿轮与二轴齿轮 7（图 2－37）的啮合传入动力，齿轮也相应有两种齿数可供选择，以与齿轮 7 的齿数相匹配来变换滚筒转速。

图 2－39 中的三轴 5 借两盘轴承支承在摇臂箱体孔中。轴上的密封套 2 与轴之间有 O 形密封圈，与箱体之间有两道骨架式密封圈 3（背向安装），用来防止摇臂减速器与固定减速器之间窜油。

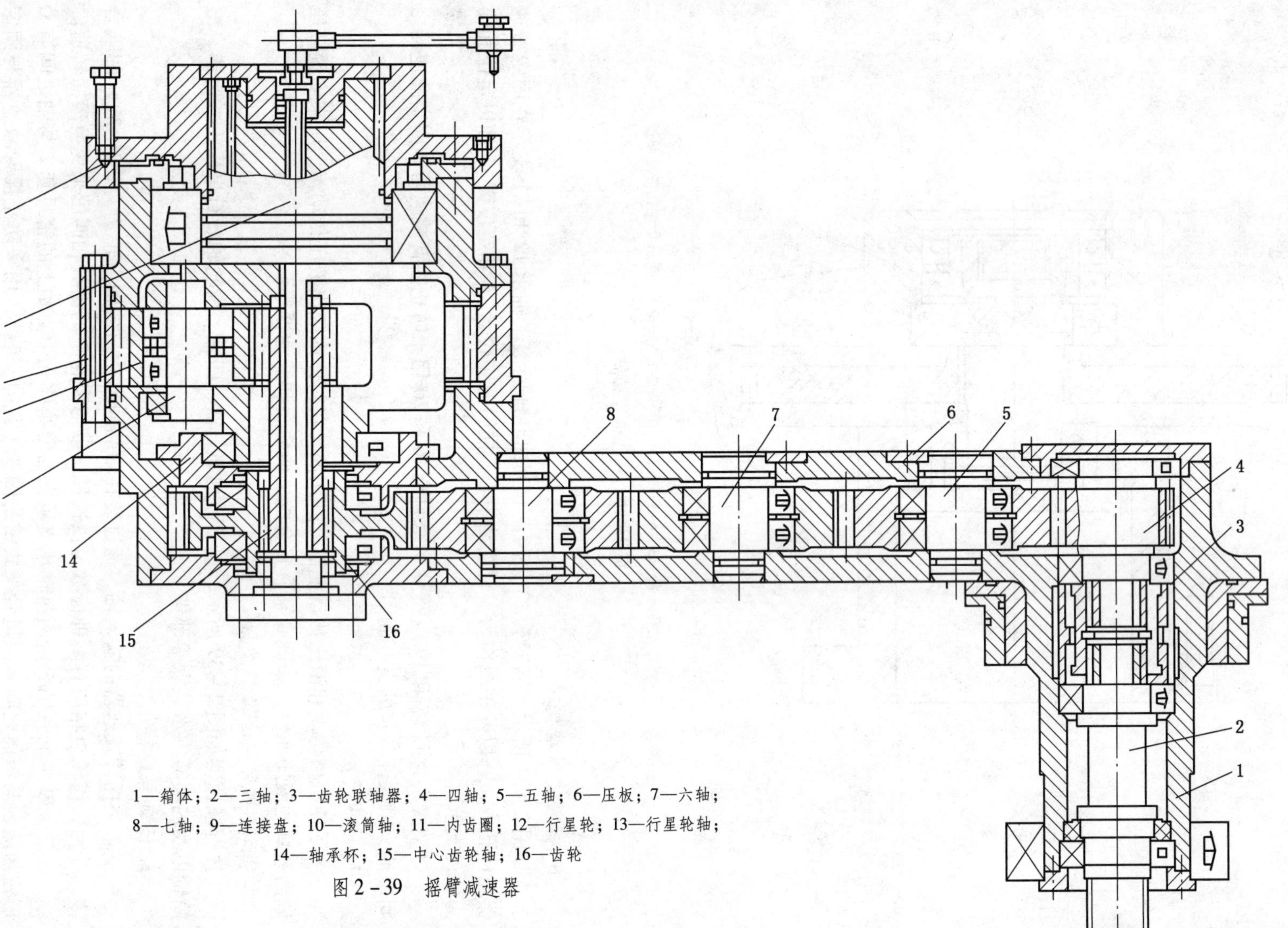

1—箱体；2—三轴；3—齿轮联轴器；4—四轴；5—五轴；6—压板；7—六轴；8—七轴；9—连接盘；10—滚筒轴；11—内齿圈；12—行星轮；13—行星轮轴；14—轴承杯；15—中心齿轮轴；16—齿轮

图 2-39 摇臂减速器

四轴7为一齿轮轴，通过花键齿轮联轴器6与三轴连接，借两盘单列向心短圆柱滚子轴承支承，安装时靠轴端的轴承应与端盖间留有0.2~0.3 mm的间隙。

2. 惰轮轴

五轴8、六轴10和七轴11均属惰轮轴，采用心轴结构，轴与齿轮间装有2盘轴承，并用固定在箱体上的压板9将轴定位，使之不能转动。

3. 行星齿轮减速器

行星齿轮减速器是截割部齿轮传动的最后一级传动，其结构原理如图2-40所示。行星齿轮减速器由中心齿轮轴1、行星齿轮9、内齿圈10和行星轮架11等组成。

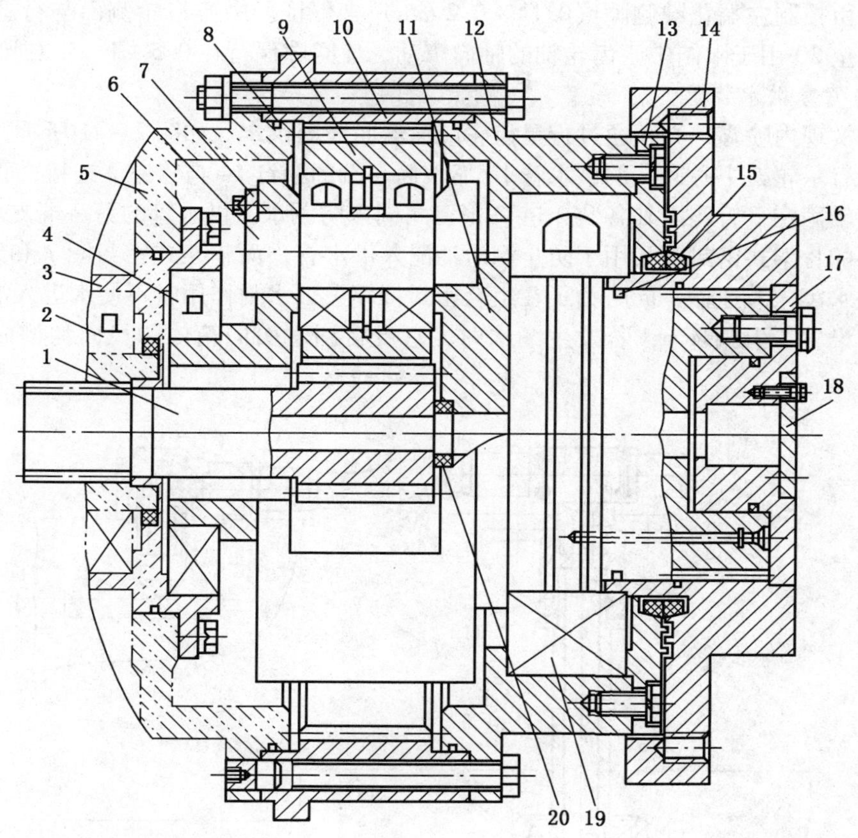

1—中心齿轮轴；2、19—轴承；3—轴承杯；4—轴承；5、12—摇臂箱体；6—行星齿轮轴；7—压板；8、16—O形密封圈；9—行星齿轮；10—内齿圈；11—行星轮架（滚筒轴）；13—密封盖；14—连接盘；15—滑动式密封圈；17—供水管座；18—堵盖；20—尼龙垫

图2-40 行星齿轮减遥器

中心齿轮轴的左端花键上安装齿轮19（图2-39），并借装入齿轮和轴承杯3间的轴承2和另一端装在齿轮与端盖间的轴承（图2-39）支承，轴的右端为中心齿轮，周围有3个行星齿轮与之啮合，行星齿轮又与内齿圈啮合，因内齿圈通过长螺栓和销钉与两端摇臂箱体固定为一体，所以传动时行星齿轮一面自转，一面绕中心轮轴公转。行星齿轮借2盘双列向心球面滚子轴承装在行星齿轮轴6上，而行星齿轮轴6装入行星轮架11的孔中

并用压板7固定形成心轴结构。行星齿轮通过行星齿轮轴6传动行星轮架，因滚筒轴与行星轮架制成一体，所以滚筒轴转速即为行星齿轮的公转转速。

行星轮架（滚筒轴）11的一端由装在轴承杯中的轴承4支承，另一端由装入箱体的轴承19支承，它的左端以花键固定连接盘14，连接盘带有方形凸肩以与螺旋滚筒上带有方形孔的连接盘配合，并通过螺钉将它们固定，这样的结构，既连接可靠，又便于拆装。

为防止摇臂箱体外漏油，用螺钉在摇臂箱体12上固定密封盖13，上面装有滑动式密封圈15和O形密封圈16，它与连接盘侧面采用迷宫结构结合，可以起到防尘作用。

行星齿轮减速器设计成浮动结构，具有齿轮受力均匀且接触精度高等优点，中心齿轮的浮动量由控制左端花键侧隙（0.14～0.2 mm）来保证。中心齿轮侧面与行星轮架沉孔间的尼龙垫20用于限制中心齿轮轴的轴向窜动，使间隙保持在0.5～1 mm之间。

4. 内喷雾供水装置

为了实现内喷雾，必须通过行星齿轮减速器向滚筒供水。如图2－41所示，穿过中心齿轮轴和行星轮架中心通孔的供水管10靠滚筒一端的销钉14与管座2连接，管座则用螺钉与滚筒轴固定，管座内外各装2道O形密封圈以防漏水。供水管的另一端支承在轴承9上，管外的骨架式密封圈8用于防止润滑油漏入供水管，而骨架式密封圈7和组合密封5用于防止水窜入减速器，同时为了在组合密封损坏失去水封作用时不使水进入油池破坏润滑性能，设置了引漏环6，若发生漏水时，它可将漏水引向箱体的径向沟槽而流到箱体外。

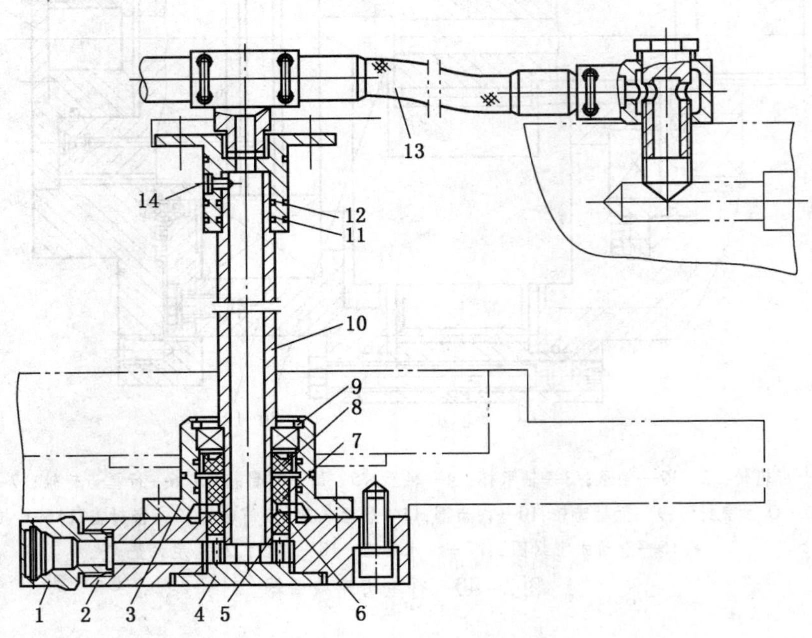

1—水管接头；2—管座；3—轴承杯；4—端盖；5—组合密封；6—引漏环；7、8—骨架式密封圈；9—轴承；10—供水管；11、12—O形密封圈；13—水管；14—销钉

图2－41 内喷雾供水装置

5. 滚筒与截齿

IMGD200型采煤机使用3头螺旋滚筒，其结构如图2－42所示，由螺旋叶片1、联结

盘2、端盘3、轮毂4和端盖5等组成。联结盘上开有410×410方形孔以与滚筒轴联结盘方轴配合，并用20个M24的螺钉固定。螺旋叶片和端盖上开有水槽，以通过喷雾水。为了提高滚筒寿命，滚筒出口端采用了喷焊耐磨材料的措施。

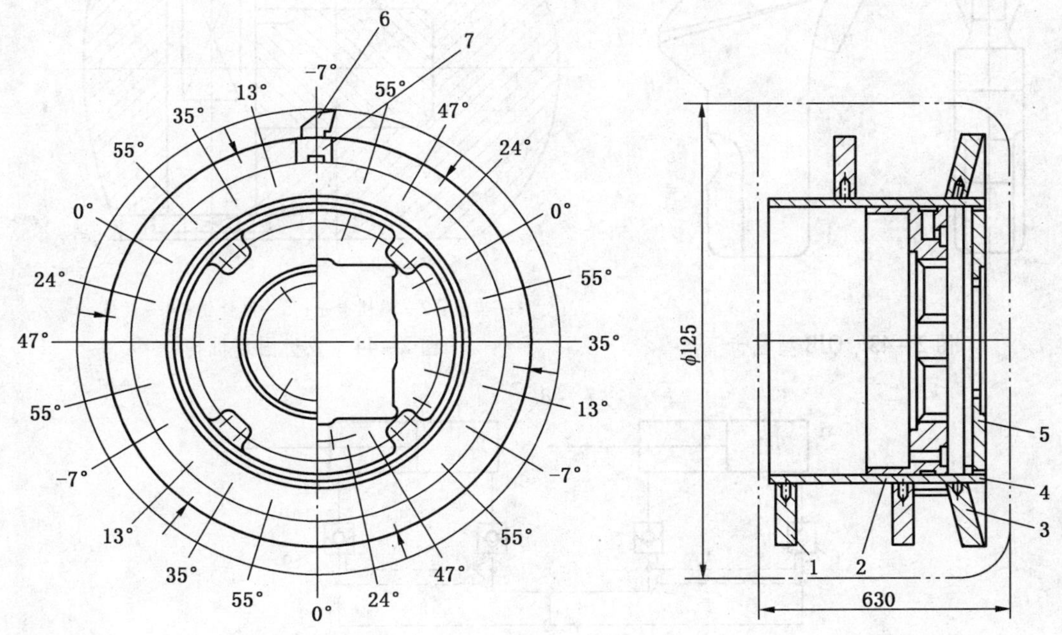

1—螺旋叶片；2—联结盘；3—端盘；4—轮毂；5—端盖；6—截齿；7—齿座

图2-42　滚筒结构

滚筒上的截齿采用3头螺旋变截距排列方式，螺旋叶片上每线一齿。共装有20个截齿，平均截距19.62 mm。端盘上的截齿排列如图2-42所示，按角度排列分为3组，每组截齿的安装角度依照0°、55°、35°、13°、-7°、55°、47°、24°的顺序排列，因此每条截线的截齿数以55°齿为最多，共计6个，其他角度齿均为3个，即端盘上共有24齿。这样的排列方式对截割硬煤比较适宜。

截齿采用QJB型强力径向截齿，其结构如图2-43所示，它使用JGFI型刚性固定机构安装在齿座1内，如图2-44所示，此种机构由特殊设计的刚性销3和弹簧卡子2组成，具有结构简单、固定可靠和拆装方便的优点。

6. 液压调高系统与液压元件

1）液压调高系统

液压调高系统的作用是根据需要调高滚筒的高度并保持之。如图2-45所示，它属于开式系统，主要由调高液压泵3、换向阀5、液压锁6和9、调高油缸7和8以及安全阀2等组成。

手动换向阀在零位时，液压泵排油经换向阀P口卸荷，调高油缸不动作。手把向外拉，换向阀P、B连通，A、T连通，液压泵排油进入调高油缸7的活塞腔和调高油缸8的活塞杆腔，于是它们的活塞杆分别伸出和缩回，因调高油缸7与摇臂下部连接而调高油缸

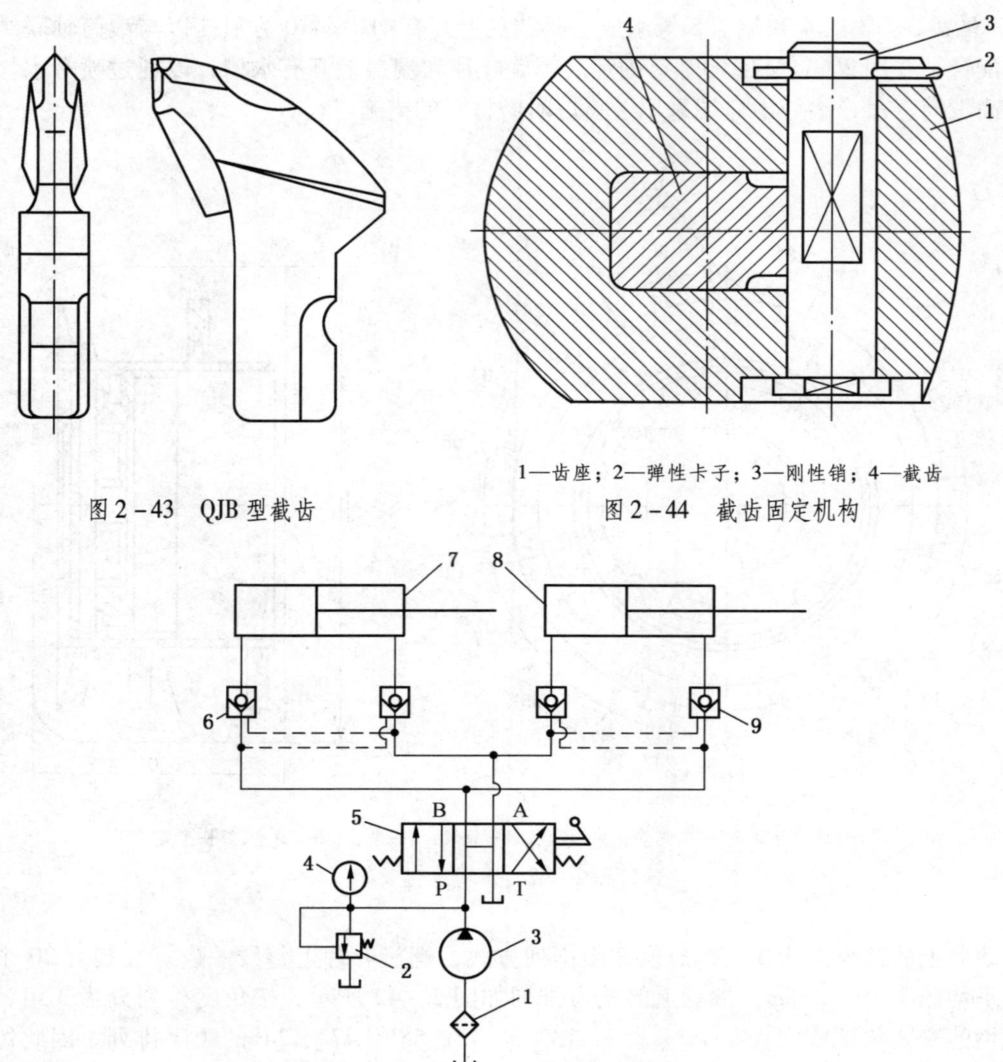

图 2-43 QJB 型截齿

1—齿座；2—弹性卡子；3—刚性销；4—截齿

图 2-44 截齿固定机构

1—粗过滤器；2—安全阀；3—液压泵；4—压力表；5—换向阀；6、9—液压锁；7、8—调高油缸

图 2-45 液压调高系统

8 与摇臂上部连接，所以摇臂上摆而使滚筒上调，此时，调高油缸 7 的活塞杆腔和调高油缸 8 的活塞腔侧回油。松开手把，换向阀回到零位。液压锁将调高油缸的油路封死，从而将滚筒保持在调好的位置上。向里推手把，换向阀的 P、A 口连通，B、T 口连通，油路与上述相反，调高油缸反方向动作，于是摇臂下摆，滚筒下调。液压调高系统的工作压力为 15 MPa，由安全阀的调定压力限定，以防调高中过载。

2）主要液压元件

（1）调高液压泵。调高液压泵属于固定缸体斜盘型轴向柱塞定量泵，流量为 101 L/min，工作压力为 15 MPa。泵体与前、后盖分别用螺钉固定而成为一体，通过前盖安装在固定减速器箱体内。

（2）手动换向阀。手动换向阀如图 2-46 所示，它由阀体 1、阀杆 3、弹簧 6 以及手把2等组成。阀体上有进油孔P、工作油孔A和B以及两个回油孔T。进油孔与工作油孔从阀体端部引出，回油孔从阀体圆周引出。阀杆3有两个密封圆柱面和两个带切口的台阶，通过台阶切面使P、A、B、T均相通，形成H型滑阀机能，既可达到液压泵卸荷，又可使液压锁单向阀不受背压，以利于密封。若手把向外拉，阀杆通过挡圈7压缩弹簧而右移，于是P、B连通，A、T连通，松手后，在弹簧作用下，挡圈7又使阀杆回到零位。反之，若向里推手把，则通过挡圈5压缩弹簧，阀杆向左移，构成P、A连通，B、T连通。

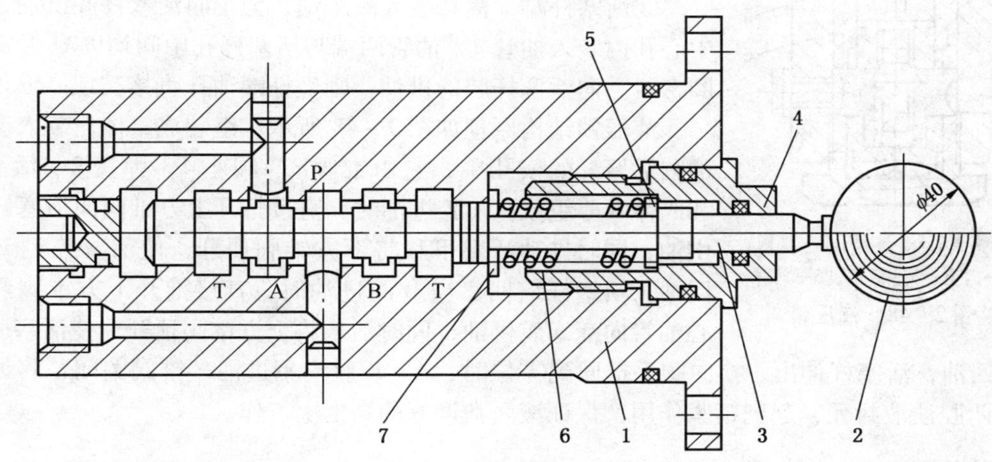

1—阀体；2—手把；3—阀杆；4—端盖；5、7—挡圈；6—弹簧

图2-46 手动换向阀

（3）调高油缸与液压锁。调高油缸如图2-47所示，由缸体1、活塞4、活塞杆16、导向套8以及密封件等组成。调高油缸有两个，它们布置在截割部的煤壁侧，一个在上，一个在下，分别通过缸体端和活塞杆端的铰接耳孔与固定减速器箱体耳座和摇臂箱体耳环孔铰接。上面的一个是短调高油缸，下面的一个是长调高油缸，它们的结构完全相同，只是长度和行程相异，结构特点如下所述：

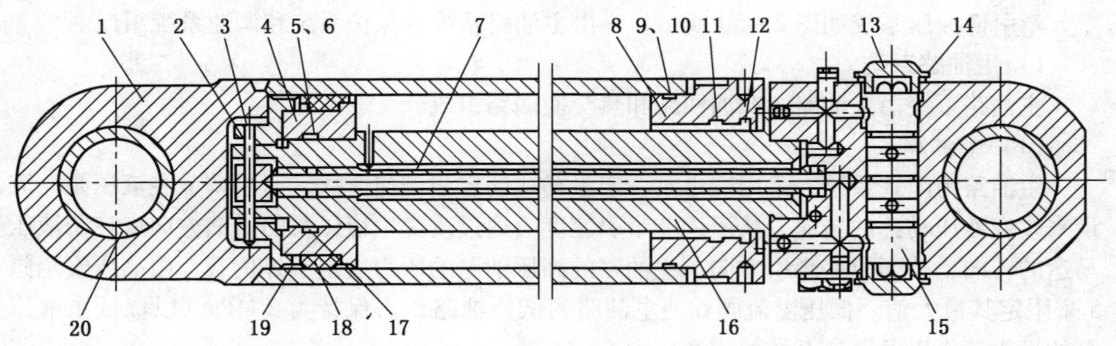

1—缸体；2—压紧螺母；3—销子；4—活塞；5、9、17—O形密封圈；6、10—挡圈；7—油管；8—导向套；11—蓄形密封圈；12—J形防尘密封圈；13—端盖；14—垫圈；15—液压锁；16—活塞杆；18—鼓形密封圈；19—导向环；20—铜套

图2-47 调高油缸

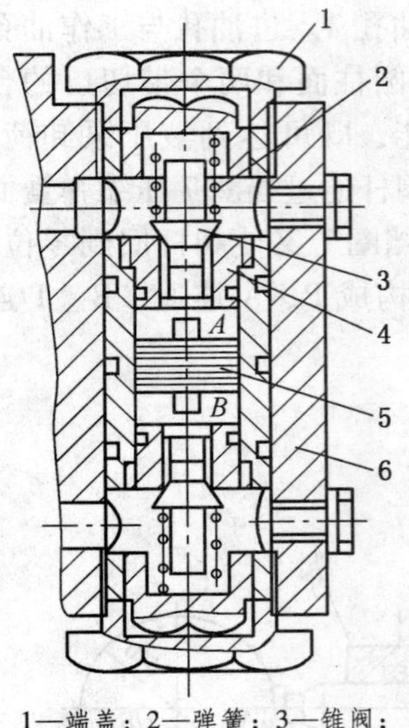

1—端盖；2—弹簧；3—锥阀；4—阀座；5—活塞；6—阀体

图2－48 液压锁

①活塞与活塞杆采用压紧螺母2连接，并用销子3防止其松脱，以增加连接的可靠性。活塞与缸体间以鼓形密封圈18密封，并通过导向环19支承和导向。活塞杆与活塞间以O形密封圈15密封。

②导向套与缸体采用螺纹连接方式，导向套与活塞杆间以蕾形密封圈11密封，并用J形密封圈12防尘。而导向套与缸体间则以O形密封圈9防止漏油。

③活塞杆端部横孔装入液压锁，为了向活塞杆腔供油，其中心孔内装入油管7，油管两端与活塞杆孔中间均以O形密封圈密封。向活塞杆腔的供油，则经杆端油孔直接实现。

液压锁结构原理如图2－48所示，组装成整体后装入调高油缸活塞杆的横孔中，它由锥阀3、阀座4、弹簧2、活塞5和阀体6等组成。A腔进油时，直接打开上方锥阀向活塞缸腔供油，同时推动活塞下移将下方锥阀顶开，使活塞腔经B腔回油，活塞杆缩回；当B腔进油时，直接推开下方锥阀经中心油管向活塞腔供油，同时活塞将上方锥阀顶开，使活塞腔经A腔回油，活塞杆伸出。换向阀手把回到零位时，A、B腔均不进油，锥阀关闭，将调高油缸两腔油液封死，起到锁紧作用，保证滚筒在调好的高度上工作。

三、牵引部

牵引部包括减速器和链牵引机构。牵引部减速器采用液压机械传动。如图2－49所示，牵引部减速器箱体隔成3个独立的腔室。齿轮传动箱内布置2对分别传动主液压泵和辅助液压泵的齿轮；液压传动箱内布置主液压泵、液压马达、辅助液压泵和阀组等液压元件；行星减速器构成另一个独立腔室。

牵引部靠采空区一侧，安装了调速手把、手压泵、压力表和油位指示器等。

（一）液压传动原理与结构

1. 液压系统

牵引部液压系统如图2－50所示，它由主油路系统、保护系统和调速系统组成。

1）主油路系统

主油路系统由主油路、补油回路和热交换回路组成。

（1）主油路。

主油路为闭式系统，采用变量泵一定量马达的容积调速方式。通过调节主液压泵的流量来改变液压马达的转速，从而调节牵引速度。通过改变主液压泵的供油方向来控制液压马达的转向，从而改变牵引方向。主油路的高压油路的压力决定于外负载，由高压安全阀5来限定其最大值。低压溢流阀6使主油路的低压油路压力保持为2 MPa，以保证主液压泵的可靠工作以及调速系统的用油压力。

（2）补油和热交换回路。

液压系统补油回路的原理是：辅助液压泵11自油池吸入冷油，其排油通过精过滤器9后，经单向阀2或3补入主液压泵吸油侧。由于辅助泵属于齿轮泵不能反转；为防止试

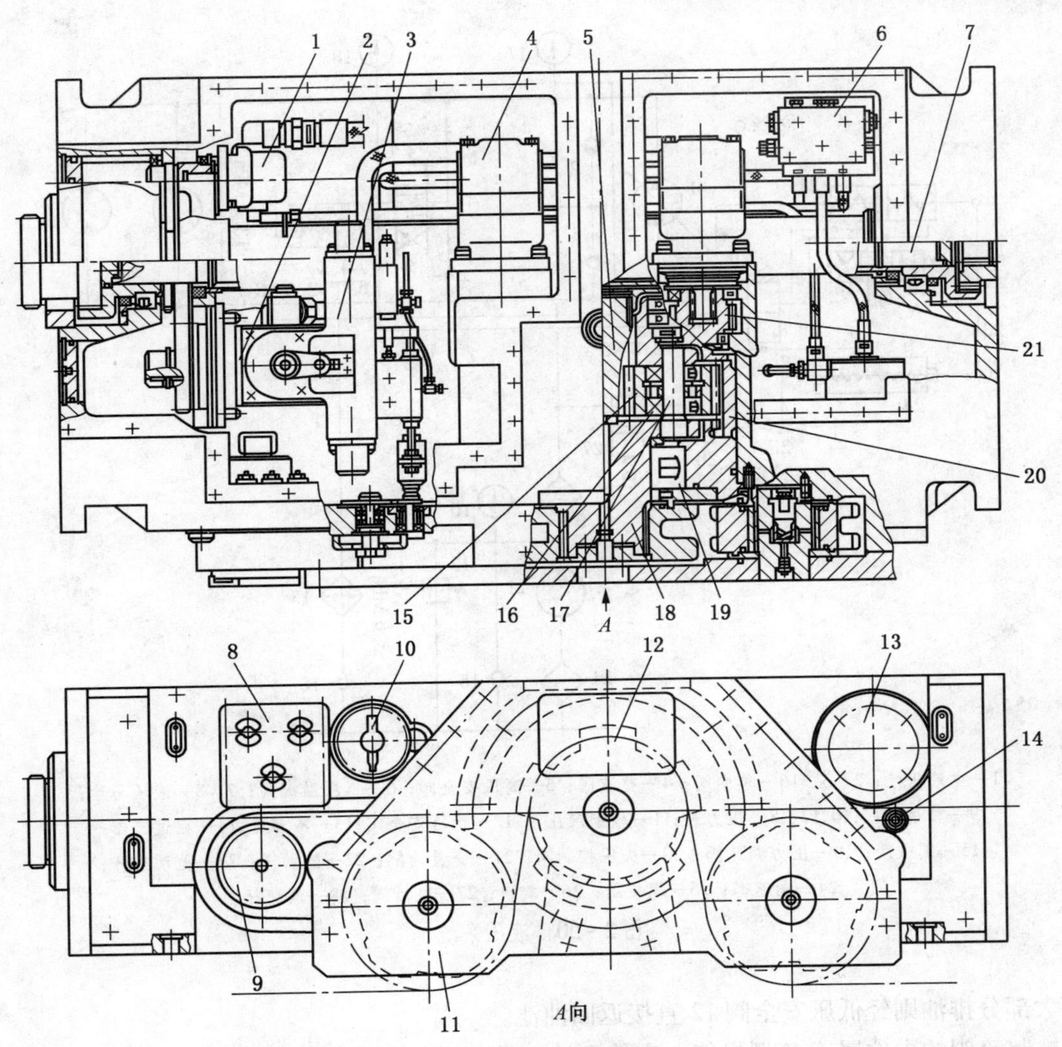

1—辅助液压泵；2—主液压泵；3—调速机构；4—液压马达；5—行星减速器的中心齿轮轴；6—阀组；7—通轴；8—压力盘；9—粗过滤器；10—调速换向手把；11—导向链轮；12—传动链轮；13—精过滤器；14—手压泵；15—行星齿轮；16、19—轴承；17—行星轮轴；18—行星轮架；20—内齿圈；21—齿轮

图2-49　牵引部

运转时因电动机接线错误辅助泵瞬时反转而产生吸空现象，辅助泵并联了倒吸阀15。低压安全阀12的调定压力为3.0 MPa，用于保护辅助泵。

整流阀4和低压溢流阀6构成热交换回路，将主油路中部分低压热油引回油池。

整流阀4为三位四通液动换向阀，它受主油路的高压油路控制。若主液压泵上方为高压油路，整流阀工作位置则为上方块，液压马达的一部分回油将经此阀通路和低压溢流阀6、冷却器13、单向阀16流回油池。而高压油路则经整流阀另一条通路接向高压安全阀5。若主液压泵下方为高压油路，整流阀便动作到下方块位置，同样实现上述职能。当主液压泵流量为零时，两边油路处于低压平衡状态，整流阀在弹簧作用下回到中间位置，此时，辅助泵的少量排油将经单向阀2和3、整流阀通路、低压溢流阀6和冷却器13回油池，

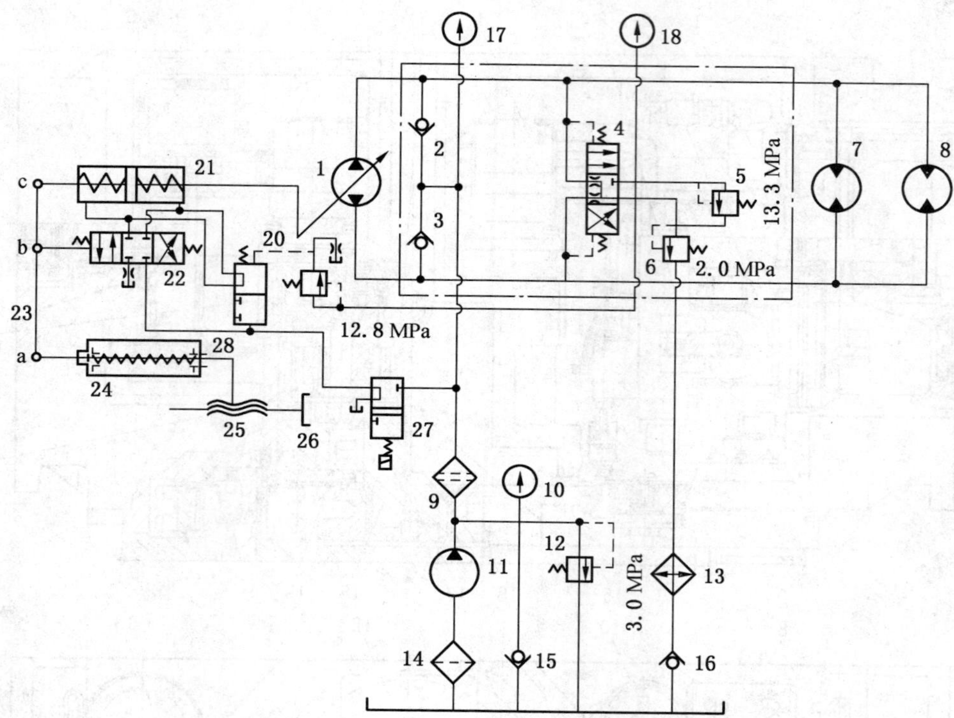

1—主液压泵；2、3、16—单向阀；4—整流阀；5—高压安全阀；6—低压溢流阀；7、8—液压马达；9—精过滤器；10、17、18—压力表；11—辅助液压泵；12—低压安全阀；13—冷却器；14—粗过滤器；15—倒吸阀；19—压力调速阀；20—失压控制阀；21—变量油缸；22—随动阀；23—差动杠杆；24—调速套；25—螺旋副；26—旋钮；27—电磁阀；28—调速杆

图 2－50 液压系统

而大部分排油则经低压安全阀 12 直接返回油池。

整流阀的中位属于 Y 型机能，它使两边油路经节流与低压溢流阀 6 连通，这是为了防止整流阀由中位动作到工作位置时产生换向冲击。冷却器 13 下面的单向阀 16 可防止更换冷却器时向外漏油。

2）调速换向系统

调速换向系统用于调节牵引速度和改变牵引方向。它由手把操作机构和主液压泵随动变量机构组成。

（1）手把操作机构。手把操作机构由旋钮 26 和螺旋副 25 组成。螺旋副将旋钮的角位移转变为直线位置，并由螺母将运动传递给调速套 24 中的调速杆 28，进而通过随动变量机构改变主液压泵的流量和供油方向。旋钮由中立位置开始的旋向决定采煤机的牵引方向，旋钮转角的大小决定牵引速度的大小。旋钮可正、反各转 135°，相应的螺母左、右行程是 10.14 mm。

（2）随动变量机构。随动变量机构由调速套 24、随动阀 22、差动杠杆 23 和变量油缸 21 组成。其工作原理如下所述。

调速杆获得向右位移时，即推动弹簧和调速套右移，此时差动杠杆以 c 为支点向右摆动，随动阀被拉到左方块位置，于是变量油缸的右腔进油、左腔回油，活塞与活塞杆便向左位移，并带动主液压泵缸体转过相应角度，在此动作中，由于盘点已定位，故差动杠杆以它为支点向左摆动，直到随动阀回到中位将油路封闭为止，于是采煤机便以某一牵引速度运行。如果继续在这个方向上转动旋钮，随动阀就又动作到左位，使变量油缸中的活塞与活塞杆继续左移，主液压泵摆角继续增大，牵引速度相应加快，直到通过差动杠杆的反馈作用，随动阀又回到中位为止。同理，当调速杆向左位移时，主液压泵缸体将反方向摆动，于是改变了供油方向，采煤机得以反方向牵引。

在上述动作过程中，随动变量机构各元件的相对位置，以调速杆右移为例，表示在图2-51上。

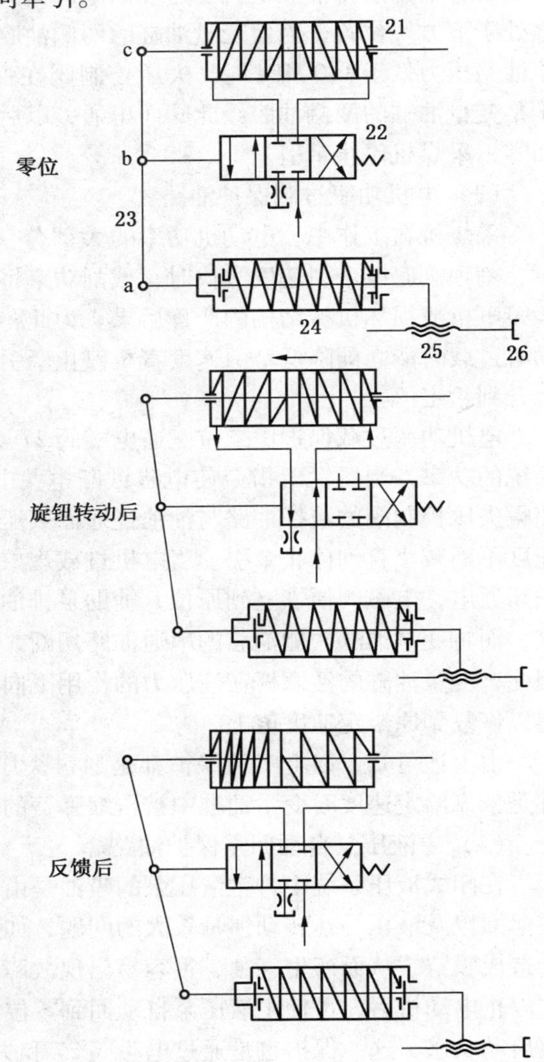

图2-51 随动变量机构的动作过程

3）保护系统

保护系统包括双重压力过载保护油路、低压失压保护油路、电机功率过载保护油路和主液压泵自动回零保护油路等。

（1）双重压力过载保护油路。

双重压力过载保护油路由压力调速阀19、失压控制阀20以及高压安全阀5等组成。当主回路高压油路的压力达到12.8 MPa时，压力调速阀19动作，其溢流口节流孔形成的压力足以使失压控制阀动作到上方块位置（正常工作时在辅助泵排油压力作用下该阀处于下方块位置），从而使变量油缸的两侧油腔串通，其活塞与活塞杆将在弹簧作用下向中位运动，主液压泵缸体摆角不断减小，直到回零停止排油，采煤机停止牵引为止，此为第一重压力过载保护。在上述动作过程中，变量油缸活塞杆的运动必然使差动杠杆以口为支点摆动，并将随动阀拉向工作位置，从而接通辅助泵油路，但因失压控制阀将变量油缸的两腔油路串通，辅助泵来的压力油可经节流孔回到油池，所以并不影响变量油缸的回零运动。一旦压力降低到12.8 MPa以下，压力调速阀关闭，失压控制阀便回到正常工作位置使变量油缸两腔油路切断，随动阀则接通变量油缸油路，使其活塞杆向原在位置运动，直到通过反馈作用，随动阀又回到中位为止，此时，牵引速度又恢复到过载前的大小上。这一压力过载保护油路实质上是一种恒压调速系统，当压力高于12.8 MPa时，自动减速直至停止牵引；当压力低于12.8 MPa时，则又自动升速到原来调好的牵引速度上。

如果在压力调速阀动作后，过载现象仍不能消除，工作压力继续升高到13.3 MPa时，高压安全阀5将打开，主油路高压油路将通过高压安全阀、低压溢流阀和冷却器与油池连通实现溢流，液压马达停止转动，采煤机随之停止牵引。这属于第二重压力过载保护。

（2）低压失压保护油路。

低压失压保护油路的作用是当主油路低压油路的压力低于1.0 MPa时，使主液压泵自动回零，从而停止牵引。这一保护是由失压控制阀20实现的。当低压油路压力高于1.0 MPa时，辅助泵排油经电机功率控制电磁阀27（欠载位置）进入失压控制阀的液控腔使之处于下方块位置，因而变量油缸的两侧油腔不串通，随动变量机构可以正常工作。当低压油路压力低于1.0 MPa时，失压控制阀在弹簧作用下动作到上方块位置（图示位置），于是变量油缸的两侧油腔经此阀而串通，以后的过程同第一重压力过载保护，最终使主泵回零，采煤机停止牵引。

（3）电机功率过载保护油路。

采煤机在工作中，电动机功率的大部分（80%以上）消耗在滚筒割煤上，当遇到夹石、割顶割底或牵引速度太快时，截割功率将会急剧增大而导致电动机过载，有可能造成烧毁电机或损坏机械结构的严重后果。为此，系统中设有电机功率过载保护油路，以便电动机过载时能立即降低牵引速度直至停止牵引，而当过载现象消除后又能自动使牵引速度上升到给定值。

电机功率过载保护由二位三通电磁阀27和失压控制阀20实现。当电机过载时，电气系统的功率控制器发出指令使电磁铁断电，电磁阀27在弹簧作用下动作到上方块位置，使得失压控制阀的液控油路与油池连通而失压，此后的过程与以上保护相同，采煤机牵引速度不断减小直到停止牵引。当电机过载现象消除后，功率控制器发出增速指令使电磁铁重新通电，电磁阀便恢复到原位，辅助泵排油进入失压控制阀的液控腔推动其回到原来位置，而将变量油缸两侧油腔的串通油路切断，由于此时随动阀处于原给定速度时的位置，因此，变量油缸的活塞杆在液压力的作用下向原给定速度时的位置移动，采煤机牵引速度得以恢复到原给定速度值上。

由上述可知，以上三种保护都是通过失压控制阀20起作用的，并且在保护发生时，都是依靠给定速度时变量油缸中被压缩弹簧的释放而获得减速直至停止牵引的效果。

（4）主液压泵自动回零保护油路。

在闭式液压系统中，主液压泵的吸油是由液压马达的回油供给的，由于液压元件都存在泄漏以及液压马达转动惯量较大的问题，如果主液压泵一启动就进入吸排油状态，往往会造成吸空，从而产生气蚀，很容易出现故障。为此，设有主液压泵自动回零保护油路，在停止电动机后，可使主液压泵自动回到零位，从而保证下次开动采煤机时主液压泵的零位启动状态。这一保护也是通过电磁阀27和失压控制阀20实现的。停止电动机后，电磁铁断电，电磁阀动作到上方块位置，失压控制阀液控腔接通油池，以后的过程与上述保护相同，最后使主液压泵实现自动回零。

（5）系统的充油和排气。

采煤机较长时间不工作时，管路可能会进入空气，更换液压油或管路后更有可能造成空气进入系统。系统中混入空气将会产生振动和噪声，从而影响液压元件的性能和可靠性。为了排除混入系统的空气，可以用手压泵14（图2-49）来充油排气。在充油过程中，必须松开主油路上的排气塞，直至充油压力达到0.2～0.3 MPa，才可将排气塞拧紧，结束充油过程。

2. 主要液压元件

1）主液压泵

主液压泵采用125EVA型斜轴式轴向柱塞双向变量泵，结构原理与ZB3－125型双向变量斜轴式轴向柱塞泵相同。通过改变缸体摆角的大小和方向来调节流量和变换供油方向。其额定工作压力为12.8 MPa，排量为125 mL/r，缸体摆角范围为0°～±15.5°，转速为2159 r/min。

2）液压马达

液压马达采用BM－E630－K4A4Y2型摆线转手液压马达，结构原理与CZM－125型定量斜轴式轴向柱塞马达相同。其工作压力为12.8 MPa，排量为625 mL/r，转速范围0～106 r/min。

3）辅助液压泵

辅助液压泵采用YBC型外啮合齿轮泵，其工作压力为2 MPa，流量为30 L/min，转速为1470 r/min。

4）阀组

为了减少连接管路，简化结构，将主油路中的双单向阀、整流阀、低压溢流阀和高压安全阀组合在共同阀体中构成阀组，其结构原理如图2－52所示。

阀体上有a、b、c、d、f、g、h、o诸油孔，其中a和c以及b和d分别与主油路高、低压油路连接，f接辅助泵排油管，h接调速换向系统，o接冷却器，g和e分别接高压表和低压表。

补油单向阀由阀芯16、弹簧15和螺堵14组成。辅助泵排油从f孔进入阀体经m孔到达两单向阀之间，若a孔为低压油路，则推开左边的单向阀补油，若b孔为低压油路，则推开右侧的单向阀补油。

整流阀为三位四通Y型液动换向阀，由阀芯19、弹簧18、挡圈20和端盖17等组成。主油路两侧油路经f、d孔以及阀芯两端中心孔与液控腔连通。主液压泵未进入工作状态时（缸体摆角为0），主回路两侧油经c、d孔及阀芯两端节流槽、阀体n孔接向低压溢流阀，而接高压安全阀的t孔被阀芯柱面封闭。主液压泵进入工作状态后，若f孔接高压油路、d孔接低压油路，则左液控腔为高压，右液控腔为低压，阀芯向右移动，而使c、t孔和d、n孔分别连通，于是高压油路经t孔接向高压安全阀，而低压油路的部分热油经m孔、低压溢流阀、o孔以及冷却器回油池。同理可知，主液压泵改变供油方向后的油路。

低压溢流阀由阀芯4、弹簧5和调压螺钉2组成，它使低压油路保持2 MPa的稳定压力。

高压安全阀为间接动作式，由主阀和先导阀组成。主阀包括阀芯7、弹簧8，阀芯上有节流孔如先导阀包括阀座9、阀芯10、弹簧11和调压螺钉13。高压油路经整流阀和t孔接向高压安全阀主阀，经节流孔作用于先导阀。工作压力低于13.3 MPa时，先导阀不动作，主阀芯受力平衡，也处于关闭状态。压力达到13.3 MPa时，先导阀开启，由于节流孔f的降压作用，主阀左端液压力大于右端液压力，故向右移动将溢流口打开，使高压油路经u孔、n孔以及低压溢流阀回油，起到过载保护作用。

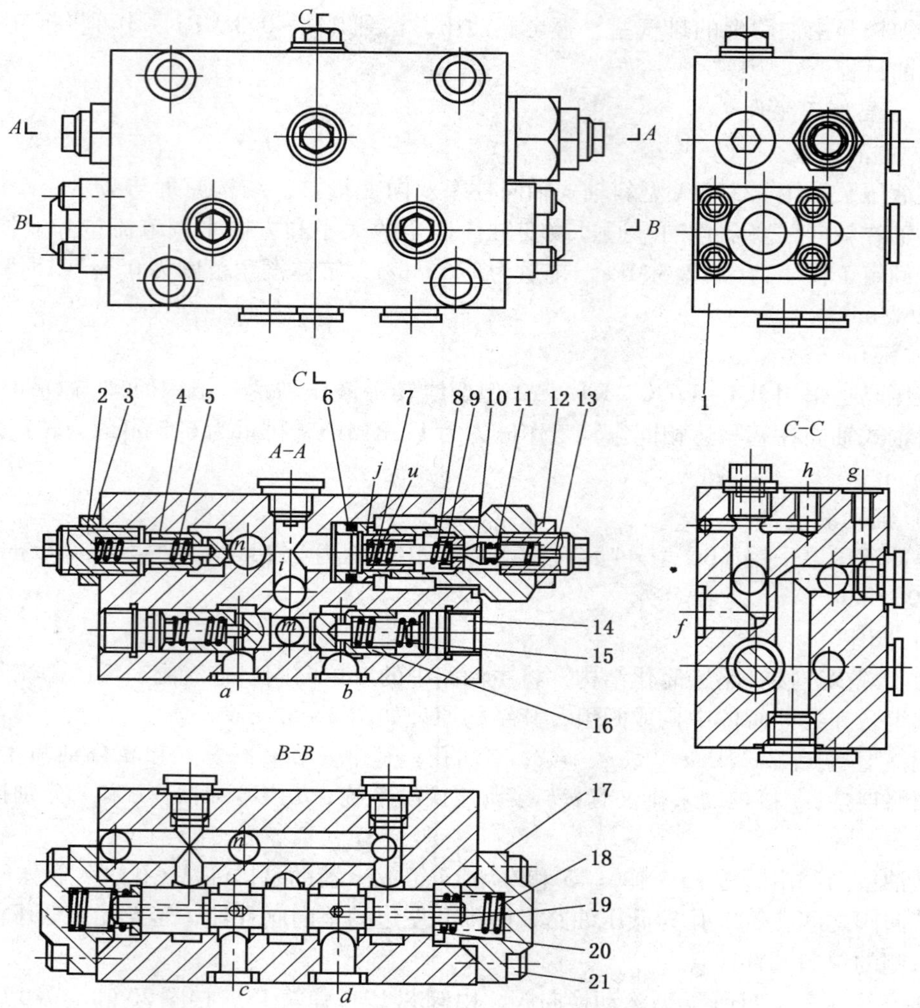

1—阀体；2、13—调压螺钉；3、12—螺母；4—低压溢流阀；5、8、11、15、18—弹簧；6—阀套；7—高压安全阀主阀芯；9—阀座；10—先导阀阀芯；14—螺堵；16—阀芯；17—端盖；19—滑阀阀芯；20—挡圈；21—螺钉

图 2－52　阀组

5）调速回零机构

调速回零机构由随动变量机构、压力调速阀和失压控制阀组成，结构原理如图 2－53 所示。

随动变量机构由调速套 23、随动阀芯 21、变量油缸 1 和差动杠杆 38 组成。调速套与随动阀装入同一壳体中，调速套内装入调速杆 31，它们之间借弹簧 25 和弹簧座 20、26 联系，调速套左端以螺纹固定连接头 17，而连接头借销轴 18 与差动杠杆 38 的上端铰接，调速杆右端即为连接拨叉的轮套 30，并旋有螺母 29 以调节轮套的位置。差动杠杆中部以销钉与随动阀芯的连接杆 19 铰接。随动阀体上有 5 个沉割槽，位于中部的槽接辅助泵排油路，两端槽接油池，另外的 A 槽、B 槽分别接变量油缸的右腔和左腔。差动杠杆的下端缺口通过滑块 37 和销轴 36 与变量活塞 32 连接。变量油缸缸体 1 内装有变量活塞 32、弹

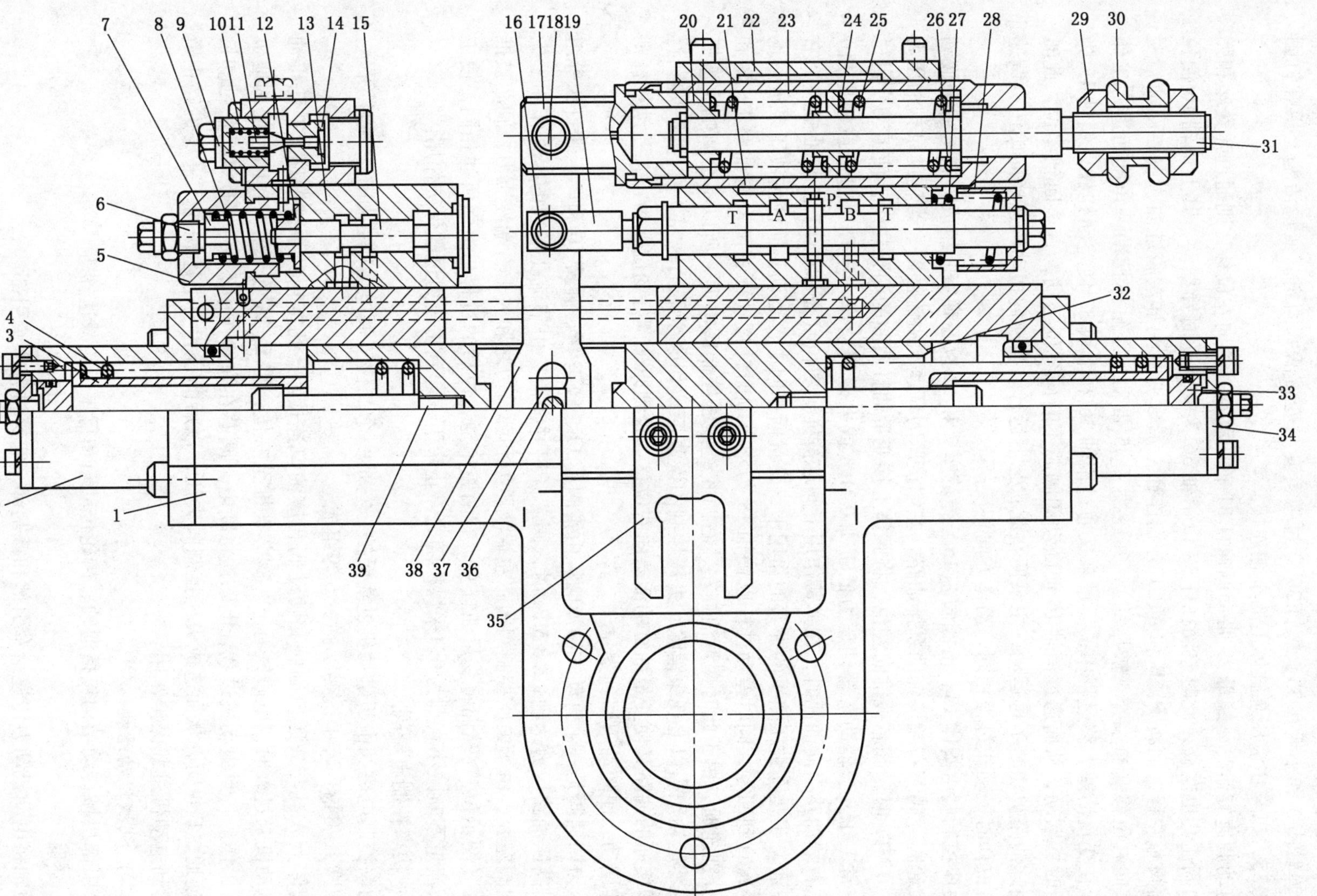

1—变量油缸；2—缸帽；3—弹簧套；4、8、10、25、27—弹簧；5—阀盖；6—螺钉；7、12、20、24、26—弹簧座；9—调压螺钉；11—锥阀芯；13—阀体；14—阀座；15—滑阀阀芯；16、18、36—销轴；17—连接头；19—连接杆；21—随动阀芯；22—阀体；23—调速套；28—定位套；29—螺母；30—轮套；31—调速杆；32—活塞；33—小活塞；34—缸盖；35—拨叉；37—滑块；38—差动杠杆；39—螺钉

图2-53　调速回零机构

簧4、弹簧座3和小活塞33，螺钉39穿过弹簧套与变量活塞固定。变量活塞上用螺钉固定拨叉35，以与主液压泵缸体上的小轴连接。

扭动调速旋钮时，螺母29带动调速杆31轴向移动，若向左位移，则通过弹簧座和弹簧推动调速套也左移，此时差动杠杆38以销轴36为支点逆时针摆动，其上销轴16便拉动随动阀芯左移，而将P、B和A、T分别连通，造成变量油缸左腔进油、右腔回油，变量活塞向右位移（右端弹簧被压缩），并经拨叉35带动主泵缸体摆动一角度而进入工作状态。在变量活塞右移过程中，反过来又通过销轴36和滑块37使差动杠杆以销轴18为支点逆时针摆动，从而通过销轴16使随动阀阀芯不断向零位运动，直至回到零位，此时变量油缸油路被切断不再运动，主泵便在此状态下运行。当逆向扭动调速换向旋钮，调速杆向右位移时，动作过程相同，动作方向相反。

失压控制阀由阀体13、滑阀阀芯15、弹簧座7和12以及弹簧8组成，它是一个液动二位二通阀，阀芯右端接辅助泵排油路，左端接压力调速阀溢流油路。当辅助泵排油压力高于1.0 MPa时，阀芯被推向左位，将阀体上接变量油缸两腔的油孔封闭，使随动变量机构能正常工作。当辅助泵排油压力低于1.0 MPa或电磁阀动作（电动机过载或停电机）将阀芯右端油路引向油池时，在弹簧作用下阀芯被推到右位（图示位），变量油缸左、右两腔串通，于是在被压缩了的弹簧的作用下，变量活塞向中位运动，而使主液压泵流量不断减小，直到回零，同时差动杠杆以销轴18为支点顺时针摆动而将随动阀油路P、B和A、T分别连通，由于此时变量油缸左、右两腔经失压控制阀串通，所以不会影响主液压泵的回零运动。当以上现象消除，失压控制阀恢复原位切断变量油缸左、右腔的串通时，随动阀接通的油路又使变量油缸的活塞向右位移，直到原来调好的位置为止，差动杠杆则逆时针摆动，使随动阀回到零位。

压力调速阀是一个直动式溢流阀，由锥阀芯11、阀座14、弹簧10和调压螺钉9等组成。当高压油路压力达到12.8 MPa时，阀芯开启并溢流，由节流孔形成的压力作用于失压控制阀左腔，由于失压控制阀阀芯左端液压力和弹簧力之和大于右端液压力，阀芯被推至右位（图示位），从而将变量油缸左、右两腔串通，以后的过程与上面所述相同，使主液压泵流量不断减小直到为0。采煤机随之停止牵引，起到了压力过载保护作用。

6）功率控制电磁阀

功率控制电磁阀由于电动机过载保护，它是一个二位三通电磁阀，如图2-54所示，由电磁铁1、推杆2、阀芯4、弹簧6等组成。

阀体上A孔与失压控制阀和随动阀相应油口连接。P孔接辅助泵排油路，T孔接油池。电动机未过载时，电磁铁有电。阀芯被推至右位，将P、A连通，T封闭，使调速机构正常工作。一旦电动机过载，电磁铁将断电，阀芯在弹簧作用下回到图示位置，此时，A、T连通，P封闭，从而造成失压控制阀失压，以后的过程与上述相同，采煤机停止牵引，起到电动机过载保护作用。

（二）机械传动结构

牵引部机械传动结构包括通轴、齿轮传动箱和行星齿轮减速器等。

1. 通轴

通轴将电动机动力传递给牵引部和截割部，它穿过整个牵引部。

如图2-55所示，通轴5由滚动轴承3和10支承在机壳孔内，其两端花键上分别安

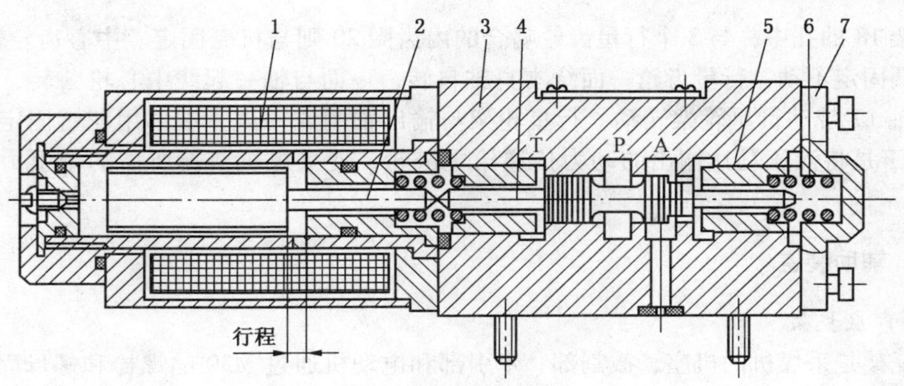

1—电磁铁；2—推杆；3—阀体；4—阀芯；5—弹簧座；6—弹簧；7—阀盖

图2-54 功率控制电磁阀

装内齿轮联轴器1和12，以传递电动机动力。轴上的齿轮8用于传动主液压泵，齿轮9则传动辅助液压泵。通轴右端的2道密封圈7和11将齿轮传动箱与液压传动箱密封，以使齿轮传动箱构成独立油池。轴左端的2道密封圈2和4则用于牵引部和密封。

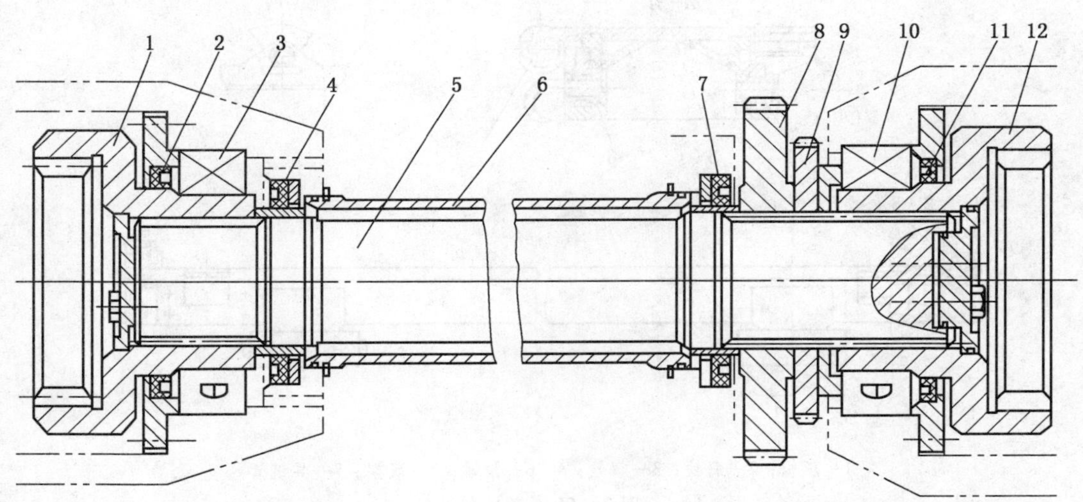

1、12—内齿轮联轴器；2、4、7、11—密封圈；3、10—滚动轴承；5—通轴；6—轴套；8、9—齿轮

图2-55 通轴结构

2. 齿轮传动箱

齿轮传动箱用于传动主液压泵和辅助液压泵，位于牵引部与截割部连接的一端，构成独立油池，如图2-49所示。

3. 行星齿轮减速器

如图2-49所示，行星齿轮减速器位于牵引部箱体的中部，构成独立油池。两台摆线转子式液压马达输出轴上的齿轮21共同传动装在中心齿轮轴5端部的齿轮里，将动力输入行星齿轮减速器。行星齿轮借两盘轴承16支承在行星轮轴17上，而行星轮轴两端穿在行星轮架18的孔中，与3个行星齿轮啮合的内齿圈20则与机壳固定。中心齿轮转动后，因内齿圈固定不动，行星齿轮一面绕本身轴自转，一面与轴一起绕中心轮公转，从而由行星轮轴17带动行星轮架转动。行星轮架与输出轴制成一体，端部用花键固定传动链轮21，于是将液压马达输出的动力传递给主链轮，使采煤机获得所需的牵引力和牵引速度。

四、辅助装置

（一）底托架

底托架是采煤机的机座，截割部、牵引部和电动机通过M30的螺栓和螺母固定在底托架上成为一个整体。

如图2-56所示，底托架由底架5、滑靴4和6、导链管7以及楔铁定位装置组成。滑靴用销轴铰接在底托架上，靠采空区的两个滑靴装有导向套与输送机导向管配合起到导向作用。为了避免机身窜动引起连接螺栓受剪力作用，底托架两端设有楔铁定位装置，它由固定斜铁2、塞铁3和压板1组成。固定好机身后，放入两端塞铁，并用螺钉将压板压在塞铁上，从而防止机身窜动。

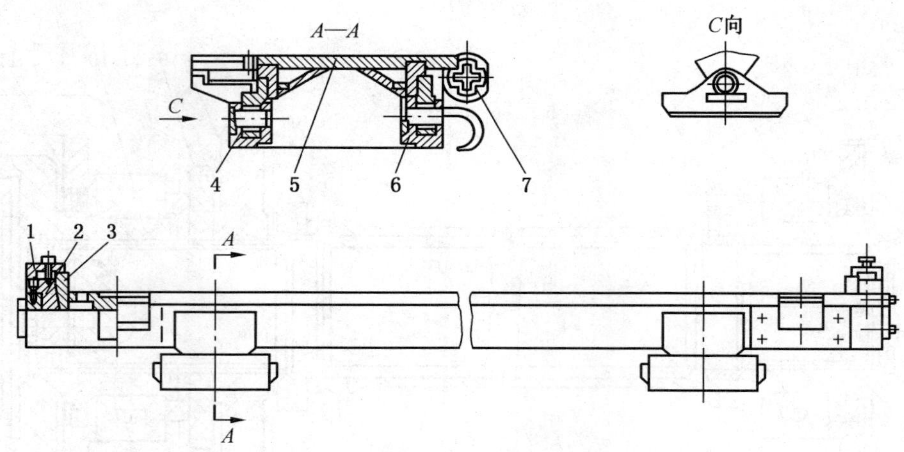

1—压板；2—斜铁；3—塞铁；4、6—滑靴；5—底架；7—导链管

图2-56 底托架

（二）喷雾冷却系统

IMGD200型采煤机的喷雾冷却系统如图2-57所示，为了保证喷雾降尘和冷却效果，要求供水量不小于125 L/min和供水压力（指到达采煤机水阀处）不低于1.8 MPa。

截止阀1、压力表2、过滤器3和变量节流阀4组装在一个壳体内构成水阀，供水经$\phi25$软管进入水阀后，经截止阀和过滤器后分为3路，第Ⅰ路专供外喷雾，第Ⅱ路专供内喷雾，第Ⅲ路在经电动机和牵引部冷却装置后供外喷雾。第Ⅰ路和第Ⅲ路上均有变量节流阀来调节水量大小。第Ⅲ路上的安全阀调定压力为1.5 MPa，用于限制该水路的最大压力，以保护冷却装置。三条水路的水量分配和水压要求见表2-1。清洗过滤器时可将截止阀1关闭，以切断进水路。

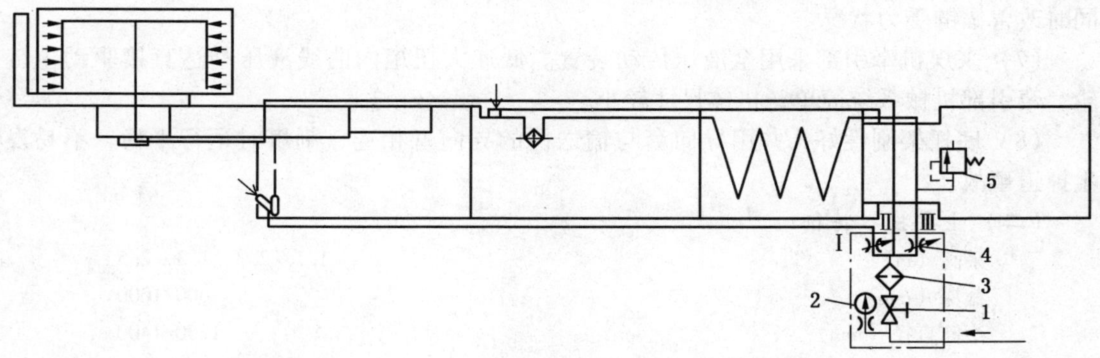

1—截止阀；2—压力表；3—过滤器；4—变量节流阀；5—安全阀

图2-57 喷雾冷却系统

表2-1 喷雾冷却水量分配表

水路序号	管径/mm	用　　途	水量/(L·min^{-1})	进喷嘴压力/MPa
Ⅰ	10	外喷雾	20	0.8~1.0
Ⅱ	19	内喷雾	85	1.0~1.5
Ⅲ	10	冷却—外喷雾	20	0.2~0.4

第三节 DY-150型单滚筒采煤机

一、概述

DY-150型单滚筒采煤机是我国自行设计制造的单滚筒采煤机，它与SGW-150型刮板输送机、DZ型单体液压支柱和金属铰接顶梁等组成高档普采设备。由于投资少、生产效率高、适应性好而获得广泛应用。

(一) 适用条件及特点

DY-150型单滚筒采煤机适用于采高为1.3~2.5 m，煤质中硬的缓倾斜煤层。当工作面倾角超过15°时，应配置液压安全绞车。该机具有以下特点：

(1) 采煤机的摇臂较长（1168 mm）而机体较低，配低底托架时为890 mm，配高底托架时应为1070 mm，既可采2.5 m厚的煤层，又可在1.1 m薄煤层中通过，适用范围较大。

(2) 采煤机的电动机功率和牵引力较大，牵引速度快，能割较硬的煤和带有薄层夹矸的煤层。

(3) 截割机构的摇臂靠近机体中心，比“侧置式”摇臂控顶距小，机身稳定，装煤效果好。摇臂的回转支承采用对称布置，改善了轴承的受力情况，保证齿轮正确啮合。

(4) 带动摇臂升降的调高油缸，布置在机体外摇臂的侧面，减小了机体尺寸，而且便于维护和检修。

(5) 采煤机各部操纵手把集中布置，操作方便。

(6) 采煤机的主链轮和导向链轮均为水平布置。牵引机构设有液压紧链装置，可以使牵引链的松边始终保持30~50 kN的张紧力，以免产生吐链困难、挤链、卡链等现象，同时改善锚链受力状况。

(7) 采煤机牵引部采用全液压传动装置。低速大扭矩内曲线液压马达直接驱动主链轮，牵引部机械系统简单，机体尺寸较小。

(8) 底托架刚性好，并用导向套与输送机的导向管相连，割煤时运行平稳，不易发生掉道事故。

(二) 主要技术特征

采高 (m)	1.1～2.3、1.3～2.5
截深 (mm)	600/1000
滚筒直径 (mm)	1250/1400
生产能力 (滚筒直径为1250 mm，截深为1000 mm) (t/h)	390 (牵引速度4 m/min时) 585 (牵引速度6 m/min时)
滚筒转速 (r/min)	63
牵引形式	全液压传动，锚链牵引
牵引速度 (m/min)	0～6 (最大牵引力时) 0～8.2 (空载时)

(三) 组成部分及机械传动系统

DY－150型单滚筒采煤机主要由牵引部6、电动机和电控装置5、截割部减速箱3、内外喷雾降尘装置4、摇臂12、滚筒2、弧形挡煤板1、调高油缸9、紧链装置11、电缆架7和底托架8等组成，如图2－58所示。

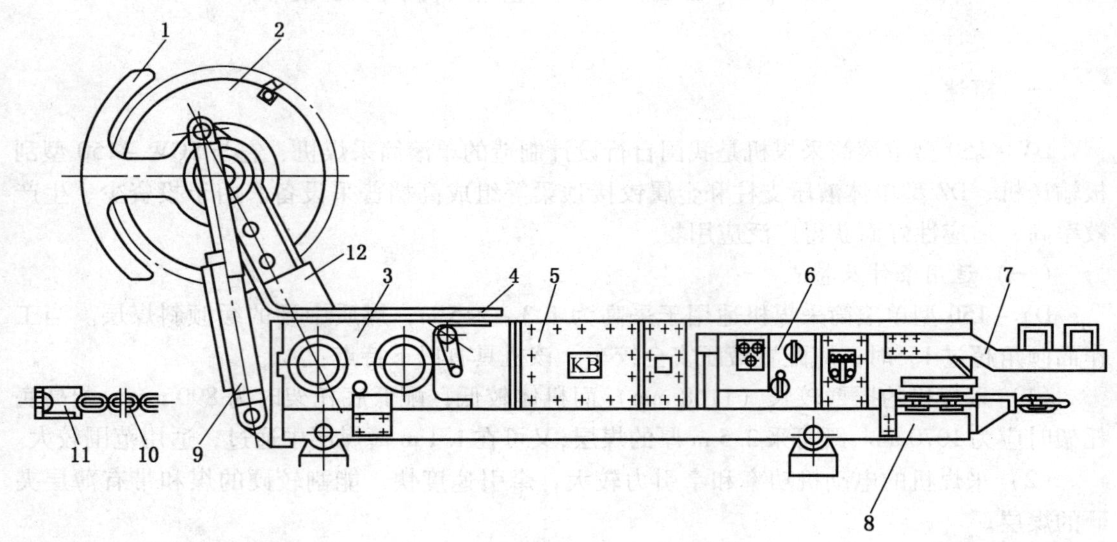

1—弧形挡煤板；2—滚筒；3—截割部减速箱；4—内外喷雾降尘装置；5—电动机与电控装置；6—牵引部；7—电缆架；8—底托架；9—调高油缸；10—圆环链；11—紧链装置；12—摇臂

图2－58 DY－150型采煤机

其工作原理是：采煤机骑跨在工作面刮板输送机上，靠圆环链牵引，上行时割顶部煤，割完工作面全长后，将弧形挡煤板翻转180°，再下行割底部煤，并清理浮煤。

DY－150型单滚筒采煤机机械传动系统如图2－59所示，该系统包括截割部和牵引部

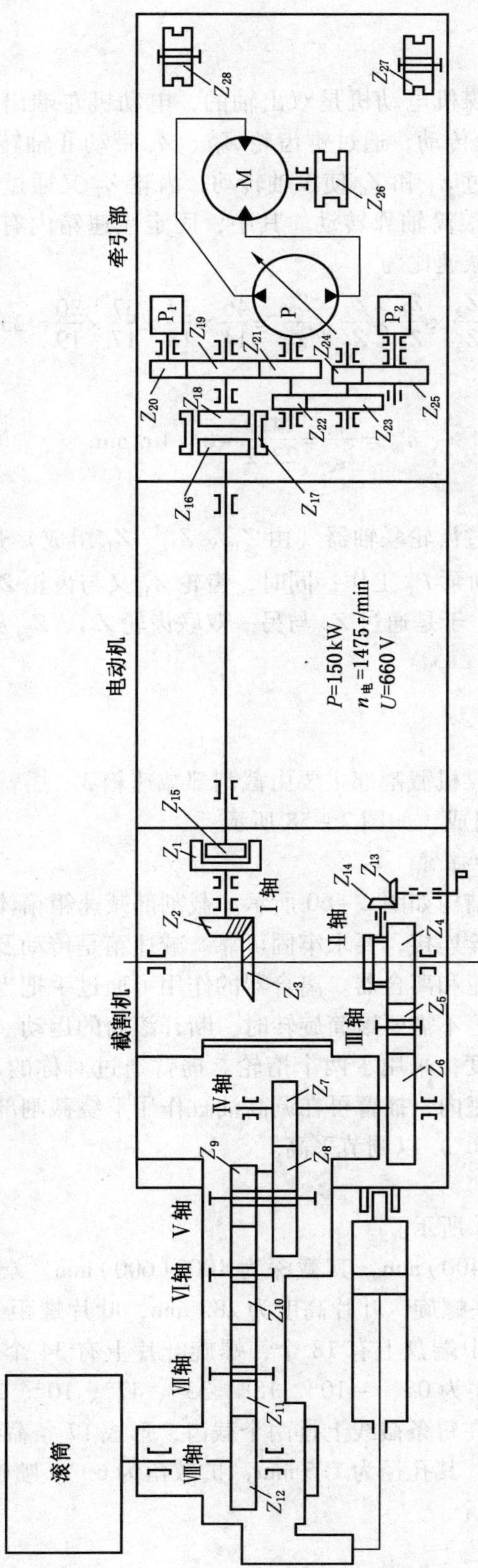

图 2-59 截割部传动系统

两部分。

1. 截割部传动系统

DY－150 型单滚筒采煤机电动机是双出轴的，电动机左端出轴通过齿轮联轴器（由 Z_{15}、Z_1 组成）驱动锥齿轮传动，通过锥齿轮 Z_{12}、Z_3 带动Ⅱ轴转动；当操纵手把将离合齿轮 Z_4 与 Z_5 结合时，通过 Z_5 和 Z_6 使Ⅳ轴转动；齿轮 Z_7 又通过双联齿轮 Z_8、Z_9，惰轮 Z_{10}、Z_{11}，带动齿轮 Z_{12} 和滚筒轴Ⅶ转动。其中，固定减速箱内有二级减速，摇臂减速箱内也有二级减速，其总的减速比为

$$i_{截}=\frac{Z_3}{Z_2}\times\frac{Z_6}{Z_4}\times\frac{Z_8}{Z_7}\times\frac{Z_{12}}{Z_9}=\frac{46}{14}\times\frac{37}{18}\times\frac{37}{17}\times\frac{30}{19}\approx 23.2$$

因此，滚筒转速为

$$n_{滚}=\frac{n_{电}}{i_{截}}=\frac{1470}{23.2}\approx 63.4\ \text{r/min}$$

2. 牵引部传动系统

电动机另一端出轴通过齿轮联轴器（由 Z_{16}、Z_{17}、Z_{18} 组成）带动齿轮 Z_{19} 转动，齿轮 Z_{19} 与齿轮 Z_{20} 啮合带动辅助泵 P_1 工作；同时，齿轮 Z_{19} 又与齿轮 Z_{21} 啮合带动主泵 P 工作；Z_{22} 与齿轮 Z_{21} 是双联齿轮，于是通过 Z_{22} 与另一双联齿轮 Z_{23}、Z_{24} 及齿轮 Z_{25} 带动调高泵 P_2 工作。

二、截割部

DY－150 型单滚筒采煤机截割部主要由截割部减速箱 3、摇臂 12、螺旋滚筒 2、弧形挡煤板 1、调高油缸 9 等组成，如图 2－58 所示。

（一）截割部减速箱和摇臂

截割部减速箱和摇臂结构如图 2－60 所示。截割部减速箱箱体为上下剖分结构，便于安装。上、下箱体通过螺栓连接，要求牢固可靠。减速箱是传动及支承摇臂的中间传动部件，其中装有两级减速齿轮和离合器。离合器的作用可通过手把当需调动采煤机、更换滚筒截齿或处理采煤机掉道等不需要滚筒旋转时，断开滚筒的运动。摇臂为二级直齿圆柱齿轮传动。为了增加摇臂长度，采用了两个惰轮。摇臂通过对称的双支点（滑动轴承）支承在截割部减速箱体的孔座内，摇臂可在调高油缸作用下绕截割部减速箱上下摆动一定角度（向上摆 65°，向下摆 16°）以调节采高。

（二）滚筒

滚筒的结构如图 2－61 所示。

滚筒的直径为 1250（1400）mm，其截深为 1000（600）mm。端盘为碟形，锥角为 6°，厚度为 30 mm，螺旋为两头螺旋，叶片高度为 282 mm，叶片螺距为 300 mm，叶片厚度为 30 mm，截齿共 52 个，其中端盘上有 18 个，螺旋叶片上有 34 个。端盘上的截齿排成两组，每组 9 个，其排列次序为 0°、－10°、18°、33°、47°、10°、27°、40°、47°。螺旋叶片上的截齿均为 0°布置，在每条截线上排两个截齿，形成 17 条截线。

喷嘴为 PN1.5－60 型，其孔径为 1.5 mm，扩散角为 60°。喷嘴共 34 个，其中端盘上有 4 个，螺旋叶片上有 30 个。

（三）弧形挡煤板

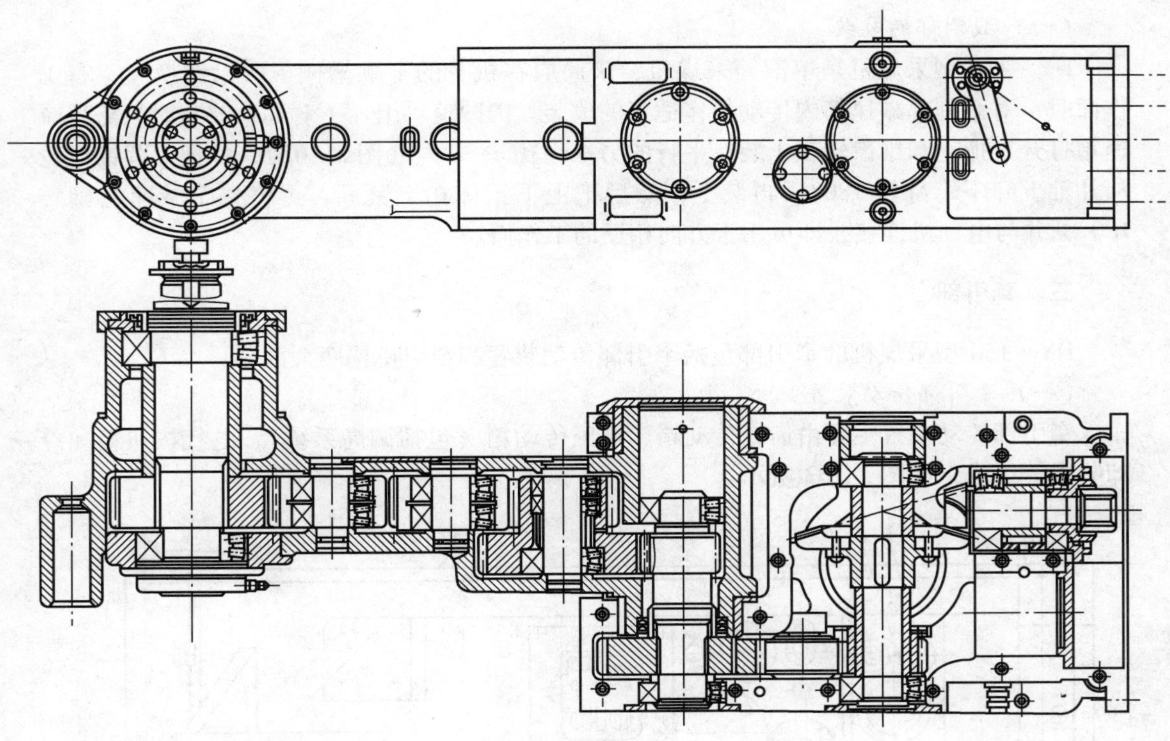

图 2-60　截割部减速箱和摇臂

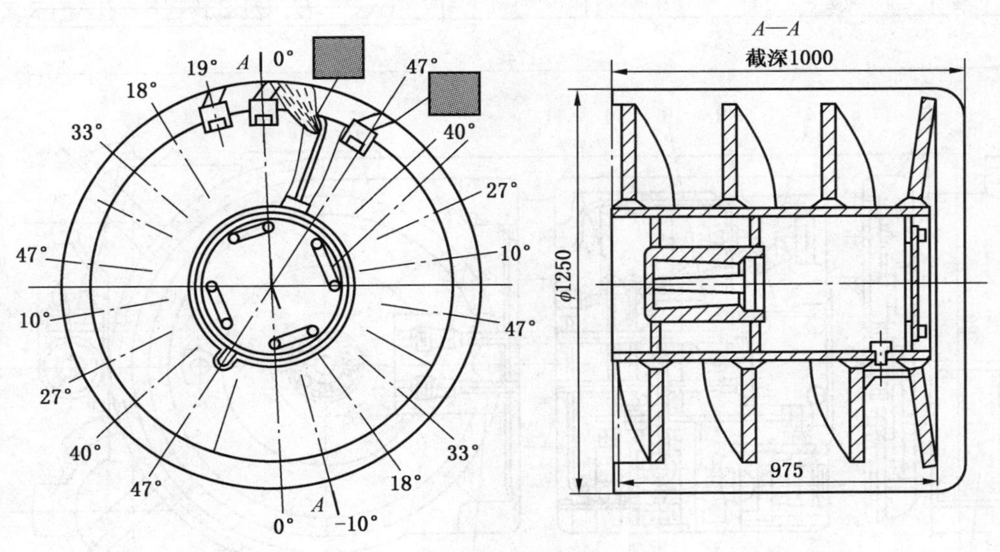

图 2-61　滚筒

弧形挡煤板结构简单，由弧形板、臂架及固定套组成。弧形板通过臂架及固定套套在摇臂机壳上，成自由浮动状。当需要翻转弧形挡煤板时，通过调高油缸将摇臂滚筒举至一定高度，让弧形挡煤板自由转落90°至下部，使其恰好与底板或浮煤接触，然后开动牵引机构，使采煤机反方向牵引。此时，使弧形挡煤板再转动90°，从而完成一次翻转动作。

（四）截割部的改装

DY－150 型采煤机是单滚筒采煤机，滚筒应在机身的下顺槽侧，所以调换左、右工作面时，对截割部减速箱内传动要作适当的改装。因减速箱上、下对称，改装时只需将减速箱打开，把小圆锥齿轮轴Ⅰ装在平行的另一镗孔 *a*—*a* 内（图 2－61），并把大圆锥齿轮从Ⅱ轴上卸下，翻转 180°后再装上，然后把上下箱体扣上紧固，再将整个减速箱翻转 180°，并与电动机连接，即可用于方向相反的工作面。

三、牵引部

DY－150 型采煤机的牵引部包括牵引部传动装置和牵引机构两大部分。

（一）牵引部传动装置

牵引部传动装置主要由齿轮传动箱、液压传动箱（包括调高系统）、电气按钮箱和冷却装置等组成，如图 2－62 所示。

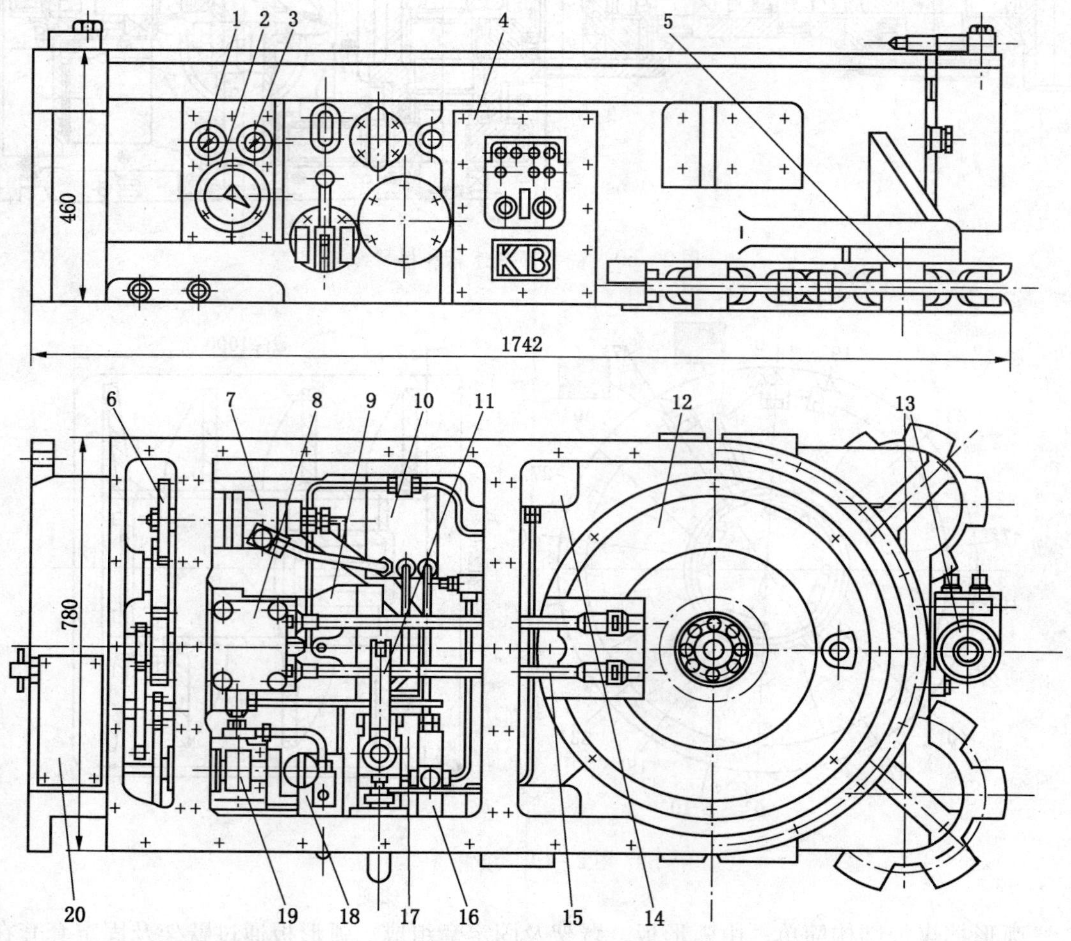

1—低压表；2—真空表；3—高压表；4—电气按钮箱；5—导向链轮；6—齿轮传动箱；7—辅助泵；8—阀组；9—主油泵；10—精过滤器；11—调速回零机构；12—液压马达和主链轮；13—水门；14—二位三通电磁阀；15—管路；16—手压泵；17—粗过滤器；18—换向阀；19—调高泵；20—冷却器

图 2－62 牵引部传动装置

牵引部的机械传动和液压传动分布在牵引部箱体的两个隔腔内。左腔为齿轮传动箱，采煤机电动机通过齿轮联轴器经齿轮啮合分别带动主液压泵、辅助泵和调高泵。齿轮传动箱具有单独的油池。右腔为液压传动箱，腔内布置有主液压泵、辅助泵、调高泵、阀组、滤油器等液压元件。左右腔之间采用密封圈密封，以防两腔互相串油。

牵引部的左上方装有冷却器，用于冷却闭式系统中参与热交换的工作油液。

牵引部靠采空区侧布置有各种操作手把和控制按钮以及各种显示装置，便于司机操作和观察。

（二）牵引部液压系统

牵引部液压传动系统如图 2－63 所示。它由主回路、补油及热交换回路、调速回零机构及保护回路等组成。

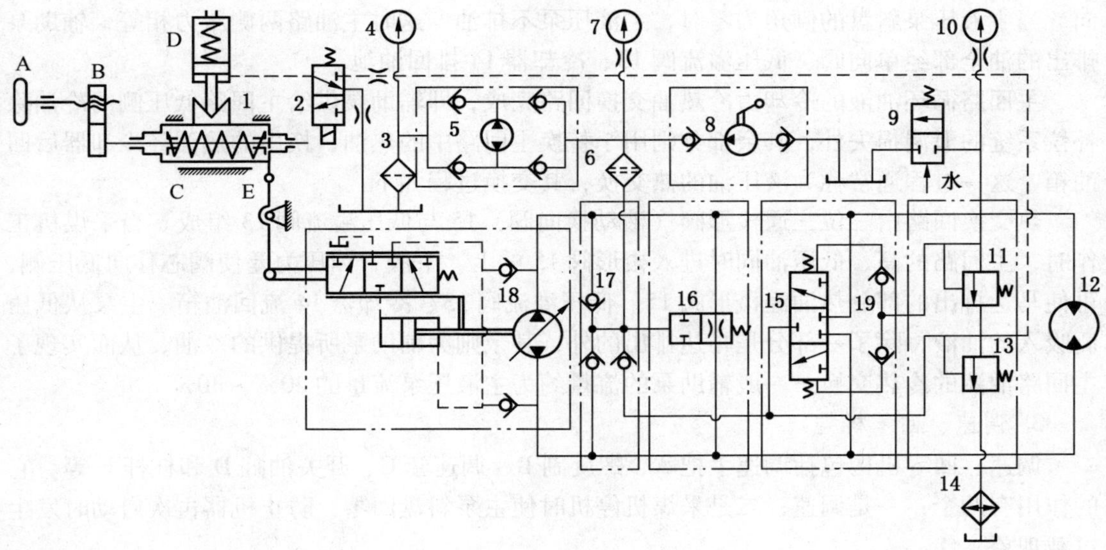

1—调速回零机构；2—电磁阀；3—网式过滤器；4—真空泵；5—辅助泵；6—精过滤器；7—低压表；8—手压泵；9—水压卸荷阀；10—高压表；11—高压安全阀；12—液压马达；13—低压溢流阀；14—冷却器；15—梭形阀；16—卸载阀；17—补油单向阀；18—主液压泵；19—单向阀

图 2－63　牵引部液压系统

DY－50 型单滚筒采煤机牵引部为全液压传动。牵引部的变量主液压泵 18 由采煤机电动机经齿轮驱动，排出的压力油驱动内曲线马达 12 转动，而液压马达输出轴直接带动主动链轮，故传动比较简单。牵引速度在 0 ~ 6 m/min 之间可无级调速，并保证在任何牵引速度下最大牵引力为 120 kN。牵引部还能方便地实现各种过载保护和电动机的功率保护，提高了采煤机使用的可靠性。

1. 主回路

主回路由变量主液压泵 18 和定量液压马达 12 构成闭式回路。液压泵为斜盘式轴向柱塞泵，额定工作压力为 13 MPa。液压马达为多作用径向柱塞式内曲线马达。液压马达直接驱动主链轮而使采煤机运行。改变主泵排量就可调节牵引速度。改变主泵斜盘倾角方向，即可改变液压马达转向，也就改变了采煤机的牵引方向。

2. 补油及热交换回路

辅助泵补油使主回路低压侧具有一定的压力，为马达提供了背压，可使马达工作平稳；对于 DY－150 型单滚筒采煤机，还可以保证内曲线马达的滚轮始终贴紧凸轮环（导轨），避免发生二者的撞击。

该补油回路的辅助泵 5 为双向内啮合摆线转子泵(流量为 25 L/min，压力为 1.96 MPa)，它从油箱及网式过滤器 3（200 目/英寸，过滤精度为 70 μm）吸油，排出的压力油经精过滤器 6（过滤精度为 20 μm）、补油单向阀 17 进入闭式系统的低压侧，补偿系统的泄漏并提供背压。辅助泵排出的多余油液经单向阀、低压溢流阀 13（背压阀）、冷却器 14 流回油池。低压溢流阀的作用是使回油路保持 0.98 MPa 的背压。当采煤机电动机反转时，辅助泵也同时反转，由于辅助泵上带有整流阀组，所以反转不会影响辅助泵正常吸排油的方向。当主液压泵斜盘的倾角为零时，主液压泵不排油，这时主油路两侧压力相等，辅助泵排出的油全部经单向阀、低压溢流阀 13、冷却器 14 排回油池。

主回路循环油液的冷却由冷热油交换回路完成，即辅助泵供给主回路低压侧的冷油除补偿系统的泄漏损失外，其余部分则用于替换主回路中的热油，换出的热油经冷却器后回油箱，这一过程通常称为液压油的热交换，其交换过程如下：

热交换回路由三位三通梭形阀（液动换向阀）15 与低压溢流阀 13 组成。当采煤机工作时，主回路的高、低压油同时进入梭形阀 15 的上、下腔，因压力差使阀芯移向低压侧，可使马达排出的部分热油经梭形阀 15、低压溢流阀 13、冷却器 14 流回油箱。主泵从低压侧吸入的油液，除了一部分是马达排出的外，其余则为辅助泵所提供的冷油，从而实现了主回路油液的冷热交换。一般辅助泵的流量约为主液压泵流量的 20% ~30% 。

3. 调速、回零机构

调速、回零机构包括调速手把 A、螺旋副 B、调速套 C、开关油缸 D 和杠杆 E 等。它的作用有两个：一是调速；二是采煤机停机时使主泵斜盘回零，防止机器再次启动时发生过载现象。

4. 保护回路

1）压力过载保护

压力过载保护是由高压安全阀 11 实现的。如果采煤机在工作过程中牵引力超过 120 kN，即主油路系统的工作压力超过高压安全阀的调定压力（13.23 MPa）时，高压安全阀就开启，高压油经安全阀 11 溢流到主回路的低压油路中，从而限制了液压系统压力的继续增高，使采煤机降速或停止牵引，达到了压力过载保护的目的。

2）背压失压保护回路

在保护系统中设置背压失压保护回路是为了防止主液压泵吸空和液压马达“敲缸”。当采煤机启动后，电磁阀 2 动作，回零机构解锁，采煤机可以正常地进行调速。可是一旦辅助泵损坏，或者主油路油管破裂，将会使背压急剧下降，当背压下降至 0.49 MPa 时，开关油缸下腔失压，回零机构立即动作，采煤机就停止牵引，从而有效地保护了主液压泵和液压马达。

3）功率超载保护回路

当采煤机工作时，电动机的功率主要消耗于割煤。若牵引速度选择过大或遇到断层、夹矸等复杂地质条件时，截割功率会超过电动机的额定功率而使采煤机超载运行。长时间的超载运行将会导致电动机烧坏和截割部齿轮的损坏，为此在系统中设置了功率超载保护回路。

电动机功率超载保护是通过功率控制器、电磁阀 2 和回零机构实现的。当采煤机电动机超载时，功率控制器发出超载信号，电磁阀 2 的直流电磁铁断电，使回零机构动作而实现超载保护。当电动机负荷下降至一定值时，功率控制器又发出欠载信号，电磁阀 2 通电，使回零机构解锁，采煤机也恢复到原来手轮给定的牵引速度运行。

4）防反链敲缸回路

当采煤机割煤时，其牵引链的张紧边在牵引力作用下产生很大的弹性变形，储存着很大的弹性变形能量。一旦采煤机在工作中突然停机，牵引链的弹性能就成为一种动力源，迫使液压马达反转而呈泵工况运转，使液压马达原来排油腔的柱塞处于吸油状态，而原来进油腔的柱塞被迫排油。由于此时辅助泵已停止供油，系统中的背压消失，而内曲线马达的柱塞又没有自吸能力，因而使滚轮脱离定子导轨。随着液压马达反转过一定角度，使处于吸油状态的柱塞腔与配流轴的高压径向孔接通时，脱离导轨的柱塞受到高压油的作用急速外伸，使滚轮撞击定子导轨，这种现象称为油马达的“反链敲缸”。直到牵引链上的弹性变形完全消失后，反链敲缸才会停止。反链敲缸会造成油马达滚轮和定子表面的损坏，所以在本采煤机的液压系统中设置了防反链敲缸回路，其工作原理如下：

当采煤机电动机启动后，由于卸载阀 16 的液控口与辅助泵的供油路相接通，因此控制油推动卸载阀阀芯克服弹簧力右移，这时主回路高、低压侧断开，保证系统正常工作；当采煤机突然停机时，辅助泵停止供油，卸载阀 16 的控制油压降低，卸载阀阀芯在弹簧力的作用下缓慢复位，接通了高、低压油路，形成一个液压马达和卸载阀组成的闭合循环回路。这样，在反链过程中，液压马达呈泵工况排出的油能畅通无阻地流回到其吸油腔，使吸油柱塞底腔具有一定压力，从而保证了液压马达的滚轮始终与定子导轨表面相接触，有效地防止了液压马达的反链敲缸。

还应指出的是：卸载阀也能起到低压保护作用。即当辅助泵的油压下降到 0.49 MPa 时，由于卸载阀的复位，高、低压油路串通，因此油马达就停止转动，采煤机随即停止牵引。

5）初次启动保护

初次启动保护就是利用手压泵 8 给闭式系统充油并排出空气，以保证系统顺利启动和运转。

6）水压保护

当电动机冷却水和喷雾水断水或水压低于 0.35 MPa 时，水压卸荷阀 9 在其弹簧力作用下复位，使主油路高压侧接通油箱，马达即停止转动。

（三）牵引机构

牵引机构主要由主链轮 1、导向链轮、牵引锚链 2 和紧链装置等组成，如图 2－64 所示。

牵引锚链通过导向链轮与主链轮啮合后，固定在工作面两端（图 2－64）。当主链轮转动时，通过与锚链相啮合，使链轮沿锚链滚动，从而带动采煤机沿工作面移动。导向链轮的作用是为 r 增大牵引链在主链轮上的围包角，并使主链轮吐链时不易发生卡链现象。

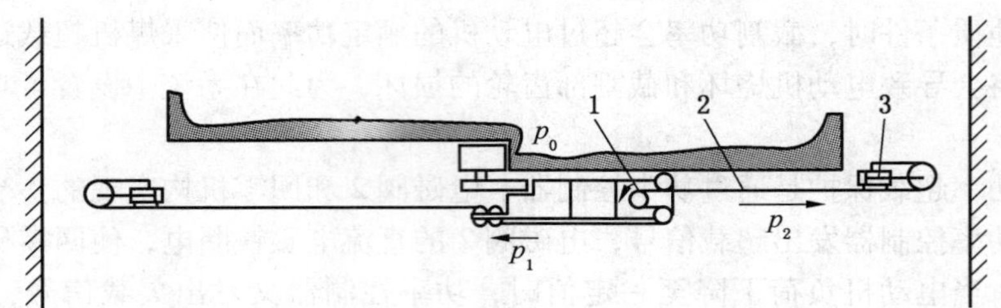

1—主链轮；2—牵引锚链；3—紧链缸

图2-64 牵引机构

DY-150型采煤机采用了液压紧链装置，分别安装在工作面输送机的机头和机尾。采煤机的液压紧链装置的工作原理如图2-65所示。

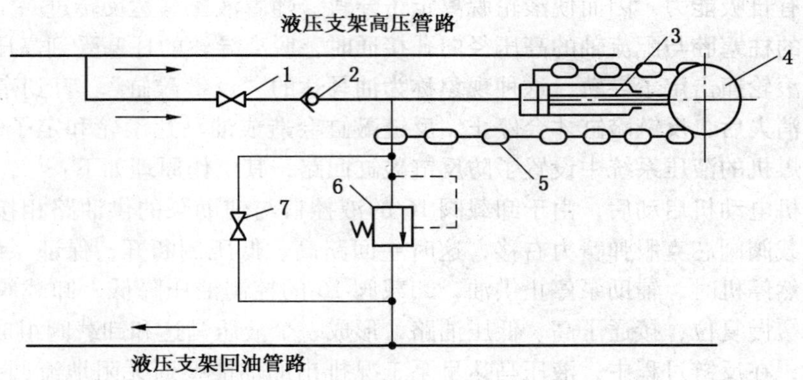

1、7—截止阀；2—逆止阀；3—油缸；4—滑轮；5—牵引链；6—安全阀

图2-65 液压紧链装置工作原理图

来自顺槽乳化液泵的高压乳化液，经截止阀1、逆止阀2至单作用油缸3，使与活塞杆连接的滑轮4向右移动。这时，紧链装置将牵引链拉紧，直至所需张紧力。安全阀6起安全保护作用。松开截止阀7就能卸载松链。

四、辅助装置

（一）冷却喷雾装置

DY-150型单滚筒采煤机的冷却喷雾系统用来冷却电动机、牵引部及进行内、外喷雾，如图2-66所示。

由喷雾泵来的压力水经截止阀、过滤器后分成两路：一路经截止阀、滚筒轴的水封组件7到滚筒上的喷嘴8进行内喷雾；另一路经调节阀再分为两路，一路到摇臂箱头部及机壳下盖处进行外喷雾，一路经牵引部冷却器2、电动机冷却器4及水管5到摇臂上进行外喷雾。为保护两个冷却器，在电动机冷却器进水口上设有安全阀3。系统总耗水量为120 L/min，喷雾泵供水压力不低于4.0～4.9 MPa。内喷雾采用PN1.5-60型喷嘴，外喷雾采用PN2.5-60型引射喷嘴，喷雾效果较好。

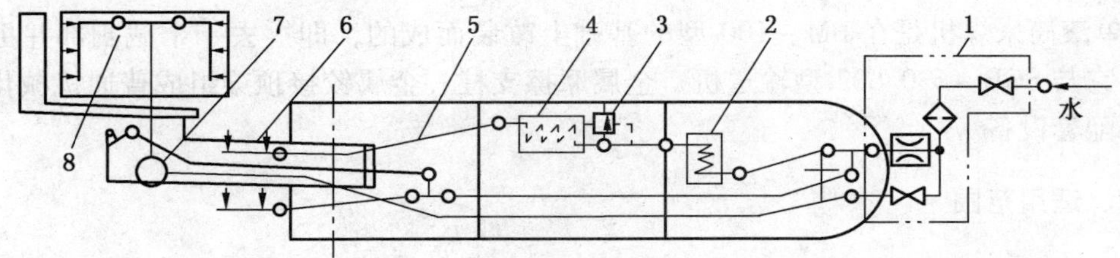

1—水门；2—牵引部冷却器；3—安全阀；4—电动机冷却器；5—水管；
6—外喷雾器；7—滚筒轴水封组件；8—喷嘴

图 2-66 DY-150 型采煤机冷却喷雾系统

(二) 底托架

DY-150 型采煤机底托架以 6 个 M30 螺栓与机身固定。为防止机身工作时窜动，底托架前端设有拉板。为防止 6 个 M30 螺栓受力切断，牵引机构与底托架之间增设定位板。为便于运输安装将底托架分为左、右两块，在工作面对接。整个底托架用铸钢做成，底部铸成拱形，便于大块煤通过。在底托架靠采空区一侧，还装有两根导链管，以保证牵引链准确进入主链轮，其结构如图 2-67 所示。

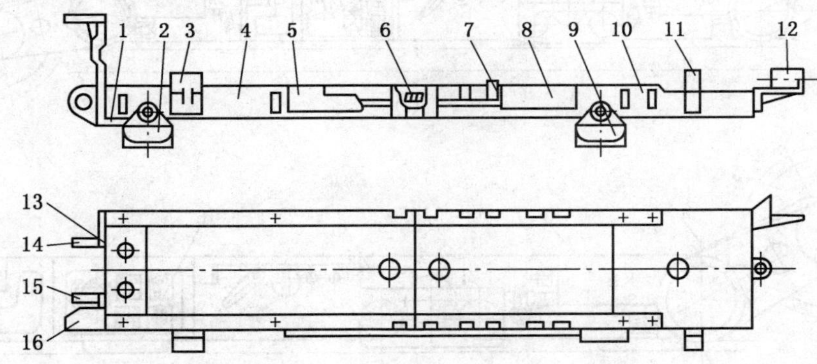

1—垫；2—左滑橇；3—前导链管；4—左底架；5—左护板，6—定位销；7—定位板；8—右护板；9—右滑橇；
10—右底架；11—后导链管；12—右导链管；13—右拉板；14—右耳座；15—左耳座；16—左防护板

图 2-67 DY-150 型采煤机底托架

底托架下部装有用销轴相连的 4 个滑橇，略能转动，以适应工作面底板起伏变化。靠采空区侧的两个滑橇带有导向套，套在输送机侧帮的导向管上，以防止采煤机掉道。另外两个滑橇平放在输送机槽帮上面。这种底托架的主要优点是重心低，刚性好，架底空间大，架的两侧有凹形槽，可以安放外部水管。

第四节 BM-100 型采煤机

开采薄煤层的滚筒式采煤机主要有两种结构形式：机身骑在工作面输送机上的骑溜子式和机身落在工作面输送机靠煤壁侧底板上的爬底板式。BM-100 型采煤机是一种骑溜子式薄煤层滚筒采煤机。该机性能良好，工作可靠，已在我国薄煤层开采中广泛使用。它与 SGB-630/602 输送机、单体液压支柱组成高档普采工作面配套设备。另外，BMD-

100 型单滚筒采煤机是在 BM－100 型的基础上改装而成的，即拆去一个截割部并更换底托架。它与 SGB－630/602 型输送机、金属摩擦支柱、金属铰接顶梁组成普通机械化采煤工作面配套设备。

一、适用范围

BM－100 型采煤机适用于顶板中等稳定，底板起伏不大，煤层厚度在 0.8～1.3 m，煤质中硬度（$f \leqslant 2.5$）以下，倾角小于 25°的长壁采煤工作面。倾角小于 16°时，机器上设有防滑杠防滑；倾角大于 16°时，设置防滑安全绞车。

二、组成和特点

BM－100 型采煤机由电动机 1、牵引部 2、截割部减速箱 3、摇臂 4、滚筒 5、底托架 6、电缆拖移装置、喷雾装置等组成，如图 2－68 所示。

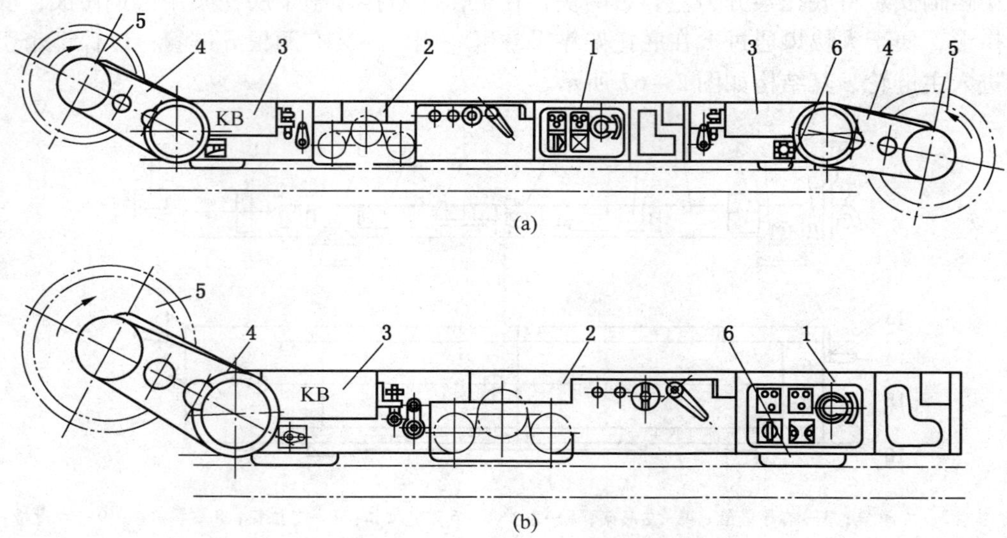

1—电动机；2—牵引部；3—截割部减速箱；4—摇臂；5—滚筒；6—底托架

图 2－68 BM－100 型、BMD1－100 型采煤机

BM－100 型采煤机除具有自开缺口、功率大、强度好，有外喷雾、系统保护完善等特点外，其牵引部很多零件可以和 MLS_3－170 型采煤机通用。

三、截割部

截割部是采煤机用来实现落煤和装煤的工作机构，它包括截割部减速箱、摇臂、滚筒等。

1. 截割部传动系统

截割部传动系统如图 2－69 所示，电动机出轴一路经齿轮离合器 A，圆柱齿轮 1、2，圆锥齿轮 3、4，齿轮 5、6、7，齿轮联轴器 8 及摇臂内的齿轮 8、9、10、11，传动滚筒 D；另一路由齿轮离合器经齿轮 12、13，传动调高泵 C。调高泵用来传动调高油缸，使调高套 E 带动摇臂向上摆 30°，向下摆 30°，以根据需要进行滚筒调高。

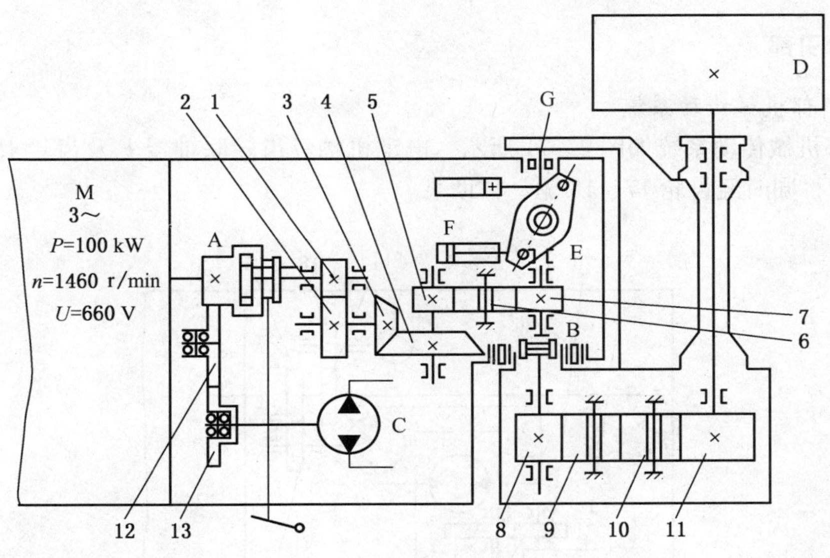

图 2－69 BM－100 型采煤机的截割部传动系统

2. 截割部减速箱

截割部减速箱包括固定减速箱和摇臂减速箱。固定减速箱中有三个空腔：一是机械传动腔，放齿轮等传动件；二是液压传动腔，装调高泵等液压件；三是防爆腔，装控制调高用的手动、电磁两用阀。

摇臂减速箱由摇臂、齿轮及滚筒轴组成。摇臂内的齿轮靠飞溅润滑，上举的摇臂在工作中每 1 h 左右应下落一次，以防摇臂头部的齿轮因润滑不良而损坏。

3. 辅助液压系统

辅助液压系统用以滚筒调高。如图 2－70 所示，它是通过调高泵 2 从油箱经滤油器 1 吸油，并将排出的压力油经手动、电磁两用换向阀 4 及液力锁 5 送入调高油缸 6 进行调高的。调高油缸与调高套 E 相连，调高套又通过花键与调高轴连接。

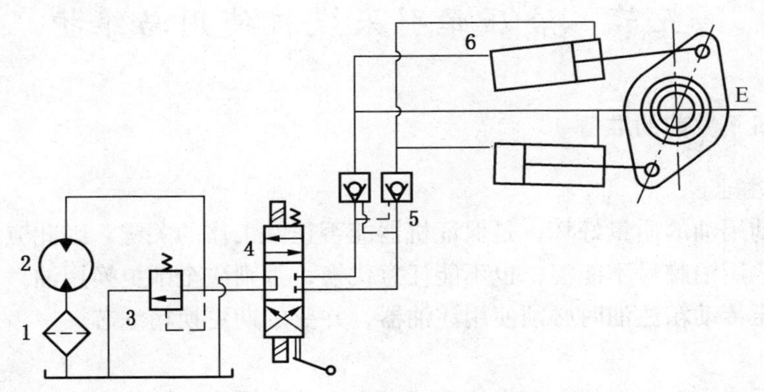

1—滤油器；2—调高泵；3—溢流阀；4—换向阀；5—液力锁；6—油缸

图 2－70 BM－100 型采煤机辅助液压系统

四、牵引部

1. 牵引部机械传动系统

牵引部机械传动系统如图 2－71 所示。电动机轴经齿轮联轴器 F 及齿轮 15、16 驱动主液压泵 P，同时经齿轮 17、18 驱动辅助泵。

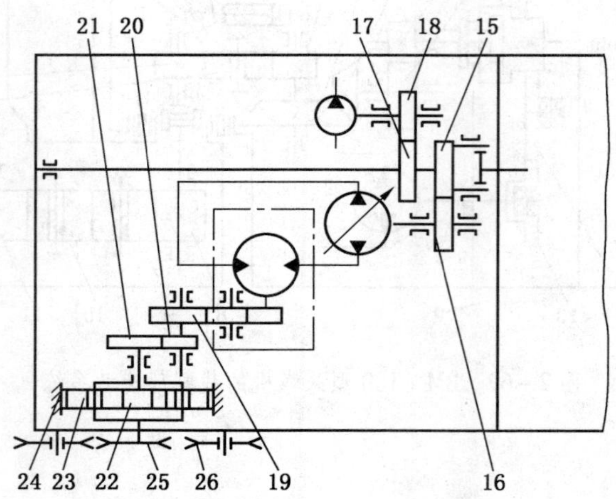

图 2－71 BM－100 型采煤机的牵引部机械传动系统（本图齿轮号按图 2－69）

马达 M 的出轴上装有 $Z=13$ 的齿轮及一个 $Z=32$ 的惰轮，通过齿轮 19、20、21 及行星轮系 22、23、24 驱动主动链轮 25。圆环链绕过两个导向轮 26，使采煤机以一定的牵引速度在工作面输送机上移动。

2. 牵引部液压系统

BM－100 型采煤机牵引部液压系统与前面所述型采煤机牵引部液压系统基本相同，只是做了一些简化，不再赘述。

第五节 液压牵引采煤机使用与维护

一、采煤机下井前的准备

1. 润滑及注油

润滑及传动用油的质量好坏，是保证机器能否正常工作的关键，因此应严格按相关规定注油及润滑。用油牌号不能混，也不能任意代换，否则应全部更换用油。

牵引部液压传动箱注油时必须使用注油器，并要定期更换精滤芯。

2. 排气

液压传动系统中，空气的存在将使系统产生振动、噪声、动作失灵以致损坏某些液压元件。因此，彻底排气是保证液压系统正常工作的重要条件。

1）牵引部液压系统的排气

在牵引部注入油液后，正式运转前，都要先排气。对主油路和操纵油路排气时，首先打开阀组和分流块上的放气阀，然后前后推拉手压泵充油，待操纵油路排气孔溢油后把油塞拧紧，接着开动辅助泵向各油路供油，待主油管路排气孔溢油后再把油塞拧紧。

对开关阀活塞液压缸进行排气时，可先打开它上面的排气孔，然后操作开关阀手把，不冒气泡时把排气孔封住。

对调速液压缸进行排气时，可先打开它上面的 2 个排气孔，再操作开关手把，使开关活塞杆端头从 V 形槽中退出；然后用调速换向手把使变量活塞多次往复移到两端的极限位置，把气放尽后再把排气孔封住。

对辅助泵排油路上的精滤器进行排气时，可将其在牵引部靠采空区侧的盖子松开，放完气再把盖子上紧。

2）调高系统排气

按下调高按钮，使调高液压缸往复运动到极限位置，反复数次，将系统中及液压缸内气体排出，直到运行平稳为止。

3. 地面检查与试运转

采煤机下井前必须按井下工况在地面设长度不小于 30 m 的输送机，使采煤机可在其上运行，进行地面检查与试运转，确认合格后方可下井。

1）试运转前的检查

检查各部件是否齐全、完好，安装是否正确；连接螺栓是否缺少或松动；各运动环节及手把的动作是否正确灵活；各油池及润滑点必须按规定加注清洁油；检查水路是否畅通；各出轴处、盖板等是否漏油，电气部分的绝缘、隔爆等是否符合要求；调高及喷雾系统管路是否齐全和接好等。用手盘动各运转部位，应无阻碍和其他不正常现象。

2）试运转时的检查

启动前把各手把、离合器等置于中立或开位。接通电源，检查三相平衡情况，无问题时方可合上电动机的隔离开关。电动机启动后，观察空运转情况，然后停止，看其是否轻快。再合上另一个隔离开关，启动另一台牵引电动机，观察其空运转情况，同时注意高低压压力表，然后停止，看其是否轻快。再盘动滚筒，检查截割部传动是否良好。无问题后方可合离合器，再启动电动机，观察运转情况，以及声音、发热、转向等。

试运转前应先排气。在电动机启动后，待辅助泵压力（低压表）正常后合上开关手把。先把调速手把任意向一方向转动一小角度，观察齿轨轮与齿轨间的啮合情况，同时注意观察高低压压力表，注意运转声音是否正常，若无异常再慢慢增大手把角度，注意听声及观察，正常后再慢慢回零，观察降速是否正常。以同样的方法检查“反向牵引”情况，并在高速时拉下开关手把，使齿轨轮停止牵引。

按下调高阀，观察调高情况，检查管路系统是否漏油，测定左、右摇臂最大行程时间。

以上检查完毕后，使机器在输送机上往复行走，检查配套关系，且人为弯曲输送机（不得超过规定值），检查过弯情况。行走时一定要先慢后快。

在整个试运转过程中，要始终注意人身及设备安全，发现问题及时处理，不可“带病”下井。

4. 下井及井下组装

（1）在不允许整机下井的条件下，可将机器解体装运，但解体件越少越好，主机最好是从摇臂铰接点处分解为三大部分。滚筒、附件等可分别装运。

装运前，必须将拆下的小零部件（如销子、螺栓、管件、接头等）包装保管好，包裹好打开的各接触面、隔爆面以及裸露的轴、孔、齿、手把、接头等，活塞杆应全部缩进缸体内并固定好。运送前，应仔细检查前往工作面的道路情况，装运顺序应考虑井下组装的方便。

（2）采煤机的组装应在预先准备好的"切口"中进行，顺序为：先组装好刮板输送机中部槽及工作面附件，而后使中架部分骑在输送机和齿轨上（注意在组装时齿轨轮应插入齿轨柱销中间），穿好导向滑靴，再装左、右托架部分及滚筒，接电缆、水管及拖缆带。组装时，注意设备及人身安全，对机件的外露部分如手把等要注意保护，还要注意销轴、轴孔及接头等处的清洁，不得带入污物。

（3）组装后进行试运转（与地面试运转要求相同）。

二、采煤机的井下操作

井下操作由每班配备的、经过专门训练合格的 2 名（正副）司机进行。

1. 操作前的检查

工作前要对机器运转环境（如煤壁、顶板、支护、配套设备等）进行全面检查，发现问题及时处理，并做好下列检查：

（1）截齿是否齐全完好、牢固可靠。

（2）各手把按钮是否齐全、灵活可靠。

（3）油位是否符合要求，不足时添加。

（4）各紧固螺栓是否齐全、紧固，底托架前部各楔键是否压紧。

（5）电缆、水管、油管是否损坏及泄漏。

（6）刮板输送机是否铺设得平直。

（7）拖缆带是否卡挂。

（8）供水是否正常，不正常时不得开机。

（9）滚筒前后左右 2 m 以内是否有人。

2. 启动顺序

（1）送电，磁力启动器合闸。

（2）合上隔离开关。

（3）合上截割部离合器。

（4）发信号给刮板输送机司机，启动刮板输送机。

（5）给水冷却喷雾。

（6）分别启动电动机，使滚筒正常运转。

（7）调采高到合适高度。

（8）抬起牵引开关手把，选择牵引方向并慢慢调速到合适速度。

3. 停机顺序

正常停机时，应先停牵引部，待余煤排出后，将滚筒降到底板上，然后停电动机和停止供水。

（1）将牵引调速换向手把打回零位，紧急停车后也需要把此手把回零。

（2）拉下开关手把。

（3）停止电动机，停止刮板输送机。

（4）停水。

（5）拉开截割部离合器。

（6）断开隔离开关。

4. 紧急停机

遇有紧急情况时，可按停止按钮停电动机，必要时也可立即打开隔离开关，但事后应检查隔离开关有无损坏。

5. 操作时的注意事项

（1）开机前必须检查采煤机附近有无人员，并喊话告知。

（2）开机前，调速换向旋钮必须在零位，截割部离合器手把必须在脱开位置。

（3）开机前必须先供水，停机时必须后停水。

（4）经常观察各部的油位油量以及各接口处有无漏油现象。

（5）注意观察油温、油压和声音，发现异常及时停机检查。

（6）随时注意滚筒高度，防止割到顶梁和铲煤板。

（7）随时注意采煤机运行状态，并根据实际情况调节牵引速度。

（8）不允许运转中操作离合器手把，处理故障和更换截齿时，必须将离合器脱开。

（9）长时间停机或交接班时，必须打开隔离开关和截割部离合器。

三、机器的检查维护

1. 日检

在日常使用中，应及时检查维护以下各项：

（1）检查电动机、磁力启动器、电控箱等电气部分运转是否良好，接地是否正常，拖缆装置是否完好。

（2）检查机器温升、噪声、压力等是否正常，传动件、各手把是否完好。

（3）检查连接及紧固件是否松动、开焊、脱位，底托架前部各楔键是否压紧等。

（4）检查各水管、油管、接头、法兰、接合面、出轴处等是否渗漏，各油位是否正常，各润滑点是否按规定注油，各过滤器是否堵塞。

（5）检查截齿的磨损情况，及时更换磨损严重者；检查驱动轮及齿轨轮的润滑情况。

（6）检查喷雾喷嘴是否畅通。

（7）保持液压内腔清洁，确保传动轴不被污染、弄脏，定期更换精滤芯及油液。

2. 月检

月检除进行日常检查项目外，还包括打开盖板，检查所有机件，查看运转磨损情况，应特别仔细检查各液压件及管路、接头的漏损情况，但检查前必须采取有效措施，防止煤尘及污物进入各油池；否则不准打开盖板。

3. 季检

季检除进行月检项目外，还包括更换易损件，换油，检查各传动间隙、磨损情况，电动机绝缘情况等。

4. 油质检查

液压油油质的好坏直接决定液压系统能否正常工作，液压系统的故障和液压件的严重磨损多是因液压油被污染或变质引起的。因此经常检查液压油对保证采煤机正常运转十分重要。可根据液压油的外观和气味来判断油质的好坏。表2－2可作为液压油的更换标准。

表2－2 液压油更换标准

外观	气味	处理
透明、澄清	良好	照常使用
透明、有黑点	良好	过滤后可使用
乳白色	良好	需更换
黑褐色	恶臭	需更换

四、采煤机常见机械故障及其处理方法（表2－3）

表2－3 采煤机常见机械故障及其处理方法

故障现象	故障原因	诱因	处理方法
牵引力太小	主油路压力低	1. 管路漏油 2. 主泵或马达泄漏过大 3. 冷却不良使油温过高 4. 安全阀调定值低 5. 补油量不足	1. 拧紧接头，更换密封件或管件 2. 更换 3. 调整冷却水量和水压至额定值 4. 重新调定 5. 更换辅助泵
牵引速度低	主泵排量小	1. 管路漏损严重 2. 泵或马达泄漏过大 3. 自动变量机构动作失灵，有卡阻，如开关活塞不能完全退出等	1. 拧紧接头，或更换密封件、管件 2. 更换 3. 修理调整好
在压力关闭后重新启动时，开关手把总是跳回关的位置	主泵的零位不正确，高压安全阀节流孔堵塞		调整主泵的零位，疏通节流孔
工作油量过高使牵引部停车	主油路有泄漏或冷却不充分	1. 主油路管路的接头没接好 2. 冷却系统及补油回路流量和冷却水温不正常	及时处理漏油处，排除故障
低压低于0.49 MPa	辅助油路油量不足	1. 辅助油面过低 2. 管路漏损 3. 补油泵排量不足 4. 背压阀或低压安全阀调定值过低或有卡阻不能复位 5. 纸滤芯堵塞	1. 加油 2. 拧紧或换管 3. 换新泵 4. 重新调定或修好背压阀或低压安全阀 5. 更换新滤芯

表2-3（续）

故障现象	故障原因	诱因	处理方法
压力未过载但牵引驱动轮一转即停	安全关闭阀动作	1. 17.15 MPa 安全关闭阀未复位 2. 高压安全阀上的节流孔堵塞 3. 主阀组至高压安全阀管路不通	调整好或更换安全关闭阀
压力过载但主机不停	保护油路未起作用	1. 高压安全阀调定值不正确 2. 安全关闭阀卡阻 3. 液压功率调速机构的调速活塞卡阻或开关活塞卡阻 4. 控制油路漏油	1. 调定好 2. 修换 3. 修换 4. 修好
牵引部发出异常声音	主油路系统不正常	1. 缺油、吸空 2. 泵或马达损坏 3. 主油路漏油	1. 加油 2. 更换 3. 修换
牵引部油液乳化	油中混入水分	1. 冷却器漏水 2. 牵引部上盖有漏水处	1. 修换冷却器 2. 修换或紧好丝堵
摇臂升不起或升起后自动下降	升降摇臂的油路密封不严	1. 液压锁封油情况不佳 2. 液压缸窜油 3. 管路漏油 4. 安全阀整定值过低，卡阻不能复位 5. 换向阀不到位	修好或更换
开关手把断开时仍不能停止牵引	先导阀零位未调好		重新调整主泵零位
离合器手把费劲，失灵	有卡阻	1. 滑块 2. 离合齿轮滑键 3. 离合齿轮的牙端变形	修好
牵引部齿轮传动箱发热	进水或油位不正常，机械部分不正常	1. 油中有水，油太脏 2. 油位太低 3. 轴承变形	处理

复习思考题

1. MXG-350 型滚筒式采煤机总体上有哪些特点？
2. MXG-350 型滚筒式采煤机总传动系统有什么特点？
3. MXG-350 型滚筒式采煤机固定减速器有什么特点？有哪些组成部分？
4. 简述 MXG-350 型滚筒式采煤机固定减速器的摇臂支承结构。
5. 简述 MXG-350 型滚筒式采煤机摇臂减速器内行星齿轮传动段的结构原理。
6. MXG-350 型滚筒式采煤机截煤滚筒上的截齿排列有什么特点？

7. 说明 MXG－350 型滚筒式采煤机液压调高系统的油路，简述主要液压件的特点。

8. 说明 MXG－350 型滚筒式采煤机牵引部液压系统主油路和补油热交换回路的工作原理。

9. 说明 MXG－350 型滚筒式采煤机牵引部液压系统调速换向系统的组成和工作原理。

10. MXG－350 型滚筒式采煤机牵引部液压系统有哪些保护？它们是如何实现的？

11. 简述 MXG－350 型滚筒式采煤机阀组和调速回零机构的组成和结构原理。

12. IMGD200 型采煤机总体上有哪些特点？

13. IMGD200 型采煤机的总传动系统有什么特点？

14. IMGD200 型采煤机有哪些操作手把和按钮？如何正确操作？

15. DY－150 型采煤机的结构特点是什么？

16. DY－150 型采煤机牵引部液压系统由哪些基本回路组成？各回路的功能和工作原理是怎样的？

17. BM－100 型采煤机总体上有哪些特点？

18. BM－100 型采煤机牵引部液压系统由哪些基本回路组成？

第三章　电牵引滚筒式采煤机

【教学目标】

1. 掌握电牵引滚筒式采煤机的结构及工作原理。
2. 掌握交流电牵引滚筒式采煤机的牵引调速原理。
3. 熟悉交流电牵引滚筒式采煤机的特点、结构组成和工作原理。
4. 了解电牵引滚筒式采煤机的使用与维护内容。

【教学重点】

1. 电牵引滚筒式采煤机的组成和工作原理。
2. 交流电牵引滚筒式采煤机的牵引调速原理。
3. 典型交流电牵引滚筒式采煤机的牵引结构。

【教学难点】

交流电牵引滚筒式采煤机的牵引调速原理。

第一节　电牵引滚筒式采煤机概述

一、电牵引滚筒式采煤机的组成

电牵引滚筒式采煤机主要由截割部、牵引部、电控箱、附属装置等组成，如图 3－1 所示。

截割部包括截割部齿轮减速箱和螺旋滚筒，以及螺旋滚筒调高装置和挡煤板。

牵引部包括牵引部齿轮减速箱和无链牵引机构。在电牵引滚筒式采煤机中都采用无链牵引机构，以适应大功率采煤机对牵引性能和可靠性的要求，以及工作面倾角较大时可能下滑的安全要求。无链牵引系统通常采用 3 种形式，即链轨式、销轨式和齿轨式，适应工作面倾角可达 45°～54°，其中链轨式对工作面起伏变化的适应性较好。

电控箱包括动力电器、直流或交流电牵引调速的控制系统电器，各种保护和故障诊断的控制、状态显示、报警装置等。

滚筒位置显示器目前只给采煤机提供滚筒位置高低的信息。个别的采煤机装有自动调高系统，利用煤岩界面传感器或记忆顶底板变化的计算机程序来自动调整，以适应顶底板变化和滚筒高度变化的一致性。

采煤机位置显示器主要用于采煤机及液压支架联控系统，此系统根据采煤机的位置，自动地控制液压支架（电液控制）的各种动作，使采煤机与支架保持合理的步距，做到紧跟快移，以节省工时，提高生产率。

附属装置包括翻转煤板机构、采煤机机身调斜液压缸、滚筒调高液压缸、采煤机导向装置、电动机和减速器以及摇臂的冷却系统、喷雾降尘系统等。

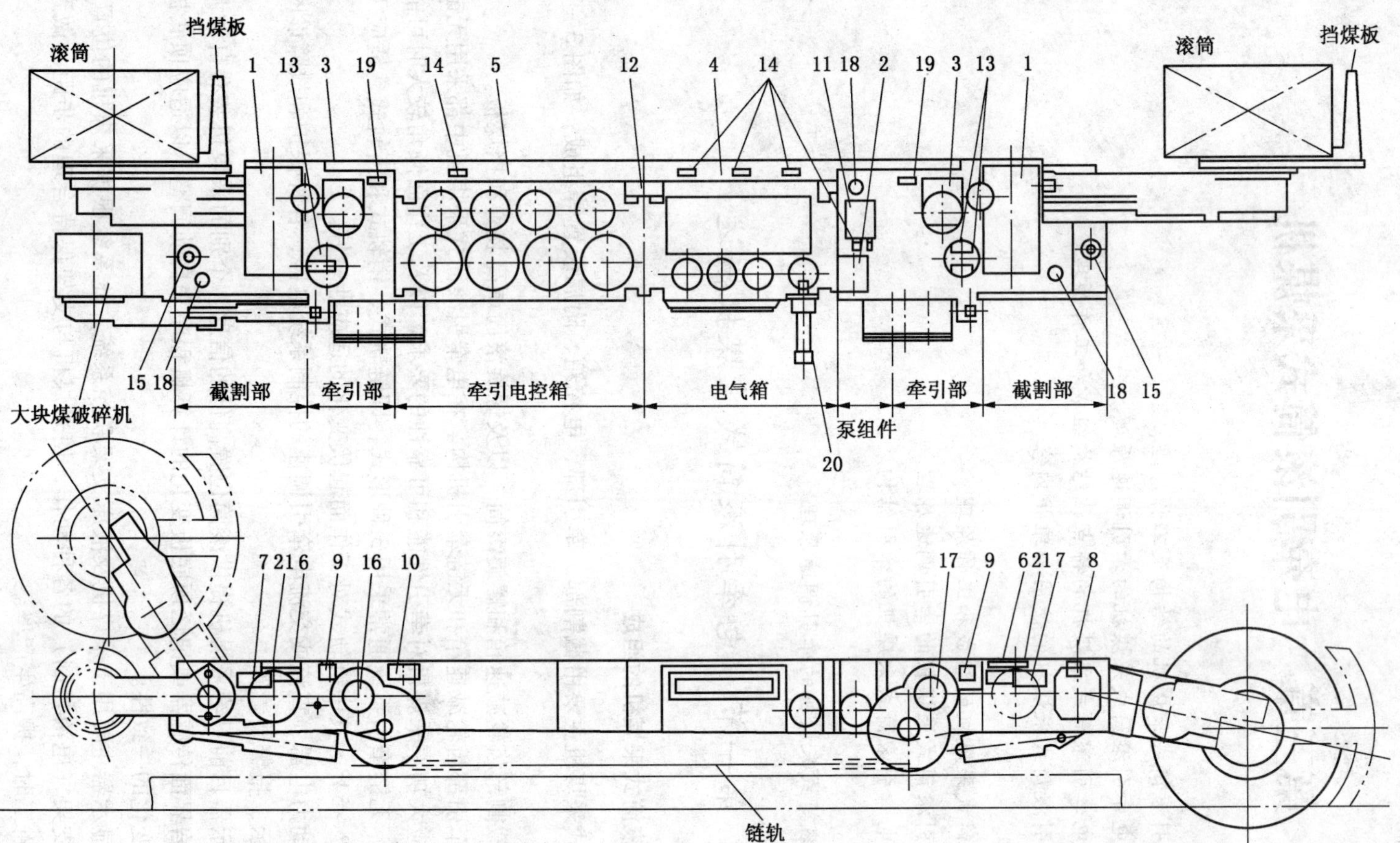

1—截割电动机；2—液压电动机；3—牵引电动机；4—电气箱；5—牵引电控箱；6—控制盒；7—仪表盒；8—紧急停机开关；9—截割停止开关；10—牵引控制盒；11—电磁阀；12—接线盒；13—接线盒（本安型）；14—流量开关；15—滚筒位置显示器；16—采煤机位置显示器Ⅰ；17—采煤机位置显示器Ⅱ；18—油温油位显示器；19—限位开关；20—压力开关；21—接收天线

图3-1 电牵引滚筒式采煤机

二、电牵引滚筒式采煤机的牵引调速原理

牵引部直接由专门电动机驱动，并靠电气控制来调节牵引速度的采煤机，称为电牵引采煤机。

1. 电牵引调速的类型

按照牵引电动机的类型，电牵引采煤机分为直流电牵引和交流电牵引两类。直流电牵引采煤机按牵引直流电动机的励磁方式可分为他励和串励两种。

直流电牵引是通过改变电动机电枢电压或励磁电流的大小和方向来调节电动机的转向和转速，从而实现牵引速度大小和方向的调节。

交流电牵引采煤机的牵引电动机采用交流笼型电动机。交流电牵引是通过改变输入电动机的频率和电压来调节牵引电动机的转速和转向。

2. 变频调速原理

电牵引采煤机牵引电机采用交—直—交变频技术，实现牵引部电动机转速和电压均可以在技术参数范围内任意调节。MG－985WD 电牵引采煤机变频原理如图 3－2 所示。

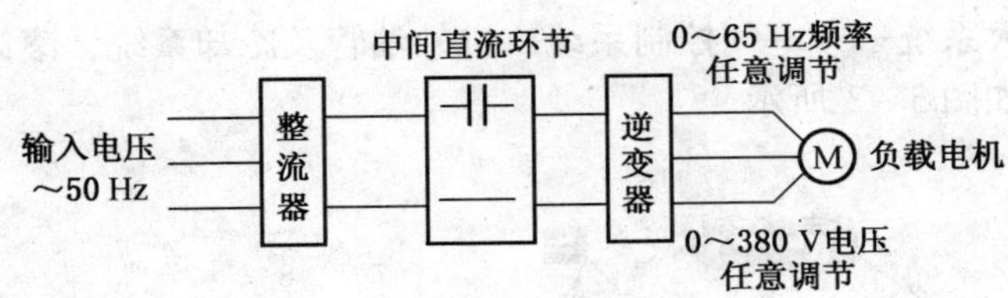

图 3－2 MG－985WD 电牵引采煤机变频原理

（1）整流部分：将交流 380V 工频 50Hz 交流电经整流器桥变为直流，作为逆变器的直流电源使用。

（2）逆变部分：将直流电源经逆变桥变为电压可以在 0～380 V 调节，频率可以在0～65 Hz 调节的交流电，进而实现采煤机功率在 0～100% 额定功率范围之内的任意调节，提高了生产效率，加大了采煤机功率，适用于高产高效的机械化采煤工艺中。

第二节 MG100/240－BWD 型交流电牵引滚筒式采煤机

一、概述

MG100/240－BWD 型交流电牵引滚筒式采煤机是为高档普采及综采工作面研制的一种新型的多电机横向布置、电控系统为机载式的大功率薄煤层无链电牵引采煤机，主要用于煤层厚度在 0.8～1.42 m，倾角≤30°，普氏硬度系数 $f \leq 4$ 的顶板中等稳定的煤层。可在周围空气中的甲烷、煤尘、硫化氢、二氧化碳等不超过《煤矿安全规程》所规定的安全含量的矿井中使用。

产品型号及含义：

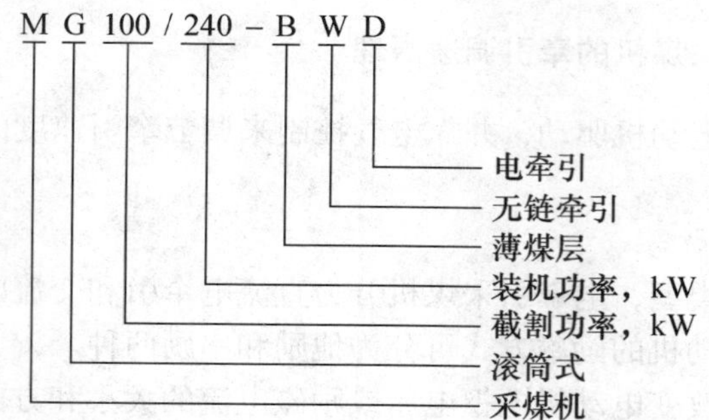

该机总装机功率为237.5 kW，其中截割电机功率为2×100 kW，牵引电机功率为2×15 kW，调高泵电机功率为7.5 kW。牵引形式为齿轮—齿轨式。采煤机的牵引速度调节和摇臂调高操作主要是使用无线电发射器离机遥控。另外，在机身中间设有集中站控牵引速度和摇臂调高，在机身的偏右侧设有摇臂调高的控制阀组。

1. 整机的组成及工作原理

1）整机的组成

MG100/240－BWD型交流电牵引滚筒式采煤机主要由三大部分——主机体、左截割部、右截割部，两大系统——电气控制系统、机外油管及冷却系统，滚筒、挡煤板和其他辅属装置等组成，如图3－3所示。

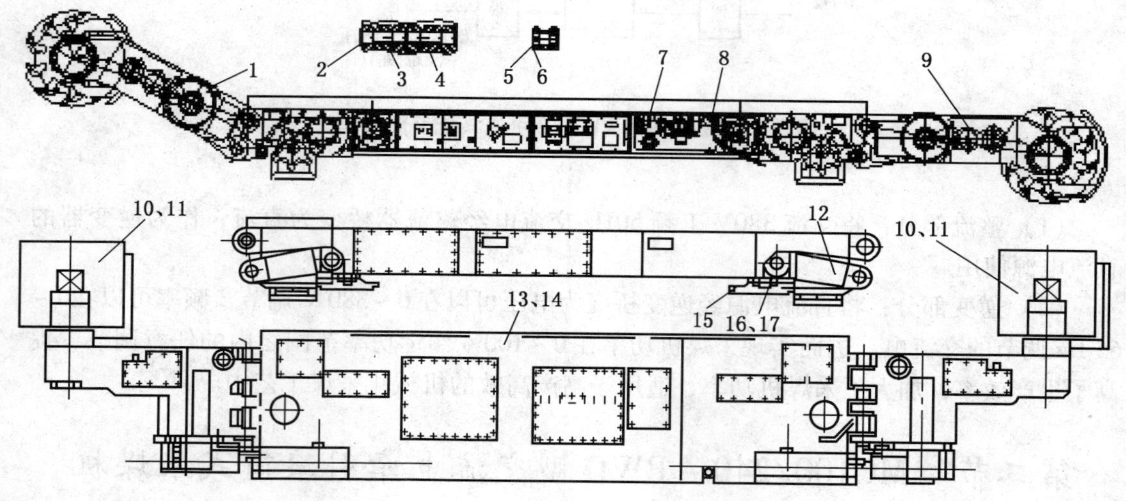

1—左摇臂；2—挡圈；3—销轴组件（一）；4—销轴组件（二）；5—轴；6—挡圈；7—机外油管及冷却系统；8—拖缆装置；9—右摇臂；10—采煤机螺旋滚筒；11—弧形挡煤板；12—油缸；13—主机体；14—电控部；15—滑靴组件；16—轴；17—挡圈

图3－3 MG100/240－BWD型交流电牵引采煤机总图

左、右牵引传动部、电控部均安装在一个整体铸造的壳体内，构成主机体。左、右行走箱以销定位，用自制高强度螺栓与主机体连接在一起。左、右截割部与主机体用销轴连接，调高油缸用销轴分别与主机体、截割部连接，当油缸伸缩时即实现了摇臂升降动作。两组滑靴组件用销轴与主机体连接在一起，与行走箱上的导向滑靴一起将采煤机支承在运输机上。

2）工作原理

MG100/240－BWD 型交流电牵引滚筒式采煤机是一种沿长壁回采工作面全长穿梭式采煤的薄煤层采煤机。采煤机是由煤壁侧的两个滑靴组件和采空区侧两行走箱上的导向滑靴共同支承在工作面运输机的中部槽上的，两个牵引电机经牵引传动部减速后驱动左、右行走箱中的行走轮，行走轮与运输机的销排强力啮合，再由导向滑靴导向，这样就实现了采煤机沿工作面的牵引行走，同时左、右截割部的两滚筒也在截割电机的驱动下旋转，从而完成采煤工作面的落煤和装煤工作。

2. 采煤机的主要特点

1）主要性能特点

（1）牵引力大，爬坡能力强。

（2）具有与工作面输送机配套的合理性及可靠性。

（3）机械传动部分结构简单、可靠，拆装方便。

（4）调速系统采用机载式、“一拖二”、交流变频调速形式。

（5）变频器以 ABB 公司 800 系列产品为基础改造而成，元件合理集成，性能可靠。

（6）控制器采用工业控制计算机，5.7 英寸真彩显示屏，其操作界面为中文界面，可对采煤机运行中的系统电压、截割电流、牵引电流、牵引速度、牵引力等参数以及有关保护和运行参数的设置界面进行显示，并具备故障显示功能。

2）主要结构特点

（1）整机为多电机横向布置、多点驱动，设有离机遥控、中间集中站控牵引和调高，右端手动控制摇臂的调高，实现了多点控制，操作方便。

（2）机身为整体铸造箱体，无对接面，避免了以往采煤机对接螺栓松动问题。

（3）该机功率较大，机身短、窄、薄，对于薄煤层适应性好。

（4）电控系统采用工业控制计算机结合 PLC 组成上、下位机复合形式，可以方便地设定或屏蔽各种监测、检测及显示和保护项目。

（5）调高液压系统中选用进口的哈威阀组，性能先进、可靠，操作方便。

（6）液压锁和油缸进行分体设计，便于故障查找、维护和更换。

（7）两截割电机设有机械离合装置，检修安全方便。

（8）导向滑靴采用分体式，便于更换。

（9）该机设有液压防滑制动器，可防止采煤机在较大倾角（$<15°$）的工作面使用时跑车。但当煤层倾角达到或超过 15°时，用户应按《煤矿安全规程》的规定，自备与采煤机行走速度同步的液压防滑绞车。

3. 自动控制系统的主要功能

（1）采煤机截割电机的过热保护。

（2）采煤机截割电机、牵引电机的过载保护。

（3）瓦斯检测和超量报警保护。

（4）电控系统具有全中文显示，通过 5.7 英寸显示屏，提供操作步骤的提示，实现人机对话功能；还具有实现中文显示电机的功率（电流）和温度以及采煤机的牵引速度等功能。

(5) 出现可保护性故障时，可记忆及显示故障。

二、主机体

1. 主机体的构成

主机体就是采煤机的机身。因该机具有短、窄、薄的特点，为了提高机身的整体强度，也为了解决多部件对接把紧螺栓松动的问题，该机主机体改变了大型采煤机机身由多部件对接的结构设计，壳体设计成整体铸造结构。壳体内安装有电控部、左右牵引传动系统、调高液压系统、冷却喷雾系统等主要部件。左、右牵引传动系统分别安装在壳体内的左、右两侧；电控部靠近左牵引传动系统，设计在壳体的中间部位；调高液压系统设计在电控部和右牵引传动系统的中间部位。具体结构如图 3-4 所示。

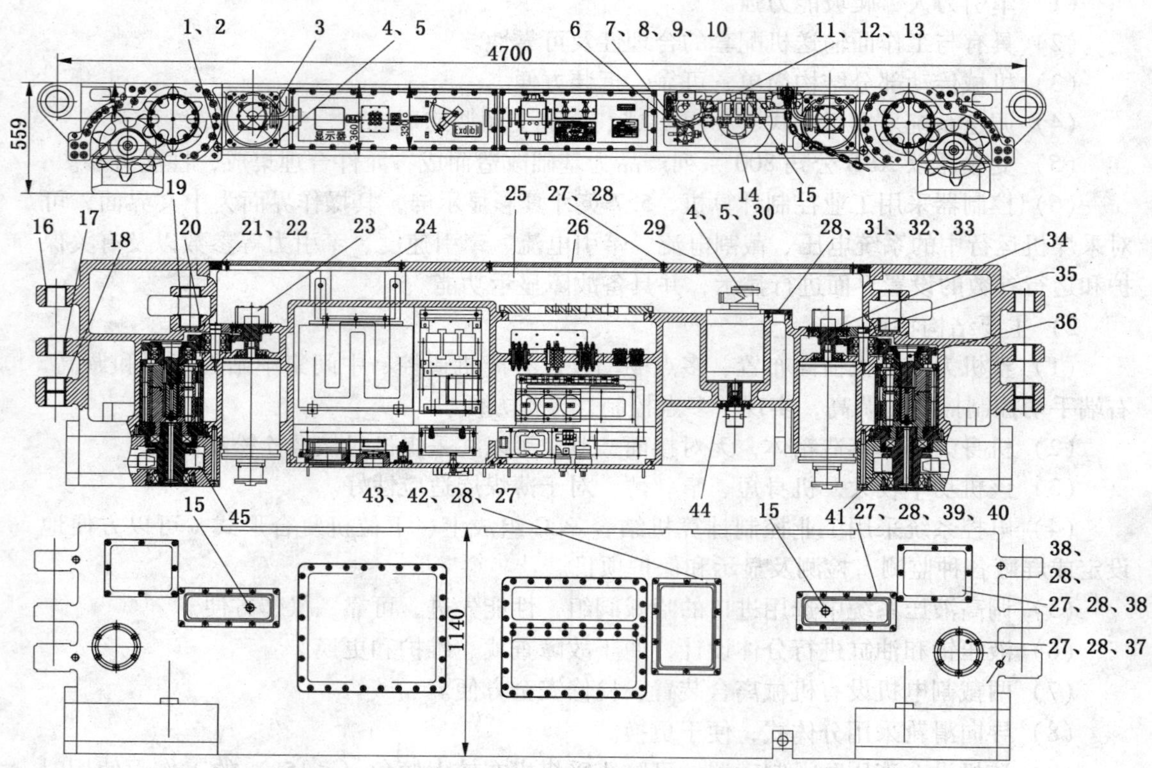

1—内六角螺塞；2、5、9、10、13、28—垫圈；3—电动机；4、8、12、32—螺钉；6—油标；7—自封式吸油过滤器；11—自封式磁性回油过滤器；14—齿轮泵；15—透气塞；16~18—衬套；19—油缸轴套；20—衬套；21—工艺堵；22—挡圈；23—制动器；24、26—大后盖；25—主机壳；27—螺栓；29—小后盖；30—电动机；31—油箱后盖；33—O 形密封圈；34—一轴；35—二轴；36—双行星减速器；37—圆盖；38—油缸上盖；39—齿轮腔上盖；40—O 形密封圈；41—右行走箱；42—油箱上盖；43—O 形密封圈；44—联轴器组件；45—左行走箱

图 3-4 MG100/240-BWD 型采煤机的主机体

2. 牵引传动系统

牵引传动系统主要由牵引电机、一轴、二轴、双行星减速器、行走箱、制动器等组件

组成，完成采煤机牵引行走的机械传动工作。左、右牵引系统中的传动件是通用的。

1）一轴（23MJ5002 组件）

一轴主要由齿轮轴、套、轴承座、轴承、油封、端盖、O 形密封圈等组成，如图 3-5 所示。齿轮轴前端的内花键与电机轴相连接，通过外齿将电机的动力传递给二轴，齿轮轴的后端安装液压制动器。安装时，要检查密封件的安装角是否合格，一定不要将密封件损坏，以防漏油。安装后，应保证齿轮轴转动灵活。齿轮轴后端的 CM16 孔在拆轴时可作为拉丝孔使用。

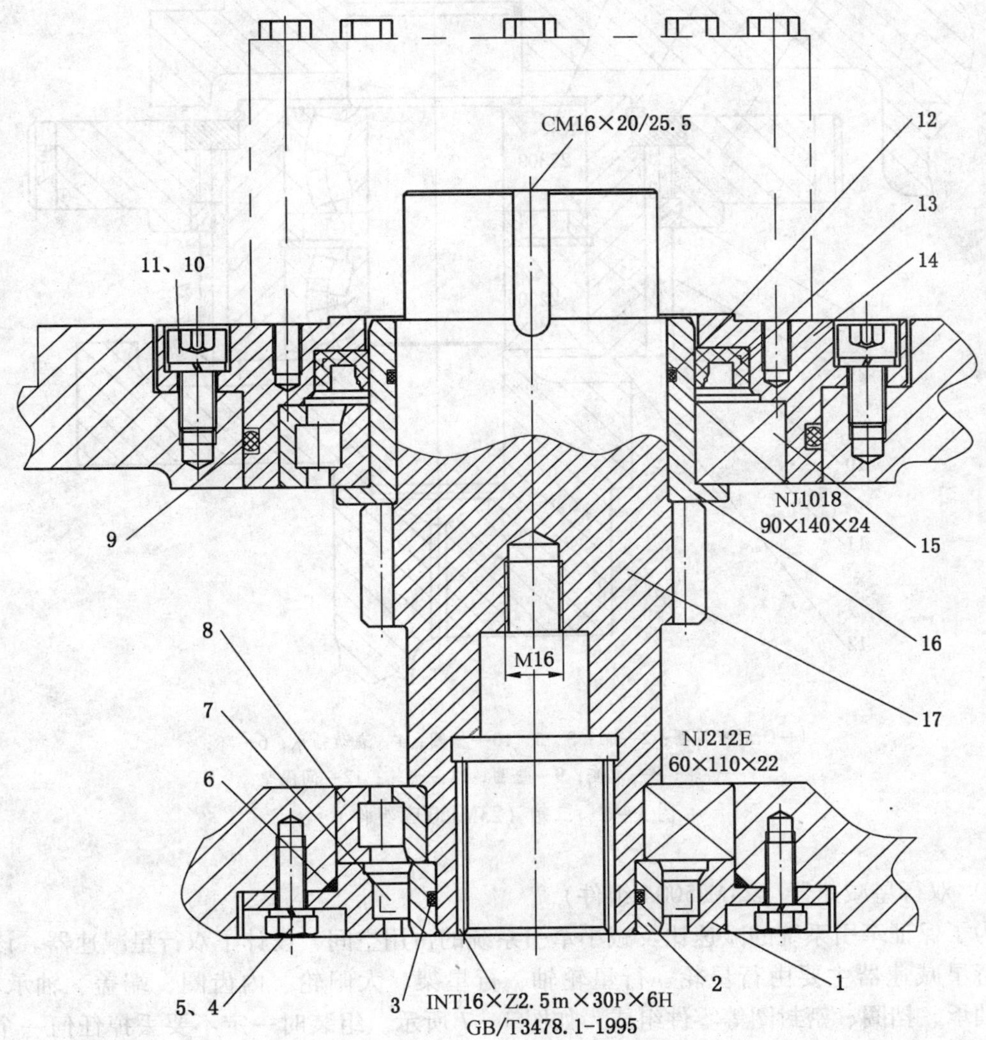

1—端盖；2—套；3、6、9、12—O 形密封圈；4—螺栓；5、11—垫圈；7、13—密封圈；8—滚动轴承；10—螺钉；14—轴承座；15—滚动轴承；16—耐磨套；17—齿轮轴

图 3-5 一轴（23MJ5002 组件）

2）二轴（23MJ5003 组件）

二轴主要由轴、齿轮、轴承、卡套、挡圈、垫圈、O 形密封圈等零件组成，如图 3-

6 所示。齿数为 66 的齿轮与一轴相啮合将动力导入，齿数为 37 的齿轮将动力传递给下一级。安装时，应先将两个齿轮及轴承等小件安装在一起后由壳体的窗口放入壳体，然后打入轴即可。轴上的 CM20 在拆轴时可作为拉丝孔使用。

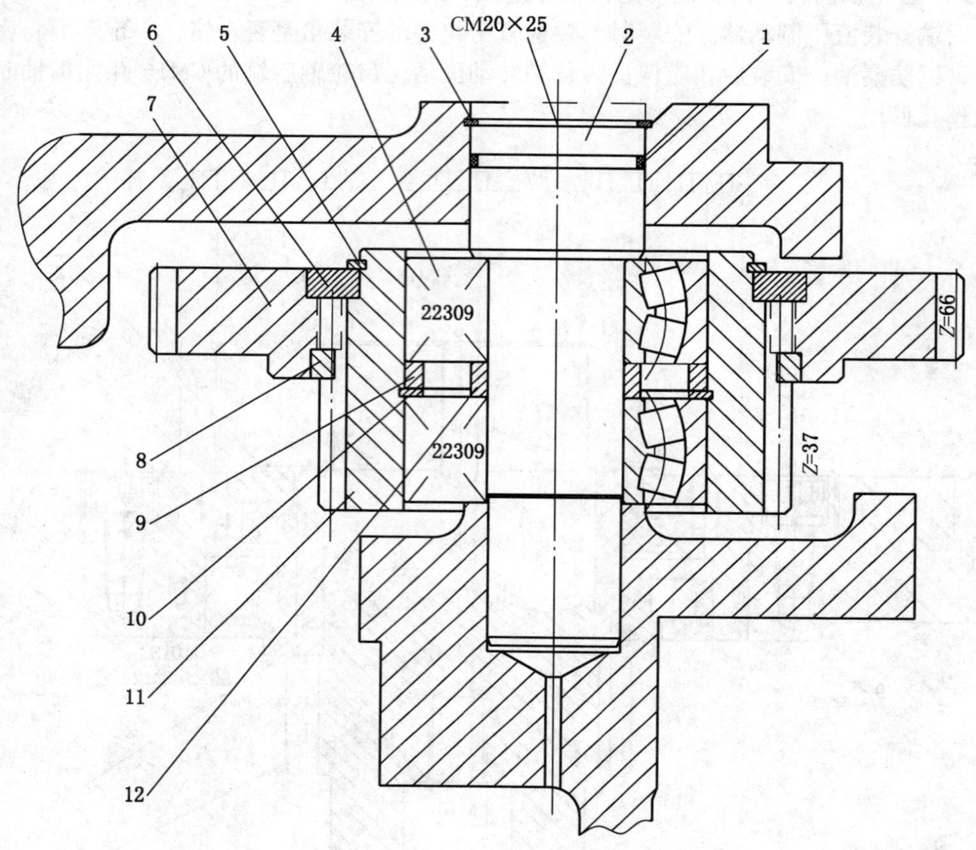

1—O 形密封圈；2—轴；3、5、10—挡圈；4—滚动轴承；6—环；7—齿轮；8—卡套；9—垫圈；11—齿轮；12—间隔垫

图 3-6 二轴（23MJ5003 组件）

3）双行星减速器（23MJ5004 组件）

为了保证牵引系统的减速比及减小牵引系统的占用空间，设计了双行星减速器。该牵引双行星减速器主要由行星轮、行星轮轴、行星架、太阳轮、内齿圈、端盖、轴承杯、套、轴承、挡圈、密封圈等零件组成，如图 3-7 所示。组装时一定不要丢掉任何一个垫圈和挡圈，组装好后应转动灵活，装到机壳内。齿数为 69 的大齿轮与二轴齿轮相啮合将动力导入，由第二级行星架的内花键将动力输出给行走箱。该双行星减速器的总传动比为：

$$i=\left(1+\frac{59}{13}\right)\times\left(1+\frac{59}{13}\right)\approx 36.21$$

4）左行走箱（23MJ5005 组件）

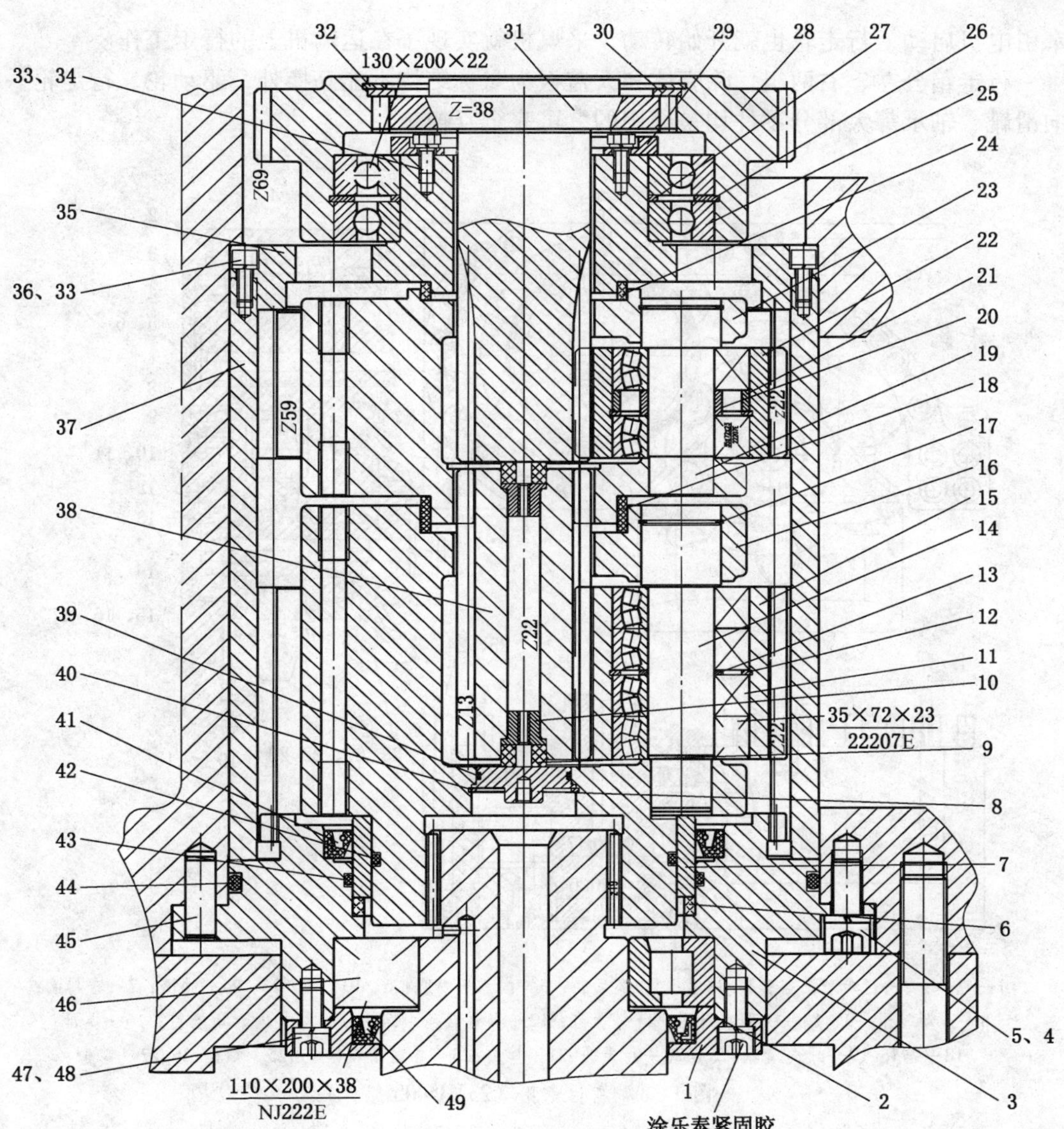

1—端盖；2、44—O 形密封圈；3—轴承杯；4—螺钉；5、33、48—垫圈；6—垫；7—套；8、10—堵；9—垫；11—滚动轴承；12、17、26、32、40—挡圈；13—距离套；14—销轴二；15—行星轮二；16—行星架二；18—尼龙垫；19—行星轮轴；20—套；21—距离套；22—行星轮；23—行星架Ⅱ；24—尼龙垫；25—滚动轴承；27—距离套；28—齿轮；29—压板；30—挡环；31—太阳轮；34—螺栓；35—轴承架；36、47—螺钉；37—内齿圈；38—太阳轮二；39、43—O 形密封圈；41、49—密封圈；42—O 形密封圈；45—销子；46—滚动轴承

图 3－7 双行星减速器 23MJ5004 组件

行走箱是牵引传动系统的最末一级，主要由壳体、盖板、驱动轮、行走轮、导向滑靴、轴承等零件组成，如图 3－8 所示。组装好后用螺栓连接在主机壳体上。驱动轮上的外花键与双行星减速器中的二级行星架上的内花键相啮合将动力导入，行走轮与刮板运输机的销排相啮合，导向滑靴压钩在输送机的槽帮钢和销排上作导向，当给出牵引信号时，

牵引电机启动，行走轮也就开始转动，采煤机就实现了在运输机上的行走工作。

行走箱分左、右两组，除壳体和大盖板为对称结构不能互换外，驱动轮、行走轮、导向滑靴、轴承等大部分零件均是通用的，可完全互换。

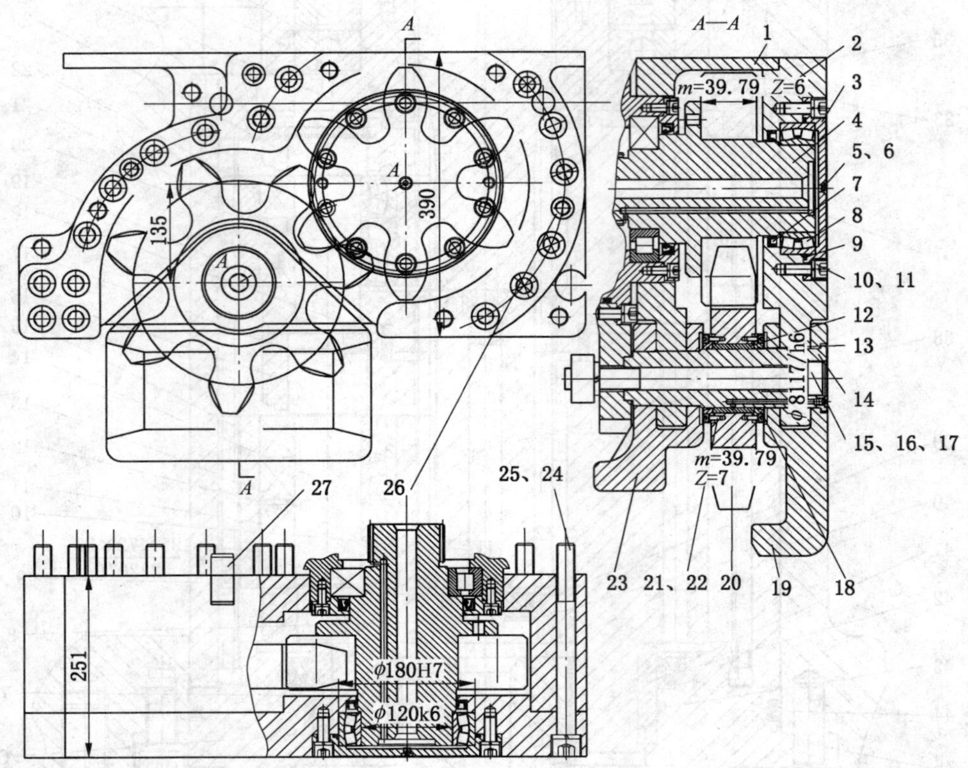

1—壳体；2—行走箱前盖；3—端盖；4—驱动轮；5—内六角螺塞；6、10、17、22、24—垫圈；7—密封圈；8—滚动轴承；9、13—O 形密封圈；11—螺钉；12—钢背轴承；14—轴；15—内六角螺钉；16—螺母；18—挡环；19—导向滑靴（二）；20—行走轮；21—螺钉；23—导向滑靴（一）；25—螺栓；26、27—销子

图 3－8 左行走箱（23MJ5005 组件）

5）联轴器（23MJ5007 组件）

联轴器组件 23MJ5007 如图 3－9 所示。该组件用于调高电机与调高泵的连接，连接套与电机轴相连，花键套与调高泵相连。

6）液压制动器（3MJ0113 组件）

为了防止工作面倾角较大时采煤机自动下滑，该机设计有液压制动器。该制动器主要由外壳、油缸、活塞、密封圈、挡圈、外摩擦片、内摩擦片、波形弹簧圈等零件组成，安装在牵引一轴的后端，如图 3－10 所示。

制动器的动制动力矩为 235 N·m，静制动力矩为 294 N·m，当油压达到 1.4 MPa 时制动器开始解除制动，当油压达到 1.7 MPa 时制动器才能完全解除制动。

使用时，每周拧开内六角螺塞 19 一次，检查漏油情况，如有油液排出，需更换密封圈及摩擦片；每半月检查一次摩擦片的磨损情况，其方法是先拧去内六角螺塞 17，用深

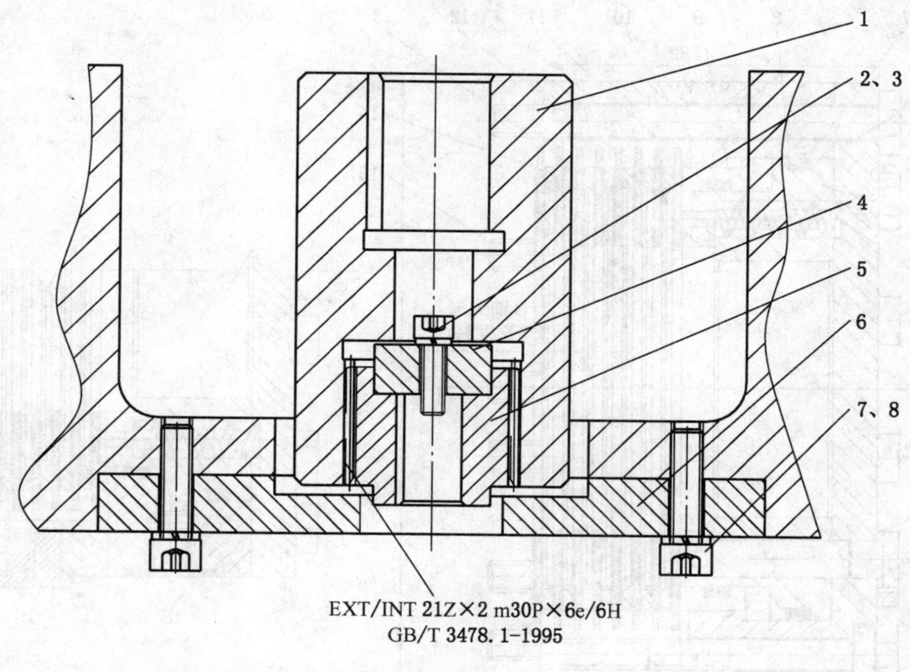

1—连接轴；2—螺栓；3、8—垫圈；4—堵；5—花键套；6—泵盘；7—螺钉

图 3-9　联轴器（23MJ5007 组件）

度尺测量尺寸 A，一次在制动状态测量，再一次在非制动状态测量，两次测量值之差即为摩擦片的磨损量，新制动器其差值为 2.65 mm，制动器使用磨损后其差值增至 6 mm 时，需成组更换内外摩擦片。

当工作面倾角大于 15°时，为确保安全，应配备与采煤机行走速度相匹配的防滑绞车。

7）调高泵

该机调高泵选用的是德国哈威液压公司的产品 Z12.3 型定量齿轮泵，其主要技术参数如下：

（1）型号：Z12.3；

（2）旋转方向：左旋，朝向泵轴（逆时针）；

（3）转速范围：500～2000 r/min，额定转速 1450 r/min；

（4）流量：12.3 L/min（1450 r/min 时）；

（5）排量：8.5 cm^3/r；

（6）最高压力：15 MPa；

（7）油及环境温度：-40～+80 ℃；

（8）液压油的最佳黏度：16～500 mm^2/s。

三、截割机构

该机的截割机构由截割部（俗称摇臂）、滚筒和挡煤板组成，如图 3-11 所示，主要完成落煤和装煤作业。

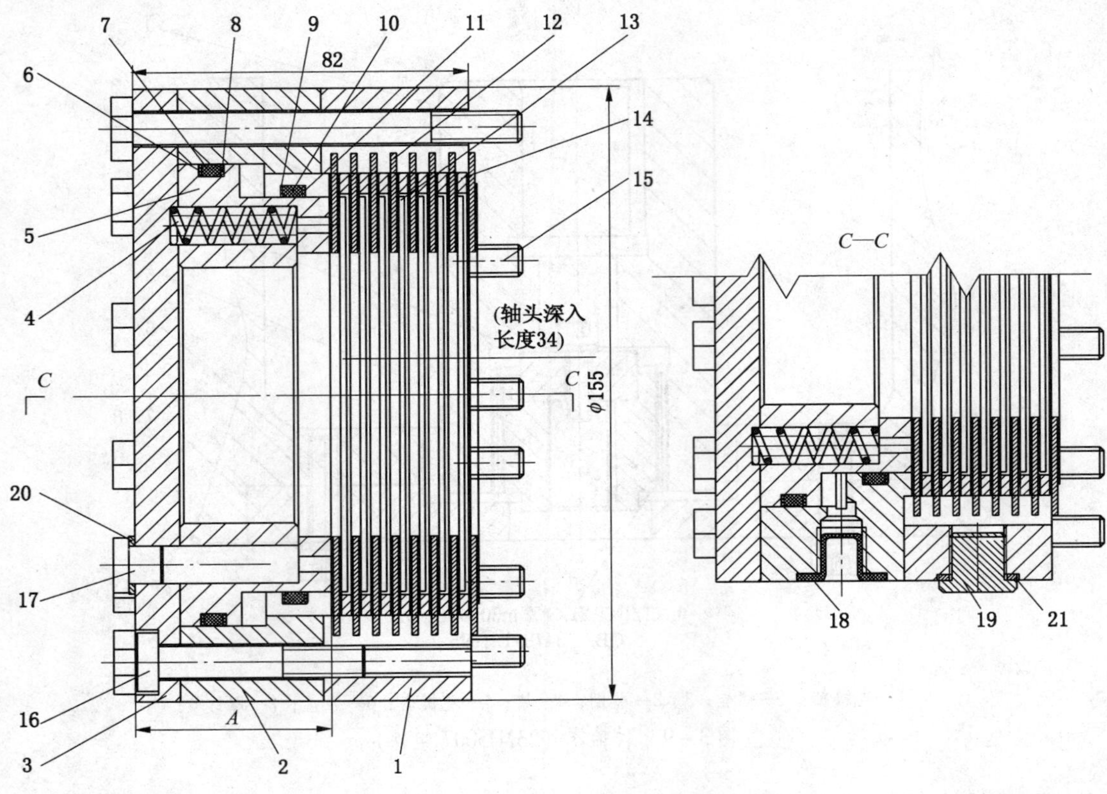

1—外壳；2—油缸；3—盖；4—外弹簧；5—活塞；6、8、9、11—挡圈；7、10—X形密封圈；12—外摩擦片；13—内摩擦片；14—波形弹簧圈；15—螺栓；16—螺钉；17、19—内六角螺塞；18—防尘塞；20、21—垫圈

图3-10 液压制动器3MJ0113

1. 截割部

该机截割部分为左截割部和右截割部，为左右对称结构，除了壳体和个别零件外，大部分组件和零件均可左右互换。

1）截割部的组成及传动原理

截割部主要由壳体、电机、一至五轴、滚筒轴等零、组件组成。截割电机分80 kW和100 kW两种，两种电机的连接尺寸和体积相同，客户可根据不同的煤质状况来调配截割电机的容量。

截割部的传动原理：截割电机输入动力，经一至五轴及滚筒轴最终将动力传给滚筒。

2）壳体

截割部壳体为左、右对称结构，是整体铸件，属弯摇臂结构。一端设有电机腔，用来安装截割电机；另一端设有滚筒轴腔，用来安装滚筒轴组件；中间部分为齿轮传动腔，用来安装各级传动轴组件，并作为油池使用。

该机采用弯摇臂结构，既加大了过煤空间，又可保证滚筒轴组件在摇臂处于任何位置时都有油液润滑。

3）一轴（23MJ0201组件）

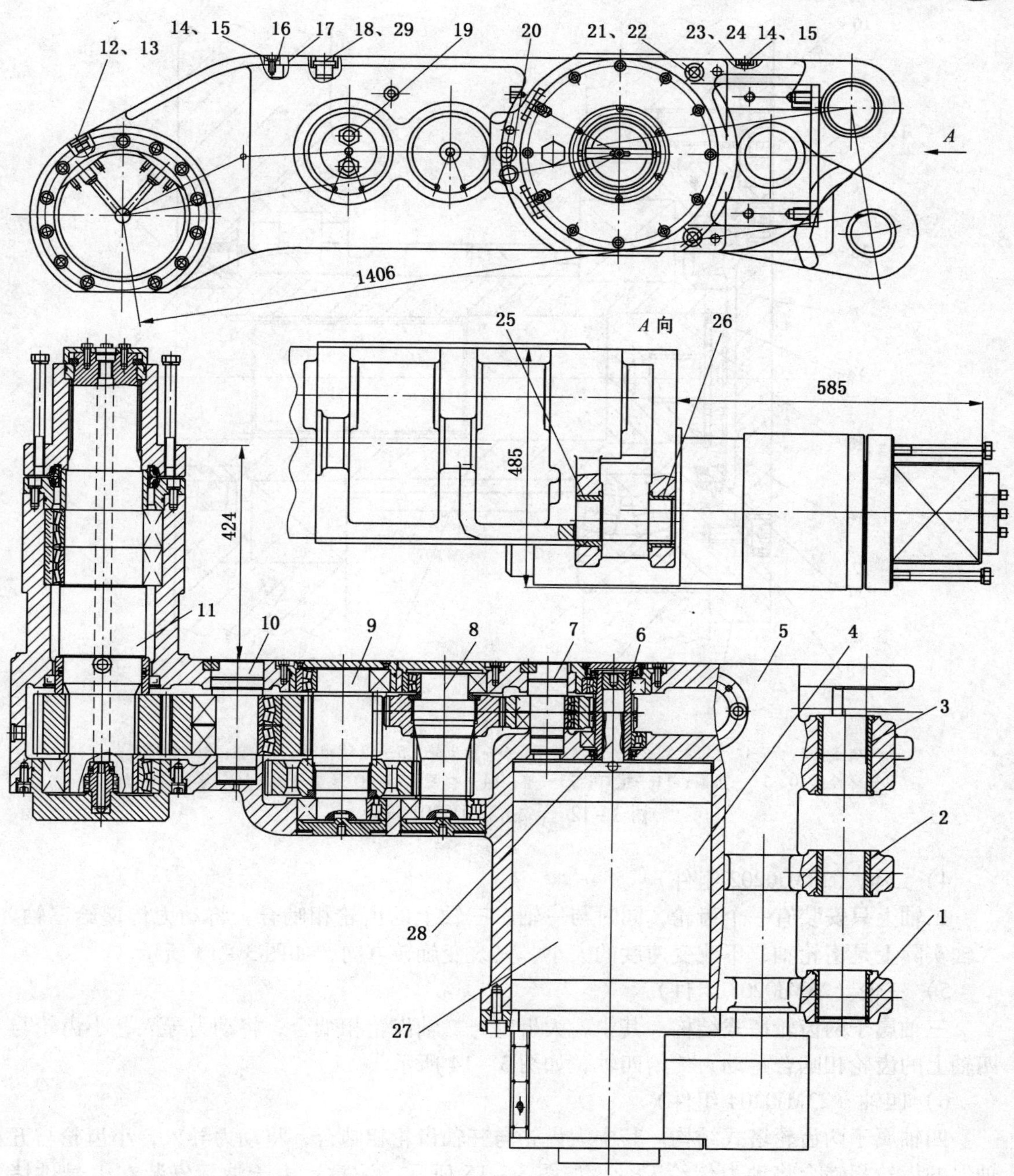

1—衬套（一）；2—衬套（二）；3—衬套（三）；4—电动机；5—左摇臂壳；6—一轴；7—二轴；8—三轴；9—四轴；10—五轴；11—滚筒轴；12—内六角螺塞；13、15、22、29—垫圈；14—螺栓；16—O 形密封圈；17—上盖；18—液压排气阀；19—油标；20—销子；21—螺钉；23—圆盖；24—O 形密封圈；25—衬套（四）；26—衬套（五）；27—电动机；28—扭矩轴

图 3－11　截割机构

一轴主要由轴齿轮、轴承、盖、密封圈等零件组成，如图 3－12 所示。轴齿轮的内花键与截割电机轴的外花键相啮合，导入动力，外齿轮与二轴齿轮相啮合将动力传递给二轴。

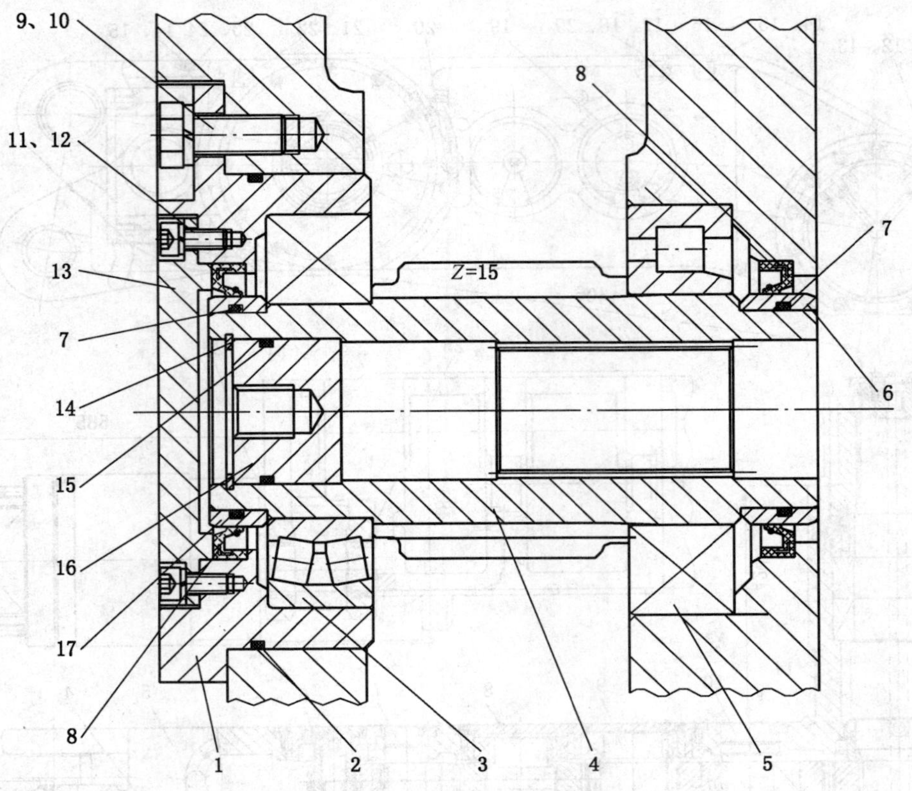

1—端盖；2、7—O 形密封圈；3—滚动轴承；4—轴齿轮；5—滚动轴承；6—套；8—密封圈；9—螺栓；10、12—垫圈；11—螺钉；13—盖；14—挡圈；15—O 形密封圈；16—堵；17—套

图 3－12　一轴 23MJ0201 组件

4）二轴（23MJ0202 组件）

二轴上只安装有一个齿轮，同时与一轴、三轴上的齿轮相啮合，将动力传递给三轴。二轴实际上是惰轮轴，不改变速度的大小，只改变旋转方向，如图 3－13 所示。

5）三轴（23MJ0203 组件）

三轴属于两齿轮塔式结构。其中，大齿轮与二轴齿轮相啮合，将动力导入，小齿轮与四轴上的齿轮相啮合将动力传给四轴，如图 3－14 所示。

6）四轴（23MJ0204 组件）

四轴属于两齿轮塔式结构。其中大齿轮与三轴齿轮相啮合，将动力导入，小齿轮与五轴上的齿轮相啮合将动力传给五轴，如图 3－15 所示。注意：由于油标安装在 1 号件堵上，所以安装 1 号件时应保证油标方向要在竖直方向上，切莫将油标方向水平。

7）五轴（23MJ0205 组件）

五轴上只安装有一个齿轮，同时与四轴、滚筒轴上的齿轮相啮合，将动力传递给滚筒轴。五轴也是惰轮轴，如图 3－16 所示。

8）滚筒轴（23MJ0206A 组件）

滚筒轴是截割部的最末一级传动组件，滚筒轴上安装的齿轮与五轴上的齿轮相啮合而将动力导入，滚筒连接套上的方头与滚筒相连接将动力传给滚筒，最终截割电机带动滚筒

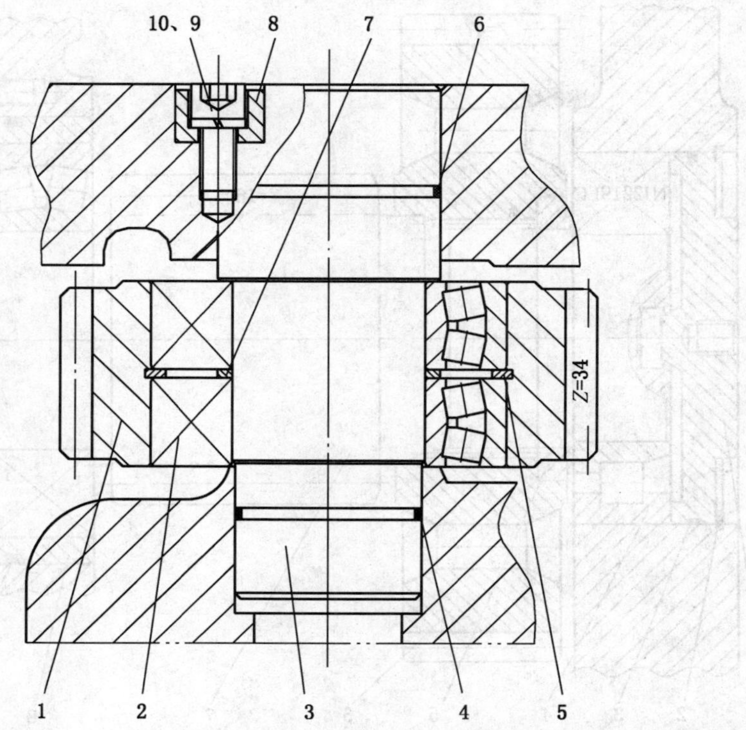

1—齿轮；2—滚动轴承；3—轴；4、6—O形密封圈；5—挡圈；7—距离垫；8—压板；9—螺钉；10—垫圈

图3－13　二轴23MJ0202组件

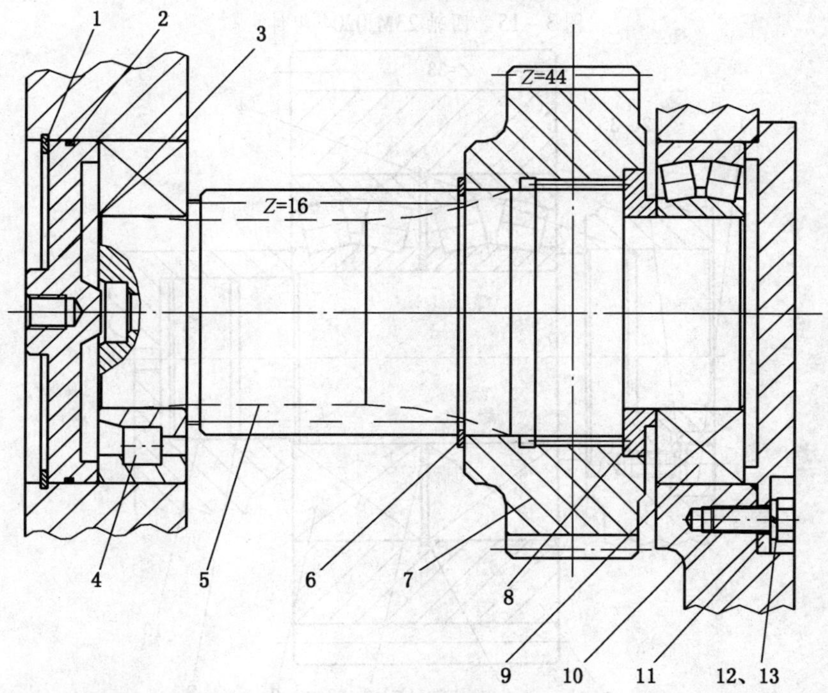

1—挡圈；2—O形密封圈；3—盖；4—滚动轴承；5—齿轮轴；6—挡圈；7—齿轮；
8—支承环；9—滚动轴承；10—O形密封圈；11—端盖；12—螺栓；13—垫圈

图3－14　三轴23MJ0203组件

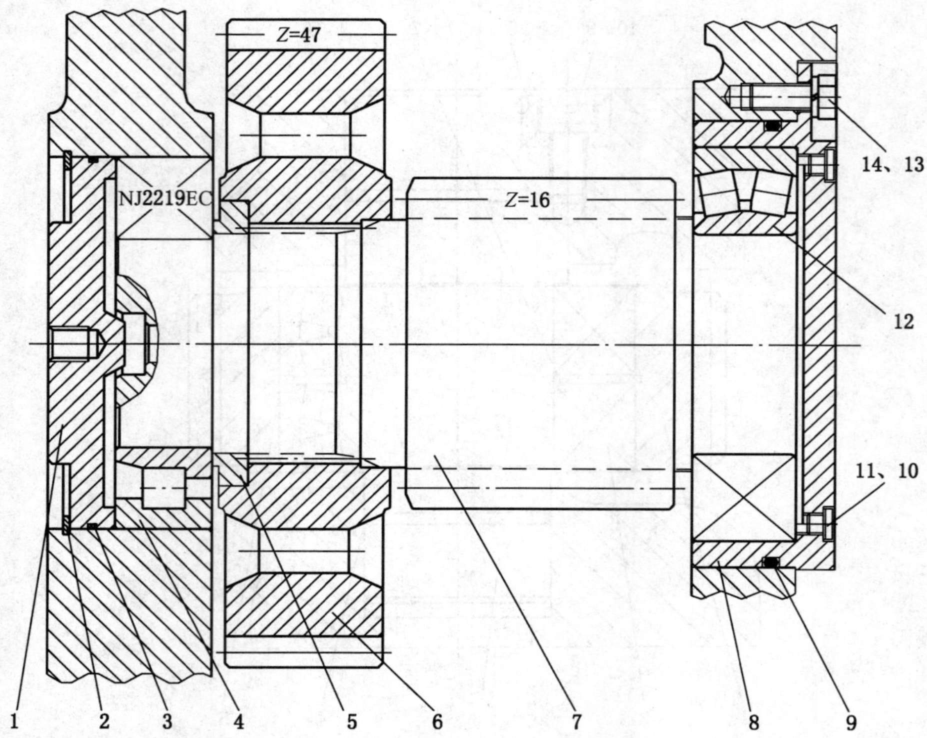

1—堵；2—挡圈；3—O 形密封圈；4—滚动轴承；5—距离垫；6—齿轮；7—轴齿轮；8—轴承杯；9—O 形密封圈；10—内六角螺塞；11—垫圈；12—滚动轴承；13—螺栓；14—垫圈

图 3-15 四轴 23MJ0204 组件

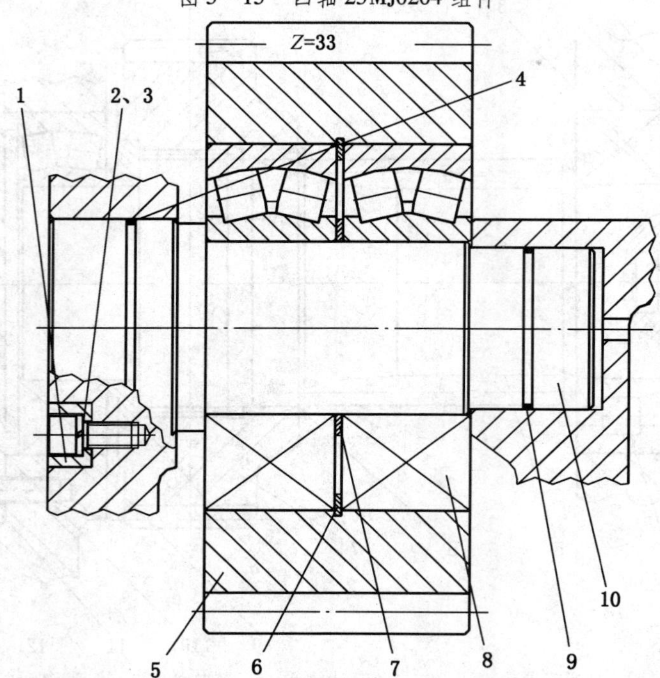

1—压板；2—螺钉；3—垫圈；4、9—O 形密封圈；5—惰轮；6—挡圈；7—距离垫；8—滚动轴承；10—轴

图 3-16 五轴 23MJ0205 组件

旋转，使采煤机完成落煤和装煤工作，如图 3－17 所示。

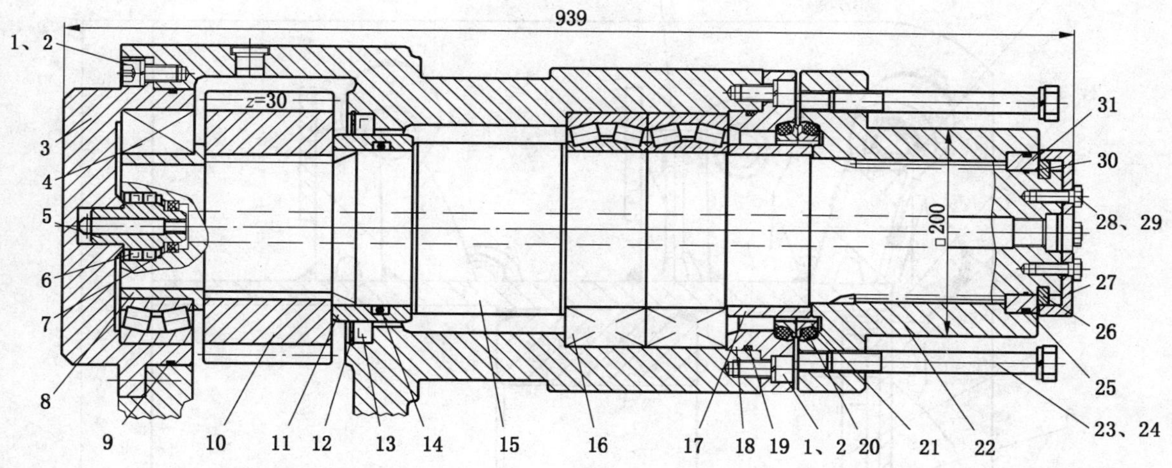

1—螺钉；2、24—垫圈；3—轴承杯；4—滚动轴承；5—密封堵；6—密封圈；7—Y 形密封圈；8—轴套；9、14、19、20、25、30—O 形密封圈；10—齿轮；11—套；12—挡圈；13—密封圈；15—滚筒轴；16—滚动轴承；17—套；18—油封环；21—浮环；22—滚筒连接套；23—螺钉；26—挡环；27—压盖；28—止动片；29—螺栓；31—压垫

图 3－17 滚筒轴 23MJ0206A 组件

2. 滚筒

滚筒是采煤机上完成割煤和装煤工作的部件，主要由滚筒体、截齿、齿套、水管等件组成，如图 3－18 所示。滚筒以方定位，用螺栓把紧，连接在截割部的滚筒轴上。截割电机上电启动后，经齿轮传动件减速传动，最后驱动滚筒旋转。

在工作时，应经常检查滚筒上的截齿是否数量齐全，截齿是否锋利，发现问题后应及时更换或补齐截齿。

在检查滚筒时，一定要将截割电机的离合手把拉出并挂警示牌。

滚筒的主体是组焊件结构，齿座是按一定的规律焊在端盘、螺旋叶片上的，如图 3－19 所示。

截齿是直接割煤的零件，齿体上焊有合金刀头。弹性套卡在齿体和齿套上，将截齿与齿套固定，用力撬就可将截齿拆下，如图 3－20 所示。

3. 挡煤板

为了改善薄煤层采煤机的装煤效果，该机设计有挡煤板供选用。挡煤板是以圆孔定位，用两个 M24 × 2 × 150 的螺栓把紧，安装在采煤机截割部的壳体上。挡煤板可绕固定圆心旋转，如图 3－21 所示。不同直径或不同截深的滚筒均配有不同的挡煤板。

4. 调高油缸

调高油缸安装在主壳体的底部，两端分别与主壳体和截割部铰接，如图 3－22 所示。

调高油缸性能参数如下：公称压力为 32 MPa；工作压力为 15 MPa；回缩长度为 615 mm；行程为 129 mm；推力为 302 kN；拉力为 184 kN；工作介质为 N100 抗磨液压油。

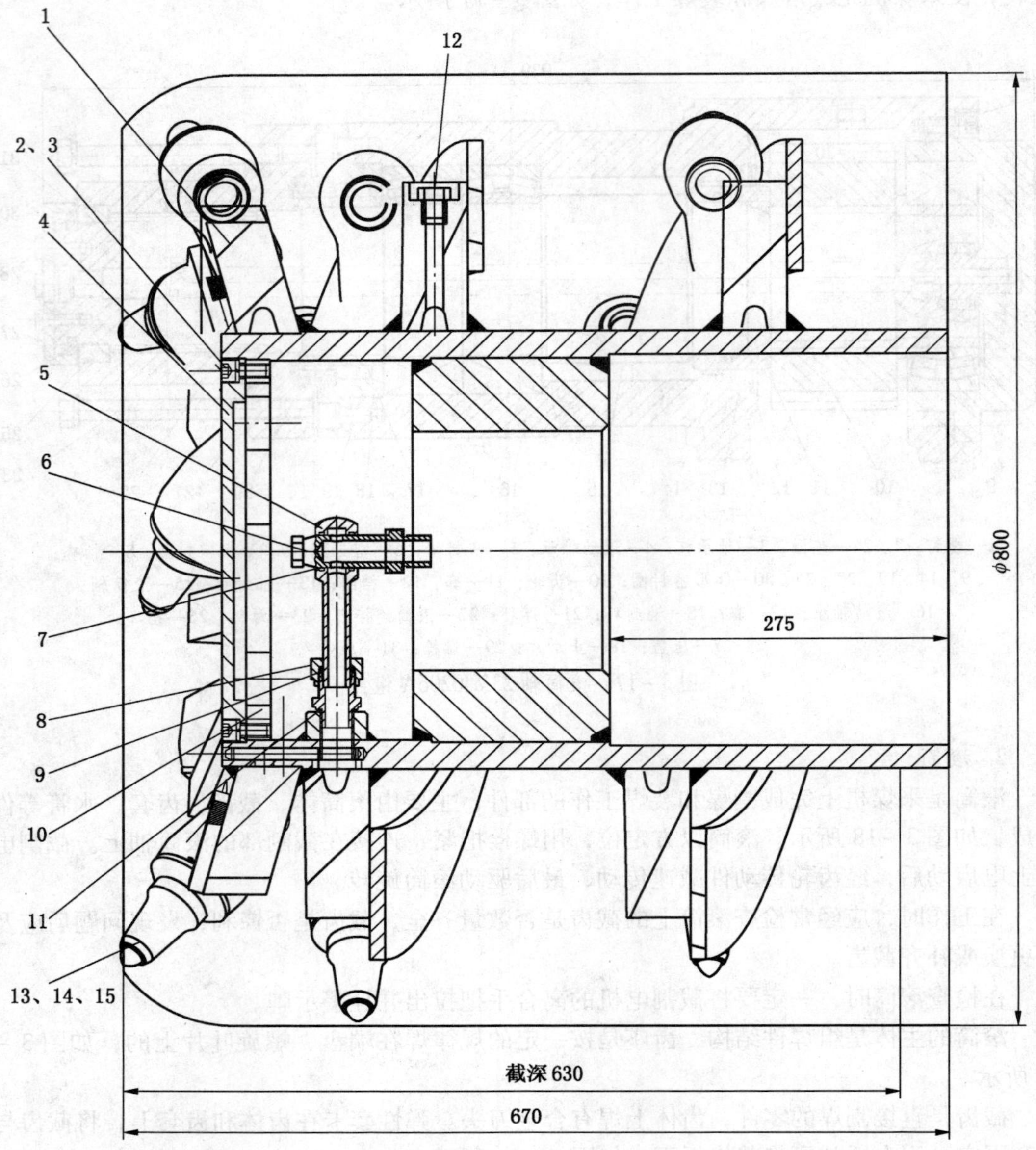

1—右（左）滚筒组焊件；2—螺钉；3—垫圈；4—端盖；5—接头；6—水管；7—O形密封圈；8—螺母；9—卡套；10—垫圈；11—接头体；12—喷嘴；13—齿套；14—截齿；15—挡圈

图3-18 滚筒

调高油缸的工作原理是：当“P”口进油时，压力油经接管内孔进到活塞右侧腔，活塞左侧腔油液经“O”口回油，由于活塞杆固定在主壳体上而使缸体外伸，从而实现摇臂升高；当“O”口进油时，压力油进到活塞左侧腔，活塞右侧腔油液经“P”口回油池，缸体回缩，从而实现摇臂下降。在组装油缸时，应注意密封圈不能损坏。

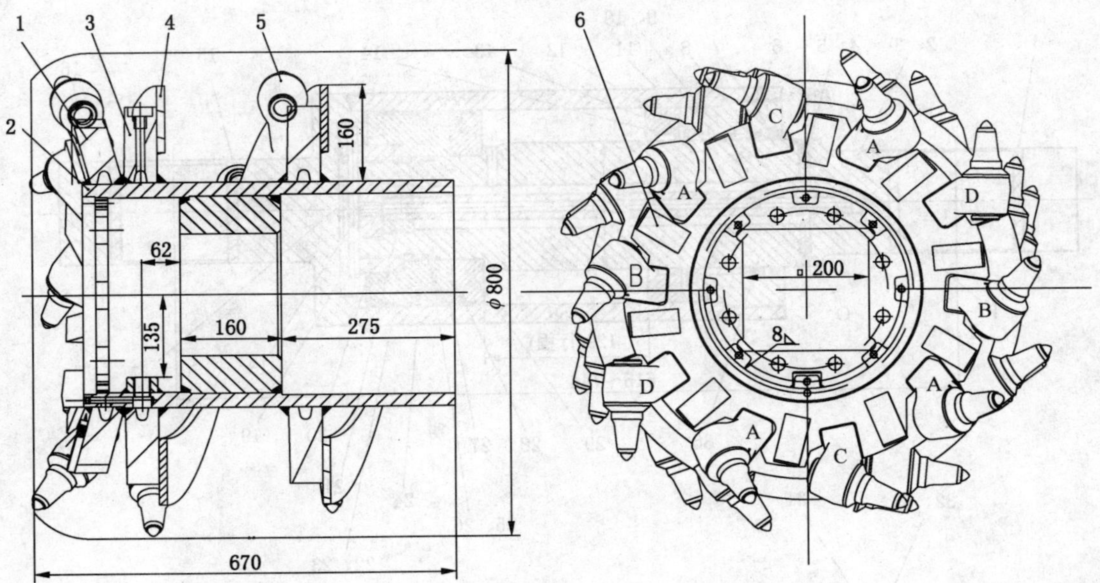

1—右（左）端盘；2—简体组焊件；3—螺旋叶片；4—防护板；5—齿座；6—耐磨板

图 3-19　组焊件结构

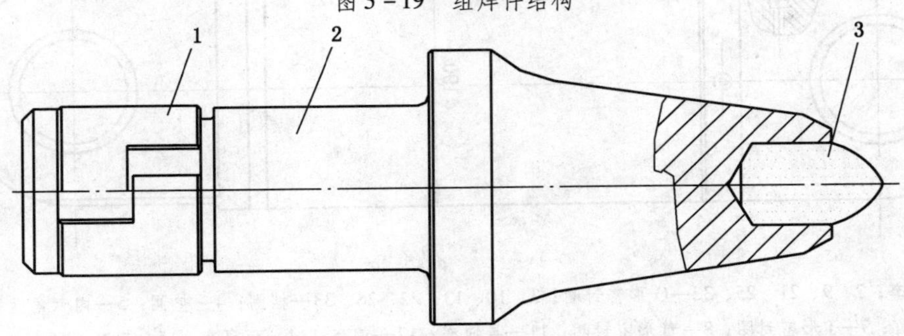

1—弹性套；2—齿体；3—合金刀头

图 3-20　截齿

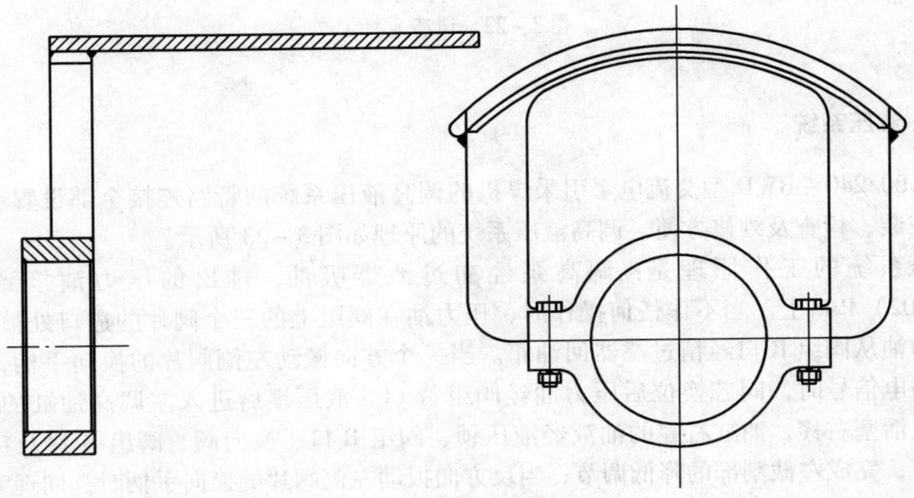

图 3-21　挡煤板

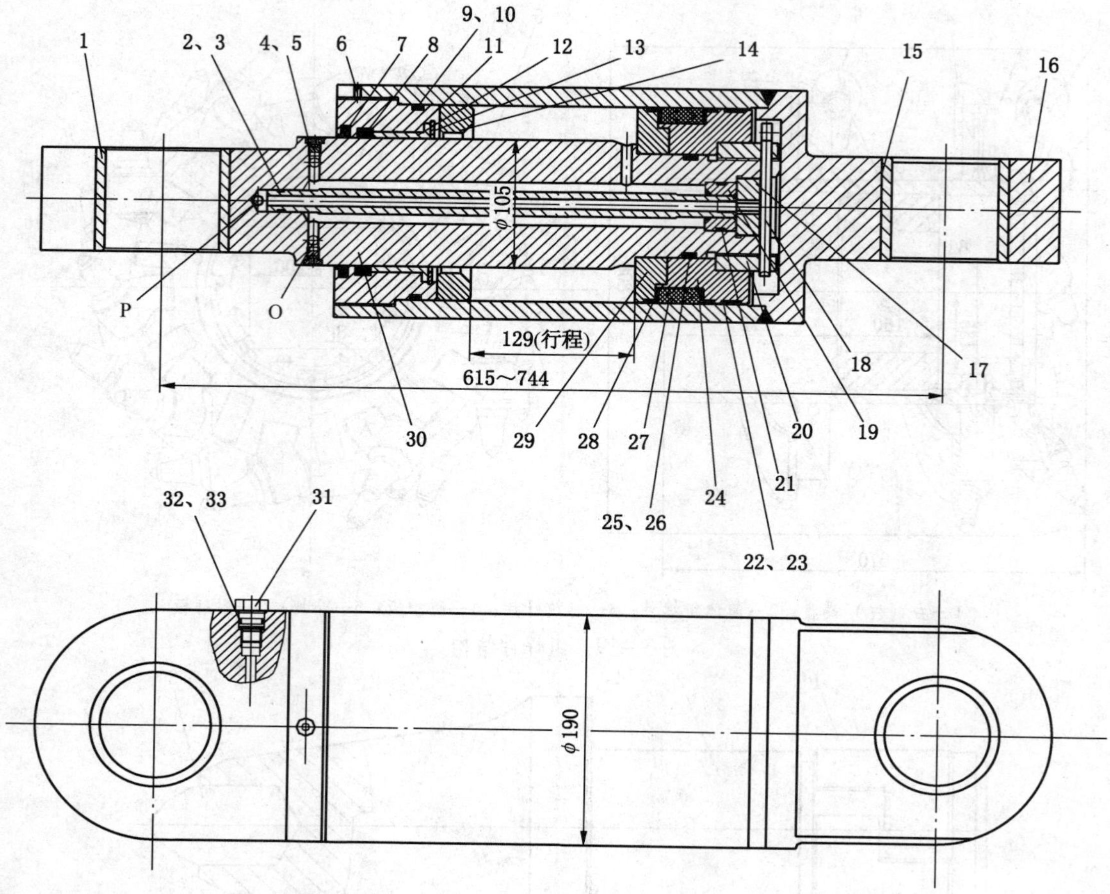

1—钢套；2、9、21、25、32—O形密封圈；3、10、13、22、26、33—挡圈；4—垫圈；5—内六角螺塞；6—螺钉；7—J形密封圈；8—蕾形密封圈；11—导向套；12—铜套；14—距离套；15—钢套；16—缸体；17—螺母；18—销子；19—接管；20—螺母；23—卡箍；24—活塞；27—鼓形密封圈；28—导向环；29—活塞垫；30—活塞杆；31—螺塞；34—堵

图3-22 调高油缸

四、液压系统

MG100/240-BWD型交流电牵引采煤机的调高液压系统的管路连接全部设置在机身外部，安装、检查及维修方便。调高液压系统的原理如图3-23所示。

液压系统的工作原理是：调高泵经初过滤器吸油，排出的压力油接到阀组(23MJ5202) P口上。当不作任何操作时，压力油在阀组上的三个阀片的进口处被截止，同时压力油从阀组R口经精过滤器回油箱。当一个方向搬动左侧阀片的换向手柄，或发出相应的电信号时，阀芯换位后压力油经阀组A口、液压锁后进入左调高油缸的左腔，推动油缸活塞右移，油缸右腔的油液经液压锁、阀组B口、换向阀、阀组R口及精过滤器回油箱，完成左截割部的降低调节；当反方向扳动左侧阀片的换向手柄时，同理完成左截割部的升高调节。中间的阀片是用来控制右截割部的调高的。当给牵引信号时，牵引电机具有一定的转矩后电控系统发出电信号，右侧阀片换向，压力油经过液控换向阀后到达制动器解除制动。

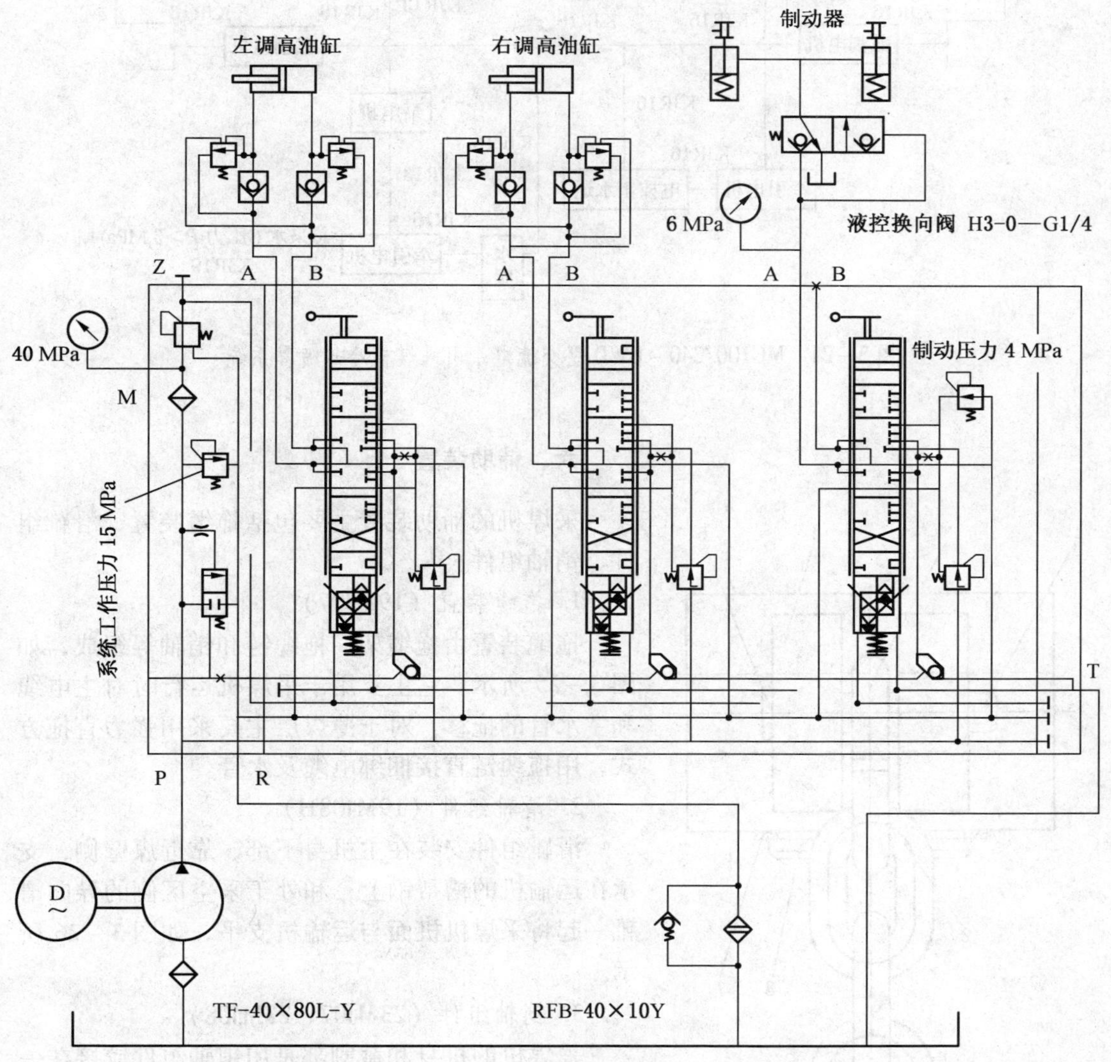

图 3－23 MG100/240－BWD 型交流电牵引采煤机液压系统

五、冷却喷雾系统

为了使采煤机的电机、电控系统和机械传动系统能在正常的温度下工作，同时能降低采煤机工作时产生的粉尘，设置了冷却喷雾系统，如图 3－24 所示。

该系统供水压力≤3 MPa，总来水由一个主水阀控制，经过多次分流后，一共有 6 路水喷出。采煤机工作时一定要观察各路水的喷出情况，既要保证每个电机都有足够的冷却水通过，以防电机超温后影响工作，又要保证良好的降尘效果。

总来水管型号为 KJR19，由用户根据工作面情况自备。

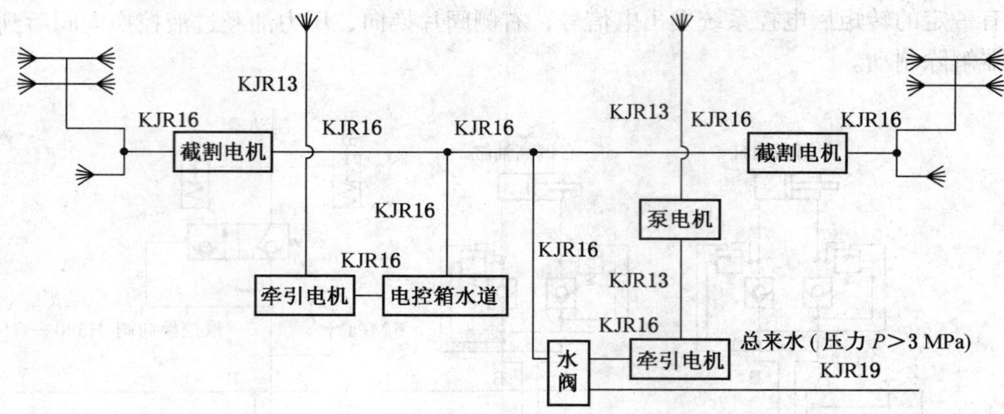

图 3-24 MG100/240-BWD 型交流电牵引采煤机冷却喷雾系统

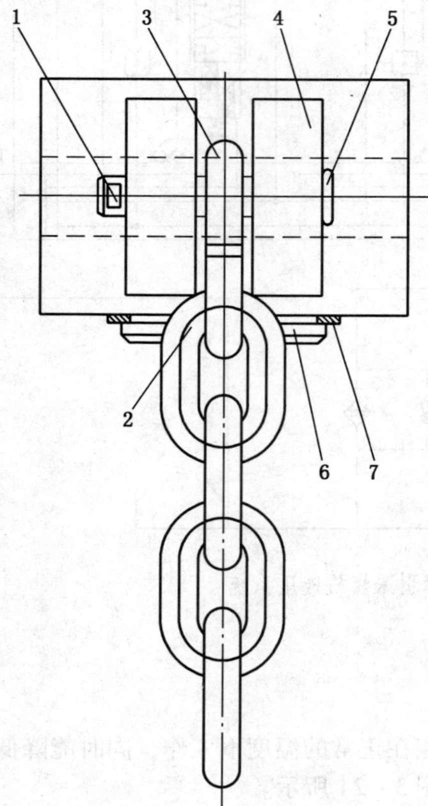

1—销子；2—圆环链；3—圆环；4—拖缆架；5—销子；6—销轴；7—挡圈

图 3-25 拖缆装置

六、辅助装置

采煤机的辅助装置主要包括拖缆装置、滑靴组件、销轴组件。

1. 拖缆装置（19MJ07）

拖缆装置由拖缆架、拖缆链和销轴等组成，如图 3-25 所示。它主要用于采煤机运行时对主电缆和主水管的拖移，对于薄煤层主要采用强力直拖方式，用拖缆链直接捆绑电缆及水管。

2. 滑靴组件（19MJ08H）

滑靴组件安装在主机身下部，靠近煤壁侧，支承在运输机的槽帮钢上，和处于采空区侧的导向滑靴一起将采煤机机面与运输机支平，如图 3-26 所示。

3. 销轴组件（23MJ07、23MJ08）

采煤机的机身和截割部是用销轴组件铰接在一起的，使截割部可绕销轴周向旋转，以实现截割部的调高功能。销轴的心部是空的，可储存一定量的润滑脂，内部的弹簧可将润滑脂压出，以保证销轴与铰套之间润滑，如图 3-27 和图 3-28 所示。

七、采煤机的使用要求

1. 地面试运转及下井前准备

采煤机在下井前必须进行地面试运转，并对采煤机进行全面检查。

1）检查的主要内容

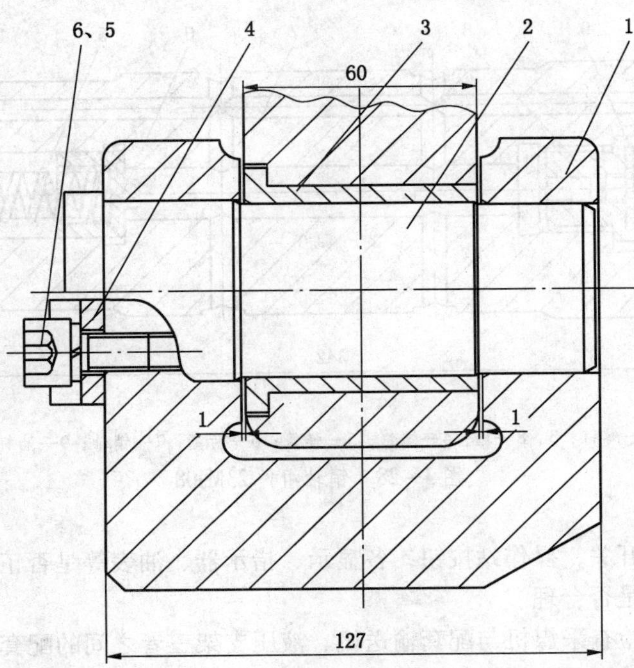

1—滑靴；2—轴；3—套；4—挡板；5—螺钉；6—垫圈

图 3-26　滑靴组件 19MJ08H

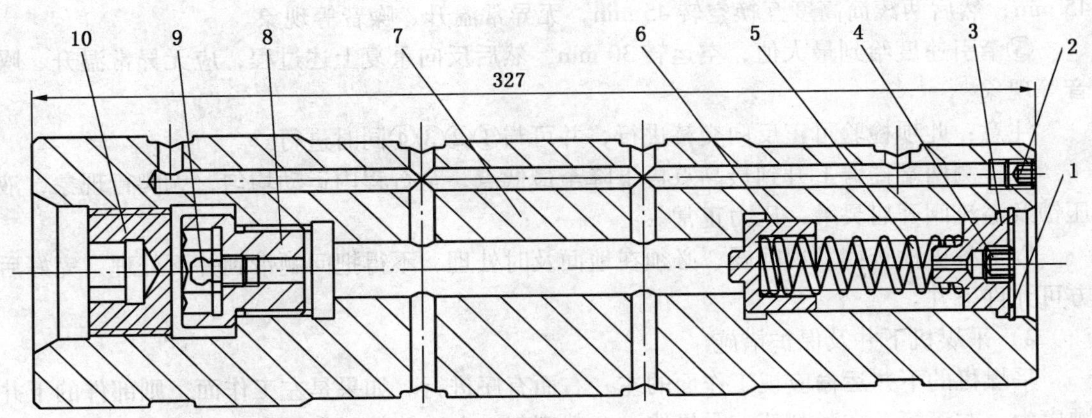

1—挡圈；2、4—螺钉；3—堵；5—弹簧；6—活塞；7—销轴；8—堵；9—油杯；10—螺塞

图 3-27　销轴组件 23MJ07

(1) 外观检查：检查各部件是否完好，各连接螺钉、螺栓等紧固件是否齐全紧固；各外接的油管、水管是否齐全、可靠，应无松动、脱落、泄漏现象；各油池的油位是否适度；各密封处是否漏油；各防爆处及连接电缆等是否完好。

(2) 功能检查：检查铺设配套用的液压支架和输送机。将采煤机置于输送机上，进行整机性能检查，检查可按下列顺序进行：

①按要求接通冷却喷雾水，再接通电源。

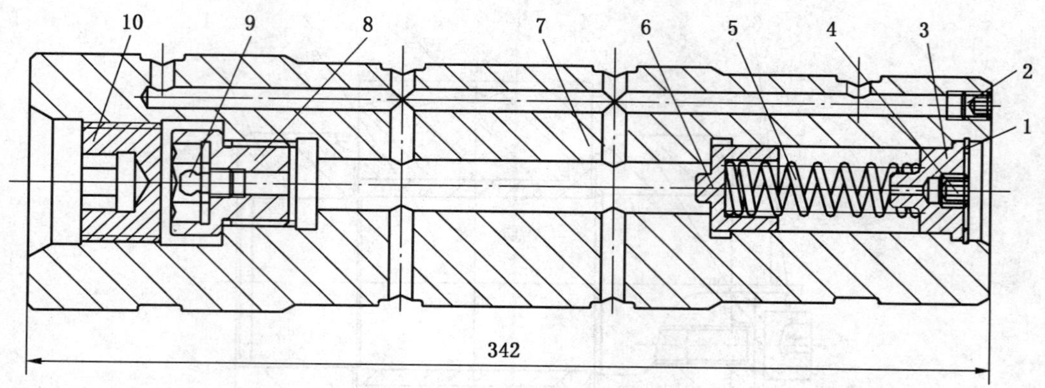

1—挡圈；2—螺钉；3、8—堵；4—螺钉；5—弹簧；6—活塞；7—销轴；9—油杯；10—螺塞

图3-28 销轴组件23MJ08

②检查各电器开关，操作站按钮，各显示、指示器、油表等是否正常，各水路开关是否可靠，水量分配是否合理。

③按设计要求检查采煤机与配套输送机、液压支架三者之间的配套尺寸和参数是否符合配套要求，并在输送机上缓慢行走，检查有无卡阻、干涉之处，及拖缆装置与电缆槽之间配套及电缆弯曲情况等。

④接通左、右截割部，滚筒为实际工作旋向。两滚筒分别调至最高点和最低点空转45 min，然后两滚筒高度互换空转45 min，无异常温升、噪音等现象。

⑤牵引速度给到最大值，空运转30 min，然后反向重复上述过程，应无异常温升、噪音等现象。

注意：此项检验可正反向交替进行，并可与①②③④同时进行。

⑥检测两端摇臂上升到最高点再下降至最低点，全行程内运动均匀，无爬行现象，液压锁及溢流阀开启灵敏，压力正常。

以上各项检查如发现问题，必须在地面及时处理，不得把问题带到井下处理，完好后方可允许下井。

2）采煤机下井及保护措施

采煤机的下井运输应视工作面的左、右而有序进行。如果是左工作面，则部件的下井顺序为：左滚筒—左截割部—主机体—右截割部—右滚筒等。如果是右工作面，则相反。

解体后各部件外露的结合面、轴头、电气插座等均需采取保护措施，在整个过程中不得有磕碰现象。解体后的油管、水管两头封堵，拆下运输的油管、水管及电缆等必须两端保护好，捆扎装箱下运。各电气件、连接紧固件必须按数清点，装箱入井。

2. 开机前的检查

（1）检查紧固件齐全可靠，操作手把位置准确、灵活。

（2）检查管路线路、水源和电源情况。

（3）检查各油池油位、油质、各润滑部位油量。

（4）检查滚筒截齿、喷雾外喷嘴，更换或处理失效元件。

上述项目首次开机应全面检查处理，以后按检修计划和操作规程分部分进行。另外，在开机前和正常运行中，随时检查工作面输送机铺设情况以及顶底板和支架情况。

3. 运行中的注意事项

（1）先通水后开机，严格按电控操作程序操作，开车时每隔两分钟点动一次试车，检查声响和仪表显示正常后正式运行。

（2）随时注意滚筒位置和前方条件，防止割顶、割底、割梁和漂刀。

（3）随时注意主电缆、水管的拖曳状态，及时处理挤压、蹩劲和跳槽等事故。

（4）随时注意供水情况、声响和仪表显示情况。

（5）随时注意各工种间的协调配合、照应机器运行前方和后方人员，安全操纵。

（6）交检时牵引回零、停机、左右滚筒处于低位，隔离开关分断。

注意：要先停机后停水。

4. 维护

1）维护工作中的安全事项

（1）开始对采煤机进行维护前，应事先切断其电源，禁止带电开启所有防爆电气设备的盖板，届时必须将隔离开关扳到断电位置，并确保不会被意外重新启动。

（2）在进行维护或维修工作前，应确保采煤机不会沿斜坡向下滑动。

（3）在进行维护或维修工作前，要对采煤机进行清理（特别是接头和螺纹连接处），去除油迹。

2）维护工作中的要求

（1）建立健全维修组织和制度，定期安排维修计划。

（2）定期清洗和更换油滤芯，检查油质、油位，充填和更换新油。

（3）拆盖检修需周围洒水、减少风量，必要时需搭盖遮护棚布，停止有影响的其他作业。

（4）清除浮煤，清点工具，防止杂物、积水侵入或遗留在机壳腔内。

5. 采煤机的故障分析与排除

（1）故障现象：液压系统无压力。

故障分析：泵电机转向接反。

处理方法：调整接线，使泵电机转向正确。

（2）故障分析：溢流阀失效或压力调节过低。

处理方法：调节或更换溢流阀。

（3）故障分析：液压系统严重漏油。

处理方法：处理漏油环节。

（4）故障现象：停止调高操作时，截割部继续调高。

故障分析：调高电磁阀或手液动换向阀阀芯卡阻。

处理方法：手动使阀芯复位或更换阀。

（5）故障现象：截割部自动下沉。

故障分析：液压锁失效或油缸窜液。

处理方法：更换液压锁阀芯或油缸。

八、电控系统

MG100/240－BWD 型电牵引采煤机采用隔爆兼本质安全型电控箱。KXJT1－240/

1140BP位于机身的中部，装载着采煤机的电控系统，与左、右牵引部合为一体。整个采煤机的电源引入、变换、分接都在这里完成。此外，在这里还可以对采煤机进行采煤机整机上电、断电，牵引电机的运行、停止，运输机的解锁和闭锁等操作。

MG100/240－BWD型电牵引采煤机整机供电电压为1140 V，由一根50 mm^2 的电缆供电。电控系统由主回路、主控系统、交流变频调速控制系统等组成。主回路主要是由隔离开关、截割电机和泵电机等组成的高压回路。主控系统由PLC主控器、5.7英寸液晶显示屏、红外键盘、遥控器及传感检测元件组成。变频调速系统由一台中压变频器和两台牵引电机组成。

1. 电控系统的技术特点

(1) 主控器内部采用日本松下PLC进行设计，更适合在矿山行业的强震动、环境温度与湿度更恶劣的条件下工作。

(2) 配置5.7英寸液晶显示屏进行工况监测和参数设置，便于直观方便地观察采煤机的工作状态。

(3) 监测功能齐全：截割电机电流、牵引电机电流、系统电压及环境瓦斯含量监测等。

(4) 保护功能完备：截割电机超载、超温保护，截割电机恒功率自动控制，变频器故障保护，瓦斯超限保护等。

(5) 显示项目多，各监测点的相关参数可在显示屏幕上实时动态显示，如采煤机牵引速度、牵引力、截割电机电流、牵引电机电流等信息。

(6) 系统有故障记忆功能，可记忆最近发生的多次故障信息。

(7) 采用成熟的遥控系统，工作稳定可靠、抗干扰性能好。首先以隔离开关及中间转换开关手动控制整机电源和运输机连锁操作，之后的操作以遥控为主，辅以前盖板安装的红外键盘操作站控制。

(8) 电气控制部内各电气元件布置合理，并采取可靠的抗震动和防潮措施，安装维护方便。

2. 电控系统的优点

(1) 体积小，功能强大。为适应薄煤层电牵引采煤机结构上的需要，采用1140 V供电的机载变频器控制牵引电机，主控器的核心器件为PLC，真彩显示器使得采煤机的所有工矿参数显示高度集成和全面，能实时了解采煤机的工况参数，便于采煤机的安全使用及其维护。

(2) 较高的可靠性保证。遥控器与红外操作站可独立操作采煤机，使得采煤机操作控制的可靠性大大提高。

(3) 参数设置的灵活性。通过红外键盘的操作，可方便地对采煤机运行及保护的参数进行设置，在线修改、永久记忆。

(4) 全方位生动的工况界面显示及多角度的故障判断信息。电控系统可对采煤机运行中的系统电压、左截割电流、右截割电流、左牵引电流、右牵引电流、牵引速度、牵引力等参数以及有关保护和运行参数的设置界面进行显示，并备有故障显示功能。使得维护人员对采煤机运行的状态做到心中有数，从而简化并加快了采煤机故障查找的进程，给采煤机的维护带来了很大的方便。

（5）提高了采煤机操作的自动化程度。采煤机在运行过程中，既可以随机键盘操作，也可以离机一定距离遥控操作，从而增加了采煤机操作的灵活性，保障人身安全。

（6）电控系统内部采用模块化结构。主控器及显示接收组件集中了大部分的控制零部件，使电气控制箱内部的接线简单明了，增强了电气维护的可操作性。

3. 采煤机的保护

1）超温保护

左、右截割电机内都有温度保护接点，当其中的一台截割电机温度超过 135 ℃时，温度报警，超过 150 ℃时则保护。通过相关的程序控制执行相应的操作，使采煤机截割电机断电。

2）超载保护

当采煤机工作时，装有电流互感器的几个回路中，只要有一台电机的电流超过 1.5Ie 并有一定的延时，立即执行超载保护，使相应的电机停机或整机断电。

3）截割电机的恒功率保护

截割电机的工作电流超过 1.1Ie 时，主控器将使牵引速度下降，当工作电流降低至 1.0Ie 以下时，牵引速度将有所上升。

4）瓦斯断电保护

本采煤机按要求增加了瓦斯断电保护功能，在机外装有一套瓦斯监测探头，当瓦斯超限时，主控器将接收到由瓦斯断电接收板反馈的瓦斯超限信号，通过程序控制使采煤机断电。

九、常见故障排除

电牵引采煤机的常见故障排除见表 3－1。

表 3－1　电牵引采煤机的常见故障排除

故障现象	可能原因	处理方法
采煤机不启动	1. 隔离开关在分断位置 2. 磁力启动器不在远控状态 3. 控制回路存在故障	1. 检查隔离开关 2. 检查磁力启动器 3. 检查旋钮开关，连接线
采煤机不自保	自保继电器未闭合	检查自保继电器输出
采煤机不牵引	1. 变频器故障 2. 电机故障 3. 系统处在其他故障保护状态	1. 查看变频器故障代码 2. 检修电机 3. 查看系统故障信息
采煤机不调高	1. 主控器无输出 2. 电磁阀故障	1. 测试主控器调高输出 2. 测试更换电磁阀
屏幕无显示	显示器没加电	检查显示器电源
遥控器失灵	1. 遥控器电池没电 2. 遥控器未插钥匙	1. 更换电池 2. 插上遥控器钥匙

复习思考题

1. 电牵引滚筒式采煤机由哪几部分组成？
2. 说明电牵引采煤机的牵引调速原理。
3. MG100/240 – BWD 型交流电牵引滚筒式采煤机的主要特点是什么？
4. 说明 MG100/240 – BWD 型交流电牵引滚筒式采煤机牵引部减速器的传动过程。
5. 说明 MG100/240 – BWD 型交流电牵引滚筒式采煤机液压系统的工作原理。
6. 说明 MG100/240 – BWD 型交流电牵引滚筒式采煤机截割部的传动过程。
7. MG100/240 – BWD 型交流电牵引滚筒式采煤机电控系统的特点是什么？
8. MG100/240 – BWD 交流电牵引滚筒式采煤机有哪些保护？它们是如何实现的？
9. 电牵引采煤机常见的故障有哪些？如何处理？

第二篇　工作面运输机械

第四章　刮板输送机

【教学目标】

1. 了解工作面刮板输送机的类型、特点。
2. 掌握刮板输送机的基本组成部分及工作原理。
3. 熟悉刮板输送机的构造特点及功能。
4. 熟悉常用高档普采工作面刮板输送机的性能、结构特点。
5. 了解工作面刮板输送机的使用与维护方法及要求。

【教学重点】

1. 刮板输送机的基本组成部分及工作原理。
2. 刮板输送机的构造及功能。
3. 常用高档普采工作面刮板输送机的性能、结构特点。

【教学难点】

工作面刮板输送机的使用与维护方法。

第一节　概　　述

一、刮板输送机的基本组成、工作原理

刮板输送机是目前长壁式采煤工作面唯一的运输设备。虽然其类型和组成部件的形式多种多样，但基本组成与工作原理则相同。SGB－150 型刮板输送机的基本组成如图 4－1 所示，其主要组成部分有：机头部（包括机头架、驱动装置、链轮组件等）、中间部（包括中部槽、刮板链等）、机尾部（包括机尾架、驱动装置、链轮组件等）和附属装置（铲煤板、挡煤板、紧链器等）。

SGB－150 型刮板输送机的工作原理如图 4－2 所示，由绕过机头链轮和机尾链轮的无极循环刮板链作为牵引机构，以中部槽作为承载机构。电动机经过液力偶合器、减速器驱动链轮旋转，使链轮带动与之啮合的刮板链连续运转，将装在中部槽上的货载从机尾运到机头处卸载。

二、刮板输送机的类型

国内外生产和使用的刮板输送机类型很多，常用的分类方式有以下几种：

（1）按机头卸载方式和结构，分为端卸式刮板输送机、侧卸式刮板输送机和 90°转弯刮板输送机。

（2）按中部槽布置方式和结构，分为重叠式刮板输送机、并列式刮板输送机、敞底式刮板输送机与封底式刮板输送机。

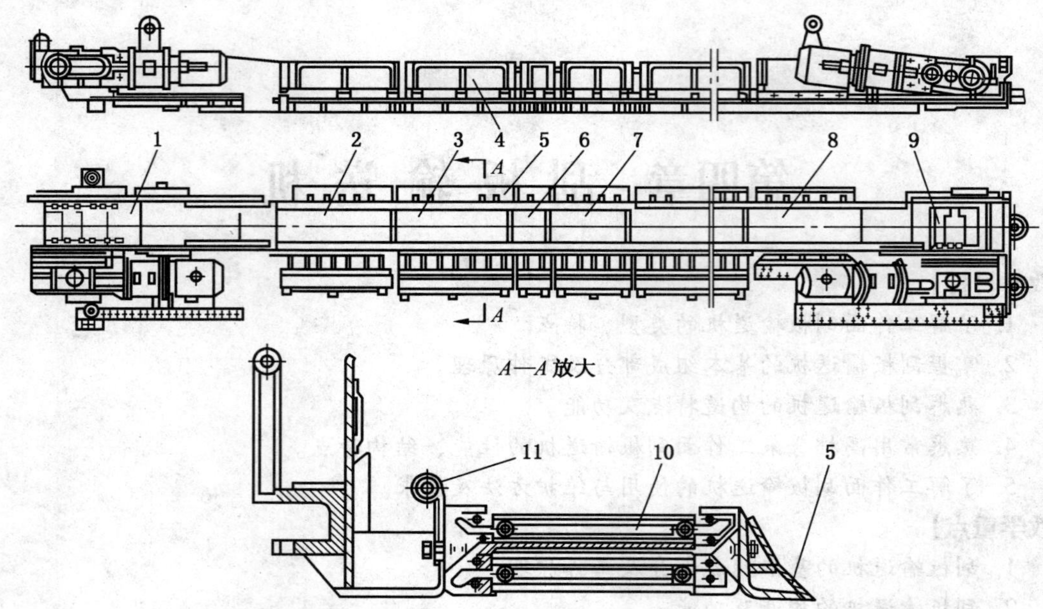

1—机头部；2—机头连接槽；3—标准槽；4—挡煤板；5—铲煤板；6—0.5 m 调节槽；7—1 m 调节槽；8—机尾连接槽；9—机尾部；10—刮板链；11—导向管

图 4－1 SGB－150 型刮板输送机总装图

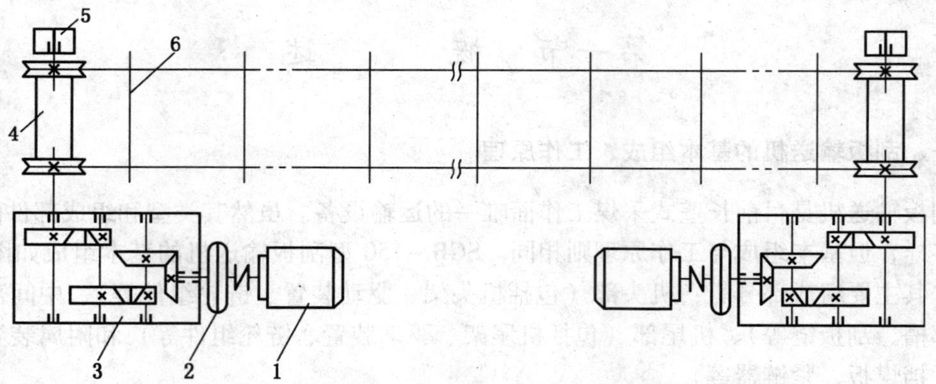

1—电动机；2—液力偶合器；3—减速器；4—链轮组件；5—盲轴；6—刮板链

图 4－2 SGB－150 型刮板输送机的工作原理

（3）按刮板链的数目和布置方式，分为中单链刮板输送机、边双链刮板输送机和中双链刮板输送机。

（4）按单电动机额定功率大小，分为轻型刮板输送机（$p \leqslant 40$ kW）、中型刮板输送机（40 kW $< p \leqslant 90$ kW）和重型（$p > 90$ kW）刮板输送机。

三、刮板输送机的适用范围及特点

1. 刮板输送机的适用范围

（1）煤层倾角。刮板输送机向上运输的最大倾角不得超过 25°，向下运输的最大倾角不得超过20°。兼作采煤机轨道的刮板输送机，当工作面倾角超过10°时，为防止采煤机机身及煤的重力分力以及振动冲击引起的刮板输送机机身下滑，应采取防滑措施。

（2）采煤工艺和采煤方法。刮板输送机适用于长壁工作面的采煤工艺。轻型适用于炮采工作面，少数轻型适用于小型机采工作面；中型主要用于普采工作面；重型主要用于综采工作面。此外，在平巷和联络巷、采区平巷、上下山也可使用刮板输送机运送煤炭。

2. 刮板输送机的特点

（1）优点是运输能力不受负载的块度和湿度的影响；机身低矮，结构紧凑，沿输送机全长可任意位置装煤；机身可弯曲，机身的长度调整方便；可作为采煤机的轨道和拉移液压支架的支点，机体结构强度高，能用于爆破装煤的工作面。刮板输送机的这些优点，使它成为长壁采煤工作面唯一可靠的运输设备。

（2）缺点是运行阻力大，耗电量高，中部槽磨损严重；使用维护不当易出现掉链、飘链、卡链，甚至断链事故；运输距离也受到一定限制。

第二节　刮板输送机的结构特点及功能分析

一、机头部

机头部由机头架、链轮组件、驱动装置（电动机、液力偶合器、减速器）及其他附属装置组成，图4－3所示为边双链端卸式刮板输送机机头部。推移梁用来推移刮板输送

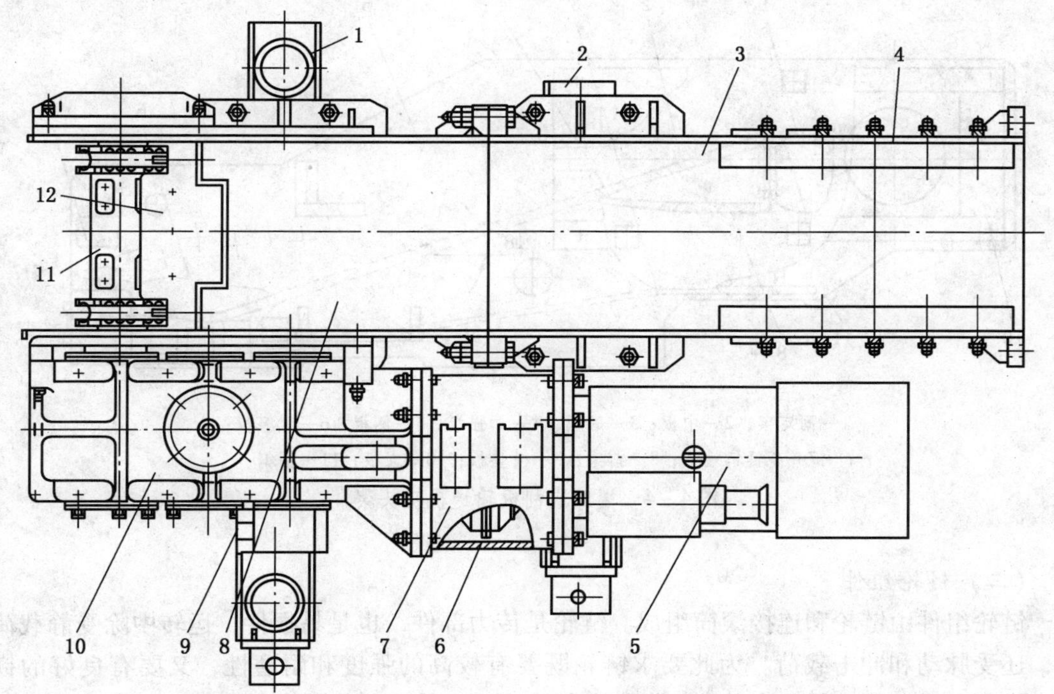

1、2—推移梁；3—过渡槽；4—压链块；5—电动机；6—液力偶合器；7—连接罩；8—机头架；9—紧链器；10—减速器；11—链轮组件；12—舌板

图4－3　边双链端卸式刮板输送机机头部

机的机头。

（一）机头架

机头架是支撑和装配链轮组件、驱动装置以及其他附属装置（舌板、拨链器、压链块等）的构件，应保证有足够的强度和刚度，由厚钢板焊接而成。机头架为左、右对称结构，以适应左、右工作面的互换。压链块的作用是防止刮板链由中部槽进入机头后上飘。拨链器为焊接构件，用螺栓固定在机头架上，其拨叉插入链轮齿的沟槽内，在输送机运行时，使刮板链与链轮能顺利地啮合和分离，避免卡链、堆链，造成断链或链轮打牙等事故。舌板的作用是利于链轮和拨链器的拆装与更换。

机头架有端卸式、侧卸式两种。端卸式机头架结构如图 4－4 所示，它主要由侧板、中板、底板等部件焊接而成。因机头架的中板倾角较大，故在机头架后端的两侧内各装有可更换的压链块，用于刮板链的导向，防止过渡槽上端部被磨损。在机头架中板两侧边角处都用高锰钢堆焊，以延长中板的使用寿命。拨链器用销轴固定在机头架上，以便刮板链顺利地脱离链轮进入回链槽。端卸式为避免卸载后空段刮板链带回煤，机头需要一定的卸载高度，这会影响采煤机运行到工作面端部时自开切口。侧卸式机头部低，改善了这种状况。侧卸式机头部如图 4－5 所示，机头部跨过转载机机尾部的落地段，机头架侧面卸载处的中板向两侧倾斜，在固定的犁式卸煤板的辅助下，将大部分煤卸入转载机中。刮板链从犁式卸煤板下面带走的煤，经机头链轮卸到回煤罩内，由刮板链返程带回，经机头架底板的卸煤孔卸到转载机上。

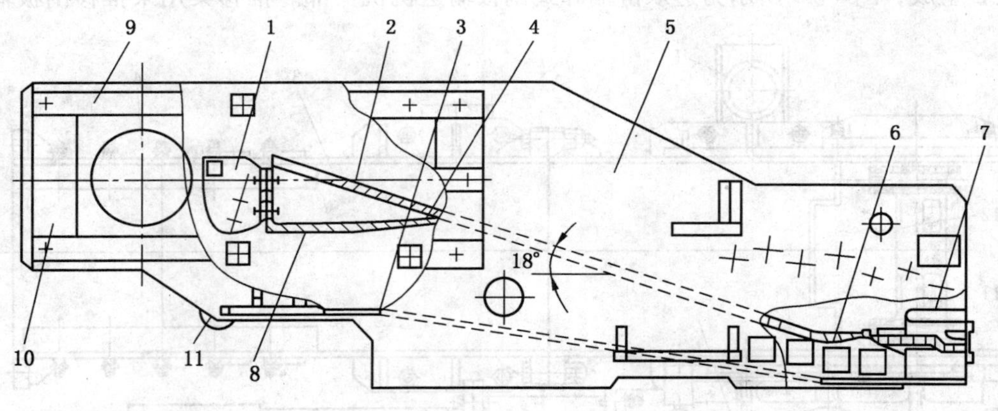

1—固定架；2—中板；3—底板；4—加强板；5—侧板；6—耐磨板；
7—高锰钢端头；8—前梁；9—横垫板；10—立板；11—圆钢

图 4－4　端卸式刮板输送机机头架

（二）链轮组件

链轮组件由链轮和连接滚筒组成。链轮是传力部件，也是易损件，运转中除受静载荷外，还受脉动和冲击载荷。为此要求链轮既要有较高的强度和耐磨性，又要有良好的韧性，能够承受工作中的冲击载荷。链轮组件由高强度镍合金钢锻造并经电解加工而成。如图 4－6 所示为边双链用的链轮组件，两个七齿链轮 2，通过内花键孔分别与盲轴 1 和减速器输出轴的花键连接（减速器输出轴轴端的内侧是花键，外侧是平键）。两个剖分式连

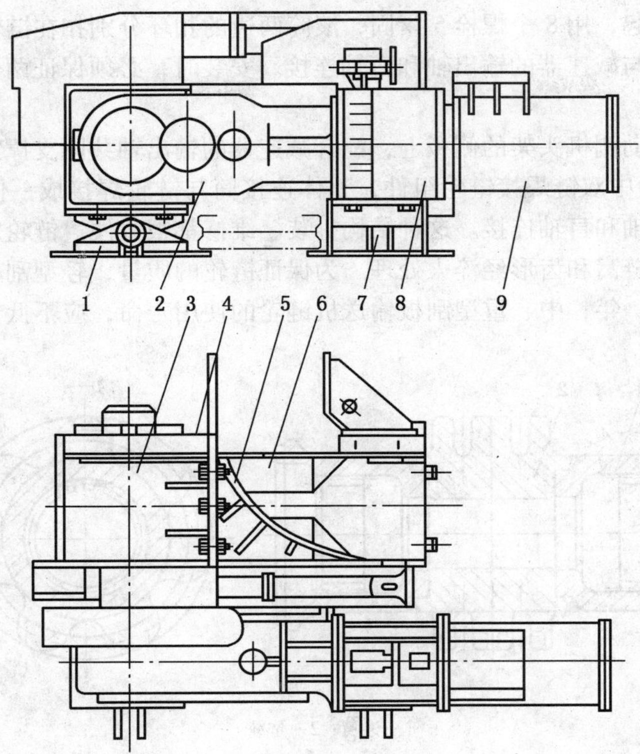

1—铰接推移架；2—减速器；3—回煤罩；4—侧卸挡板；5—犁式卸煤板；
6—倾斜中板；7—推移架；8—连接罩；9—电动机

图4-5 侧卸式刮板输送机机头部

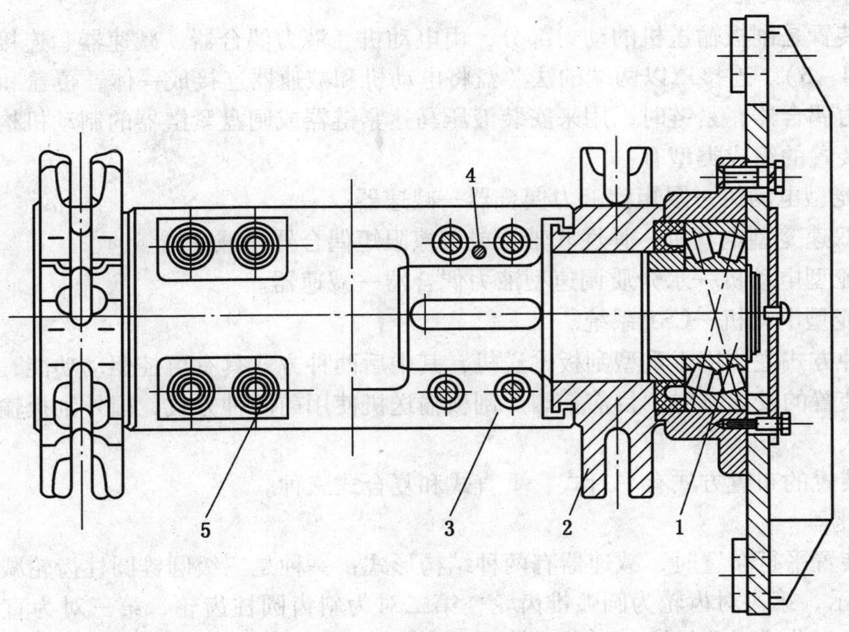

1—盲轴；2—链轮；3—滚筒；4—定位销；5—螺栓

图4-6 边双链链轮组件及盲轴

接滚筒3扣合在一起，用8个螺栓5紧固，滚筒两边的扣环分别扣在链轮的环槽内，内孔两端通过平键分别与减速器的输出轴和盲轴连接。安装时，必须保证两个链轮的轮齿在相同的相位角上。

盲轴装在无传动侧机头架的侧板上，配合减速器的输出轴共同支撑链轮组件。

图4－7所示为中双链焊接链轮组件，整体连接筒与链轮焊接成一体，两端的内花键分别与减速器输出轴和盲轴连接。这种结构拆装、维修都很方便。链轮用优质钢经铸造或锻造后调质处理，链窝和齿形经淬火处理。为保证链轮的质量，轻型刮板输送机的链轮使用寿命，应不低于一年；中、重型刮板输送机链轮的使用寿命，应不低于一年半。

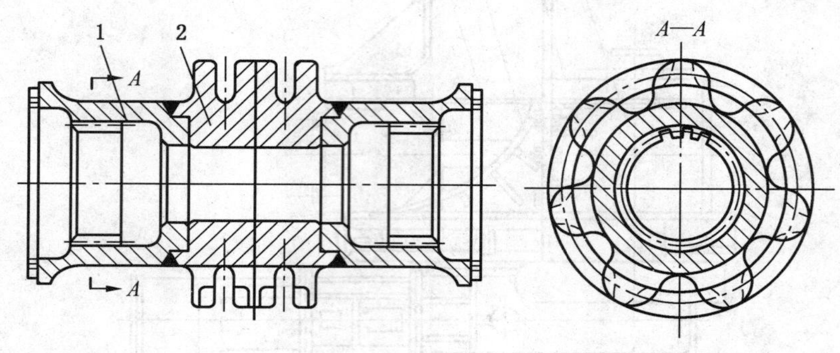

1—滚筒；2—链轮

图4－7 中双链焊接链轮组件

中单链链轮组件与中双链链轮组件结构类似，在此不再赘述。

（三）驱动装置

驱动装置是刮板输送机的动力部分，由电动机、液力偶合器、减速器、连接罩等部件组成（图4－3）。连接罩以两端的法兰盘将电动机和减速器连接成一体，覆盖和保护高速旋转的液力偶合器；紧链时，用来安装液压马达紧链器或闸盘紧链器的制动机构。

驱动装置的组成类型有：

（1）笼型电动机—限矩型液力偶合器—减速器。

（2）双速笼型电动机—弹性联轴器或摩擦限矩偶合器—减速器。

（3）笼型电动机—水介质调速型液力偶合器—减速器。

（4）笼型电动机—CST系统。

后三种方式主要用于重型刮板输送机，其中后两种方式具有可控驱动功能，是刮板输送机驱动装置的发展方向。目前，国产刮板输送机使用前两种方式，国外刮板输送机采用后三种方式。

驱动装置的布置方式有平行式、垂直式和复合式三种。

1. 减速器

驱动装置平行布置时，减速器有两种结构形式：一种是三级圆锥圆柱齿轮减速器，如图4－8所示，第一对齿轮为圆弧锥齿轮，第二对为斜齿圆柱齿轮，第三对为直齿圆柱齿轮。箱体为剖分式对称结构，用球墨铸铁制造，以保证强度。为使在倾斜状态下第一轴的球轴承得到润滑，用挡环和油封隔成一个独立的油室，使润滑油不会流入箱体油室。在倾角较大的工作面为使锥齿轮得到润滑，箱体相应部位设隔油室。箱底部设冷却水管防止工作时油过热。另一种是圆锥—圆柱齿轮—行星轮减速器，这种减速器的体积较常规的三级圆锥圆柱齿轮减速器小25%，且具有足够的承载裕量，常用于重型刮板输送机。当驱动装置垂直布置时，采用双级行星轮减速器，如图4-9所示，输入轴与输出轴在一条线上。这种减速器承载能力大，结构紧凑，体积小，质量轻，传动比大，效率高，传动平稳，噪声小，便于实现大功率传动。

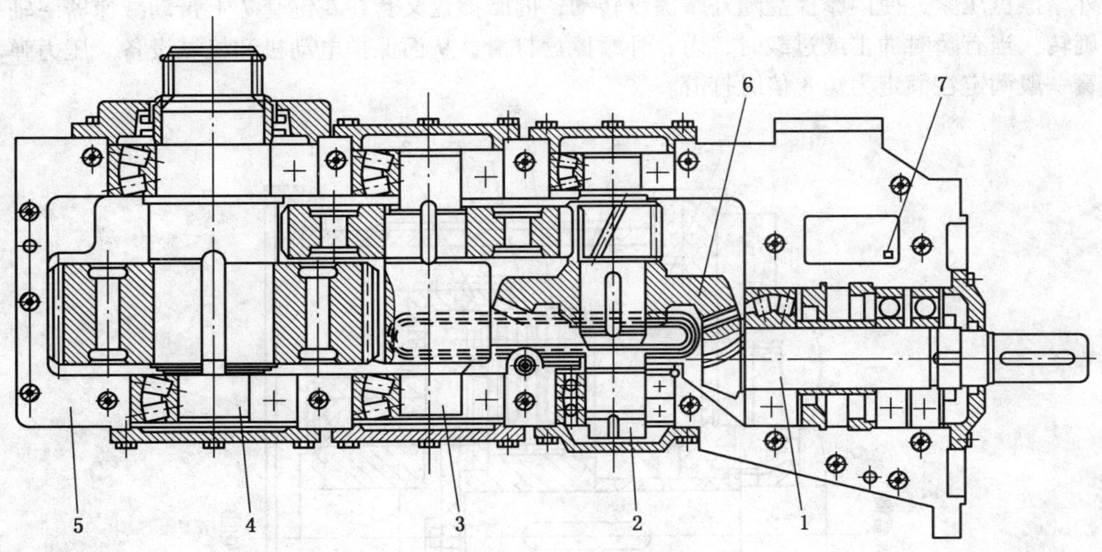

1—轴锥齿轮组件；2—二轴齿轮组件；3—三轴齿轮组件；4—四轴齿轮组件；5—箱体；6—冷却装置；7—油位尺

图4-8 三级圆锥圆柱齿轮减速器

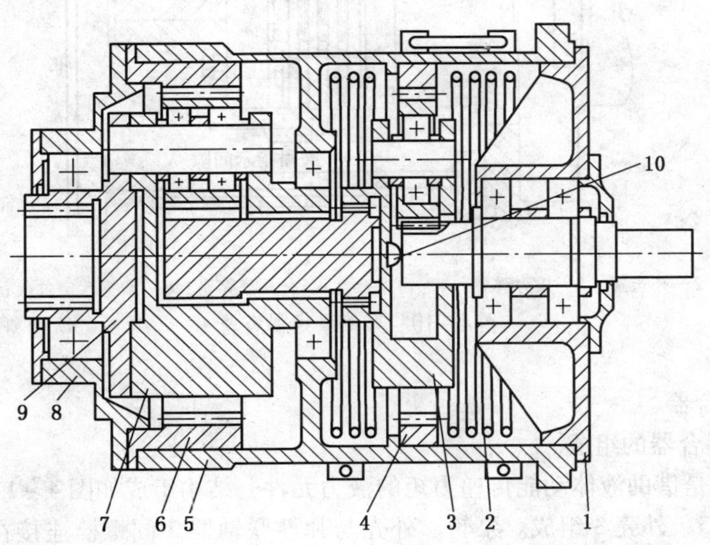

1—轴组件；2—冷却器；3—高速行星轮托架；4、6—内齿圈；5—箱体；7—低速行星轮托架；8—轴承座；9—太阳轮；10—球顶

图4-9 JX-400双级行星轮减速器

2. 联轴器

联轴器安装在电动机输出轴与减速器输入轴之间用以传递力矩。联轴器的类型较多，刮板输送机上常用的有：弹性联轴器、摩擦限矩偶合器和液力偶合器等。

1）摩擦限矩偶合器

如图 4－10 所示，电动机轴带动外齿圈 2，通过安装在外齿圈上的销子带动摩擦盘定位架 6 和外摩擦盘 5 一起转动；外摩擦盘 5 与内摩擦盘 4 相间排列，由压力弹簧 3 把内、外摩擦盘压紧，使内摩擦盘随外摩擦盘转动；内摩擦盘又套在花键套 7 上带动减速器一轴旋转。当有瞬时冲击或过载时，内、外摩擦盘打滑，从而保护电动机和机械设备。压力弹簧一般调定在额定力矩 3 倍时打滑。

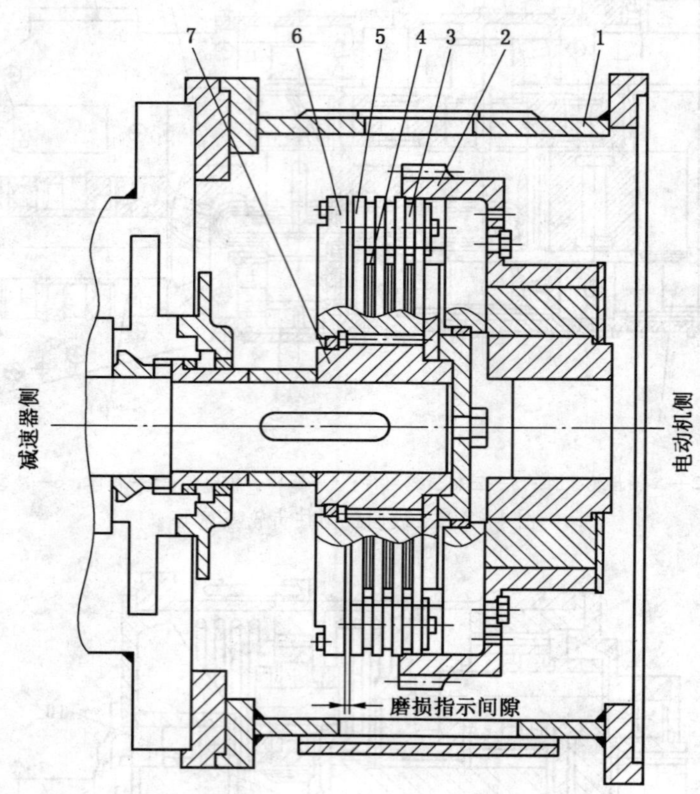

1—连接罩；2—外齿圈；3—压力弹簧；4—内摩擦盘；5—外摩擦盘；6—摩擦盘定位架；7—花键套

图 4－10 摩擦限矩偶合器

2）液力偶合器

（1）液力偶合器的组成。

液力偶合器是借助液体动能传递力矩的液力元件，结构组成如图 4－11 所示，它主要由泵轮 6、涡轮 5、外壳 3 组成。泵轮、外壳与弹性联轴器 2 同螺栓连接在一起，借助两个滚动轴承支承在轴套 8 上，通过弹性联轴器与电动机连接，起着主动轴的作用。涡轮与泵轮相对布置，用铆钉固定在轴套上，通过轴套内花键与减速器输入轴连接，起着从动轴的作用。轴套使泵轮与涡轮互为支撑，因而主动轴与从动轴是一种无刚性的机械连接，二

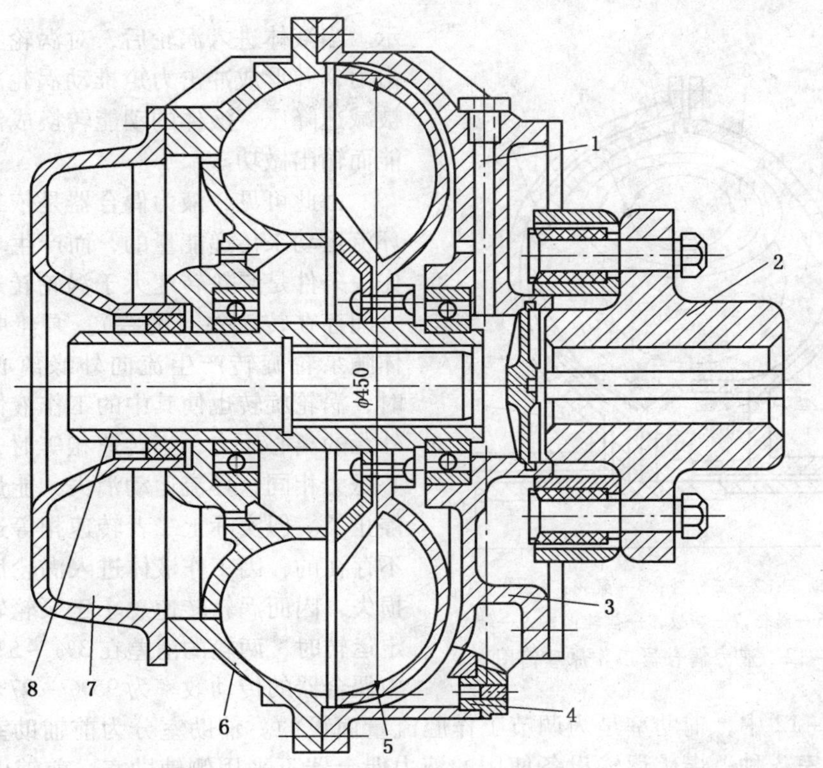

1—注油孔；2—弹性联轴器；3—外壳；4—易熔合金保护塞；5—涡轮；6—泵轮；7—后辅助室；8—轴套

图 4－11 YL－450 型液力偶合器

者之间可以相互自由转动。

泵轮、涡轮是主要工作部件，由高强度铝合金铸成，并在轮内分布着一定数量的径向叶片，一般泵轮比涡轮多 1～3 个叶片，以避免流量脉动。每相邻两个叶片间形成一个轴向弧形径向槽（也称为叶道），两轮的径向槽相互吻合形成若干个小环形工作腔（也称为循环圆）。另外，在外壳上对称设置两个注液孔和两个易熔合金保护塞。注液孔用于注入工作液体，易熔合金保护塞具有过载保护作用。

工作液体是液力偶合器能量转换和传递力矩的工作介质，应使用难燃工作液，如水、合成难燃液等，有利于预防火灾和瓦斯、煤尘爆炸，比较经济。以油液为介质的，多数用 20 号透平油。按工作介质的不同，又分为油介质和水介质液力偶合器，二者的不同之处为：一是水介质液力偶合器的轴承要有可靠的润滑和密封，防止轴承锈蚀，工作腔内与水接触的表面需作防腐处理；二是除了装有防止过热的易熔塞外，还装有防止过压的防爆塞。

（2）液力偶合器的工作原理及特点。

液力偶合器的工作原理如图 4－12 所示，当电动机带动泵轮旋转时，泵轮内的液体质点随之旋转，这时液体一边绕泵轮轴线做旋转运动（牵连运动），一边因受离心力作用而沿径向叶道流向泵轮外缘并进入涡轮中。由于液体的连续性，当流到涡轮内缘处时又沿泵轮的内缘流回泵轮，从而形成环流运动（相对运动）。可见，工作液体质点既作旋转运动，又作环流运动，因而液体质点的绝对运动轨迹是螺管状的复合运动，如图 4－12 所

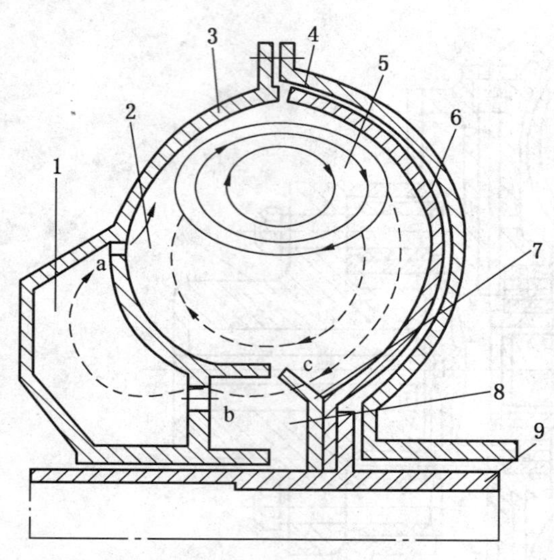

1—后辅助室；2—工作腔；3—泵轮；4—外壳；5—环流；6—涡轮；7—挡板；8—前辅助室；9—轴套

图 4-12 液力偶合器工作原理简图

示。当液体进入涡轮后，对涡轮叶片产生冲击力，并形成冲击力矩推动涡轮旋转，液体被减速降压，液体的动能转换成涡轮的机械能而输出做功。

由此可见，液力偶合器是依靠工作液体环流运动来传递能量的，而产生环流运动的先决条件是泵轮转速大于涡轮转速，即二者之间存在转速差（滑差）。泵轮中的工作液体随泵轮旋转产生流向外缘离心压力的同时，涡轮旋转也使其中的工作液体产生流向外缘的离心压力，当转速相等时，二者的离心压力相同，环流运动消失，能量传递也就停止了。但实际上二者转速相等这种情况是不存在的，因工作液体进入涡轮后总有能量损失，因而涡轮转速总小于泵轮转速。在稳定运转时，两轮的滑差在 3% ~5%，亦即液力偶合器的传动效率为 95% ~97%。

在图 4-12 中，辅助室是为调节工作腔流量而设的。辅助室分为前辅助室、后辅助室、侧辅助室 3 种。煤矿运输设备使用的液力偶合器不采用侧辅助室。前辅助室的作用是有较好的动力过载保护性能，在正常工作时前辅助室不起作用，工作液体均在工作腔中；当动力过载时，即涡轮转速下降（低速工况），环流则沿涡轮内壁逐渐向轴心延伸，环流的部分液体经挡板上的过流孔 c 进入前辅助室，这时由于工作腔中环流流量减少而使传递力矩下降；若工作阻力过大从动轴突然被制动，环流在动压力的作用下，在极短时间内（0.1 ~0.2 s）就可充满前辅助室，工作腔中环流流量迅速减少，实现动力过载保护。后辅助室的主要作用是改善液力偶合器的启动性能，使负载启动平稳，同时降低制动工况的传递力矩，使之获得较好的保护性能。这是因为在液力偶合器启动之前，有一部分工作液体储存在后辅助室中，此时由于工作腔中液体少，故启动开始时传递力矩小。随着泵轮转速的提高，后辅助室中的液体的离心压力（又称为动压力）增大，工作液体便通过过流孔 a 进入工作腔，传递力矩随之增大。而制动及低速工况时，前辅助室的工作液体可以通过过流孔 b 流进后辅助室，则工作腔中的工作液体继续减少，虽然部分工作液体由过流孔 a 又返回工作腔，但由于过流孔 b 的过流截面大于过流孔 a，因此使低速及制动工况传递力矩下降，从而获得较理想的过载保护性能。挡板 7 起导流和节流的作用。

（3）电动机与液力偶合器联合运行的特点如下：

①改善输送机启动性能。电动机轻载启动，启动电流小，启动时间缩短，改善笼型电动机的启动性能，可充分利用电动机过载能力，在重载下平稳启动。

②具有良好的过载保护性能。输送机过载时，部分工作液体进入辅助室，使电动机不过载。当输送机被卡住或持续大量过载时，涡轮被堵转或转速很低，泵轮与涡轮间的滑差达到或接近最大值（$s=1$）时，工作液体受内摩擦力作用而温度升高，达到易熔合金保护

塞的熔点（120～140 ℃）时，合金熔化，工作液体喷出，偶合器不再传递能量和力矩，输送机停止运转，电动机空转，从而保护电动机和其他工作部件。

③能减缓传动系统的冲击振动。液力偶合器为非刚性传动，能吸收震动，减少冲击，使工作机构平稳运行，从而提高设备的使用寿命。

④能使多电机驱动时负载分配趋于均衡。由于型号相同的电动机其机械特性也有差异，会使负荷分配不均匀。采用液力偶合器后，电动机特性曲线被电动机—液力偶合器联合软输出特性曲线取代，使电机负载差值下降，从而改善了负荷分配不均的状况。再通过调节各偶合器的充液量，可使负载分配趋于均衡。

（4）液力偶合器的使用与维护要求如下：

①对于工作介质不同的偶合器，严禁工作介质相互替代。例如，用水代替油，传递力矩可增加 10% ～15%，因而原有的保护性能就不能保证，同时还会使轴承锈蚀磨损。

②液力偶合器的输出力矩与工作液体的重度、充液量成正比，因此在使用时，一定要按规定的工作液体及充液量注入。

③使用时，发现漏油要及时采取修理措施或更换，否则会导致传递力矩下降，启动困难，或多电机驱动时功率不平衡。

④要使用规定的易熔合金保护塞，如果失去保护作用：一方面会造成工作腔中工作介质温升过高和压力增大，使轴向密封迅速破坏；另一方面对电动机不能起过载保护作用。

⑤修理时，应注意泵轮、外壳、辅助室外壳的位置不要错动，更换螺栓、螺母应使其规格一致，以防破坏其平衡性能；检修后，重新组装的液力偶合器应进行静平衡试验和密封试验。

⑥对于带过流阀的偶合器，要特别注意在组装前必须用频闪测速仪调整其开闭的工作速度范围，使过流阀在工作中能及时开启和关闭。

二、机尾部

机尾部分为有驱动装置和无驱动装置两种。有驱动装置的机尾部，因机尾不需卸载高度，除机尾架比机头短矮外，其他部件与机头部相同。无驱动装置的机尾部，尾架上只有供刮板链改向用的机尾轴部件，机尾轴上的链轮也可用滚筒代替。

近年来，国内外新研制的重型工作面刮板输送机采用了可伸缩机尾装置，也称自动调链装置（简称 AVK 或 ACTS），如国产 SGZ－1000/1050 型刮板输送机采用了可伸缩机尾装置。其作用是在刮板输送机运行中手动或自动调整刮板链松紧，有利于改善刮板链的工作状况，减小启动功率等，可以整体上改善输送机运行品质。如图 4－13 所示，可伸缩机尾的机架分为两部分：一部分为固定机架，与过渡槽连接在一起；另一部分为滑动机架，其上装有驱动装置和链轮组件，借本身两侧的导轨板在固定机架的导轨槽中移动。布置在机尾架两侧的张紧千斤顶，两端分别与固定机架、滑动机架连接在一起。利用液压油缸（行程 500 mm）的伸缩，使可滑动机架伸出或缩回，以达到微调刮板链张力的目的。

三、中间部

（一）中部槽

中部槽是刮板输送机的重要组成部分，是物料的承载机构和刮板的运行导轨。在机采

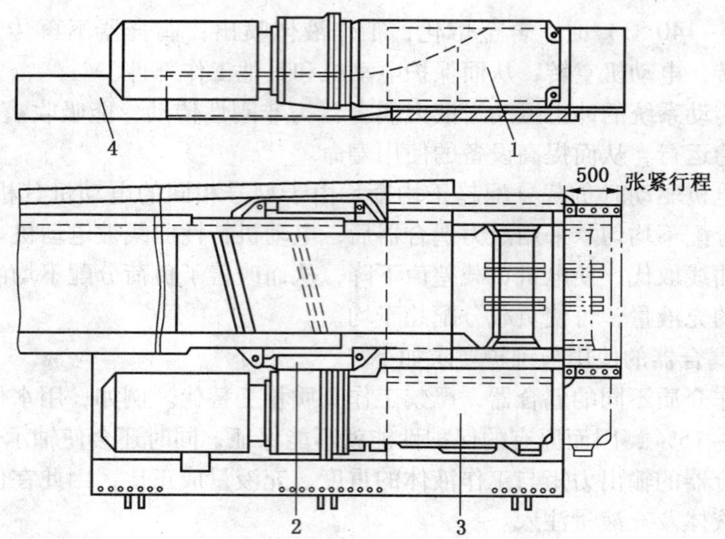

1—滑动机架；2—张紧千斤顶；3—传动装置；4—固定机架

图4-13 可伸缩机尾简图

工作面，还作为采煤机的运行轨道或牵引导轨的安装基座。因此，要求中部槽具有一定的强度、刚度和耐磨性。

中部槽的结构类型有敞底式和封底式。敞底式中部槽结构简单，维修方便，但由于机体支撑面小，比压较大，易使下槽帮下沉陷入底板，造成回空链子不能正常运行，故适于中硬度以上底板的工作面使用。封底式中部槽适于底板松软的工作面，整机稳定性好，可减小刮板链的运行阻力，节省动力消耗 20% ~30%，高产高效工作面的重型刮板输送机均使用封底式中部槽。但封底式中部槽在处理下链断链故障时比较困难，为了方便检修，在中部槽中板处设有检查窗口。常用的检查窗口有 3 种：横拉插板式（形状有矩形、梯形）、铰链折曲式和上下分体式。这 3 种结构各有优缺点，其中以第一种使用较多。一般每隔 3 ~5 节中部槽安装一个有检查窗的中部槽。

中部槽按安装位置及功能又分为以下几种：

（1）标准槽。标准槽是刮板输送机的机身主体，每节长度一般为 1.5 m。目前，重型刮板输送机还有 1.75 m（国产 SGZ-1000/1050 型）和 2.0 m（美国 JOY 公司）长的标准槽，与宽体液压支架配套使用；轻型机是 1.2 m。设有横拉插板式检查窗口的封底式中部槽[SGZ-880/800(750)型]如图 4-14 所示。新型分体式封底式标准槽(SGZ-880/2×400 型)由上、下槽两部分组成，在纵向用两个镀锌压块将上槽一侧固定在挡煤板侧的下槽槽帮上，用两个扁销穿过铲煤板侧的下槽槽帮销孔，插在上槽的耳板内将其固定，中板上有两个圆柱定位销用于上槽定位。这种结构，可方便地更换磨损了的活动上槽，下槽如未损坏可继续使用，从而提高了整机使用寿命。在下槽中板上可设检查窗。

（2）调节槽。调节槽结构与标准槽相同，长度不同，一般为 0.5 m 和 1.0 m。其作用是调节刮板输送机的长度，安设在机头、机尾附近。

（3）过渡槽。过渡槽有机头过渡槽和机尾过渡槽两种，分别设在标准槽与机头架、机尾架之间，用于平缓过渡。

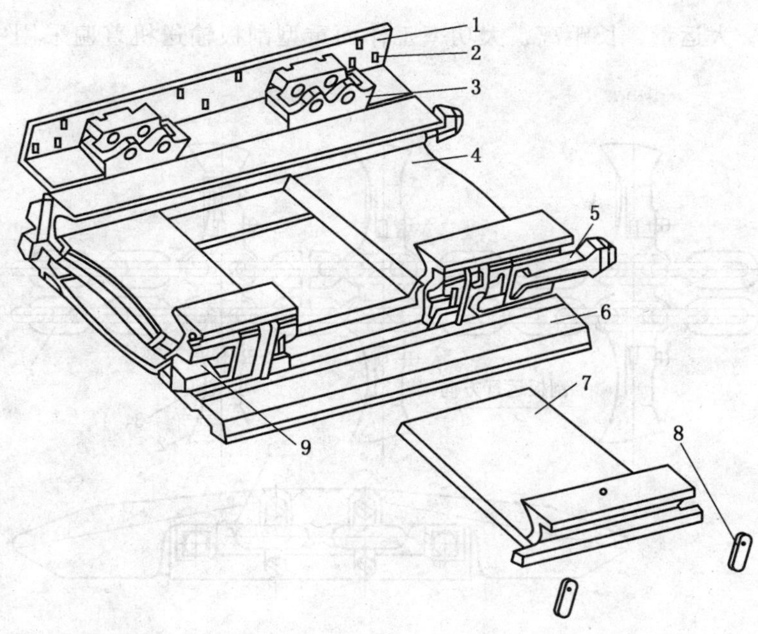

1—挡煤板托架；2—连接挡煤板座孔；3—牵引导轨安装基座；4—中板；
5—哑铃；6—铲煤板；7—横拉插板；8—定位插销；9—哑铃连接座窝

图4-14 设有检查窗口的封底式中部槽

(4) 紧链槽。紧链槽结构与中部槽完全一样，只是在中板上开有3个圆孔或横向长形槽，用来固定紧链用的卡链器，安装在机头附近。有的机型不专设紧链槽，在过渡槽上设有固定卡链器的圆孔或长形槽。

(5) 变线槽。目前新型刮板输送机均设有变线槽，布置在机头架、机尾架与标准槽之间。其特点是：在垂直方向具有过渡作用；在水平方向，可将设在挡煤板侧槽帮上的采煤机牵引导轨逐渐向工作面煤壁偏移，其铲煤板也向煤壁侧相应地逐渐加宽。一般机头、机尾各设3~4节变线槽，总变线量为120 mm左右，即采煤机到达机头、机尾时，向煤壁侧偏移了120 mm，保证采煤机割通工作面端头。

中部槽靠其端部的凸凹端头定位，用连接件连接。连接件的种类有螺栓、扣环、插销、哑铃（图4-14）等。目前，使用最多的是哑铃连接件。相邻两节中部槽一般在水平方向上允许偏转1°~2°，在垂直方向上允许偏转3°~4°，以适应水平弯曲和底板的起伏。

(二) 刮板链

刮板链由链条和刮板组成，是刮板输送机的牵引机构，具有推移货载的功能。目前使用的有中单链、边双链、中双链等三种。中双链式刮板链的组成如图4-15所示。其优点是：中单链受力均匀，水平弯曲性能好，刮板遇刮卡阻塞可偏斜通过；其缺点是预紧力大。边双链与中单链比较，承受的拉力大，预紧力较低，水平弯曲性能差，两条链子受力不均匀，特别是标准槽在弯曲状态下运行时更为严重，断链事故多，链轮处易跳链。在薄煤层、倾斜煤层和大块较多的硬煤工作面使用性能较好，拉煤能力强。在平巷转载机上也常优先采用。中双链受力比边双链均匀，预紧力适中，水平弯曲性能较好，便于使用侧卸式机头。目前，大运量，长距离，大功率工作面重型刮板输送机普遍采用中单链和中双链。

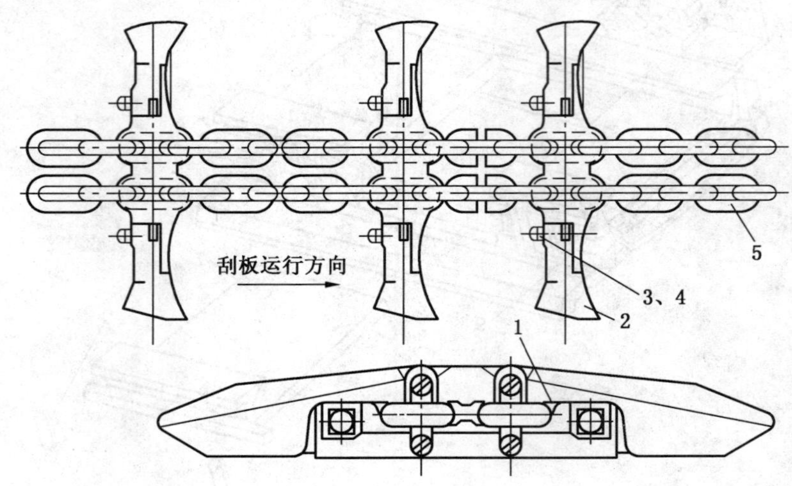

1—卡链横梁；2—刮板；3、4—螺栓、螺母；5—圆环链

图 4－15 中双链式刮板链

1. 刮板

刮板的作用是刮推槽内的物料和在槽帮内起导向作用，在运行时还有刮底清帮、防止煤粉黏结和堵塞的功能。在图 4－15 中，刮板的内凹曲线一侧朝链条的运动方向（有的刮板上标记运行方向）。刮板用高强度合金钢轧制或模锻经韧化热处理制成。

2. 圆环链

链条在运行中不仅要承受很大的静负荷和动负荷，还要受矿水的浸蚀，因此要求链条组件要有高的抗拉强度、抗冲击韧性、疲劳强度和防锈抗腐蚀性。链条均用圆环链，其形式、基本参数及尺寸、技术要求、试验方法及验收规则已有统一的国家标准（GB 12718—2009）。圆环链规格是以链环棒料直径和链节距的毫米尺寸表示，规格有 10 种：$\phi10\times40$，$\phi14\times50$，$\phi18\times64$，$\phi22\times86$，$\phi24\times86$，$\phi26\times92$，$\phi30\times108$，$\phi34\times126$，$\phi38\times137$，$\phi42\times152$。目前，$\phi34$ 以上的链环已大量使用，如 $\phi42\times146$、$\phi48\times144/160$（德国），并出现了 $\phi52\times146$（美国 JOY 公司）的链环。圆环链按强度分为 B、C、D 三个等级，D 级强度最高，B 级强度最低，表示方法如 $\phi34\times126-B$。

圆环链由专用设备加工，制成一定长度的标准链段。按链段的长短又分为长链段和短链段，长链段主要用于中单链、中双链，短链段主要用于边双链及轻型刮板输送机。同时，还配有多种长度的调节链段，用来调节刮板链的长度，以适应输送机的长度变化和紧链需要。

近几年，又推出了新型链条——紧凑链。其特点是，平链环仍用常规圆形断面的圆环链，而立链环制成高度较低的断面形状为扁圆形或方形的链环，如图 4－16 所示。其节距、宽度（指平环）尺寸与同档圆环链相同，高度（指立环）尺寸则与低一档圆环链相当，而强度比同档圆环链高近一档。

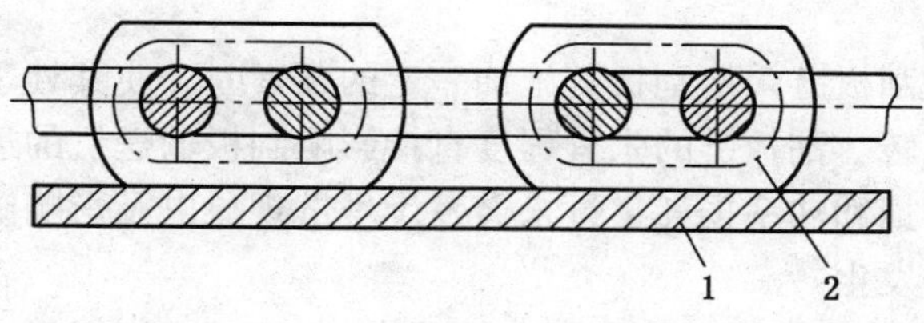

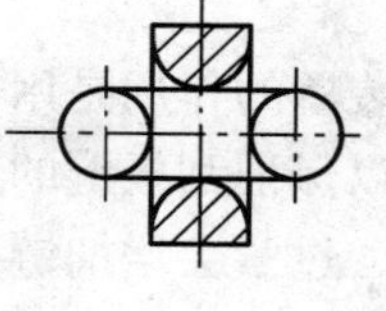

1—中部槽中板；2—紧凑链节

图 4-16 紧凑链

3. 接链环

接链环的作用是将两段刮板链条连接在一起。其形式种类较多，较为常用的有：锯齿形接链环、梯形齿接链环、弧形齿接链环和扣环式接链环等。梯形齿接链环如图 4-17 所示，它由两个相同的带梯形齿的半链环和圆柱销组成。安装时，先在两个半环上各自挂上要连接的链环，然后对准齿形吻合安装，再装上圆柱销。接链环是配对出厂的，使用时不得混装，在中部槽中应处于水平位置，不可竖直放置，否则在绕经链轮时会被卡住，造成事故。必须注意检查，必要时应更换。

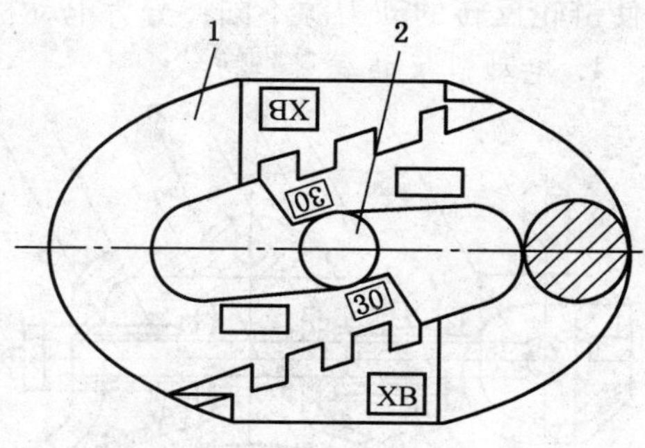

1—半接链环；2—弹性柱销

图 4-17 梯形齿接链环

四、附属装置

刮板输送机的附属装置主要包括铲煤板、挡煤板、紧链装置和推移装置等。

（一）挡煤板与铲煤板

工作面刮板输送机溜槽靠采空侧装有挡煤板，主要作用是增加中部槽的装煤量，提高运输能力，防止煤炭溢到采空区；同时还利用它敷设电缆、油管和水管，并对这些管线起保护作用。在靠煤壁侧，溜槽装有铲煤板，作用是清除浮煤，防止输送机倾斜造成采煤机割顶等事故，其形状有三角形和L形（图 4-18）。

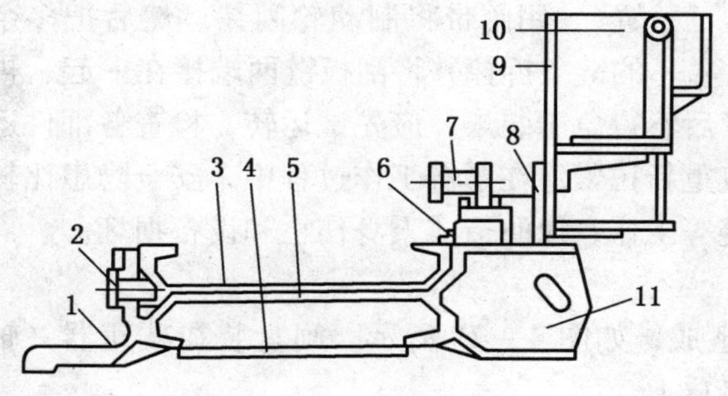

1—铲煤板；2—扁销；3—上槽；4—封底板；
5—下槽；6—镀锌压块；7—销排轨；8—挡煤板托架；
9—挡煤板；10—电缆槽；11—推移耳板

图 4-18 挡煤板、铲煤板

图 4-19 链轮反转紧链示意图

（二）紧链装置

紧链装置的作用是用来拉紧刮板链，给刮板链施加一定的预紧力，使其处于适度的张紧状态，以保证刮板链的正常运转。刮板链的张紧程度直接影响刮板输送机的运行状态和使用性能，过紧会增加链条的磨损和功率损耗，过松会发生堆链现象以及影响链条与链轮的啮合，导致跳链、断链事故的发生。

紧链常用的方法是链轮反转式，其原理如图 4－19 所示，紧链时先把刮板链一端固定在机头架附近，另一端绕经机头链轮放置在上槽。然后使链轮反转，待链子张紧程度达到要求时，用紧链器将链轮制动住并使其停转。拆除多余的链条，再用接链环接好刮板链。按使链轮反转的动力源不同，分为电动机反转式紧链和专设液压马达紧链两种方式。

1. 电动机反转式紧链方式

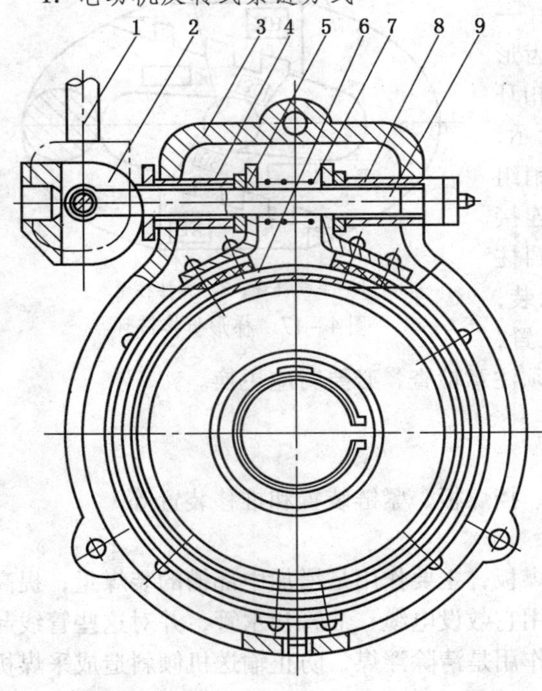

1—手把（运行位置）；2—偏心轮；3—外壳；4、8—套；5—闸带；6—制动轮；7—弹簧；9—拉杆

图 4－20　摩擦轮紧链器

电动机反转式紧链方式常用的紧链器有摩擦轮紧链器、闸盘紧链器两种，它们在紧链过程中起制动作用。前一种用于轻、中型刮板输送机，后一种用于中、重型刮板输送机。

1）摩擦轮紧链器

摩擦轮紧链器也称为闸带紧链器。如图 4－20 所示，摩擦轮紧链器的制动轮安装在减速器的二轴轴身上，闸带 5 环绕在制动轮外缘。制动时使用手把 1 经偏心轮 2、拉杆 9 将闸带拉紧，在制动轮轮缘上产生摩擦制动力。紧链时，首先将刮板链的一端用两条紧链挂钩固定在机架上，然后将紧链器的手把扳到“运行位置”，即松闸状态；一人反向启动电动机，使机头链轮反转，将底链向上槽牵引，当链子拉紧到合适的张紧程度时，断电停车；另一人立即用手把扳动偏心轮至“紧链位置”，用闸带将制动轮闸住。然后把多余的链条拆掉并将刮板链两端接在一起；再正向启动电动机，取下紧链挂钩。紧链完毕后不得急于装煤，应先试运转，检查各部件运转声音是否正常，试运转后链子如果伸长应重新拉紧。在紧链工作过程中，安全隐患比较大，必须按操作规程进行接链、换链、紧链等工作，以防造成人身伤亡和设备损坏。

2）闸盘紧链器

闸盘紧链器由闸盘和夹钳式制动机构组成，如图 4－21 所示。闸盘装在减速器一轴上，夹钳式制动装置装在液力偶合器的连接罩上。

夹钳式制动装置由手动夹紧机构和张紧力（紧链力）指示器组成，如图 4－22 所示。制动时，顺时针转动手轮 13，丝杠 12 使柱塞 9 向左移动，液压缸 5 内产生压力，推动液压缸前移，使左夹钳 15 以销轴 1 为支点向闸盘 16 的方向转动。同时，轴套 11 向右移动，

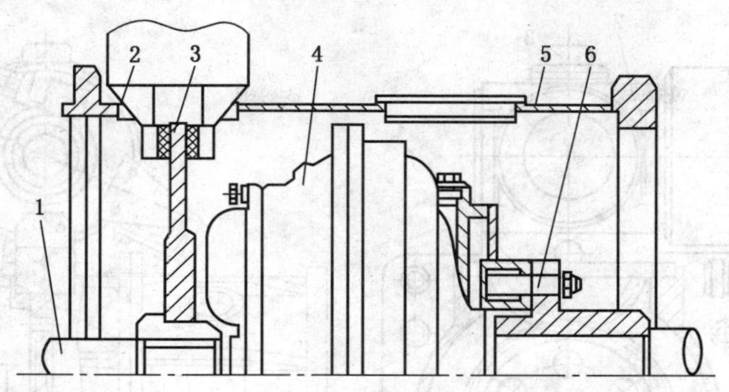

1—减速器一轴；2—夹钳式制动装置；3—闸盘；4—液力偶合器；5—连接罩；6—弹性联轴器

图4－21　闸盘紧链器

使右夹钳14以另一销轴为支点，向闸盘16的方向转动。这样，夹钳上的闸块便对闸盘产生了制动力，也就对减速器产生了制动力。

张力指示器10由柱塞、液压缸、弹簧、刻度盘和指示盘等部件组成。它是利用顺时针转动手轮13时，对油液产生的压力与闸盘转矩成正比的关系，用张力指示器显示的油压力来等效表示紧链力。它相当于一个具有复位弹簧的液压千斤顶。

紧链时挂好紧链挂钩，反向启动电动机，待电动机堵转时，立即扳动手轮闸住闸盘，切断电源。这时链条张力显示在张力指示器上。根据需要慢慢反转手轮，放松刮板链到所需紧力时，立即闸死闸盘。拆除多余的链子，重新接好，松开夹钳，取下紧链挂钩。

闸盘紧链器适用于中型和重型刮板输送机。

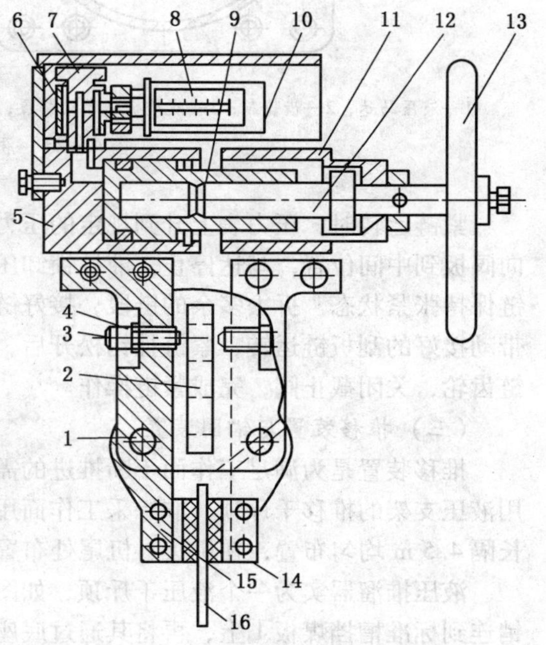

1—销轴；2—连接座；3—调节螺钉；4—螺母；5—液压缸；6—三通；7—空心螺钉；8—指针机构；9—柱塞；10—张力指示器；11—轴套；12—丝杠；13—手轮；14—右夹钳；15—左夹钳；16—闸盘

图4－22　夹钳式制动装置

2. 液压马达紧链器

液压马达紧链器安全、方便，紧链时链轮的反转动力与制动力均由液压马达紧链器提供，适用于中、重型刮板输送机。下面介绍国产新型液压马达紧链器的结构原理。

液压马达紧链器安装在驱动装置的连接罩上，主要由紧链传动齿轮、液压马达的液压控制系统及连锁开关等组成，如图4－23所示。紧链时，将操作手把扳到紧链位置，惰轮4将主减速器一轴上的紧链齿轮7与紧链减速器上齿轮啮合。手动换向阀扳到紧链位置，压力液经梭形阀进入液控锁，克服弹簧压力，使插爪从齿槽中脱出，同时，液压马达供压力液，液压马达带动机头链轮反转紧链，张紧力的大小用溢流阀调节，由压力表上的读数经换算得到。

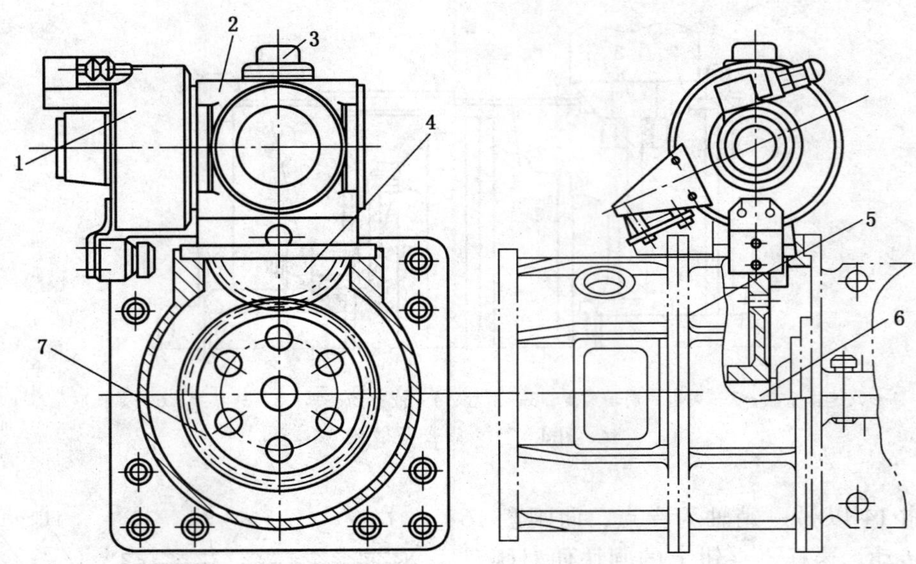

1—液压马达；2—齿轮箱；3—液控机械闭锁装置；4—惰轮；5—连接筒；6—减速器输入轴；7—紧链齿轮

图4-23 液压马达紧链装置

紧链运转时，压力表上升到规定的压力值，即表明已达到了规定的紧链力。将手动换向阀扳到中间位置，马达停止，液控锁卸压，在弹簧作用下，插爪插入齿轮的齿槽，刮板链保持张紧状态。拆去多余的链段，接好链子后，将手动换向阀扳到运转位置，液压马达带动接好的刮板链运转，紧链挂钩松开后，停止马达的运转，拆除紧链挂钩，惰轮脱开紧链齿轮，关闭截止阀，完成紧链操作。

（三）推移装置与锚固装置

推移装置是为满足工作面不断推进的需要，按步距推移输送机的装置。综采工作面使用液压支架的推移千斤顶，非综采工作面用单体液压推溜器。单体液压推溜器沿输送机全长隔4.5 m均匀布置，在机头、机尾处布置间隔较小。推溜器由乳化液泵站供液。

液压推溜器实为一个液压千斤顶，如图4-24所示。工作时，将推溜器的活塞杆用插销连到标准槽挡煤板1上，再将其通过底座4上的斜撑支柱撑在顶板上。扳动操纵阀，向

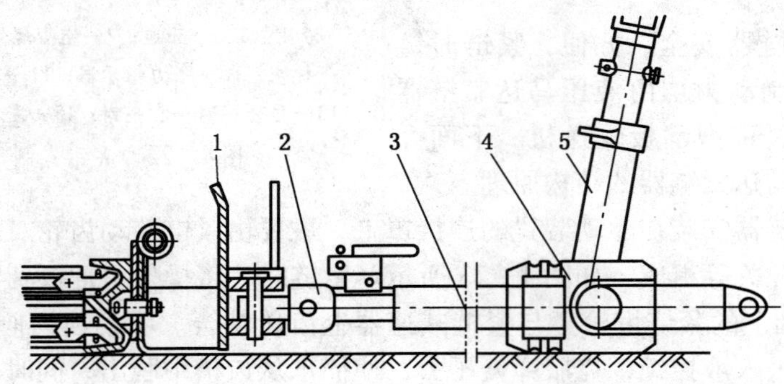

1—挡煤板；2—活塞杆接头；3—缸体；4—底座；5—斜撑支柱

图4-24 单体液压推溜器安装图

活塞一侧注入高压乳化液，活塞杆就将中部槽推向煤壁；向活塞另一侧注入高压乳化液，缸体 3 和底座向前收回。

锚固装置是刮板输送机在大倾角工作时，防止上窜或下滑的固定设备。它由单体液压支柱和锚固架组成，锚固架与机头架和机尾架连接，由乳化液泵站供液。

第三节 SGZ630/220 型刮板输送机

一、概述

1. SGZ630/220 型刮板输送机的特点

SGZ630/220 型刮板输送机采用铸造槽帮中部槽、闸盘紧链，传动部采用单速电机、行星减速器，具有高强度、高寿命、安装方便、维护量小的特点。

2. SGZ630/220 型刮板输送机的用途和使用范围

SGZ630/220 型刮板输送机与采煤机、单体液压支柱以及顺槽布置的转载机、破碎机、带式输送机配套使用，是高档普采机械化采煤工作面的主要设备之一。

3. SGZ630/220 型号意义

S——输送机；G——刮板；Z——中双链型；220——电动机总功率为(2×110)kW；630——中部槽槽宽（mm）。

4. 配套设备

采煤机：MG80/200 - WD（鸡西煤机厂）。

输送机：SGZ630/220（张家口煤矿机械有限公司）。

转载机：SGB620/40（矿方自备）。

二、SGZ630 /220 型刮板输送机的结构和工作原理

SGZ630/220 型刮板输送机主要由机头传动部、推移部、紧链装置、中部槽、机尾传动部、阻链器、刮板链、启动器、工具等组成。输送机通过链轮牵引的刮板链在溜槽中运转，将煤炭从井下工作面运到顺槽转载机上。

1. 机头传动部

机头传动部主要由电动机、减速器、机头架、链轮组件等部件组成，如图 4 - 25 所示。电动机、减速器等可根据工作面的实际情况安装在机头架的两侧。

2. 机头架

机头架主要起支承减速器、电动机、链轮组件、舌板组件、刮板链等部件的作用。

1）减速器

前文已有叙述，在此略。

2）链轮组件

链轮组件装在机头传动部的机头架上，主要由链轮轴、链轮组成，如图 4 - 26 所示。链轮为合金钢锻造的七齿链轮，由加工中心加工成形、齿面淬火处理。链轮组件运行 6 个月后，机头、机尾链轮组件互换安装，以便使链轮齿的两侧面均匀磨损。

链轮组件为润滑脂润滑，组装链轮前应按要求在轴承座内 2/3 空间注入 ZL - 3 号锂基

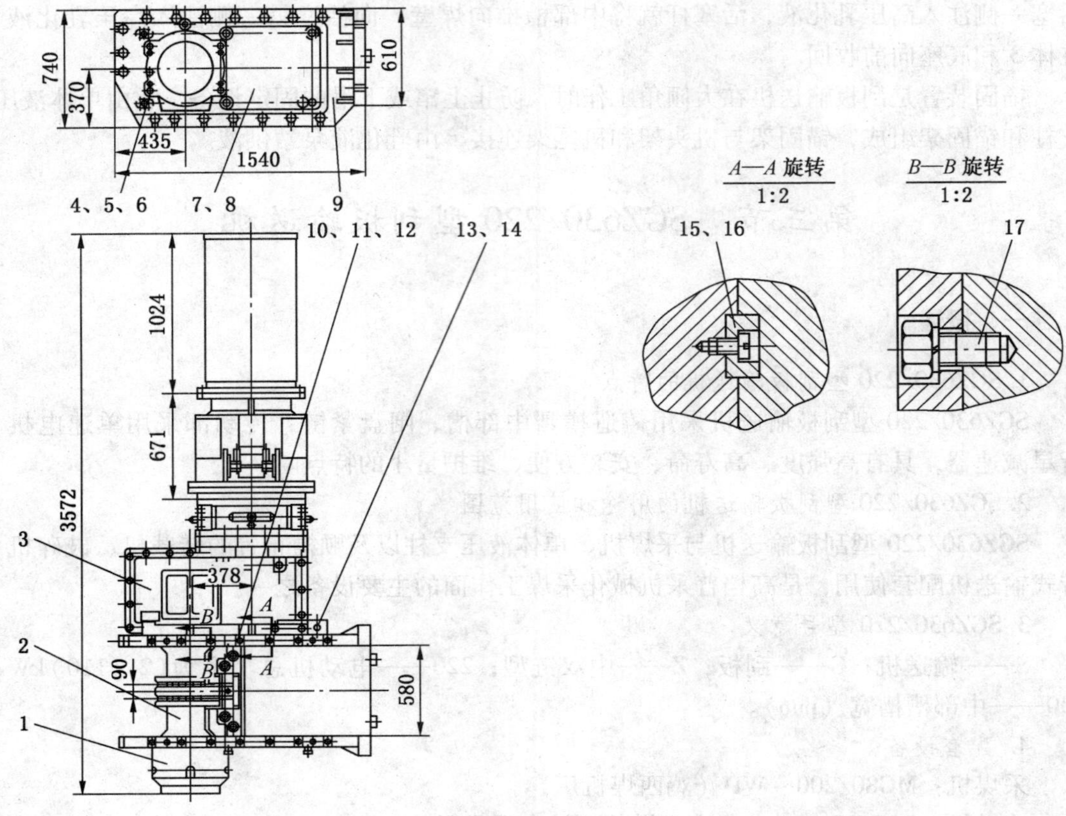

1—盲轴；2—链轮；3—传动装置；4、8、11、13、14、17—螺栓；5—螺母；6—垫圈；7—护板；9—机头架；10—舌板组件；12—垫圈；15—键；16—螺钉

图4-25 机头传动部

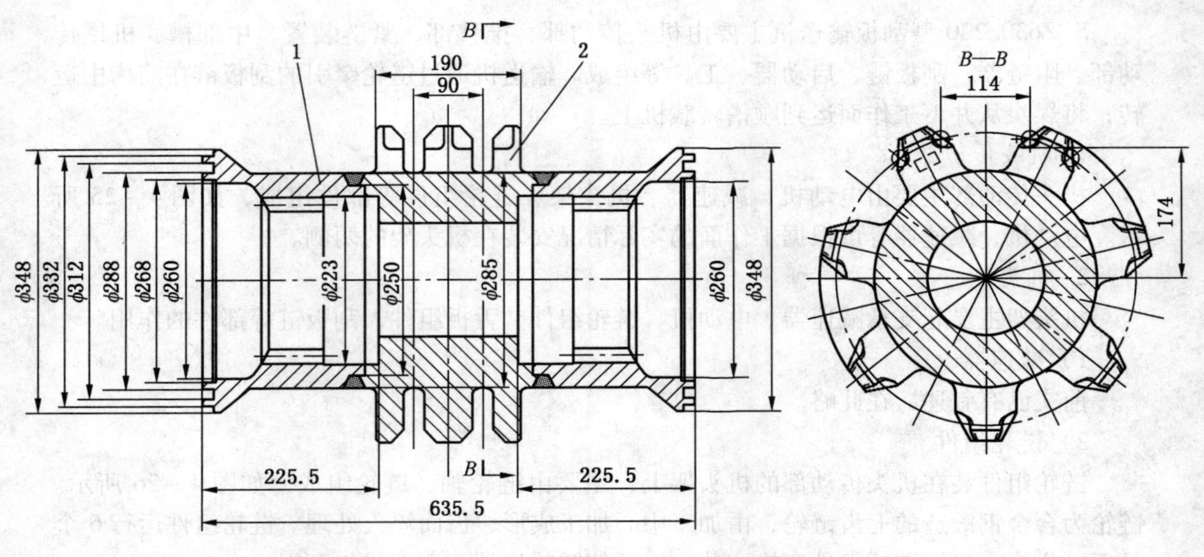

1—滚筒；2—链轮体

图4-26 链轮组件

润滑脂，在所有迷宫处注满 ZL－3 号锂基润滑脂。

3）舌板组件

舌板组件如图 4－27 所示。安装舌板组件时，拨叉插入链轮齿的沟槽内，使刮板链的链条与链轮能顺利地啮合和分离。拨链器的作用是当链轮组件与啮合的圆环链脱开时，防止链环卡在链轮沟槽内而不能在正常分离点脱开。

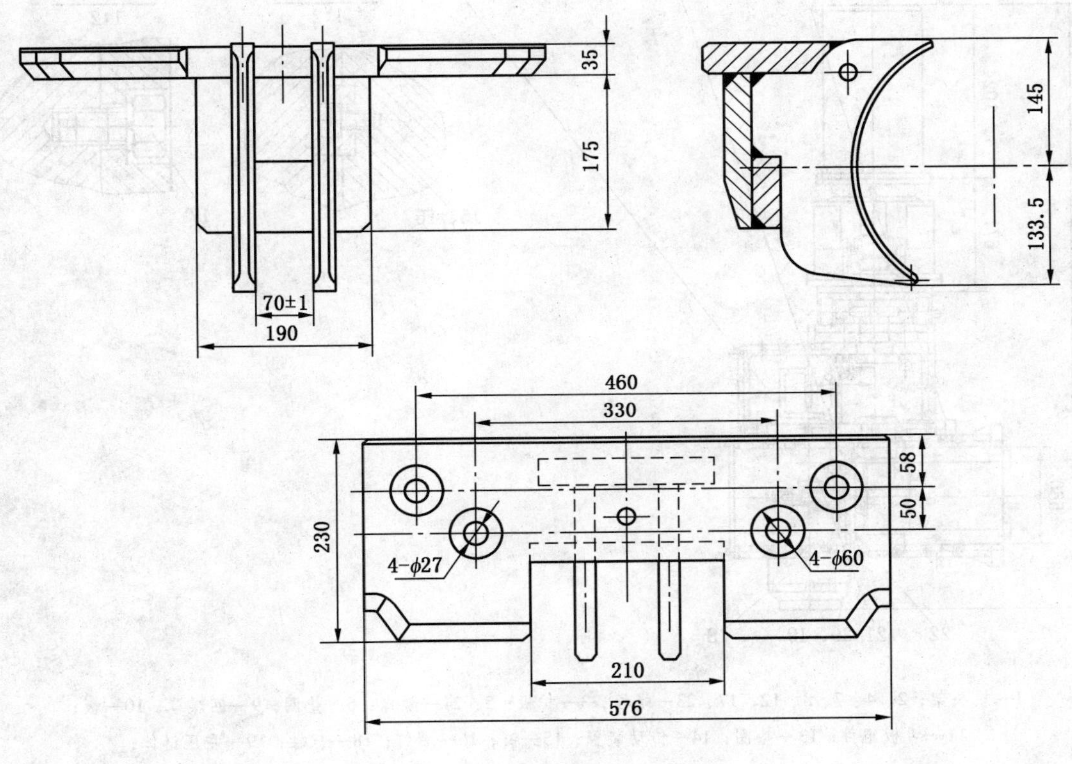

图 4－27　舌板组件

3. 机尾传动部

机尾传动部由机尾架、电动机、减速器、连接罩、闸盘连接套、齿轮联轴器等组成，如图 4－28 所示。

1）机尾架

机尾架主要起支承传动装置、链轮组件、舌板组件、刮板链等部件的作用。

2）链轮组件

机尾链轮组件与机头可互换。

3）中部槽

本输送机采用铸焊开底式中部槽，规格为：1500 mm×580 mm×180 mm。中部槽由挡板槽帮、铲板槽帮、中板等组成。中板采用 20 mm 耐磨板，中板材料为高强度耐磨板，槽帮采用优质合金钢铸造而成。因此，能保证高可靠性和高过煤量的要求。中部槽是输送机的主要部件，它既是刮板链运行的轨道，又是采煤机运行的导轨，还是输送煤炭的运行

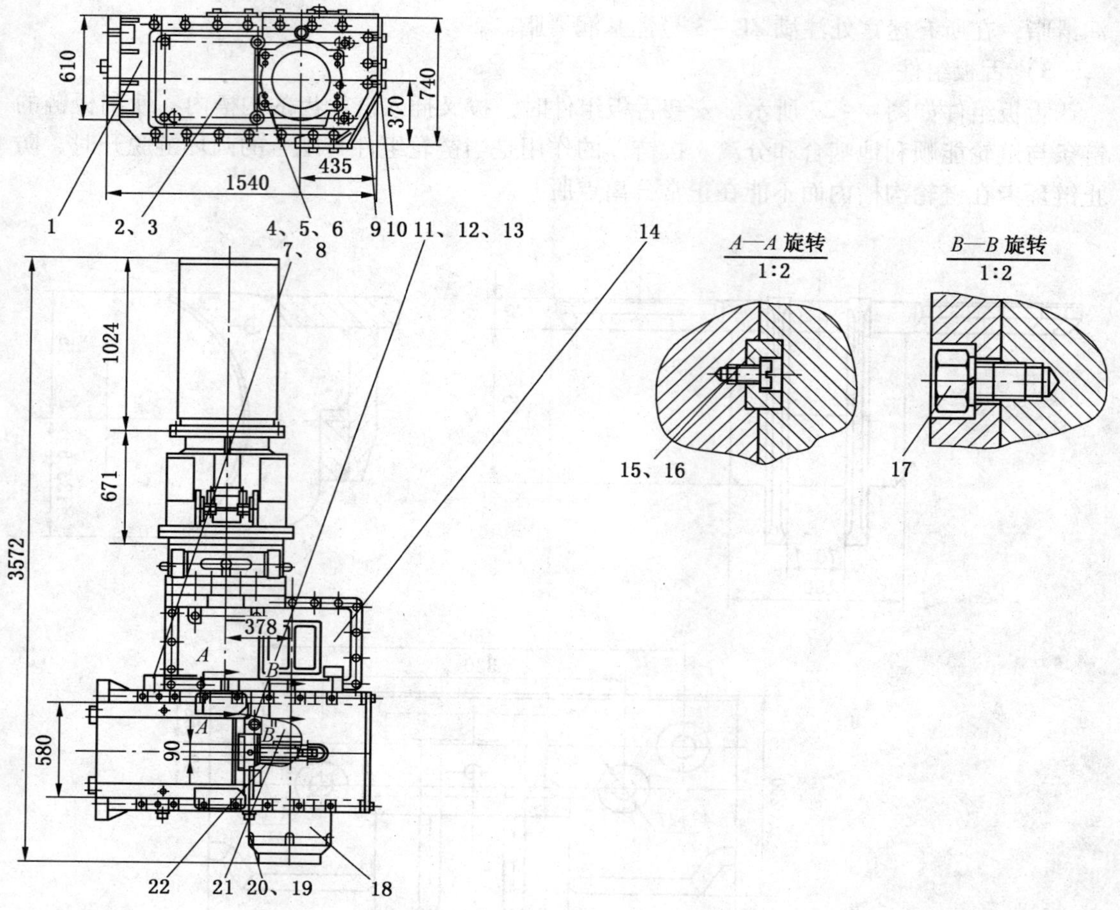

1—机头架；2、4、7、8、12、17、23—螺栓；3—护板；5、24—螺母；6—垫圈；9—回煤罩；10—板；11—舌板组件；13—垫圈；14—传动装置；15—键；16—螺钉；18—盲轴；19—左压链体；20—右压链体；21—链轮；22—盖板

图 4-28 机尾传动部

通道。槽间采用哑铃连接。

4. 左过渡槽

左过渡槽长 1850 mm，作用是在中部槽和机头之间，使刮板经过时能较平稳地过渡。

5. 右过渡槽

右过渡槽的作用是在连接槽和机尾之间，使刮板经过时能较平稳地过渡。

6. 连接槽

连接槽的作用是在中部槽和右过渡槽之间，使刮板经过时能较平稳地过渡。

7. 刮板链及调节链

刮板链由圆环链、连接环、刮板、横梁、连接螺栓所组成，如图 4-29 所示。

该输送机刮板链为 22×86-C 中双链，刮板通过螺栓固定在圆环链的平环上，链段之间用接链环连接，接链环必须远离刮板。刮板链出厂发货时除整条圆环链外，还带有调节链，用以调节输送机整链的长度。圆环链出厂时经过严格的配对，安装时必须配对组件，不得混装。

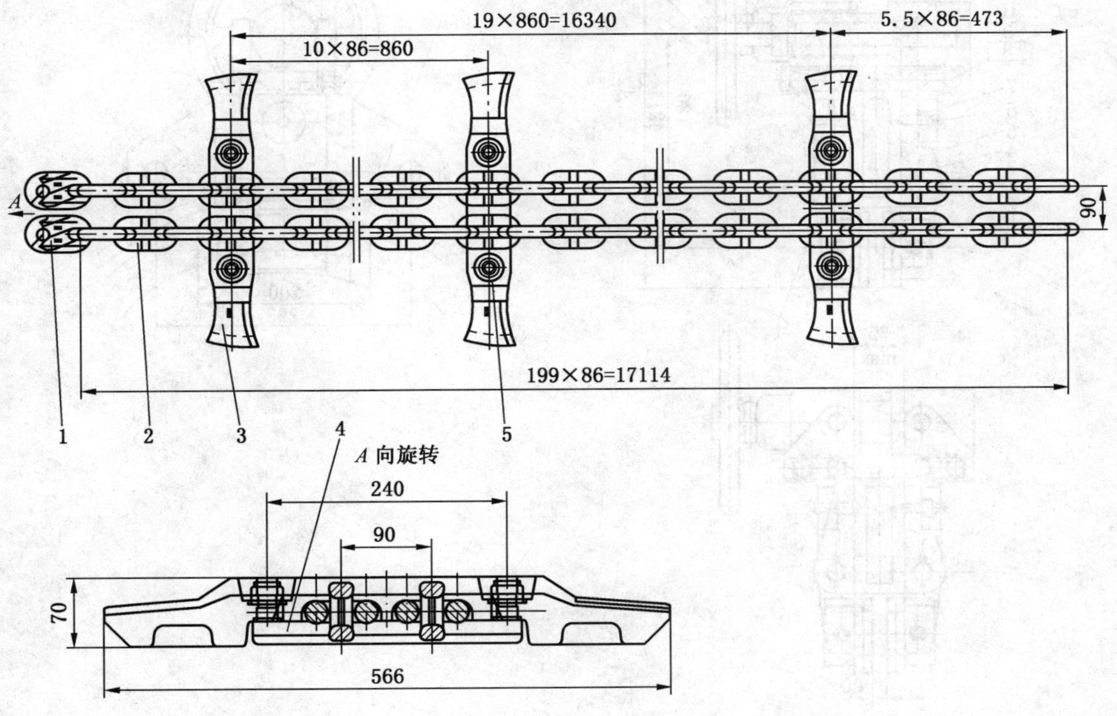

1—接链环；2—紧凑链；3—刮板；4—U 型螺栓；5—螺母

图 4－29 刮板链

8. 紧链装置、阻链器

闸盘紧链器与阻链器配合，利用电机反转及制动闸盘来实现张紧输送机刮板链。

1）紧链装置

闸盘紧链器安装在传动装置的连接罩上，如图 4－30 所示。其工作原理是利用手轮的旋转通过紧链器的闸块制动安装在减速器输入轴上的闸盘，当手轮顺时针旋转时，制动闸盘；当手轮逆时针旋转时，松开闸盘。制动闸块应处于正确位置，以保证紧链器有效地制动闸盘。在安装新闸块时，应调整两闸块之间的距离，最大为 20 mm，将紧链器紧钉螺钉调至与连接座相接触，并锁紧螺母，保证制动板及闸块的正确位置，在闸盘紧链器使用过程中，闸块不断地磨损，必须随时调整闸盘紧链器紧钉螺钉及锁紧螺母的位置，保证两闸块间的最大距离为 20 mm，但两制动板最上端之间距离不得超过 75 mm，否则需更换闸块。

2）阻链器

紧链时将阻链器安装在过渡槽上，起阻链作用，如图 4－31 所示。其工作原理是将阻链器底面凸出块楔入过渡槽中板的阻链槽中，将阻链器两翼转入过渡槽上翼板下面，当阻链器在机头处时，阻链器前方刮板被卡住，刮板链在电机的驱动下，反向运行，阻链器与

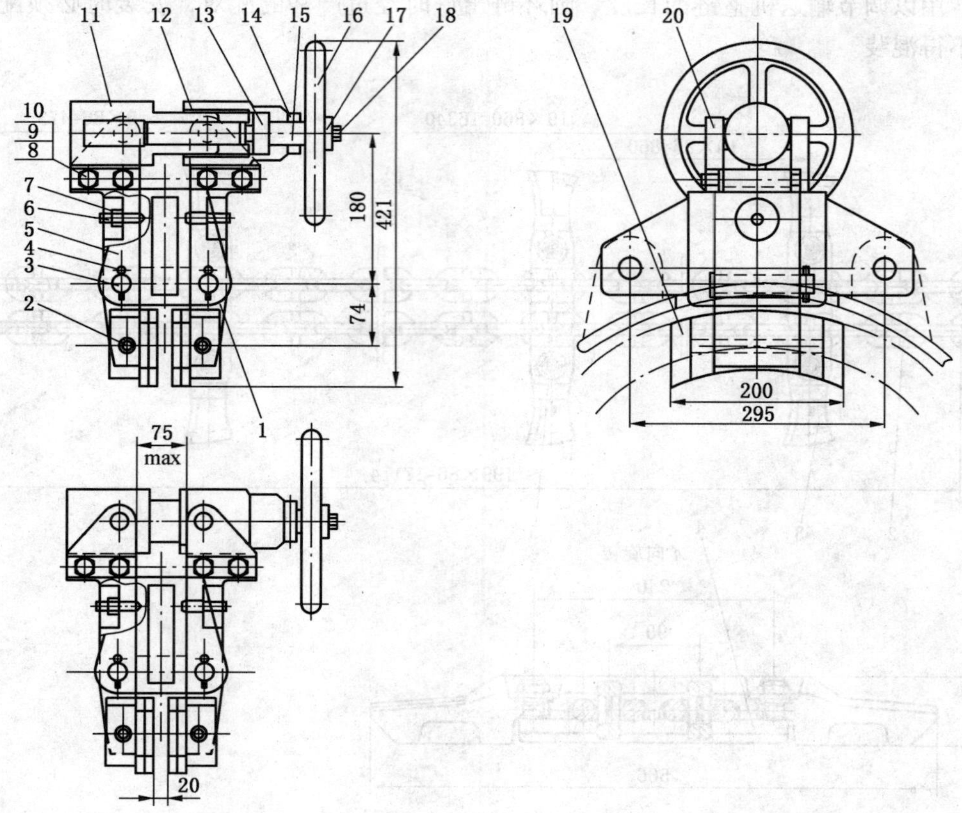

1—制动板；2、4—销；3—销轴；5—连接座；6—螺钉；7、9—螺母；8—螺栓；10—垫圈；11—导套；12—轴套；13—丝杠；14—套；15—销；16—手轮；17—垫；18—螺栓；19—闸块；20—夹板；

图 4-30 紧链器

机尾之间的链条被张紧，松弛的刮板链在阻链器与机头之间堆积，便于更换调节链。当刮板正向运行时，被卡刮板链从被夹持位置脱开，转动阻链器两翼将阻链器取出。当阻链器在机尾处时，刮板链运行方向正好相反。

三、安装调试与使用

输送机的安装步骤应与供电设备、液压系统、液压支架、转载机、破碎机及其附近设备、采煤机及无链牵引系统的安装结合起来考虑。

1. 安装

1）溜槽的安装

（1）刮板链要穿过输送机每节底槽。

（2）每节溜槽都要安装哑铃组件。

2）刮板链的安装

（1）一般先安装机头部分，溜槽向机尾依次安放，直至安装机尾。

（2）使用钢丝绳，将刮板链首段穿过机头架和过渡槽底链道。

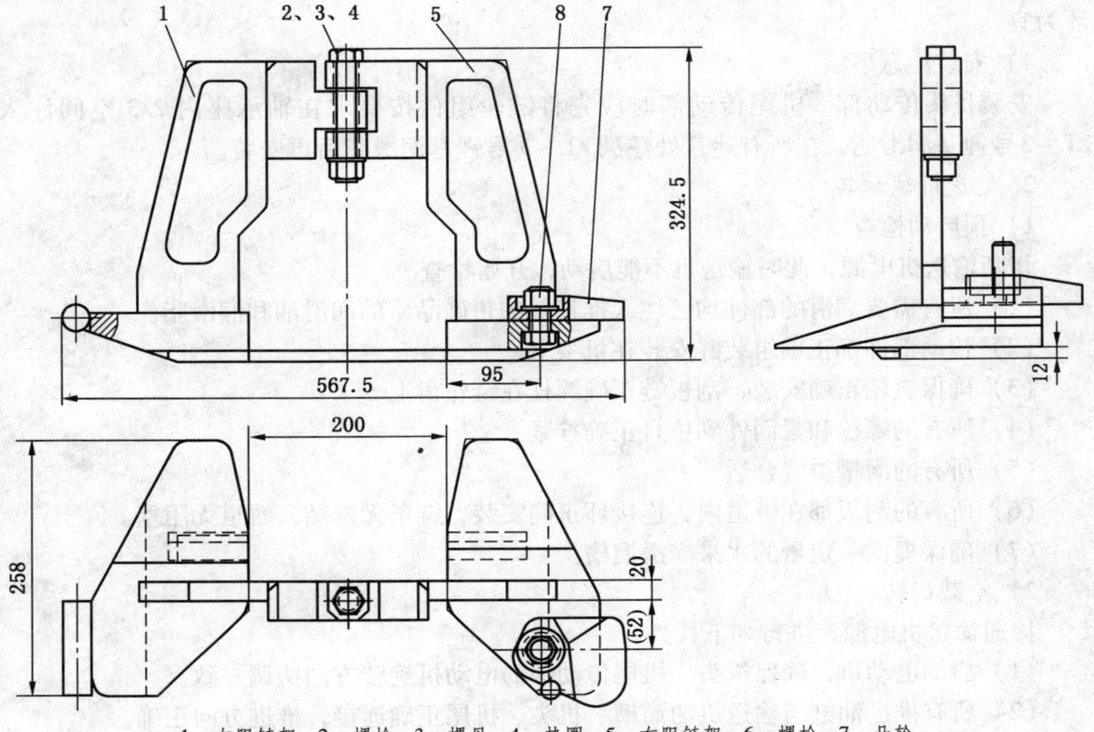

1—左阻链架；2—螺栓；3—螺母；4—垫圈；5—右阻链架；6—螺栓；7—凸轮

图 4-31 阻链器

(3) 确保刮板链的方向安装正确，再将钢丝绳穿过溜槽，并将溜槽与机头架及过渡槽对接。

(4) 用钢丝绳拉刮板链，使之穿过溜槽。

(5) 使用绞车等提供必要的拉力，用同样的方式安装更多的溜槽，要保证有足够长的刮板链。

(6) 在工作面末端安装另一节机头架，并将刮板链从其底链道穿过，将刮板链挂在机尾链轮齿上。

(7) 继续在机头处连接刮板链，使用绞车将刮板链从机尾向机头拉，直至上链道装满刮板链。

(8) 将刮板链缠绕过机头链轮。

(9) 用紧链装置连接刮板链，达到合适的预张紧力。这种穿链的方法可以根据实际情况、设备条件等变化。

(10) 安装冷却水管，电气控制系统。

3) 紧链方法

(1) 安装阻链器。

(2) 操作闸盘紧链器紧链。

(3) 换上合适的调节链。

(4) 正转启动电动机，使刮板链脱离阻链器，取下阻链器并妥善保管。

(5) 启动电动机，观察刮板链的松紧程度是否合适。刮板链在机头链轮处下垂两个环为宜。

4）安装注意事项

安装机头传动部、机尾传动部时应先将链轮组件按要求在轴承座内 2/3 空间注入 ZL－3号锂基润滑脂，在所有迷宫处注满 ZL－3 号锂基润滑脂后再安装。

2. 输送机试运转

1）预启动检查

切断输送机电源，此时输送机不能启动，开始检查。

（1）所有需要润滑的部件均已注入推荐量的正确品质的润滑油和润滑脂。

（2）传动部件都正确组装并安装在机架上。

（3）确保链轮正确安装，刮板链正确缠挂在链轮齿上。

（4）所有的螺栓和紧固件到位且正确拧紧。

（5）所有的溜槽位置合适。

（6）所有的刮板都在链道内，连接环正确安装，链条无缠结，轨道无阻塞。

（7）确保提供一定量的水来润滑溜槽。

2）空载运转

接通输送机电源，进行如下检查：

（1）启动电动机，确保机头、机尾传动部的电动机旋转方向协调一致。

（2）所有推进油缸与输送机的溜槽、机头、机尾正确连接，推进方向正确。

（3）检查输送机全长,保证无阻塞。所有现场人员都清楚意识到输送机马上开始运转。

（4）检查信号及开关系统功能，确保正确。

（5）刮板链无缠结。

（6）机头端刮板链正确张紧，平稳缠在链轮齿上并顺利脱离链轮进入底链道。

（7）机尾端刮板链上链道无堆链。

（8）刮板链运行持续稳定。

（9）传动部件运转平稳，无任何非正常升温。

（10）输送机运行 1 h 后，注意刮板链伸长状况和由此带来的预张紧力降低，当需要时，应调节张紧状况。

（11）在输送机刮板链静止及运行两种情况下，确保采煤机沿输送机运行平稳。

（12）空载运行后，关闭电源并全面检查刮板链和各部件。

3）负载运转

（1）检查机头端和机尾端链轮上刮板链的运行状况。

（2）从机头卸下的矿料，是否正确卸在转载机上。

（3）检查传动部件是否过热。

（4）检查刮板链的预张紧，需要时应调节张紧状况。

第四节 刮板输送机的使用与维护

刮板输送机在井下的工作环境非常恶劣，在实际工作中，刮板输送机的磨损和外界因素引起的损坏是无法避免的。加强维护、坚持预防性检修，就能使刮板输送机不出或少出故障。一旦发生故障，要做到正确判断，迅速处理，把事故的影响降到最低限度。

从安全的角度来讲，设备刚投入运行时，其安全可靠性是很高的，但使用一定时期后，设备因疲劳、腐蚀、磨损等情况使安全可靠程度下降。当推移刮板输送机次数达到一定值时，中部槽的接口因磨损会影响槽与槽之间的连接，甚至在推移中部槽时会发生脱节和翻转。刮板链与链轮之间磨损，会加大圆环链的节距，当遇到杂物嵌入时，会使刮板链在机头、机尾处出槽，如果某处卡住，会发生机头、机尾翘起的事故。为消除这些隐患，延长设备的使用寿命，保证设备的正常运行，提高设备的安全可靠性，所以必须注意日常维护和对刮板输送机定期进行检修。

一、刮板输送机运转前的准备工作

为了保证刮板输送机的安全运转，在其运转前必须进行详细全面的检查。检查分为一般检查和重点检查。

1. 一般检查

首先，检查工作环境，如工作地点的支架、顶板和巷道的支护情况，检查输送机上有无人员作业，有无其他障碍物，压柱打得是否牢固。然后，检查电缆吊挂是否合格，电动机、开关、按钮等各处接线是否良好，如果检查没有问题，可将输送机稍加启动，看看输送机是否运转正常，接着再开始重点检查。

2. 重点检查

首先，检查中间部，对中间槽、刮板链从头到尾进行一次详细检查。从机头链轮开始，往后逐级检查刮板链刮板连接环上的螺栓。检查 4 ~5 m 后，在刮板链上用铅丝绑一个记号，然后开动电动机把带记号的刮板链运行到机头链轮处，再从此记号向后检查，一直到机尾，在机尾的刮板链上再用铅丝绑一个记号，然后从机尾往回检查中部槽对口有无戗茬或搭接不平、磨环压环、上槽入下槽等情况。回到机头处，开动电动机把机尾记号运转到机头链轮处，再往后重复以上检查，至此检查了一个循环，若发现问题应及时处理。

其次，检查机头，要注意以下几个方面：

(1) 有传动小链的刮板输送机，要检查传动小链的链板销子磨损变形程度、链轮上的保险销是否正确，必须使用规定的保险销，不得用其他物品代替。

(2) 弹性联轴器的间隙是否正确（一般 3 ~5 mm），液力偶合器是否完好。

(3) 减速箱油量是否适当（油面接触大齿轮高度的 1/3 为宜）。

(4) 机头座连接螺栓、地脚压板螺栓及机头轴承座螺栓等是否齐全坚固。

(5) 链轮、托叉及护板是否完整紧固。

(6) 弹性联轴器和紧链器的防护罩是否齐全。

最后，检查机尾。机尾有动力驱动时检查内容与检查机头相同，无动力驱动时要作以下检查：

(1) 机尾滚筒的磨损与轴承情况（转动灵活）。

(2) 调节机尾轴的装置是否灵活。

(3) 机尾环境是否良好，如有积水，要挖沟疏通。

经过以上检查，确认一切良好，才可以开动电动机运转。

二、操作刮板输送机时的注意事项

（1）启动前要发出信号，先断续启动，隔几秒钟再正式启动。其目的：一是看刮板输送机运行是正转还是反转；二是如果有人在刮板输送机附近工作或行走，断续启动代替警告信号。

（2）防止强行带负荷启动。一般情况下都要先启动刮板输送机后再往里装煤，如果连续两次不能启动或切断保险销，必须找出原因并处理好后再启动。

（3）无论有否集中控制，都要由外向里（由放煤眼至工作面）沿逆煤流方向依次启动。

（4）刮板输送机停止运转时，不要向输送机内装煤，机采时应停止割煤。

（5）不要向中部槽里装大块煤炭，防止大块煤炭卡刮中部槽造成事故。

（6）工作面停止出煤前，应将中部槽中的煤输送干净，然后由里向外沿煤流方向依次停止运转。

（7）无煤时，禁止刮板输送机长时间空转。

三、刮板输送机司机要做到“四勤”

刮板输送机运转时，司机要做到“四勤”，即勤检查、勤修理、勤注油、勤清理。

1. 勤检查

（1）检查刮板链的运行情况。当正常运转时，刮板链应当平稳滑行。如果发现跳动，则是刮板链在中部槽内或链轮有刮卡现象。刮板链运转时，如果稍一停又继续运转，则可能是传动链跳牙、刮板链过长，要及时处理，并检查连接环、螺栓及刮板有无松动损坏，发现松动应及时拧紧。

（2）经常注意机头电动机、减速箱运转声音是否正常。如听到“咯噔、咯噔”的声音，要立即停止运转，进行详细检查处理，避免事故发生。

（3）运转中要勤摸电动机、减速箱及各轴承，注意其温度是否正常，一般温度不得超过 75 ℃。

（4）当闻到焦糊油烟味时，说明电动机、减速箱或有关轴承温度过高，应该停止运转，进行详细检查和处理。

2. 勤修理

如果发现问题或事故隐患时，一般都要停止运转，立即进行修理。为此，刮板输送机司机或机电维修工下井时，都应携带工具和足够的小配件（或在回采巷道配备工具箱），如保险销、开口销及易熔塞等。

3. 勤注油

经常注意减速箱、机头、机尾及轴承的油量是否适当，如发现油量不足，应通知维修工注油。有传动链的刮板输送机，由司机负责经常注油。刮板输送机各部的注油除有特殊要求外，一般可参照表 4－1。

表 4－1 刮板输送机注油表

部件名称	注油部位	润滑油牌号	间隔期
电动机	轴承	ZL－3 锂基脂	检修期间

表4-1（续）

部件名称	注油部位	润滑油牌号	间隔期
减速器	齿轮与轴承	传递功率为160 kW的减速器，应采用N220工业齿轮油；传递功率为200 kW的减速器，应采用N320极压工业齿轮油	
减速器输入轴	轴承	ZL-3锂基脂或ZGN-2钙钠基脂	每月1次
链轮组件（机头轴）	轴承	ZGN-2钙钠基脂	每周1次
齿轮联轴器	齿轮	N32机械油	
盲轴	轴承	ZGN-2钙钠基脂	2~3个月
机尾轴	轴承	ZGN-2钙钠基脂	每月1次

4. 勤清理

（1）经常清理机头、机尾附近堆积的煤粉或其他杂物，特别是矸石、木料，否则如被带进下槽，会增大运行阻力，造成其他事故。

（2）经常清理电动机外壳、液力偶合器外壳及减速箱等上面的煤粉，以保持良好的散热条件。

四、刮板输送机的故障处理

只有能正确地判断故障，才有可能正确地处理故障。尤其是对于保护装置完善和技术结构条件比较复杂的设备更是如此。判断故障应从工作条件、运行状态及表现形式等几方面综合考虑。

（1）工作条件

对于一起故障的正确判断，首先要注意设备所处的工作条件。工作条件不仅是设备所处的工作地点及负荷状态，也包括对它的维护情况，已使用的时间和机件的磨损程度。将工作条件结合到刮板输送机的结构、性能和工作原理一并考虑，即可作出正确的判断。

（2）运行状态

刮板输送机的运行状态（包括故障预兆显示）是通过声音、温度和稳定性这三个因素表现出来的。这三个因素是相互关联的，而不是孤立存在的。在不同机件和不同故障类型以及故障发生在不同部位上，这三个因素的突出程度有所不同。刮板输送机零件的损坏，除已达到了正常的使用寿命，即已达到了服务年限而未被更换外，更多的是由于超负荷而引起的，而负荷增大就会表现出运行声音的沉重和温度的增高。当负荷超出一定范围时，机件就会显示出运行不稳定，直至损坏。因此，掌握机器的运行声音、温度和稳定性是掌握设备的运行状态，判断故障的重要依据。

（3）表现形式

刮板输送机在运行中发生的故障有时不是直观的，也不可能对其组件立即作出解体检查。在这种情况下，只能通过故障的表现形式和一些现象来进行分析和判断。刮板输送机每一起故障的发生，依其所发生的部位及损坏形式的不同，都会有一定的预兆显示。掌握了这些不同特点的预兆，往往可将事故消除在发生之前。若故障已经发生，则可根据这些预兆现象查明原因，迅速作出判断和正确处理，将产生的影响降到最小，并可将引起的根源清除。

1. 刮板输送机保险销切断的征兆及处理

1）征兆

刮板输送机的保险销设在减速箱大轴上或机头轴上，当保险销切断后，离合器分开，电动机仍然转动，而机头轴和刮板链停止转动。

2）原因

造成保险销切断的主要原因是压煤过多，其他原因如矸石、木棒及金属杂物被回空链从机头带进下槽，卡住刮板链，阻力过大，或保险销磨损及中部槽磨损卡住刮板等都可能造成保险销切断。

3）预防方法

开动刮板输送机前将刮板链调节好，使其松紧适当。掏清机头、机尾的煤粉。如有矸石、木棒或其他杂物应及时清出。输送机运煤时，不要装得太多。中部槽要搭接严密，如有坏槽要及时更换。保险销需用低碳钢制造，并要勤检查，磨损超限要及时更换，保证销与销轴的间隙不大于1 mm。

4）处理方法

保险销切断后，剩余长度如果大于20 mm时，可将圆保险销往里插一下继续使用。若长度小于20 mm时，就要更换新的。换上新的保险销后，如果启动后又被切断，就要进行分析，如果第一次被切断，可能是因保险销磨损过限造成的，第二次又被切断，就不是保险销的问题，必须进行认真处理。如果下槽回煤过多，应先将上槽煤清理出，使刮板链反向运转。如果是矸石或木棒等杂物卡住下链，就必须掏清。

2. 刮板链在链轮上掉链的征兆及处理

1）征兆

刮板链在正常运行时，突然加快，链速不均，这就是刮板链脱离了链轮，在非正常状态下运转。

2）原因

机头不正；机头第二节中部槽或底座不平，链轮磨损超限或咬进杂物，使刮板链脱出齿轮；边双链的刮板链两条链松紧不一致；刮板严重歪斜；刮板太稀或过度弯曲。

3）预防方法

保持机头平、直，垫平机身，使机头、机尾和中间部呈一直线。对无动力传动的机尾，可把机尾链轮改为带沟槽的滚筒。防止链轮咬进杂物，如发现刮板链下有矸石或金属杂物，应立即取出。边双链的刮板链长短不一致，过度弯曲的刮板要及时更换，缺少的刮板要补齐。

4）处理方法

因链轮咬进杂物而造成掉链，可以反方向继续开动或用撬棍撬一下，刮板链就可以上轮。如果掉链时链轮咬不着链条，即链轮能转而链条不动时，可用紧链装置松开刮板链，然后使刮板链上轮。

当边双链的刮板输送机的一条刮板链掉链（里侧），可在两条刮板链相称的两个内环之间支撑一根硬木，然后开动刮板输送机，掉下的一侧就可上轮，开动刮板链时，人要离远点，防止木棍崩出伤人。当一条刮板链在链轮外侧落撤掉链时，可在机头槽帮和落撤刮板链之间塞一木块，开动输送机将刮板链挤上链轮。

3. 刮板链在底槽出槽的征兆与原因

1）征兆

电动机发出十分沉重的响声，刮板链运转逐渐缓慢，甚至停止运转。如果不是负荷过大，被煤埋住，就是底链出了槽。边双链刮板输送机易发生这种事故。

2）原因

输送机本身不平不直，上鼓下凹，过度弯曲；中部槽严重磨损；两根链条长短不一，造成刮板歪斜或因刮板过度弯曲使两条链距缩短。

4. 刮板链飘链的征兆及处理

1）征兆

电动机发出尖锐且十分费劲的响声，而刮板又刮煤太少，2～3 min 仍不见大量的煤过来，就证明输送机的刮板已飘链。

2）原因

输送机不平不直或刮板链太紧，把煤挤到中部槽一边，使刮板链在煤上运行；刮板缺少、弯曲太多；刮板链下面塞有矸石等原因都会造成飘链现象。

3）预防方法

经常保持刮板输送机平直，刮板链要松紧适当，煤要装中部槽中间，弯曲的刮板要及时更换，缺少的刮板要及时补上。如果煤质不好或拉上坡时，还可以加密刮板。在缩短刮板输送机向前移机尾时，一定要把机尾放平。在铺设时最好使机头、机尾低于中间部，呈“桥”形。

4）处理方法

发现刮板链飘出之后，首先应停止装煤，然后对刮板输送机的中间部进行检查。如果不平应将中间部垫起。放煤时如果冲力太大，常靠一边时，可在放煤口的中部槽上垫上一块木板，或铺一块搪瓷中部槽，使煤经过木板或搪瓷中部槽减小冲力，使煤流到中部槽中间。

5. 刮板输送机断链的征兆及处理

1）征兆

刮板输送机在运转时，刮板链在机头底下突然下垂或堆积；边双链刮板输送机一侧刮板突然歪斜。

2）原因

装煤过多，超过负荷，压住刮板链；工作面不平不直，刮板卡刮；链环随井下水腐蚀生锈，强度降低；链条严重磨损，强度降低；受冲击载荷的反复作用造成链条疲劳破坏，节距增长；链条本身制造质量差；刮板链过紧，机头链轮过度磨损或机头、机尾不正常造成经常落撤（掉链）等。

3）预防方法

刮板输送机在运转之前，应适当调节刮板链，使它不过紧或过松。装煤要适当，不能过满，特别是停机后不要装煤。保持机头与下一台刮板输送机有不小于0.3 m 的高度，防止底刮板链带回煤粉或杂物。随时清除机尾的煤粉、矸石与杂物，最好将机尾前一节中部槽下部掏空，使底刮板链带回的煤粉能漏下去。损坏变形的中部槽要更换，消除中部槽的戗茬现象。磨损过度和弯曲、折断的刮板都要进行更换。连接环的螺栓要坚固，最好使用尼龙螺帽，防止松扣。

一般刮板输送机正常运转时发出“沙沙”的摩擦声音，如果听到“咯噔、咯噔”或突然发出“咯崩”一响，或者刮板链稍一停顿又继续运转，都是刮板链快要折断的预兆。此时应马上停止装煤，检查原因，及时处理，严禁强行启动。

4）处理方法

停止运转，找出刮板链折断的地方。底链经常断在机头或机尾附近。断底链的处理方法可以参照掉底链的处理方法，将卡紧的刮板拆掉，返回上槽处理。

6. 减速器发热、响声不正常的处理方法

1）征兆

发出油烟气味和“吐噜”的响声。

2）原因

这种情况的主要原因是齿轮磨损过度，啮合不好，修理组装不当，轴承损坏或串轴，油量过少或过多，油质不干净等。此外，液力偶合器安装不正，地脚螺栓松动，超负荷也是造成减速箱响声不正常的原因。

3）预防方法

坚持定期检修制度，经常检查齿轮和轴承磨损情况，可打开减速箱检查孔，用木棒卡住齿轮，使它固定，再转动液力偶合器，如果活动过大，就是固定键活动或齿轮磨损。另外，注意各处螺栓是否松动，要保持油量适当，液力偶合器间隙要合适。

4）处理方法

拧紧各处螺栓，补充润滑油，轴伞齿轮轴承损坏时，可以连同轴承一起更换，更换轴伞齿轮要注意调整好间隙。

7. 电动机启动不起来或启动后缓慢停转的原因、预防和处理

1）原因

这种情况的原因主要是电源不通，熔丝（片）熔断或电源接头松动所致。磁力启动器位置不当，使线路接触器触头合不上或36V变压器、磁力线圈烧毁等也能影响电动机的启动。有时电压低、负荷大，磁力启动器操作手把未合上，“停止”按钮没有弹起来也能造成电动机不能启动。

2）预防方法

定期检修磁力启动器或电气设备，保证各部件转动灵活，接头螺栓紧固。检查输送机各部有无卡塞情况。输送机停止运转时，一般不要装煤，清理机道时装煤不要太多，以免负荷过大不能启动。另外，要保持均衡电压。

3）处理方法

把启动器手把用力合上，一方面可以让“停止”按钮弹回原位，另一方面使线路接触器接触良好。用远方控制按钮时，也要检查“停止”按钮是否弹回原位。检查连锁控制线是否折断或松动。上述检查一切良好后，就应该检查是断电还是熔断器熔丝（片）熔断。首先了解附近其他电气设备是否正常运转，如果也停止运转，就是因为断电，应通知采区变电所查明原因，处理后送电。如果附近设备运转正常，则是熔丝（片）熔断，必须更换熔丝（片）。合闸后，磁力启动器有响声，但线路接触器合不上，可能是电压低或磁力启动器安装不当，此时就需找出毛病分别处理。

8. 造成电动机过热的原因、预防和处理方法

1）原因

（1）主要是负荷过大，电动机被煤埋住，通风不良，连续启动，用连锁控制时继电器动作频繁，轴承损坏。有时三相电源接触不良，地脚螺栓松动振动大，机头不稳也会使电动机过热。

（2）启动频繁，启动电流大，熔丝（片）选用得过大；电动机较长时间在启动电流下工作。

（3）运行后的热电动机停止工作较长时间后，周围环境湿度大，绝缘能力降低，不采取措施，启动电动机时易烧坏电动机。

（4）电动机单机散热片断掉（打风叶），通风不良，散热条件差。

2）预防方法

适当装煤，保持负荷均匀，不要频繁启动，电动机轴承做到定期注换油，紧好机头各处螺栓，随时清理煤粉，严禁强行启动。

3）处理方法

电动机过热后，停下输送机，临时取下保险销，使电动机空转，借风扇转动，使电动机自行冷却，然后再根据故障原因分别处理。

9. 造成液力偶合器发热的原因

（1）刮板输送机长时间满负荷运行。这种情况发生在对拉工作面的中间巷道。

（2）液力偶合器的散热条件差。这种情况都发生在溜子道，机头架两侧由于大块煤、矸、杂物堆满，影响空气流通或液力偶合器散热。

（3）频繁地正、反向启动。这种情况都发生在推移输送机和紧链操作过程中。

（4）过载或传动系统被卡住。

10. 刮板输送机发生断链事故的原因和预防

刮板输送机发生断链事故是刮板输送机事故中最严重的一种。它不仅能引起伤人事故，而且严重影响生产。据某矿统计，断链事故影响的产量占全矿机电事故影响产量的36%。所以在实际工作中，应采取一些防范措施。

1）原因

（1）链条在运行中突然被卡住。如中部槽对口错位，挂住了刮板或链环；在运行中某刚性物件的一端在中部槽中，另一端被卡在煤帮或输送机槽帮或输送机旁的其他固定物上，此时会对刮板链产生很大的冲击力，致使其断裂。还有因巷道顶板不够高，机头较高，当大块煤或矸石被运到机头处时，卡在输送机与顶板之间，对刮板链产生冲击而断链。

（2）链条过紧，不但增大了链条的初张力，缩短其使用寿命，而且当链条被卡刮时，没有缓冲的余地，增大了链环的张力负荷。

（3）由于链条过松或磨损严重，或者两根链条长短不一，当运行到链轮处时发生跳牙，使链环受到轮齿的冲击，造成链环变形、断裂和刮板弯曲。

（4）当装煤过多时，在超载情况下启动电动机，增大了链条承受的动张力，致使链条断裂。

（5）两条链的链环节距不一样（一条链的磨损程度比另一条链严重），使全部负荷均

集中在一条链条上，以致断裂。

（6）圆环链的连接环螺栓丢失，因链条脱节而造成断链。

（7）变形链环多，在运转过程中啮合不好，受力不均，引起断链事故。

（8）工作面底板不平，工作面不直造成输送机刮板链受力不均、刮卡、脱轨等现象，易发生断链。

（9）刮板输送机回煤过多，造成底链过载而断链。

除上述原因引起刮板链断裂以外，正常运行动载荷的作用、矿井水的腐蚀以及磨损也是引起刮板链断裂的原因。因此，在实际工作中要加强对刮板链的检查维护，并采取一些相应的管理措施。

2）预防措施

（1）坚持使用液力偶合器，以减轻链条所受到的动载荷和冲击载荷，延长链条的使用寿命。

（2）刮板链使用一个时期后，将链条拆下翻转 90°继续使用，调换水平链环与垂直链环的位置，利用改变其磨损部位的办法延长链条的使用寿命。

（3）当中部槽内压煤过多时，要人工清理，不能强行开动机器。

（4）及时调整链条的松紧，既不能过松，也不能过紧，对变形的刮板、链环、连接环应及时更换。

为了减少断链事故造成的危害，可采用以下几种形式的断链保护装置：

（1）水银触点式。利用刮板链正常运行过程中刮板刮动水银触点杠杆，使水银触点不断地闭合和断开，而使充电电容不断地充电和放电，但达不到饱和程度。一旦刮板链在任何地点断开，刮动水银触点的杠杆停止动作，水银触点则处于闭合状态，使充电电容很快达到饱和状态，中间断电器动作，线路断电，使刮板输送机电动机停止转动。

（2）接近开关式。其传感元件是无触点开关，安装在刮板链下方。它实际上是一个振荡器，当刮板链经过开关时，破坏振荡器的振荡条件，振荡器停振；当刮板链离开时，则恢复振荡。所以当刮板链正常运行时，则不停地破坏和恢复振荡，不断地输出信号电压，这种信号能保持电器吸合，一旦发生断链事故，则继电器释放，输送机停止运转。

（3）磁感应式。将磁感应发生器安装在刮板链下，其中一个线圈安装在一个有缺口的磁路，磁路缺口朝向刮板链，当链条正常运行时，则刮板不停地闭合或断开磁路，因而线圈就能感应发出一定的信号电压，一旦刮板链断开，磁感应发生器就不能发出信号电压，电器动作，输送机立即停止运转。

复习思考题

1. 简述刮板输送机的基本组成及工作原理。
2. 试述液力偶合器的工作原理。
3. 刮板输送机分为几大类？
4. 紧链装置的作用是什么？有哪些类型？以一种紧链装置为例说明紧链的过程。
5. 简述 SGZ630/220 型刮板输送机的结构和工作原理。
6. 说明 SGZ630/220 型刮板输送机的机头传动部和机尾传动部组成。

7. 刮板链跑出中部槽是什么原因？怎么防止？

8. 刮板链掉链是什么原因？怎样处理？

9. 简述刮板输送机运转前的准备工作。

10. 简述操作刮板输送机时的注意事项。

第五章 带式输送机

【教学目标】

1. 了解带式输送机的适用条件及优缺点。
2. 了解带式输送机的主要类型。
3. 掌握带式输送机的基本组成、工作原理。
4. 理解带式输送机的摩擦传动原理，掌握增大牵引力的方法与措施。
5. 了解输送带、托辊、传动装置、拉紧装置与制动装置的作用和结构形式及特点。
6. 熟知高档普采工作面带式输送机的结构及特点。
7. 了解带式输送机的使用与维护方法。

【教学重点】

1. 带式输送机的基本组成、工作原理。
2. 带式输送机的主要部件结构及功能。
3. 带式输送机的制动装置。
4. 带式输送机的使用与维护。

【教学难点】

1. 带式输送机的摩擦传动原理，增大牵引力的方法与措施。
2. 带式输送机的制动装置原理。
3. 带式输送机的常见故障及处理方法。

第一节 概 述

一、带式输送机的工作原理、使用条件及优缺点

带式输送机是以输送带兼作牵引机构和承载机构的一种连续动作式运输设备，它在矿井地面和井下运输中得到了极其广泛的应用。其工作原理如图 5-1a 所示。

输送带 1 绕经主动滚筒 2 和机尾换向滚筒 3 形成一个无极的环形带，上、下两股输送带分别支承在上、下托辊 4 上，拉紧装置 5 给输送带以正常运转所需的张紧力。当主动滚筒在电动机驱动下旋转时，借助于主动滚筒与输送带之间的摩擦力带动输送带及输送带上的物料一同连续运转；输送带上的物料运到端部后，由于输送带的转向而卸载，这就是带式输送机的工作原理。

带式输送机的机身横断面如图 5-1b 所示。上部输送带运送物料，称为承载段；下部不装运物料，称为回空段。输送带的承载段一般采用槽形托辊组支承，使其成为槽形承载断面。因为同样宽度的输送带，槽形承载面比平形的要大很多，而且物料不易撒落。回空段不装运物料，故用平形托辊支承。托辊内两端装有轴承，转动灵活，运行阻力较小。

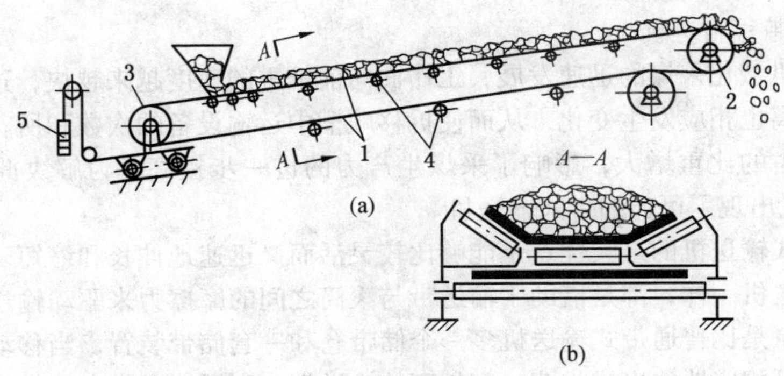

1—输送带；2—主动滚筒；3—机尾换向滚筒；4—托辊；5—拉紧装置

图5-1 带式输送机工作原理图

带式输送机可用于水平及倾斜运输，但倾角受物料特性的限制。通常情况下，普通带式输送机沿倾斜向上运送原煤时，输送倾角不大于18°；向下运输时，倾角不大于15°。运送附着性和黏结性大的物料时，倾角还可大一些。带式输送机不宜运送有棱角的货物，因为有棱角的物料易损坏输送带，降低带式输送机的使用寿命。

带式输送机的优点是运输能力大，工作阻力小，耗电量低，约为刮板输送机耗电量的1/3~1/5。因在运输过程中物料与输送带一起移动，故磨损小，物料的破碎性小。由于结构简单，既节省设备，又节省人力，故广泛应用于我国许多工业部门。国内外的生产实践证明，带式输送机无论在运输能力方面，还是在经济指标方面，都是一种较先进的运输设备。

带式输送机的缺点是，输送带成本高且易损坏，故与其他运输设备相比，初期投资高，且不适于运送有棱角的物料。随着煤炭科学技术的发展，国内外对带式输送机可弯曲运行、大倾角输送、线摩擦驱动等方面的研究有较大进展，提高了带式输送机的适应性能。

二、常用带式输送机

带式输送机已发展成为一个庞大的家族，不再只是常规的开式槽形和直线布置的带式输送机，而是根据使用条件和生产环境设计出了多种多样的机型。带式输送机的类型很多，适应范围和特征各不相同，在此将煤矿常用的带式输送机的几种主要类型介绍如下。

1. 通用带式输送机

通用带式输送机是一种固定式带式输送机。该种输送机应用十分普遍，现已形成的系列产品为DTII型。这种输送机的特点是托辊安装在固定的机架上，机架固定在底板上或基础上，一般广泛使用在运输距离不太长，一旦敷设即永久使用的地点，如矿井地面选煤厂及井下主要运输巷道。

2. 绳架吊挂式带式输送机

绳架吊挂式带式输送机与通用型带式输送机基本相同，其特点仅在于机身部分为吊挂的钢丝绳机架支承托辊和输送带，主要用于煤矿井下采区顺槽和集中运输巷中作为运输煤炭的设备，在条件适宜的情况下，也可使用于采区上、下山运输。

3. 可伸缩带式输送机

随着综合机械化采煤的迅速发展，工作面向前推进的速度越来越快，这就要求顺槽的长度及运输距离也相应发生变化，从而使拆移顺槽中运输设备的次数和所花费的时间在总生产时间中所占的比重增大，影响了采煤生产力的进一步提高。为解决此矛盾，我国在20世纪70年代出现了可伸缩带式输送机。

可伸缩带式输送机的最大优点是能够比较灵活而又迅速地伸长和缩短。它的传动原理和普通带式输送机一样，都是借助于输送带与滚筒之间的摩擦力来驱动输送带运行。在结构上的主要特点是比普通带式输送机多一个储带仓和一套储带装置，当移动机尾进行伸缩时，储带装置可相应地放出或收缩一定长度的输送带，利用输送带在储带仓内多次折返和收放的原理调节输送机的长度。

这种带式输送机主要用于前进或后退式长壁采煤工作面的顺槽运输和巷道掘进时的运输工作，图5-2所示为SJ-80型可伸缩带式输送机示意图。

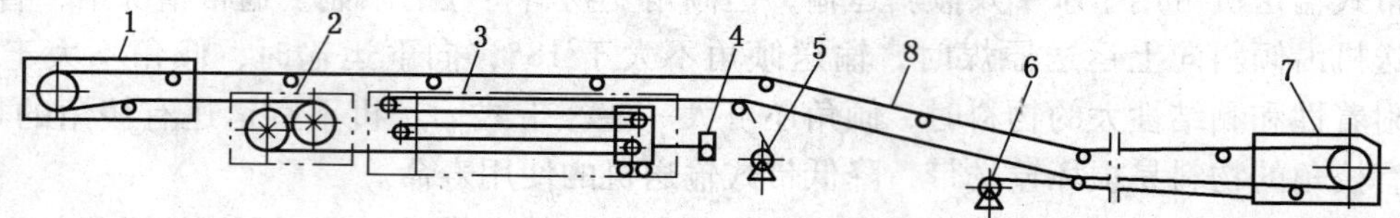

1—卸载端；2—传动装置；3—储带装置；4—拉紧绞车；5—收放输送带装置；6—机尾牵引机构；7—机尾；8—输送带

图5-2 SJ-80型可伸缩带式输送机工作原理图

国产可伸缩带式输送机有3种类型：第一种类型是钢丝绳吊挂式可伸缩带式输送机，有SD-150型和SD-80型，它们的机身与SPJ-800型绳架吊挂式带式输送机的机身相似；第二种类型是落地架式可伸缩带式输送机，有SJ-80型和SSP-1000型；第三种类型是落地吊挂混合式可伸缩带式输送机，属于这种类型的有SDJ-150型。三种类型的可伸缩带式输送机主要特征见表5-1。

表5-1 国产矿用可伸缩带式输送机的主要特征

技术参数		SDJ-150	SD-150	SJ-80	SD-80	SSP-1000
输送量/(t·h⁻¹)		630	630	400	400	630
输送长度/m		700	700	600	600	1000
带速/(m·s⁻¹)		1.9	2.0	2.0	2.0	1.88
储带长度/m		50	100	50	100	50
输送带宽度/mm		1000	1000	800	800	1000
电动机	型号	DSB-75	JDSB-75	JDSB-40	JDSB-40	SBI-125
	功率/kW	2×75	2×75	2×40	2×40	125
	转速/(r·min⁻¹)	1480	1480	1470	1470	1480
	电压/V	380/660	380/660	380/660	380/660	1140/660
质量/kg		66521	50638	46268	47933	90000

储带仓在带式输送机机头部的后面，是用型钢焊接而成的机架结构。运行的输送带在机头部卸载换向后经过传动滚筒进入储带仓，输送带分别绕过拉紧车上的两个滚筒和前端固定架上的两个滚筒，折返4次后向机尾方向运行。需要缩短带式输送机时，输送带张紧车在张紧绞车的牵引下向后移动，机尾前移，输送带就重叠4层储存在储带仓内；需要伸长带式输送机时，张紧绞车松绳，机尾后移，输送带仓中的输送带放出，输送带张紧车前移。根据伸长或缩短的距离，相应地增加或拆除中间托架。输送机伸、缩作业完成以后，张紧绞车仍以适当的拉力将输送带张紧，使带式输送机正常传动和运行。

第二节　带式输送机的主要部件结构及功能

带式输送机主要由输送带、托辊、传动装置、拉紧装置、制动装置等部分组成。现将主要部件分述如下。

一、输送带

输送带在一般输送机中既是承载机构又是牵引机构。所以要求它不仅要有足够的强度，还应有相当的挠性。输送带贯穿于输送机的全长，其长度为机长的2倍以上，是输送机的主要组成部分，它用量大、成本高，约占输送机成本的50%，因此，在运转中对输送带加强维护使之少出故障，是提高输送机寿命、降低运转费用的一个重要措施。

（一）输送带分类

目前，输送带基本上有4种结构，即分层式织物层芯输送带、整体芯输送带、钢丝绳芯输送带和钢丝绳牵引输送带。

1. 分层式织物层芯输送带

分层式织物层芯输送带按抗拉层材料不同分为：棉帆布芯（CC）输送带、尼龙芯（NN）输送带、聚酯芯（EP）输送带。棉帆布芯输送带是一种传统的输送带，适用于中短距离输送物料。随着煤炭工业的高速发展，输送机的长度及运量越来越大，棉帆布芯输送带已不能满足生产上的要求。尼龙芯输送带带体弹性好，强力高，抗冲击，耐曲挠性好，成槽性好，使用时伸长量小，适用于中长距离、较高载量及高速条件下输送物料。聚酯芯输送带带体模量高，使用时伸长量小，耐热性好，耐冲击，适用于中长距离、较高载量及高速条件下输

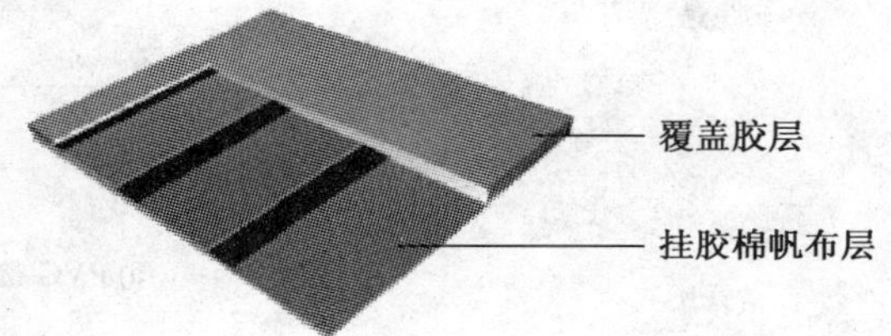

(a) 棉帆布芯输送带

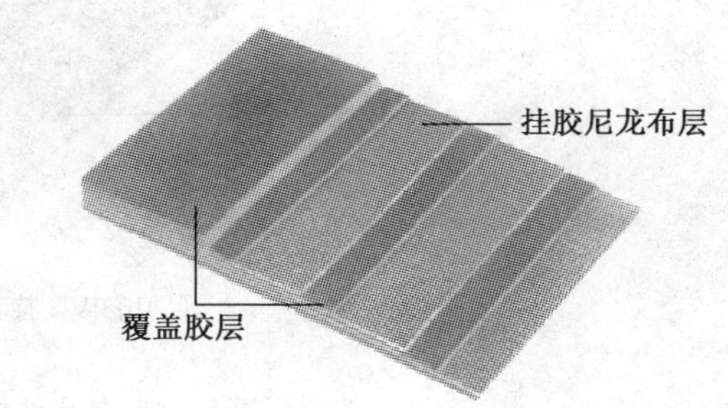

(b) 尼龙芯输送带

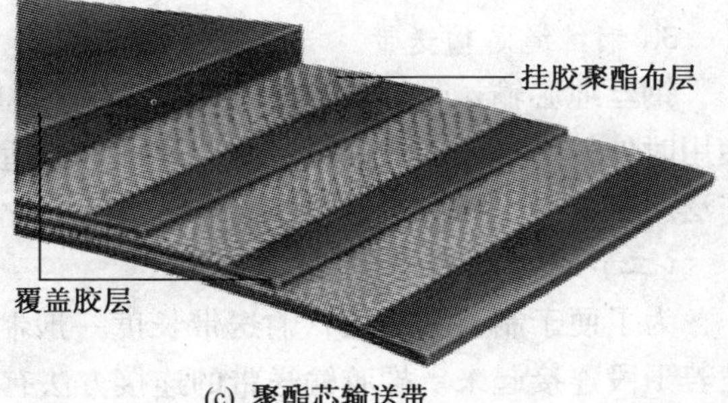

(c) 聚酯芯输送带

图5-3　分层式织物层芯输送带结构示意图

送物料。分层式织物层芯输送带的结构如图 5-3 所示。

分层式织物层芯输送带根据覆盖胶的不同，有普通型、耐热型、耐高温型、耐烧灼型、耐磨型、耐热磨型、一般难燃型、导静电型、耐酸碱型、耐油型、食品型等品种。

2. 整体芯输送带

整体芯输送带带体不脱层，伸长小，抗冲击，耐撕裂，主要用于煤矿井下。按结构不同分为 PVC 型、PVG 型整芯输送带。PVC 型为全塑型整芯输送带，用于倾角 16°以下干燥条件的物料输送。PVG 型为橡胶面整芯输送带，用于倾角 20°以下潮湿有水物料输送。其结构如图 5-4 所示。

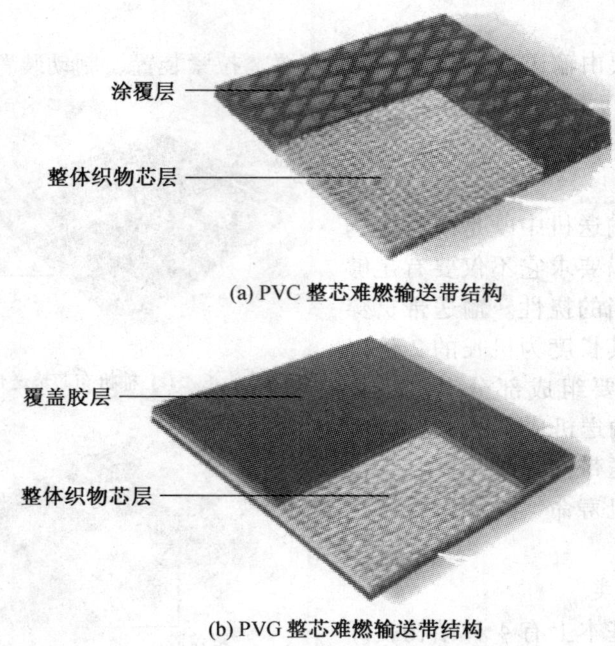

(a) PVC 整芯难燃输送带结构

(b) PVG 整芯难燃输送带结构

图 5-4 整体芯输送带结构示意图

3. 钢丝绳芯输送带

钢丝绳芯输送带结构如图 5-5 所示。此输送带拉伸强度大，抗冲击性好，寿命长，使用时伸长率小，成槽性好，耐曲挠性好，适用于长距离、大运量、高速度物料输送，可广泛用于煤炭、矿山、港口、冶金、电力、化工等领域的物料输送。

（二）输送带的连接

为了便于制造和搬运，输送带长度一般制成每段 100 ~ 200 m，使用时必须根据需要把若干段连接起来。橡胶输送带的连接方法有机械接法与硫化胶接法两种。硫化胶接法又可分为热硫化胶接和冷硫化胶接。塑料输送带则有机械接头与塑化接头两种。

1. 机械接头

机械接头是一种可拆卸的接头，它对带芯有损伤，接头强度低，只有 25% ~ 60%，使用寿命短，并且接头通过滚筒时对滚筒表面有损害，常用于短运距或移动式带式输送机上。织物层芯输送带常采用的机械接头形式有铰接活页式、铆钉固定的夹板式和勾状卡子式，如图 5－6 所示。

2. 塑化（硫化）接头

塑化（硫化）接头是一种不可拆卸的接头形式。它具有承受拉力大、使用寿命长、对滚筒表面不产生损害、接头强度可高达 60% ~95% 的优点。但存在接头工艺过程复杂的缺点。

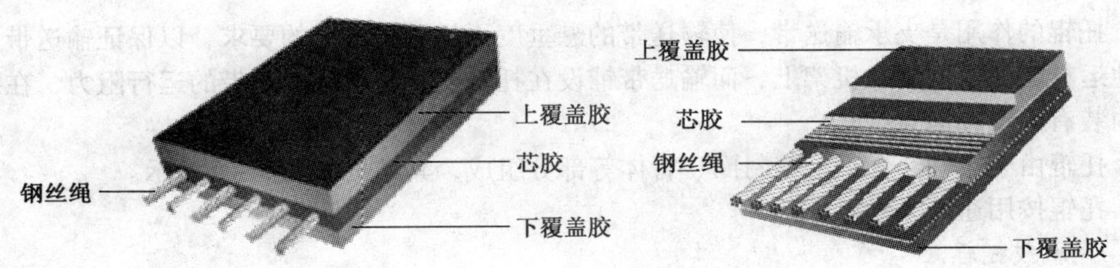

图 5－5　钢丝绳芯输送带结构示意图

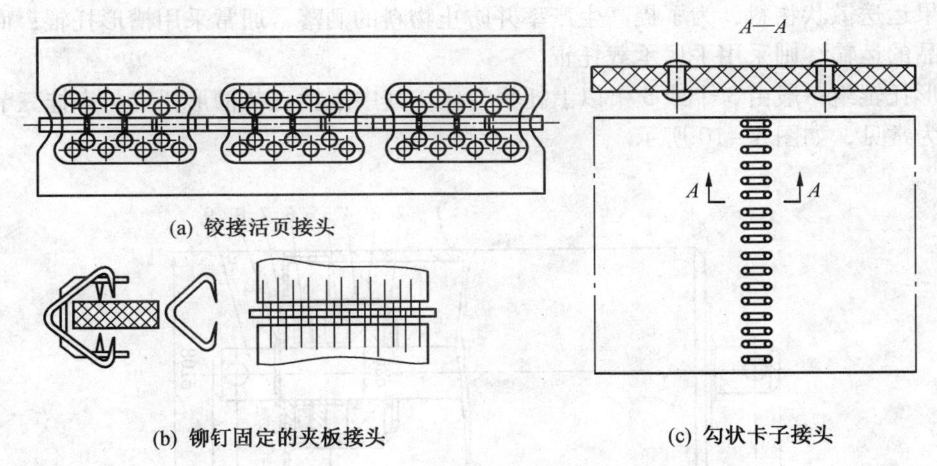

图 5－6　织物层芯输送带常用的机械接头方式

对于分层织物层芯输送带，硫化前将其端部按帆布层数切成阶梯状，如图 5－7 所示，然后将两个端头互相很好地贴合，用专用硫化设备加压加热并保持一定时间即可完成。

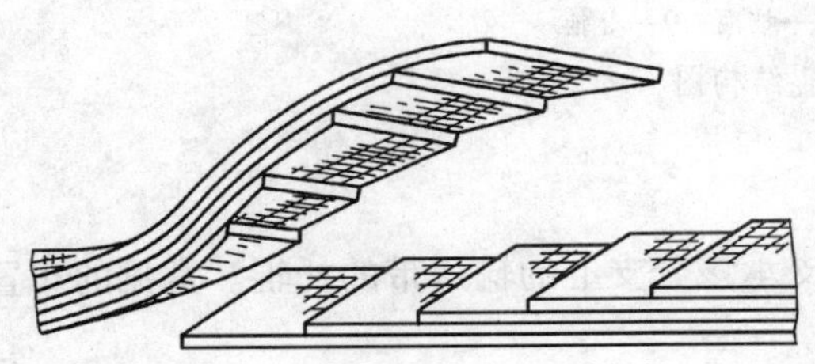

图 5－7　分层织物层芯输送带的硫化接头

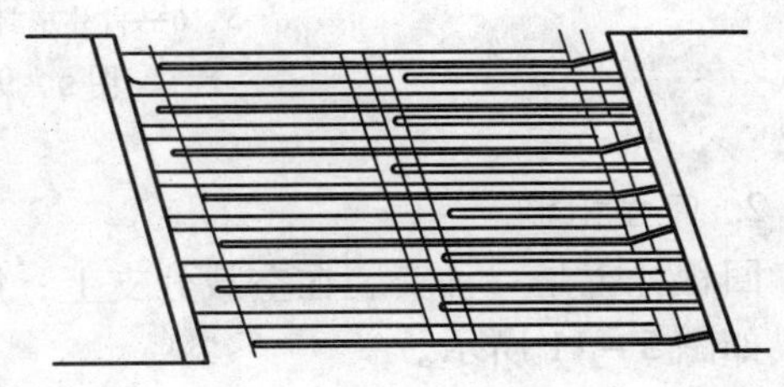

图 5－8　钢丝绳的二级错位搭接

对于钢丝绳芯输送带，在硫化前将接头处的钢丝绳剥出，然后将钢丝绳按某种排列形式搭接好（图5-8），附上硫化胶料，即可在专用硫化设备上进行硫化胶接。

3. 冷粘连接法（冷硫化法）

冷粘连接法与硫化连接的主要不同之处是冷粘连接使用的胶可直接涂在接口上不需加热，只需施加适当的压力保持一定时间即可。冷粘连接只适用于分层织物芯的输送带。

二、托辊与机架

托辊的作用是支承输送带，使输送带的悬垂度不超过技术上的要求，以保证输送带平稳地运行。托辊安装在机架上，而输送带铺设在托辊上，为减小输送带的运行阻力，在托辊内装有滚动轴承。

托辊由中心轴、轴承、密封圈、管体等部分组成，其结构如图5-9所示。

托辊按用途可分为以下几种。

1. 承载托辊

承载托辊是一种安装在有载分支上，它起着支承该分支上输送带与物料的作用。在实际应用中，要求它能根据所输送的物料性质差异，使输送带的承载断面形状有相应的变化。如果运送散状物料，为了提高生产率并防止物料的洒落，通常采用槽形托辊；而对于成件物品的运输，则采用平形承载托辊。

槽形托辊组一般由3个或3个以上托辊组成，其中刚性三节槽形托辊与串挂三节槽形托辊尤为常见，如图5-10所示。

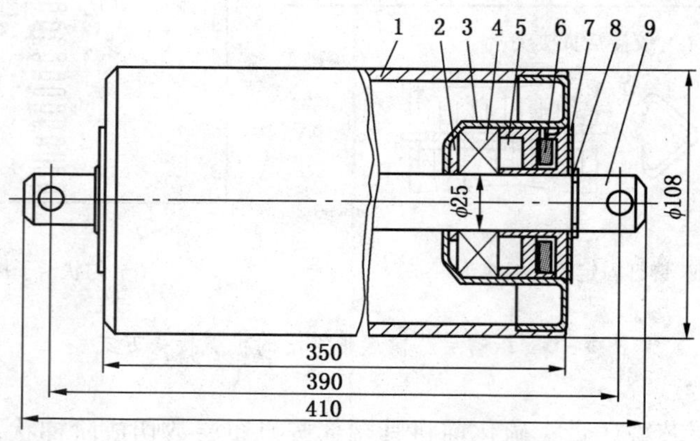

1—管体；2、7—垫圈；3—轴承座；4—轴承；
5、6—内外密封圈；8—挡圈；9—心轴

图5-9 托辊结构图

2. 回程托辊

回程托辊是一种安装在空载分支上，用以支承该分支上的输送带的托辊。常见的布置形式如图5-11所示。

3. 缓冲托辊

缓冲托辊安装在输送机的装载处，以减轻物料对输送带的冲击。在运输比重较大的物料时，有时需要沿输送机全线设置缓冲托辊。缓冲托辊的一般结构如图 5－12 所示，它与一般托辊的结构相似，不同之处是在管体外部加装了橡胶圈。

4. 调心托辊

输送带在运行时，由于张力不平衡，物料偏心堆积、机架变形、托辊损坏等会产生跑偏现象。为了纠正输送带的跑偏，通常采用调心托辊。

调心托辊被间隔地安装在承载分支与空载分支上。承载分支通常采用回转式槽形调心托辊，其结构如图 5－13 所示。空载分支常采用回转式平行调心托辊。

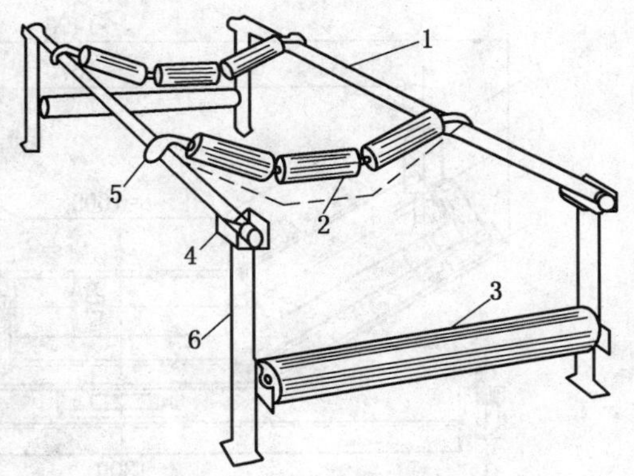

1—纵梁；2—槽形托辊；3—平形托辊；4—弹簧销；5—弧形弹性挂钩；6—支承架

图 5－10　落地式机架和托辊

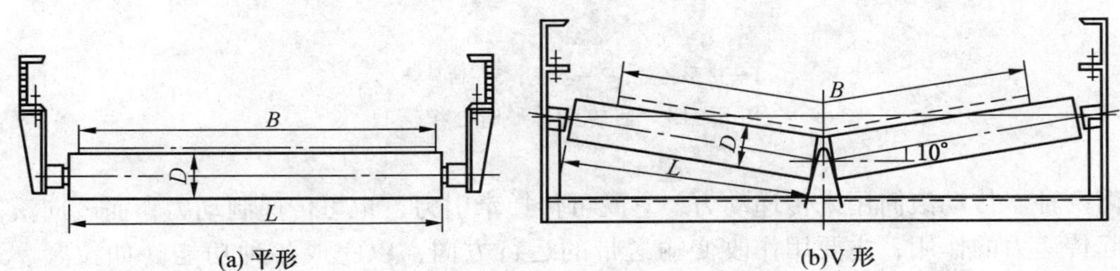

(a) 平形　(b)V 形

图 5－11　回程托辊组

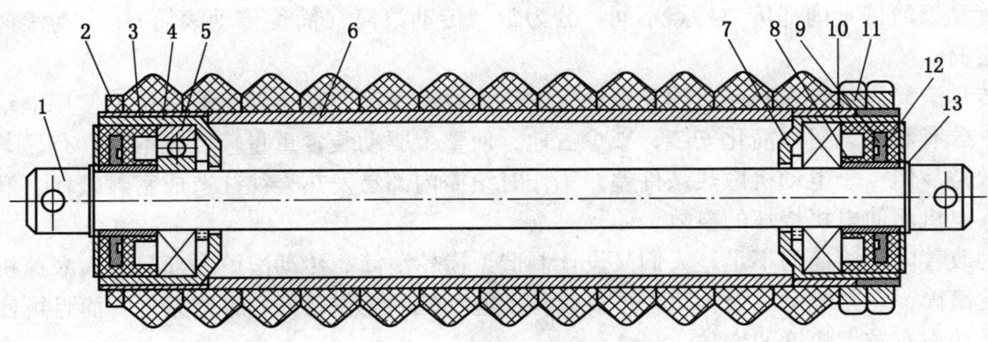

1—轴；2、13—挡圈；3—橡胶圈；4—轴承座；5—轴承；6—管体；7—密封圈；8、9—内、外密封圈；10、12 垫圈；11—螺母

图 5－12　缓冲托辊

调心托辊与一般托辊相比较，在结构上增加了两个安装在托辊架上的立辊和传动轴，其除完成支承作用外，还可根据输送带跑偏情况绕垂直轴自动回转，以实现调偏的功能。

三、滚筒

滚筒是带式输送机的重要部件之一。按它的作用不同可分为传动（驱动）滚筒与改

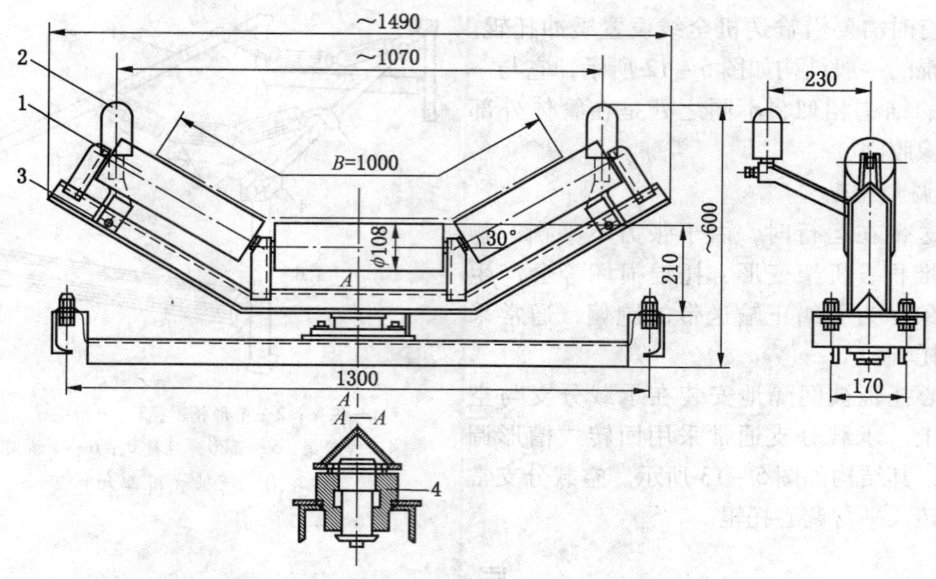

1—槽形托辊；2—空辊；3—回转架

图 5-13 回转式槽形调心托辊

向滚筒两种。传动滚筒用来传递动力，它既可传递牵引力，也可传递制动力；而改向滚筒则不起传递力的作用，主要用作改变输送带的运行方向，以完成各种功能（如拉紧、返回等）。

1. 传动滚筒

传动滚筒按其内部传力特点不同，分为常规传动滚筒（简称传动滚筒）、电动滚筒和齿轮滚筒。

传动滚筒内部装入减速机构和电动机的称为电动滚筒，在小功率输送机上使用电动滚筒是十分有利的，可以简化安装，减少占地，使整个驱动装置重量轻、成本低，有显著的经济效益。但由于电动机散热条件差，工作时滚筒内部易发热，往往造成密封破坏、润滑油进入电机而使电机烧坏的事故。

为改善电动滚筒的不足，人们又设计制造了齿轮滚筒。传动滚筒内部只装入减速机构的齿轮滚筒，它与电动滚筒相比，不仅改善了电动机的工作条件和维修条件，而且可使其传递的功率有较大幅度的增加。

传动滚筒表面形式有钢制光面和带衬两种形式。衬垫的主要作用是增大滚筒表面与输送带之间的摩擦因数，减少滚筒面的磨损，并使表面有自清洁作用。常用的滚筒衬垫材料有：橡胶、陶瓷、合成材料等，其中最常见的是橡胶。橡胶衬垫与滚筒表面的接合方式有铸胶与包胶之分。铸胶滚筒表面厚而耐磨，质量好，有条件应尽量采用；包胶滚筒的胶皮容易脱掉，而且固定胶皮的螺钉易露出胶面而刮伤输送带。

2. 改向滚筒

改向滚筒有钢制光面滚筒和光面包（铸）胶滚筒。包（铸）胶的目的是为了减少物料在其表面黏结，以防输送带的跑偏与磨损。

四、驱动装置

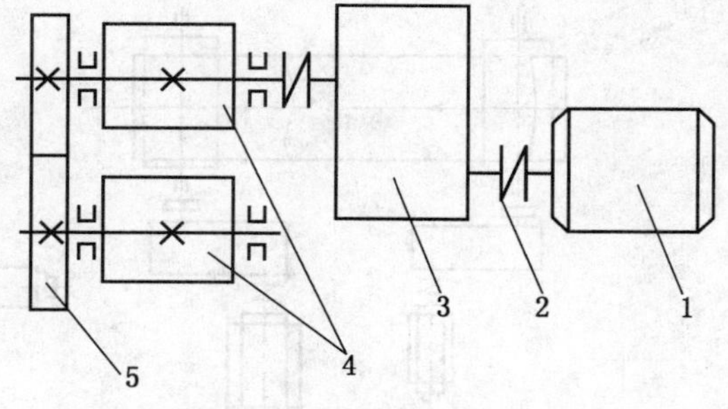

1—电动机；2—联轴器；3—减速器；
4—传动滚筒；5—传动齿轮
图5－14 驱动装置的组成

驱动装置的作用是在带式输送机正常运行时提供牵引力，它主要由传动滚筒、减速器和电动机等组成。

（一）驱动装置的组成部分及主要部件特点

驱动装置的组成如图5－14所示。

1. 传动滚筒

关于传动滚筒的内容在上面已做讨论，在此不再重述。

2. 电动机

带式输送机驱动装置最常用的电动机是三相笼型电动机，其次是三相绕线型电动机，只有个别情况下才采用直流电动机。

笼型电动机与其他两种电动机相比较，具有结构简单、制造方便、易防爆、运行可靠、价格低廉等一系列优点，因此在煤矿井下得到广泛的应用。但其最大的缺点是不能经济地实现范围较宽的平滑调速，启动力矩不能控制，启动电流大。

绕线型电动机具有较好的调速特性，在其转子回路中串接电阻，可较方便地解决输送机各传动滚筒间的功率平衡问题，不致使个别电动机长时过载而烧坏；可以通过串接电阻启动以减小对电网的负荷冲击，且可实现软启动控制。但三相绕线型电动机在结构和控制上均比较复杂，如带电阻长时运转会使电阻发热、效率降低，尤其在防爆方面很难做到，因此在煤矿井下很少采用。

直流电动机最突出的优点是调速特性好，启动力矩大，但结构复杂，维护量大，与同容量的异步电动机相比，其重量是异步电动机的两倍，价格是异步电动机的三倍，且需要直流电源，因此只有在特殊情况下才采用。

3. 联轴器

驱动装置中的联轴器分为高速轴联轴器与低速轴联轴器，它们分别安装在电动机与减速器之间和减速器与传动滚筒之间。常见的高速轴联轴器有尼龙柱销联轴器、液力偶合器等；常见的低速轴联轴器有十字滑块联轴器、齿轮联轴器和棒销联轴器等。

4. 减速器

驱动装置用的减速器从结构形式上分，主要有直交轴减速器和平行轴减速器，煤矿井下主要使用的是前者。

（二）驱动装置的类型及布置形式

驱动装置按传动滚筒的数目分为单滚筒驱动、双滚筒驱动及多滚筒驱动；按电动机的数目分为单电机驱动和多电机驱动。每个传动滚筒既可配一个驱动单元（图5－15a），又可配两个驱动单元（图5－15b），且一个驱动单元也可以同时驱动两个传动滚筒。

五、拉紧装置

（一）拉紧装置的作用与位置

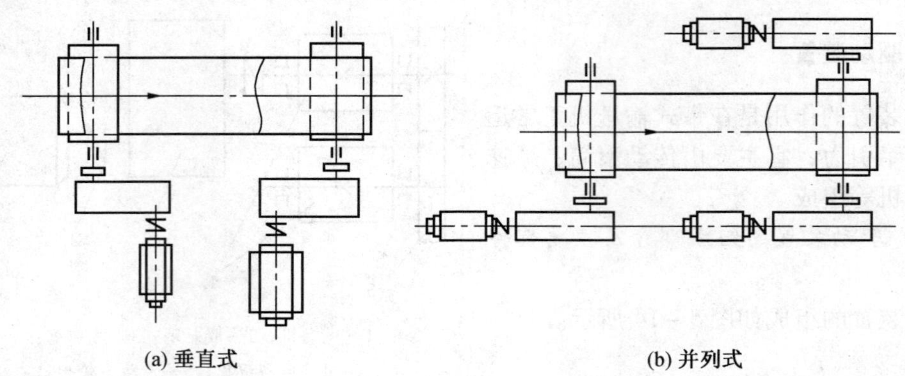

(a) 垂直式　　(b) 并列式

图 5-15　驱动装置的布置形式

1. 拉紧装置的作用

拉紧装置又称张紧装置，它是带式输送机必不可少的部件，其主要作用有：

(1) 使输送带有足够的张力，以保证输送带与传动滚筒间能产生足够的驱动力以防止打滑。

(2) 保证输送带各点的张力不低于某一给定值，以防止输送带在托辊之间过分松弛而引起撒料和增加运行阻力。

(3) 补偿输送带的弹性及塑性变形。

(4) 为输送带重新接头提供必要的行程。

2. 拉紧装置的位置

在带式输送机的总体布置时，选择合适的拉紧装置，确定合理的安装位置，是保证输送机正常运转、启动和制动时输送带在传动滚筒上不打滑的重要条件，通常确定拉紧装置的位置时需考虑以下 3 点：

(1) 拉紧装置应尽量安装在靠近传动滚筒的空载分支上，以利于启动和制动时不产生打滑现象，对运距较短的输送机可布置在机尾部，并将机尾部的改向滚筒作为拉紧滚筒。

(2) 拉紧装置应尽可能地布置在输送带张力最小处，这样可减小拉紧力。

(3) 应尽可能地使输送带在拉紧滚筒的绕入和绕出分支方向与滚筒位移线平行，且施加的拉紧力要通过滚筒中心。

(二) 常用的拉紧装置

带式输送机拉紧装置的结构形式很多，按其工作原理不同主要分为重锤式、固定式和自动式三种。

1. 重锤式拉紧装置

重锤式拉紧装置是利用重锤的重量产生拉紧力并保证输送带在各种工况下均有恒定的拉紧力，可以自动补偿由于温度改变和磨损而引起输送带的伸长变化。其结构简单，工作可靠，维护量小，是一种应用广泛的较理想的拉紧装置。它的缺点是占用空间较大，工作中拉紧力不能自动调整。其布置方式如图 5-16 所示。

2. 固定式拉紧装置

固定式拉紧装置的拉紧滚筒在输送机运转过程中的位置是固定的，其拉紧行程的调整

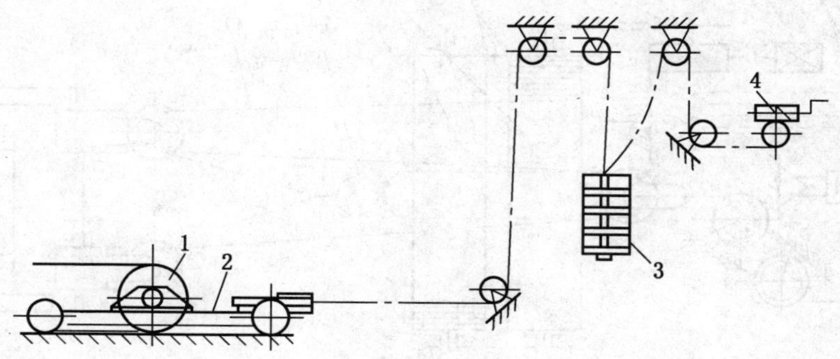

1—拉紧滚筒；2—滚筒小车；3—重锤；4—手摇绞车

图 5－16 重锤式拉紧装置

有手动和电动两种方式。其优点是结构简单紧凑，工作可靠。其缺点是输送机运转过程中由于输送带弹性变形和塑性伸长无法适时补偿，从而导致拉紧力下降，可能引起输送带在传动滚筒上打滑。

常用的固定式拉紧装置有螺旋拉紧装置和绞车拉紧装置。螺旋拉紧装置拉紧行程短、拉紧力小，故仅适用于短距离的带式输送机上，如图 5－17 所示。绞车拉紧装置适用于较长距离的带式输送机等。

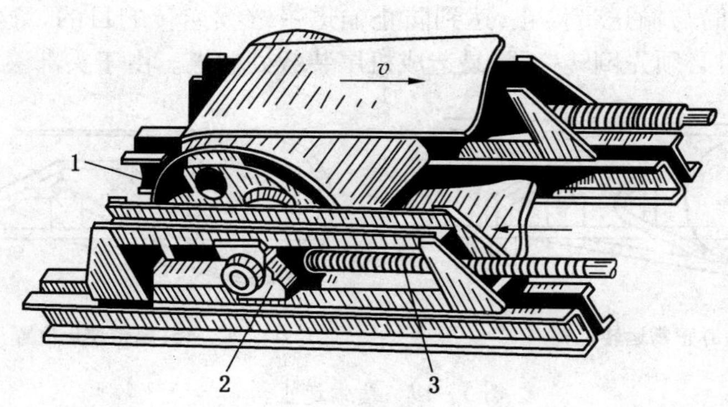

1—拉紧滚筒；2—轴座滑块；3—调节螺杆

图 5－17 螺旋拉紧装置

3. 自动式拉紧装置

自动式拉紧装置是一种在输送机工作过程中能按一定的要求自动调节拉紧力的拉紧装置，在现代长距离带式输送机中使用较多。它能使输送带具有合理的张力，自动补偿输送带的弹性变形和塑性变形。它的缺点是结构复杂、外形尺寸大等。

自动拉紧装置的类型很多，按作用原理分为连续作用式和周期作用式两种；按拉紧装置的驱动力分为电力驱动式和液压力驱动式两种。

图 5－18 为自动拉紧装置的系统布置图。

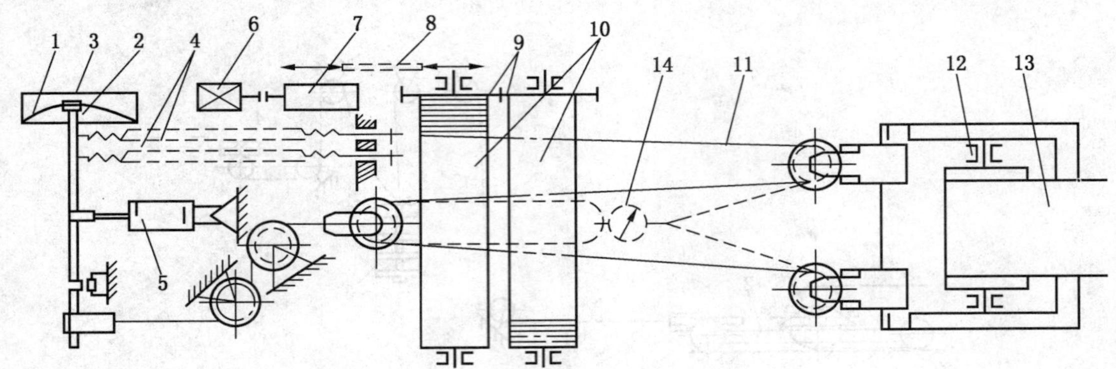

1—控制箱；2—控制杆；3—永久磁铁；4—弹簧；5—缓冲器；6—电动机；7—减速器；8—链传动；9—传动齿轮；10—滚筒；11—钢丝绳；12—拉紧滚筒及活动小车；13—输送带；14—测力计

图 5-18 自动拉紧装置的系统布置图

六、逆止装置

带式输送机逆止装置主要是防止向上运输的输送机停车后逆转。常用的类型主要有塞带逆止器、滚柱逆止器和 NF 型非接触式逆止器等。

1. 塞带逆止器

如图 5-19a 所示为输送机正常运转位置(上运)，图 5-19b 所示为满载停车时发生输送带逆转时的情况，这时储存在滚筒内侧的一段输送带将被逆转的输送带带动而塞进输送带与滚筒之间，从而使滚筒与输送带停止，达到防止输送带继续逆转的目的。这种逆止器结构简单，造价低，但制动时必须先倒转一段，易造成机尾装载处撒煤。由于头部滚筒直径越大，倒转

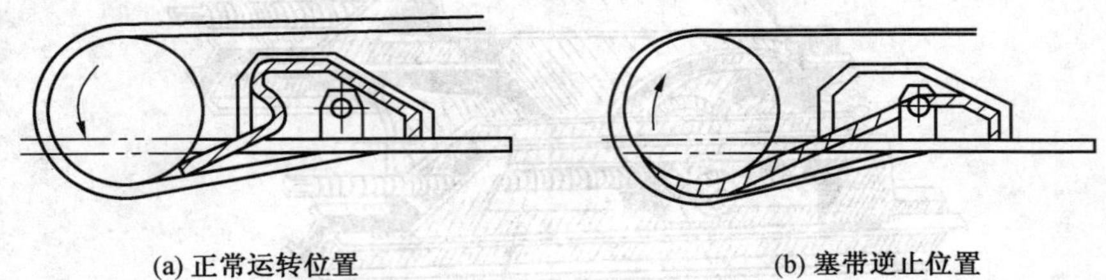

(a) 正常运转位置　　(b) 塞带逆止位置

图 5-19 塞带逆止器

距离越大，故功率大的输送机不宜采用。因是逆止器，故只适应于向上运输的小型输送机。

2. 滚柱逆止器

滚柱逆止器的结构如图 5-20 所示。输送机在正常运行时，滚柱在切口的最宽处，它不妨碍星轮的运转。当输送机停车时，在负载重力的作用下，输送带带动星轮反转，滚柱处在固定圈与星轮切口的狭窄处，滚柱被楔住，输送机被制动。这种制动器制动平稳可靠，因是逆止器，也仅适用于向上运输的带式输送机的

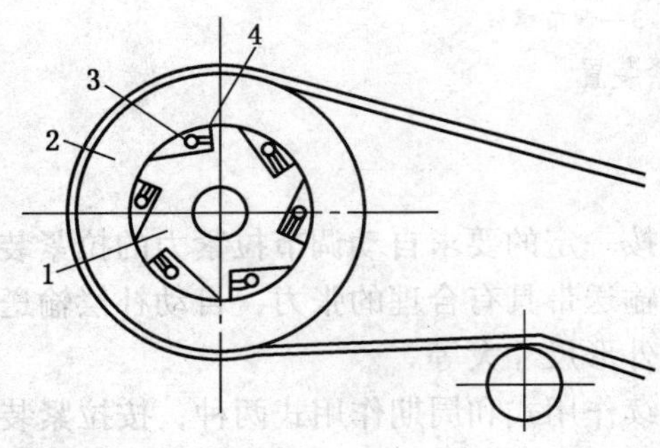

1—星轮；2—固定圈；3—滚柱；4—弹簧柱销

图 5-20 滚柱逆止器

制动。目前，在DT、DTⅡ型通用固定式带式输送机系列中已推荐优先使用这种逆止器。

3. NF型非接触式逆止器

NF型非接触式逆止器是由楔块超越离合器演变而来的新型逆止器。它利用楔块、内圈和外圈之间的特殊几何关系实现单项制动，其结构和工作原理如图5－21所示。楔块的质心与其支撑中心有一个偏心距。在逆止状态，楔块与内、外圈接触并将其楔紧成一体，以承受内圈传递来的反向力矩。内圈正向运转便带动楔块一起旋转，当转速超过非接触转速时，楔块在离心力的作用下发生偏转与外圈脱离接触。因此，NF型非接触逆止器在主机正常运转时，其楔块与内、外圈之间无摩擦和磨损。

七、制动装置

制动装置的作用有两个：一是正常停车，即在空载或满载情况下停车时，能可靠地制动住输送机；二是紧急停车，即当输送机工作不正常或发生紧急事故时（如输送带被撕裂或严重跑偏等故障出现时）对输送机进行紧急制动，迅速而又合乎要求地制动住输送机。

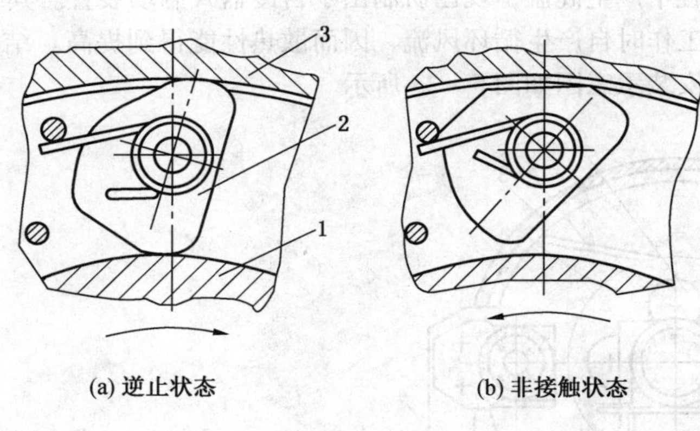

(a) 逆止状态　　(b) 非接触状态

1—内圈；2—楔块；3—外圈

图5－21　楔块在不同状态下的位置

制动器的种类很多，常用的主要有闸瓦制动器和盘式制动器。闸瓦制动器根据动力源的不同分为电磁闸瓦制动器、液压电磁闸瓦制动器、液压推杆制动器等。

1. 电磁闸瓦制动器

电磁闸瓦制动器属常闭式制动器。它依靠与固定支架相连的制动瓦块压紧传动轴上的制动轮，由制动瓦块与制动轮间的摩擦力产生制动力矩。它通过电磁铁的吸合和松开操纵制动器的松闸与抱闸。由于电磁铁断电时吸力突然消失，压缩弹簧突然加力，因此对机构会产生猛烈的制动，引起传动机构的机械制动，且电磁铁的寿命较短。这种制动器主要用于水平或倾角较小的带式输送机上。

2. 液压电磁闸瓦制动器

液压电磁闸瓦制动器是一种用于大功率强力带式输送机及钢丝绳牵引带式输送机上的制动器，安装在高速轴上，作为断电时停车和紧急刹车之用，这种制动器向上或向下运输时均可采用。

3. 液压推杆制动器

液压推杆制动器是一种瓦块式常闭制动器，它的制动架与液压电磁闸瓦制动器的制动架基本相同，但其推动器结构不同。液压推杆制动器的推动器由电动机、叶轮、活塞、液压缸以及推杆等组成。当电机通电旋转时，装在其上的叶轮一起旋转，使液压缸内的油压上升，与活塞连在一起的推杆也向上运动，使制动器松闸。当电机断电时，推动器内的活塞在弹簧力及自身重量的作用下回复到起始位置（推杆向下运动），使制动器抱闸。由于输送机工作时推动器的驱动机也工作，叶轮总在旋转，内腔中油液泄漏也可以得到补偿，因此工作可靠性高。这种制动器已很普遍地用于水平或上运的带式输送机上。

4. 盘式制动装置

盘式制动装置是依靠油压松闸，弹簧加载产生制动力矩的常闭制动装置。它具有制动力矩大、可调、动作灵敏、散热性能好、使用和维护方便等优点。其缺点是需要设置油泵站，因而体积较大。

为防止制动过程中产生高温，现已研制出了自冷盘式制动装置。其结构特点是制动盘制成空心叶片式，工作时自产生循环风流，因而散热性能得到提高。结构原理如图 5－22 所示。制动装置的安装示意图如图 5－23 所示。

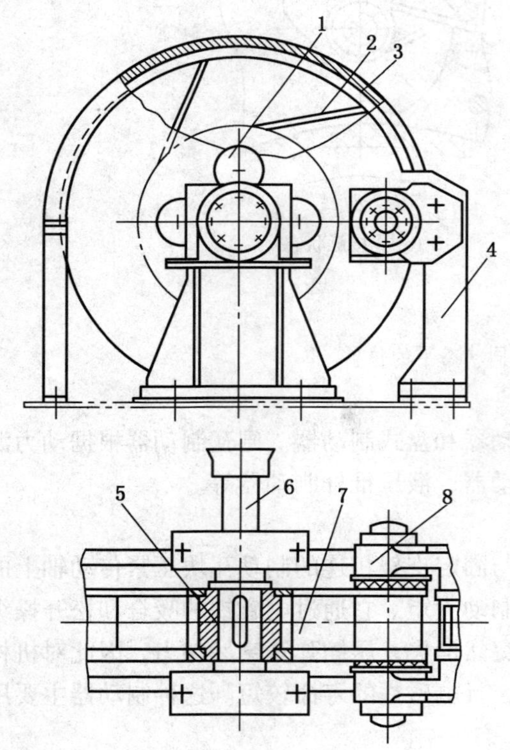

1—进风口；2—叶片；3—反风罩；4—支架；5—轴套；6—轴；7—制动盘；8—制动器

图 5－22 自冷盘式制动装置结构示意图

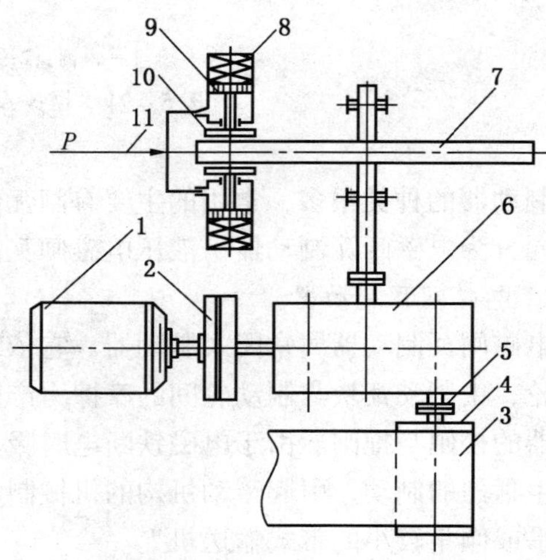

1—电动机；2—液力偶合器；3—输送带；4—传动滚筒；5—联轴节；6—垂直轴减速器；7—制动盘；8—弹簧；9—活塞；10—闸瓦；11—油管

图 5－23 制动装置布置示意图

八、辅助装置

带式输送机的辅助装置种类繁多，总体上看它的作用是保证输送机系统正常运行，防止各种事故的发生。辅助装置包括给料装置、清扫装置和监测与保护装置等。给料装置按照物料的运动方式不同，可以分为强制式、自溜式和组合式三类。对给料装置的基本要求是：物料给到输送带上的速度大小和方向应与带速近似一致；对准输送带中心给料；保证均匀地给到输送带上，在给料点不允许有物料堆积和撒料现象；给料装置结构紧凑，工作可靠，耐磨性好等。各种给料装置的规格很多，应根据使用环境、生产率等具体要求来设计或选用。

对输送带清扫装置的基本要求是：清扫干净，不损伤输送带覆盖层，结构简单可靠。我国使用的输送带清扫装置几乎全部为刮板式的。它结构非常简单，制造和使用均很方便，所以得到了广泛应用，尤其是在我国中南部的煤矿。但我国一直未能解决恶劣工作条件下输送带的清扫问题，主要是清扫装置落后。篦子式刮板清扫装置在国外得到了广泛应用，它主要由金属刮板、弹性杆和转杆组成。多个金属刮板沿输送带宽度方向按棋盘形式布置，每个刮板分别通过弹性杆与转杆相连，转杆上可装扭转弹簧或者重锤，以使刮板对输送带有一定的正压力。这种清扫装置比普通的刮板式清扫效果好。此外，还有转刷式、振动式、水力和气力清扫装置等，在国内应用较少。

第三节　SSD1000/125 型可伸缩带式输送机

SSD1000/125 型可伸缩带式输送机的传动系统如图 5-24 所示。

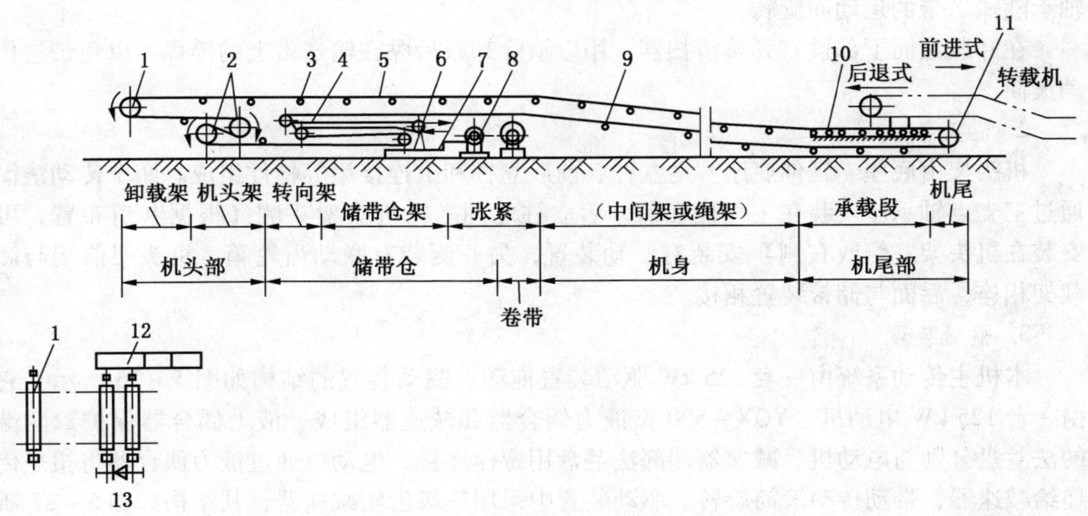

1—卸载（换向）滚筒；2—传动滚筒；3—上托辊（槽形）；4—固定折返（换向）滚筒；5—输送带；6—活动换向滚筒；7—游动小车；8—张紧装置；9—下托辊（平托辊）；10—缓冲托辊；11—机尾（换向）滚筒；12—驱动装置；13—联动齿轮

图 5-24　可伸缩带式输送机传动系统图

SSD1000/125 型可伸缩带式输送机的主传动系统由一套 125 kW 驱动装置、传动滚筒和联动齿轮组成。直接与驱动装置联结的为主传动滚筒，通过联动齿轮箱中一对速比为 1

的联动齿轮带动的为副传动滚筒。

输送带绕经传动滚筒2和各换向滚筒1、4、6、11，形成一个无极的环形带。输送带由上托辊3（槽形）和下托辊9（平托辊）沿全长均布支承。张紧装置通过拉紧储带仓中游动小车，给输送带以正常运行所需的张紧力。

工作时，电动机通过液力偶合器、减速器、主传动滚筒、联动齿轮带动副传动滚筒。通过两传动滚筒与输送带之间产生的摩擦力，使输送带循环运行。刮板输送机运送的煤经转载机到带式输送机机头卸载滚筒处卸下，完成物料的输送。

SSD1000/125型可伸缩带式输送机由机头部、储带装置、卷带装置、机身（落地式中间架）、机尾部、移机尾装置、托辊、输送带以及配套电控系统组成。机身为可伸缩部分，机尾为可移动部分，其余为固定部分。

一、SSD1000 /125 型可伸缩带式输送机的结构特点

（一）机头部

机头部是带式输送机的驱动部分。SSD1000/125型可伸缩带式输送机的机头部包括卸载架、机头架和驱动装置，如图5－25所示。由传动滚筒、联动齿轮和一套125 kW驱动装置组成的本机主传动系统均安装在机头架上。机头部与后面的储带装置相连。

1. 卸载架

为便于卸载，在机头架前端伸出一个卸载架。在卸载架的最前端装有卸载滚筒，来自输送带的物料经卸载滚筒卸下，输送带返回到传动滚筒。

卸载滚筒采用定轴结构，工作时滚筒轴固定在卸载架轴座之中不动，筒壳和筒毂通过轴承随输送带的运动而旋转。

在卸载滚筒下部设有弹簧清扫器，用以清除卸载后黏在输送带上的碎煤，以免带进传动滚筒。

2. 机头架

机头架由底座、延伸底座、主立柱、前后立柱和上连接梁等构件组成。两个传动滚筒通过三支点轴承座安装在主立柱和前、后立柱之间。在机头架一侧（根据巷道布置，可安装在机头架左侧或右侧）安装有驱动装置，另一侧装有联动齿轮箱。机头架前端与卸载架相连，后面与储带装置相接。

3. 驱动装置

本机主传动系统由一套125 kW驱动装置拖动。驱动装置的结构如图5－26所示。它由一台125 kW电动机、YOX－500型液力偶合器和减速器组成。液力偶合器保护罩两端的法兰盘分别与电动机、减速器端部法兰盘用螺栓连接。电动机通过液力偶合器将扭矩传递给减速器，带动传动滚筒旋转。驱动装置中采用三级齿轮减速器，其结构如图5－27所示。

（二）储带装置

储带装置位于机头部和卷带装置之间，其结构如图5－28所示。它由储带转向架、储带仓架、换向滚筒、托辊小车、游动小车及张紧绞车等组成。在张紧绞车架上安装有表示绞车钢丝绳张力的负荷传感器，其实际张力为压力表（Y－100）表面指示数值的15倍。

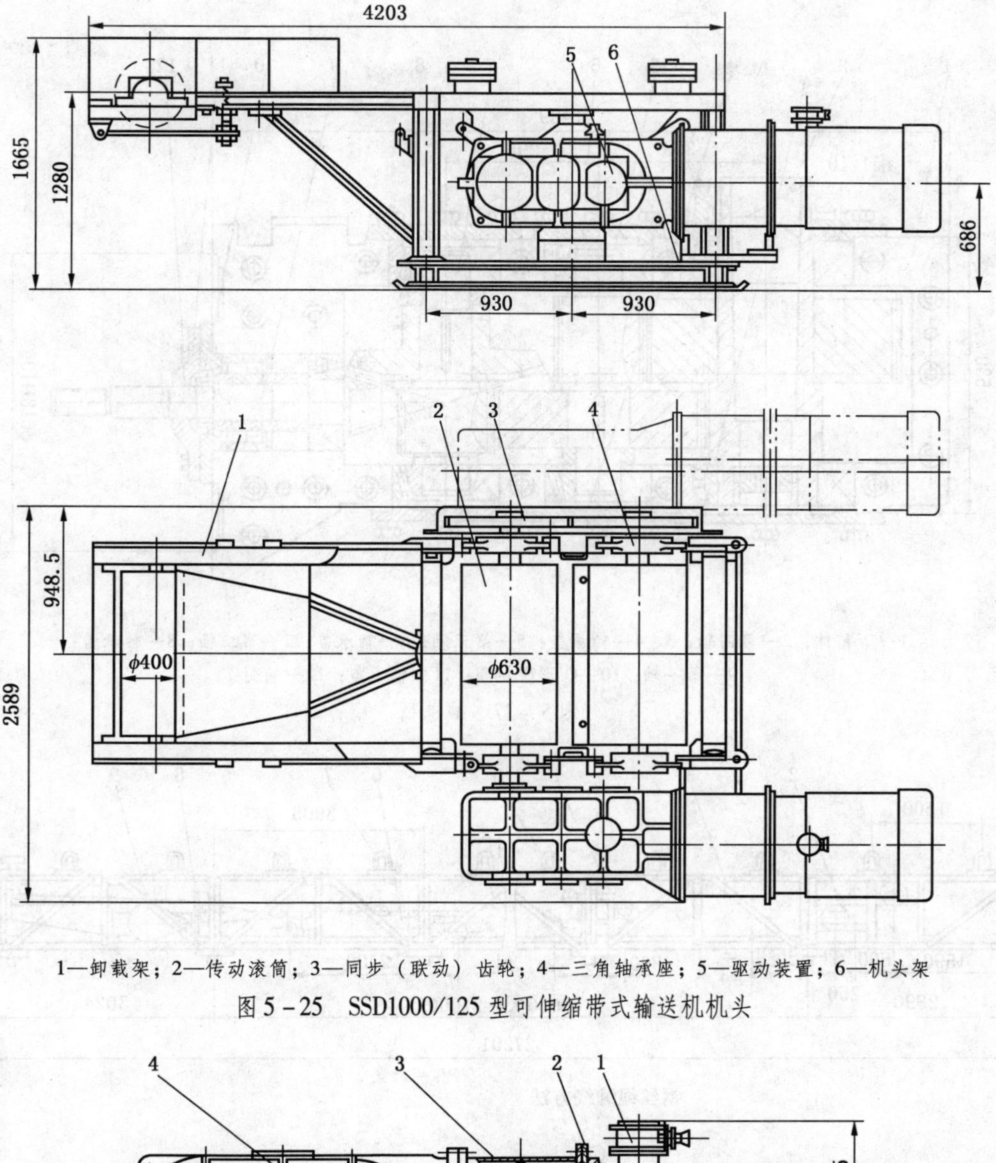

1—卸载架；2—传动滚筒；3—同步（联动）齿轮；4—三角轴承座；5—驱动装置；6—机头架

图 5－25　SSD1000/125 型可伸缩带式输送机机头

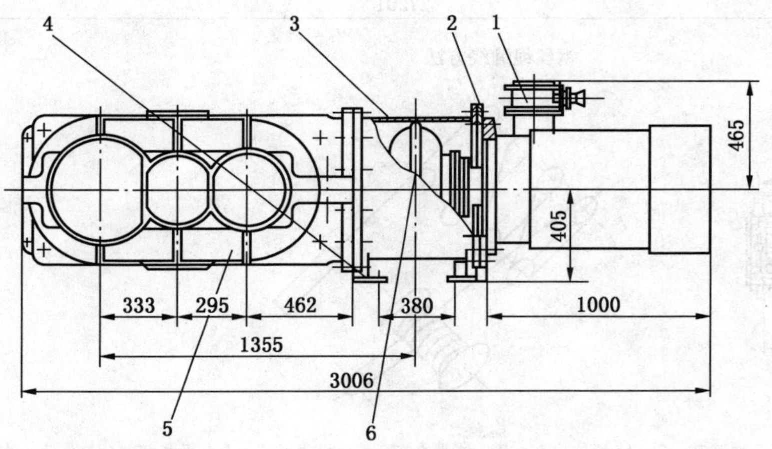

1—电动机；2—过渡法兰盘；3—保护罩；4—支座；5—减速器；6—液力偶合器

图 5－26　驱动装置

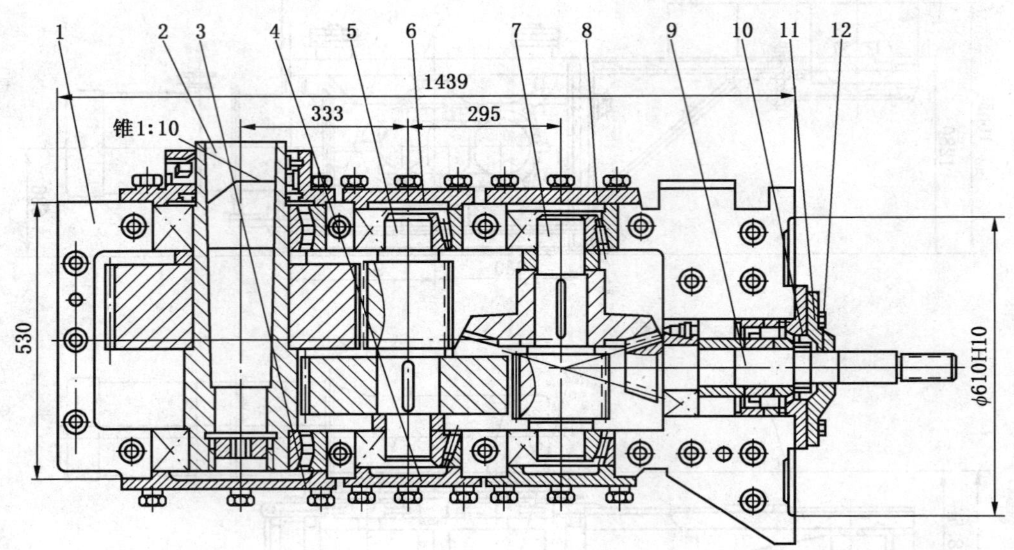

1—下箱体；2—第四轴；3、4—轴承盖；5—第三轴；6—轴承盖；7—第二轴；8—轴承盖；9—第一轴；10—O 形密封圈；11—轴承盖；12—油封

图 5-27 减速器

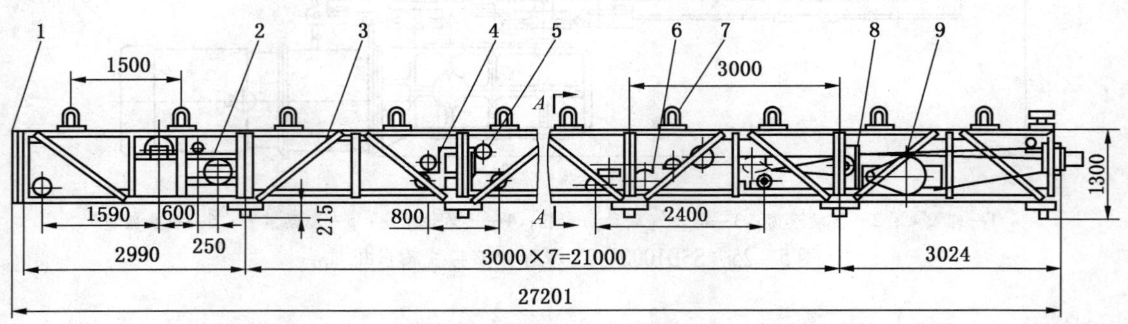

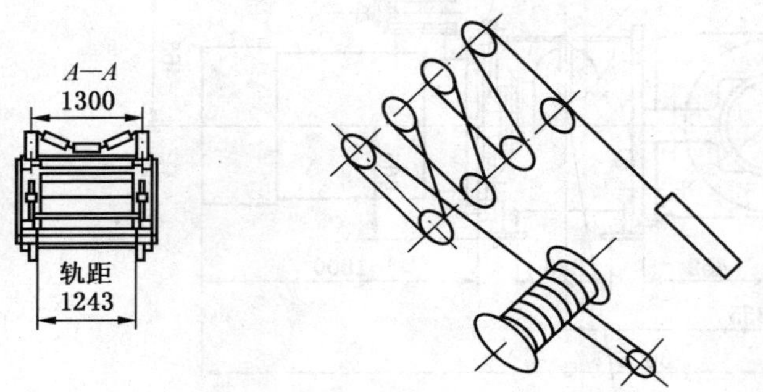

1—过渡架；2—储带转向架；3—储带仓架；4—托辊小车；5—平托辊；6—游动小车；7—铰接托辊；8—张紧装置；9—张紧绞车

图 5-28 储带装置

在输送机延伸或收缩时，储带仓可作为输送带的暂时储存装置，其工作原理如图 5－29 所示。当后退式采煤时，储带仓中的游动小车初始位置处于机头端。当转载机与机尾搭接重叠约 9 m 时，首先停机，并拆除 3、4 节中间架；然后通过移机尾装置将机尾前移，使转载机搭接处于最末端；再由张紧绞车牵引游动小车向后移动，将输送带张紧，同时将多余的输送带暂时存在储带仓中。当储带仓储满输送带（本机储带长度为 50 m，根据需要，可改为 100 m）时，可利用卷带装置或其他办法将输送带从储带仓中放出，使游动小车恢复到初始位置。

当前进式采煤时，储带仓中先储满输送带；随着机尾的延伸，输送带从储带仓中逐步放出；当放空以后，再向储带仓中补充一段新带。

1. 机架和换向滚筒

储带仓机架采用槽钢和角钢焊接成预制构件，采用螺栓连接形成 9 节框架结构。靠近机头的第一节为储带转向架，装有两个固定换向滚筒和一个压紧滚筒。最后一节为张紧绞车架，上面安装有一台 4 kW 的张紧绞车。在框架前横梁上安装有一个四轮滑轮，用来与游动小车上的四轮滑轮组成滑轮组。游动小车通过滑轮组所受的最大拉紧力为绞车牵引力的 8 倍。游动小车上装有两个可随小车一起运动的活动换向滚筒，其结构与固定换向滚筒完全相同，如图 5－30 所示。输送带绕经两个固定换向滚筒和两个活动换向滚筒形成 4 层储带。每层储带之间由托辊小车上的平托辊隔开，以免储带悬垂度过大而引起上、下层储带间的拍打和摩擦。中间 7 节为储带仓架，每节架长为 3 m。储带仓由侧架和上、下连接横梁通过螺栓连接而成。侧架内侧底部安装有供托辊小车和游动小车行走的导轨。在机架上均装有上托辊和下托辊。

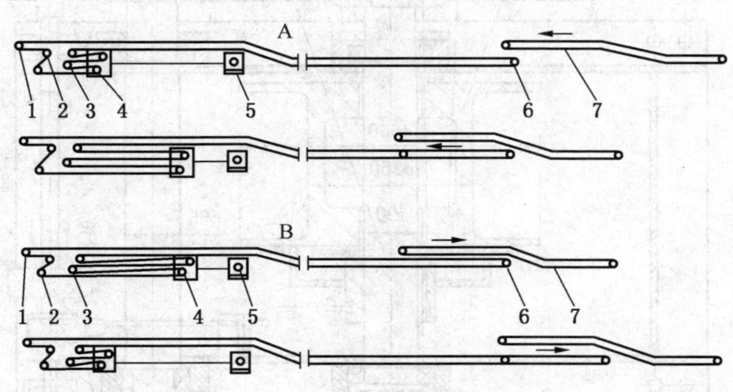

A—后退式采煤；B—前进式采煤；1—换向滚筒；2—传动滚筒；3—固定滚筒；4—活动滚筒；5—张紧装置；6—机尾滚筒；7—转载机

图 5－29 储带仓工作原理

2. 张紧绞车

张紧绞车安装在张紧绞车架内。整套张紧绞车结构如图 5－31 所示。它包括一台 4 kW电动机、一个套筒式联轴器、一个滚筒、一副蜗轮蜗杆减速器、一个中间传动轴、一对圆柱齿轮以及一个双作用离合器。绞车滚筒空套在传动轴上，离合器用花键与滚筒相连，用一套操纵机构（包括手把、螺杆、螺母、拨动杆）可使离合器处于传动或制动位置。

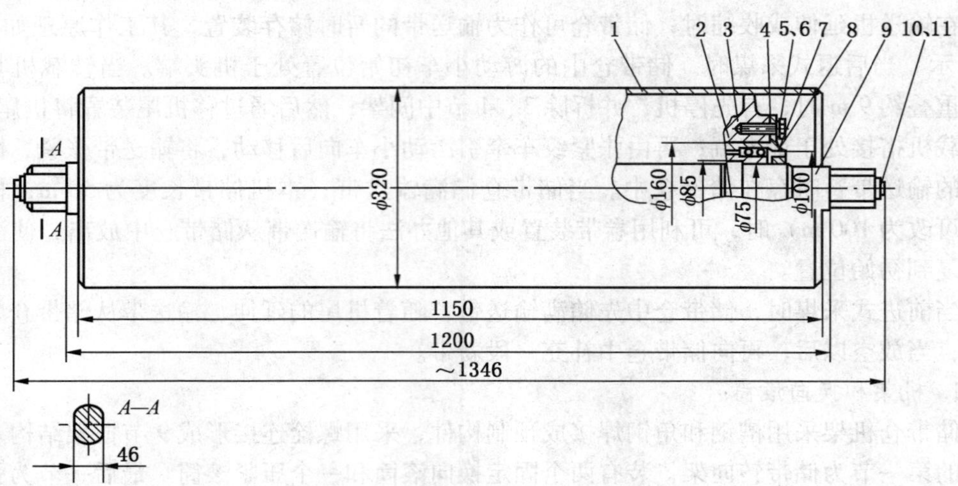

1—卷筒；2—毡圈；3—轴承；4—纸垫；5—螺栓；6—垫圈；7—轴承盖；
8—油封；9—轴；10—六角螺栓；11—垫

图 5－30 换向滚筒

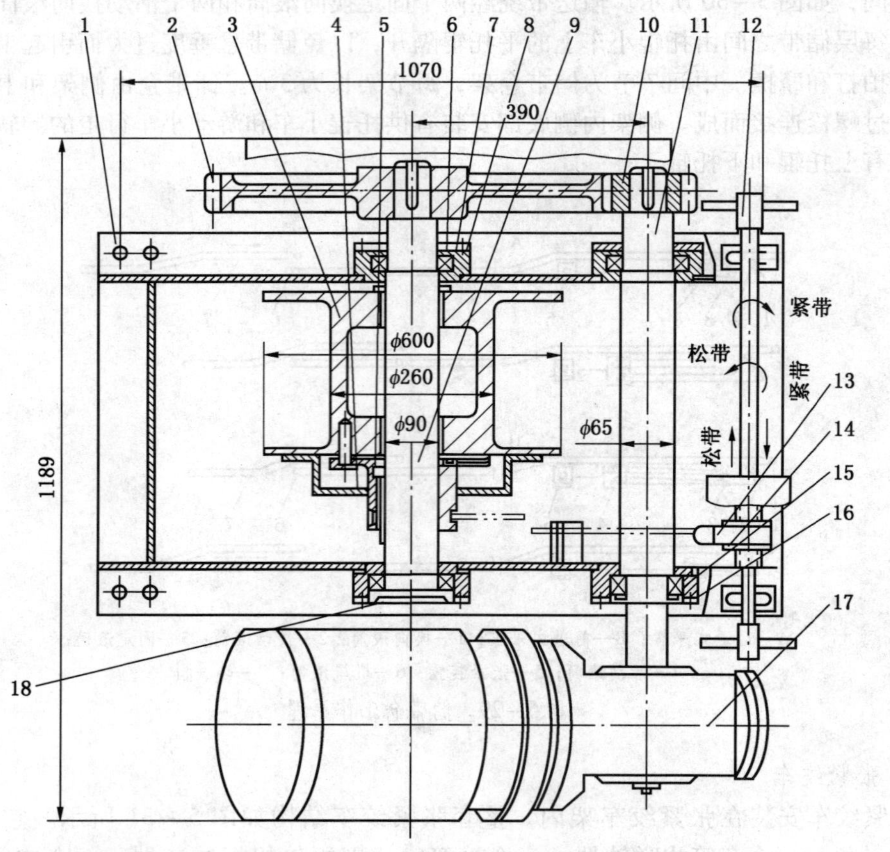

1—底座；2—大齿轮；3—卷筒；4—离合器罩；5—离合器组；6、16、18—轴承盖；7、15—轴承；
8、14—轴承座；9—主轴；10—小齿轮；11—传动轴；12—制动器；13—拨叉；17—减速器

图 5－31 张紧绞车

张紧绞车的主要技术特性：

钢丝绳最大牵引力（kN）	6.86
钢丝绳最大速度（m/min）	8.35
钢丝绳最小速度（m/min）	4.57
总减速比	275
容绳量（m）	270
钢丝绳直径（mm）	12.5

可伸缩带式输送机的张紧绞车有以下三个作用：

（1）拉紧输送带，给输送带以一定张紧力，保证输送机正常运行。

（2）当需要储带时，通过牵引游动小车将输送带拉入储带仓中暂时储存起来。

（3）当储带仓储满，需要从储带仓中取带时，游动小车在输送带张紧力的作用下往回运行，从而带动钢丝绳，使绞车反向转动，通过绞车制动装置给滚筒以一定制动力，使游动小车运行平稳。

（三）卷带装置

卷带装置设在储带仓后面，它由机架、4 kW 电动机、蜗轮蜗杆减速器、卷筒、可落地道轨架、顶针小车、手动夹板及调心托辊等组成，如图 5－32 所示。

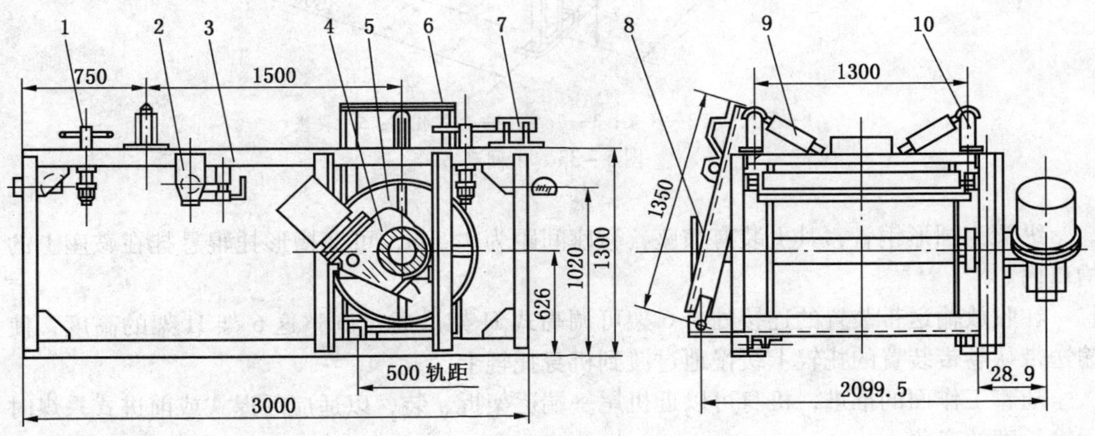

1—皮带夹；2—调心托辊；3—右侧架；4—传动装置；5—卷筒；6—可落地道轨架；7—托管架；8—尾架；9—铰接托辊；10—平托辊支架

图 5－32 卷带装置

蜗轮蜗杆减速器的结构与张紧绞车用蜗轮蜗杆减速器基本相同，仅在电动机一端增加一级减速，在蜗杆另一轴端减少一套阻尼装置。

（四）机身

机身位于卷带装置与机尾装载部之间。整个机身由 H 架和纵梁组成的中间架逐架组装连接而成，中间架结构如图 5－33 所示。

H 架为钢管和板材焊接的结构件，H 架间距为 3 m。纵梁安装在 H 架侧柱上方的 U 形槽口内，它们之间通过弹性开口涨销连接。H 架下部焊有安放下托辊的座板，下托辊安放在座板槽口内。

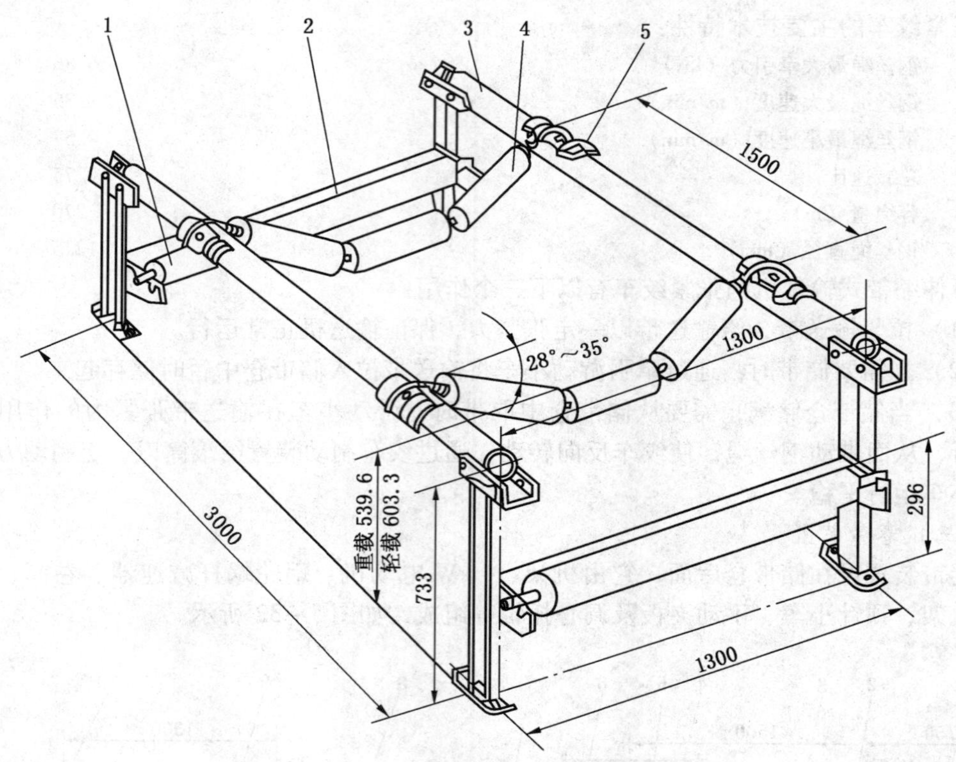

1—平托辊；2—H 架；3—纵梁；4—铰接托辊；5—鞍座

图 5－33 中间架

纵梁为圆形钢管，其上装有鞍座，鞍座间距为 1.5 m，可变槽形托辊悬挂在鞍座上的槽口内。

在收放输送带装置的连接处有 6 架可调高式 H 架。通过调整这 6 架 H 架的高度，使输送带从卷带装置的托辊上缓慢地过渡到机身托辊上。

随着工作面的推进，机身可以近机尾一端逐架拆、装，以适应后退式或前进式采煤时运输长度的变化。

（五）机尾部

可伸缩带式输送机的机尾部由机尾和承载段组成。机尾部结构如图 5－34 所示。回空段输送带绕经机尾滚筒后返回到承载段，承接转载机卸下的煤。

整个机尾部除滚筒和托辊外均为型钢焊接件。承载段由工字钢制成的纵梁和型钢焊接的滑橇支座组成。为便于拆装和适应不平的底板，承载段分成 6 节，除首节和尾节外，中间节可以通用。机尾承载段缓冲托辊组固定在两根纵梁内侧的支座上，托辊间距为0.5 m。桥式转载机的行走小车在两侧纵梁上移动。两侧支座用横梁连接，回空托辊安装在横梁的托辊支座槽口内。

机尾由两个滑橇用横梁连接成支座，机尾滚筒安装在两个滑橇上的轴座内。通过调节轴座上的螺栓，可调整滚筒的轴线位置，借以纠正输送带在滚筒上的跑偏。

在机尾前端的纵梁下面装有犁式清扫器，以清除撒落在回空带上的煤末。

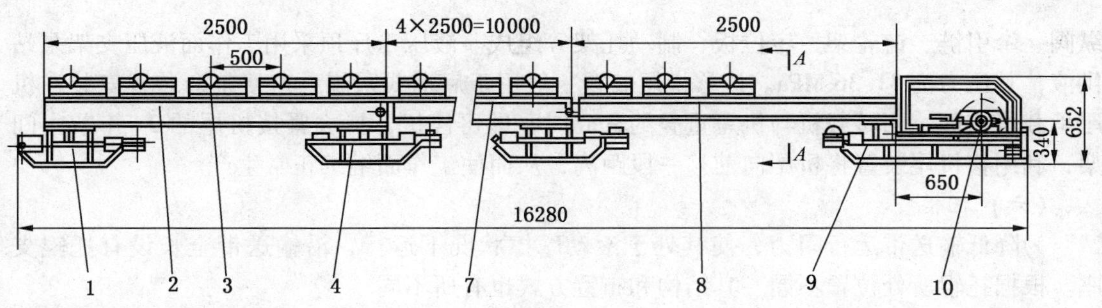

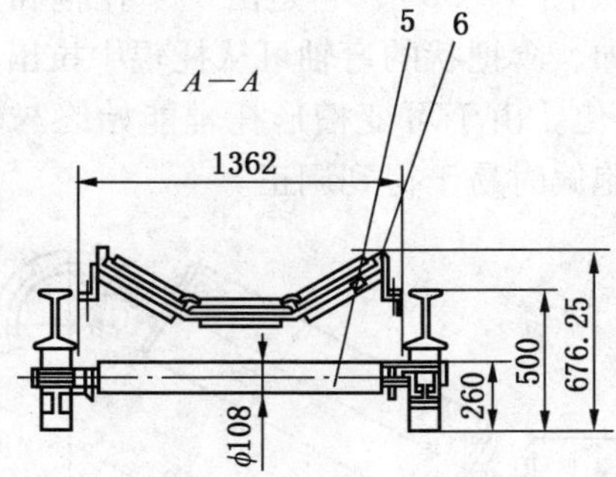

1—左前支座；2—前部左导轨；3—挂胶托辊；4—左半支座；5—平托辊；6—托辊支架；7—中部左导轨；8—尾部左导轨；9—左尾支座；10—机尾滚筒

图 5-34 机尾部

移机尾装置采用液压牵引，其结构如图 5-35 所示。该装置由滑橇、液压千斤顶、操

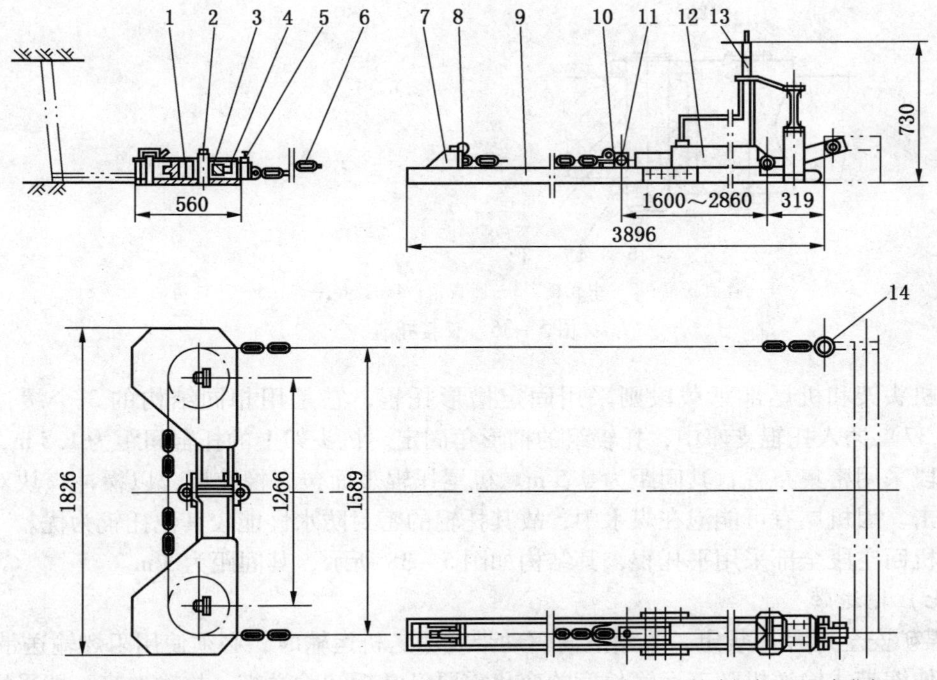

1—链轮；2—链轮轴；3—轴套；4—链轮架；5—销；6—牵引销；7—制动托架；8—定位板；9—滑道；10—链卡头；11—销轴；12—推移千斤顶；13—操纵阀；14—半连接环

图 5-35 移机尾装置

纵阀、牵引链、链轮架、定位板、制动托架等组成。液压千斤顶采用工作面液压支架泵站供液，其压力为31.36 MPa。该移机尾装置一般用于后退式采煤，这使整套装置安装在机尾承载段前面。当转载机与机尾重叠约9 m时，即可停机，拆去紧接机尾的3、4节中间架，利用移机尾装置将机尾向前移一段距离，从而使工作面继续正常生产。

（六）托辊

为降低输送带运行阻力，使其处于滚动摩擦状况下运行，沿输送带全长设有托辊支座。根据托辊所处位置不同，其结构和布置方式也有所不同。

在储带仓架和机身的承载段采用铰接托辊组（图5－36），它是由一个托辊和两个侧托辊铰接而成。侧托辊内部装有弹簧，随负荷增加，伞把状的弯轴可从托辊中拉出一段距离，从而使托辊组的槽形角在28°～35°范围内变化。由于可变槽形托辊能始终与输送带保持接触，所以可使整机运行平稳，且当输送带跑偏时易于得到调正。

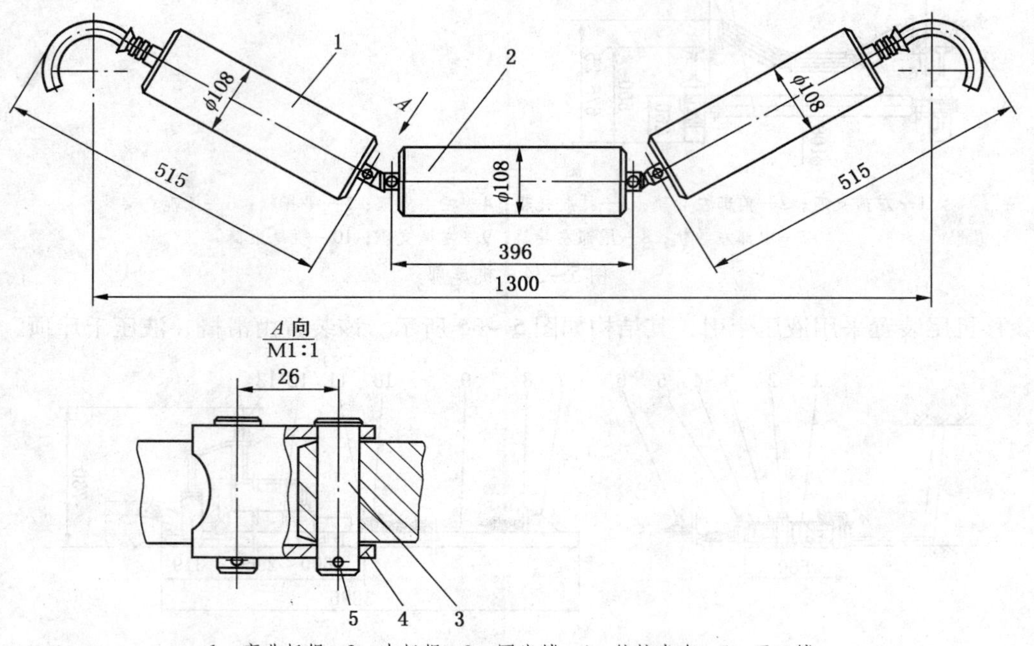

1—弯曲托辊；2—中托辊；3—圆扁销；4—铰接半套；5—开口销

图5－36 铰接托辊

在机头架和机尾部承载段则采用固定槽形托辊，它是用相同结构的3个缓冲托辊（图5－37）插入托辊支座中，托辊组的槽形角固定。机头架上的托辊间距为1.5 m，而机尾承载段采用密集布置，其间距为0.5 m。机尾托辊表面包有橡胶层，以缓冲煤块对输送带的冲击。因机尾有可能泡在煤水中，故其托辊的密封防水性能较其他托辊为优。

整机回空段全部采用平托辊，其结构如图5－38所示，其间距为3 m。

（七）输送带

《煤矿安全规程》规定，采用滚筒驱动带式输送机运输时，必须使用阻燃输送带。

可伸缩带式输送机随着运输长度的变化需要经常拆卸输送带，故输送带一般采用便于快速连接和拆开的机械连接方式，因此只能采用高强度纤维编织带芯。

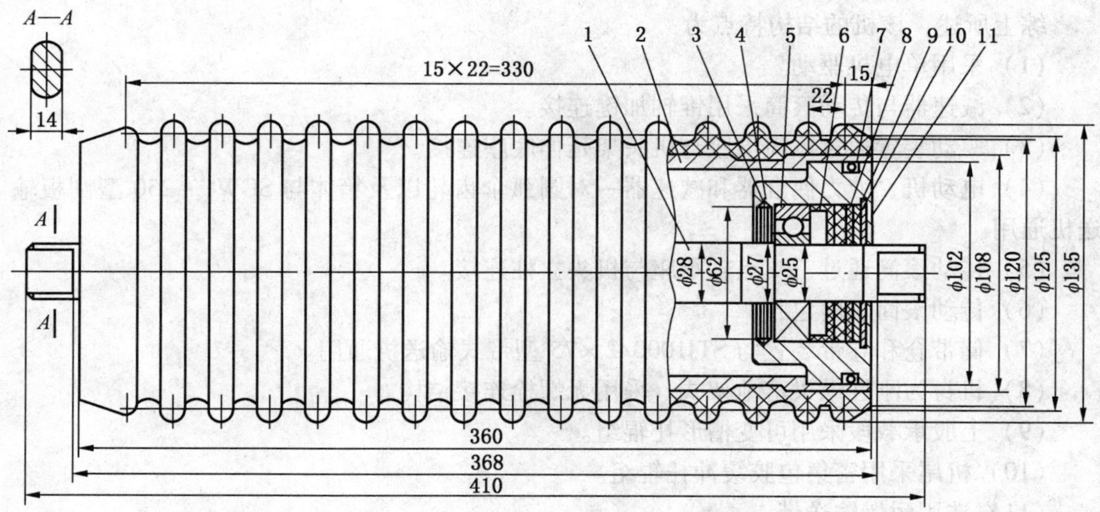

1—轴；2—挂胶钢管；3—轴承座；4—挡油盘；5—轴承；6—内密封圈；7—O 形密封圈；8—外密封圈；9—防水圈；10—挡圈；11—挡板

图 5－37　缓冲托辊

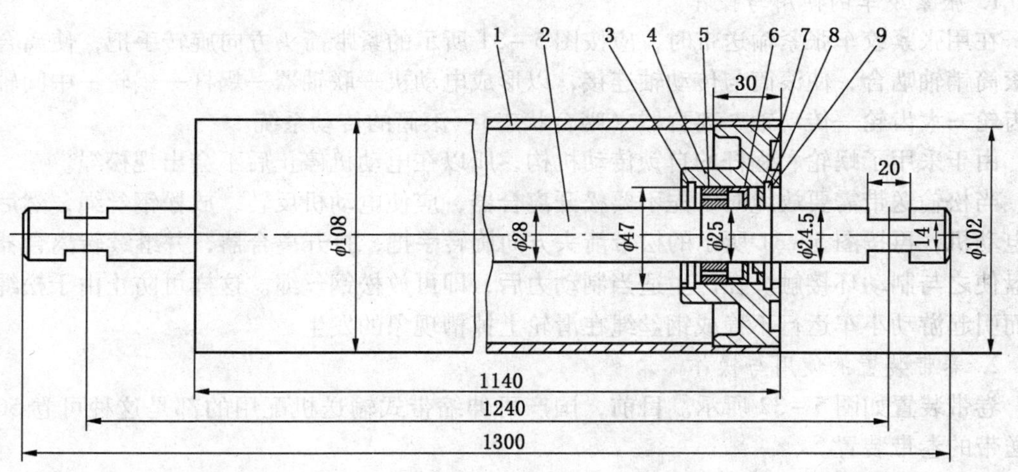

1—钢管；2—轴；3—挡油盘；4—轴承座；5—轴承；6—内密封圈；7—外密封圈；8—钢丝挡圈；9—毛毡圈

图 5－38　平托辊

输送带既是带式输送机的承载构件，又是其牵引构件。输送带质量的好坏对带式输送机的性能影响很大，要求其抗拉强度大，厚度薄，弯曲性能好，还要具有防火和抗静电的良好性能。输送机的允许铺设长度与输送带的抗拉强度有关。

SSD1000/125 型可伸缩带式输送机选用聚乙烯耐燃输送带，其纵向扯断强度大于 580 kN/m，横向扯断强度不小于 245 kN/m，纵向扯断伸长率不小于 10%，每卷输送带出厂长度为 100 m。

（八）电控系统

该机选用 SDSJ 可伸缩带式输送机电控系统，它具备控制、沿线紧急停车、输送带跑偏、打滑或断带、游动小车限位和卷带到头限位、漏电闭锁等保护以及信号部分。

综上所述，该机的结构特点为：

(1) 采用单电机驱动。

(2) 减速器与传动滚筒采用锥轴加键连接。

(3) 驱动装置通过罩筒支座与机头架延伸底座连接。

(4) 电动机、液力偶合器和减速器一对圆弧伞齿轮以及箱体与 SGW1 - 250 型刮板输送机通用。

(5) 传动滚筒通过三支点轴承座与机头立柱连接。

(6) 传动滚筒表面包胶。

(7) 储带仓和卷带装置与 STJ1000/2 ×75 型带式输送机通用。

(8) 机身为刚性纵梁落地架式，采用无螺栓连接结构。

(9) 上股承载段采用可变槽形托辊组。

(10) 机尾采用密集包胶缓冲托辊组。

(11) 选用耐燃输送带。

二、SSD1000 /125 型可伸缩带式输送机的使用与操作

1. 张紧绞车的使用与操作

在用张紧绞车张紧输送带时，应按图 5 - 31 所示的紧带箭头方向旋转手把，使离合器与滚筒销轴啮合，使滚筒与传动轴连接，以形成电动机—联轴器—蜗杆—蜗轮—中间轴—小齿轮—大齿轮—传动轴—离合器（啮合状态)—滚筒的传动系统。

由于采用了蜗轮、蜗杆的自锁传动机构，所以在电动机停止后不会出现松绳。

当松输送带需要放绳时，先不要松开离合器，应使电动机反转，放松钢丝绳，然后停止电动机，再按图 5 - 31 所示的松带箭头方向旋转手把，打开离合器，并继续转离合器制动盘使之与制动环接触。在产生适当制动力后，即可放松钢丝绳。这样可防止由于松绳过多而引起游动小车运行不稳或钢丝绳在滑轮上掉槽现象的发生。

2. 卷带装置的使用与操作

卷带装置如图 5 - 32 所示。目前，国产可伸缩带式输送机配用的都是这种可卷 50 m 输送带的卷带装置。

当用于后退式采煤法需要从储带仓中取出输送带时，先将小车移动架放下，将卷筒放在顶针小车上；再把顶针小车推入卷带装置架内，将小车移动架翻起并用销子挂住；操纵顶针手轮，使小车和减速器出轮的顶针进入卷筒轴孔内，同时卷筒慢慢抬起离开小车架，这时卷筒一侧的牙嵌离合器也与减速器出轴顶针上的牙嵌离合器接合；将输送带接头转到卷带装置架中的两个手动胶带夹板之间，用手摇动螺杆，通过两个夹板把输送带接头两端夹住；然后抽去接头穿条，把前面的接头与卷筒上预制的一段输送带接头用穿条重新穿好；放松前面的胶带夹板，使张紧绞车处于松带放绳状态；启放卷筒随游动小车徐徐前移，将储带仓内的输送带慢慢地卷到卷筒上；当这卷输送带（50 m）的另一个接头越过前面的手动胶带夹板进入卷带装置架内后，用夹板将输送带夹紧，抽掉接头穿条，将前后夹板夹住的两个接头接好。卷好的输送带用铁丝捆好，以防松开。将卷筒从架子中拉出，通过设于输送机侧的轻便轨道上的平车，将这卷输送带运走。

当用于前进式采煤法需要向储带仓内放入输送带时，装满卷筒的输送带进入架子后，

牙嵌离合器不与减速器输出轴顶针上的牙嵌离合器啮合，这时，通过张紧绞车拉动游动小车后移而将卷筒的输送带放入储带仓中，以备机身延伸时使用。

由于国产输送带出厂长度一般为 100 m，因此使用该装置时必须在整机中串入两条 50 m长的输送带交替更换。如果全部改制成 50 m 一段的输送带，则有可能由于接头增多而造成断带概率的增加。如果将卷带装置改成能容纳长度 100 m 输送带的卷筒，则会受到体积和井下搬运条件限制。因此，目前各矿均采用在卸载臂下方或在上股承载段借助传动滚筒开反车的办法进行输送带的收放工作。

3. 移机尾装置的使用与操作

机尾移动借助于移机尾装置进行。液压移机尾装置的组成如图 5－35 所示。一般用它来推动机尾部向后退缩（适用于后退式采煤）。当转载机与机尾导轨重叠约 9 m 时，即将带式输送机停机，拆去紧接机尾部的 3、4 节中间架。移机尾时，应按下列步骤操作：

（1）将滑轮架固定在机尾所需移动的前方（预定两根撑柱，用链条将滑轮架拴在撑柱下部）。

（2）按图 5－35 将装置安装好。

（3）在牵引链与滑轮架链轮啮合前，先使千斤顶活塞杆全部伸出。

（4）用手拉紧牵引链，将就近一环放到活塞杆端头特制的链条中定位，将操纵阀手把扳到“张紧”位置，使千斤顶缩回，给链子以初张力。

（5）使定位板滑过链子，将其与停车制动器的顶部托架锁紧。

（6）松开张紧链，伸长千斤顶，使之达到最大行程。在滑轮架固定好后，松开制动板，收缩千斤顶，将操纵阀置于“张紧”位置，使带式输送机机尾装载部缩回，直到千斤顶最大行程为止。

（7）在行程终点，用定位板锁住牵引链，按（6）所述重复进行操作，直至机尾装载部移到所需位置为止。

（8）操作过程结束，松开链子，使千斤顶完全缩回。

4. 机身的伸长或缩短

可伸缩带式输送机主要通过机身的伸长或缩短来实现整机运输距离的延伸或收缩。当作为前进式采煤或巷道掘进的后配套时，带式输送机输送距离需不断伸长；当作为后退式采煤综机配套使用时，运输距离需不断收缩。

现将机身伸长或缩短的操作程序分述如下：

1）机身伸长

机身需伸长之前可能有两种情况：一种是储带仓中有输送带；另一种是储带仓中无输送带。

（1）储带仓中有输送带。转载机已移至机尾后端极限位置，储带仓中游动小车位于靠近张紧绞车一端，储带仓中尚储有输送带。其操作方法如下：

①清除机尾前进方向底板上的浮煤，打开张紧绞车离合器使之处于松带状态，利用移机尾装置或其他牵引设备将机尾部延伸一段距离，使转载机与机尾重叠处于最长长度。

②根据延伸长度，接上相应数量的中间架（H 架、纵梁和托辊）。

③利用张紧绞车将输送带张紧。

④调整机尾部使之平直，以免输送带跑偏。

（2）储带仓中无输送带。转载机已移到机尾部后端极限位置，游动小车已移至靠近机头一端，储带仓中已放完输送带。其操作方法如下：

①利用卷带装置或其他办法先将输送带储入储带仓中，复原到（1）状态。

②按程序进行操作。

2）机身缩短

机身缩短之前也有两种情况：储带仓可继续储带和储带仓已装满输送带。现将两种情况分述如下。

（1）储带仓可继续储带。转载机已移至机尾前端极限位置，储带仓中游动小车位于靠近机头一端，储带仓可继续储带。其操作方法如下：

①根据所需缩短的长度，从近机尾端开始，拆除相应的机身中间架。

②清除机尾滑橇下面和前移距离内底板上的浮煤，在用移机尾装置移动机尾的同时，开动张紧绞车向后拉游动小车，使松弛的输送带进入储带仓中。

③调整机尾部使之平直。

④利用张紧绞车将输送带张紧。

（2）储带仓已装满输送带。转载机已移到机尾前端极限位置，储带仓中游动小车已移到靠近绞车一端，储带仓已不足以一次储带。其操作方法如下：

①利用卷带装置或人工操作从储带仓中取出输送带，使储带仓放空。

②再按（1）程序操作。

注意：后退式采煤时，如果带式输送机机身缩至不可再缩时，则可将带式输送机全部拆除，并将桥式转载机放平铺设，同时增加转载机的铺设长度，以代替输送机解决这一段的运输；随着后退，再逐节减少转载机长度。

三、维护与润滑

为保证带式输送机的正常运行，对其进行定期的维护与保养是至关重要的。

为做到预防为主，必须坚持每天沿带式输送机进行巡视，若发现问题，应及时处理。

（一）维护

1. 清扫器的检查维护

两传动滚筒直径的差异，将会使输送带在其中一滚筒上打滑，这不仅会导致输送带和滚筒的提前磨损，而且也对两传动轴功率的分配有很大影响。换向滚筒上粘上煤粉，能引起输送带跑偏和磨损，所以在输送带进入滚筒以前，一般需由犁式清扫器清除粘于输送带上的煤粉，用清扫刮板清除滚筒表面上的粘附煤粉。

清扫器或清扫刮板不能对输送带或滚筒表面压得过紧，以免增大运行阻力和加剧磨损；但也不能存在间隙或间隙过大而使清扫器失去作用。

对清扫器巡视的要点是检查接触情况和其零件的完整性，发现问题应及时调整；对损坏的零件应及时更换；对积聚在清扫器上的煤粉，在停车时应及时清除。

2. 输送带张紧情况的检查维护

滚筒打滑常是输送带张力不足的表现，这可以通过调整输送带的张紧力来消除；而张紧力过大则会引起下股带的振动，所以对张力的调整必须适当，以负荷传感器压力表数值控制或视输送带在传动滚筒上不产生打滑为宜。与此同时，应检查张紧绞车动作和钢丝绳磨损及滑轮润滑情况，发现问题应及时处理。

3. 减速器、液力偶合器、电动机及所有滚筒轴承温度的检查维护

润滑不良、超负荷运行或零件磨损是引起轴承温度异常的主要原因，它预示着隐患事故即将发生。通过温度检查，能提前发现问题，及早分析处理。对减速器和液力偶合器有渗漏油情况的设备，应定期检查充油量，并及时予以补充；对漏油严重的，应及时更换或修理密封零件。

4. 游动小车活动情况的检查维护

游动小车应能在导轨上自由运动。落地式导轨往往由于游动小车止爬钩与导轨接头干涉而影响一侧的运动，导致游动小车歪斜，带来输送带跑偏。因此，必须及时清理阻碍游动小车前后自由移动的障碍物，尤其在张紧输送带过程中，为避免张紧绞车过载，必须及时清理。

5. 输送带跑偏、卡磨情况的检查维护

长时间的跑偏是造成输送带带边拉毛、开裂甚至纵向撕裂的主要原因。造成输送带跑偏的因素很多，发现跑偏，应按前述方法分析调整，避免卡磨现象的发生。

6. 输送带接头和磨损情况的检查维护

断带通常发生在接头或磨损严重处，为避免满载运行时产生断带而带来不必要的麻烦，对受损严重的输送带，特别是接头处必须及时割除重做。重做时，应保证割口与输送带中心线垂直。

7. 托辊接触情况的检查维护

所有托辊在出厂时，轴承和密封圈中已注足量的锂基润滑脂，一般在运行过程中不再注油。巡视过程中主要观察托辊是否与输送带接触，并能自由地运转。如果发现因不接触或因异物卡住外壳而不转动，则应及时调整或排除异物；如果因托辊轴承进煤泥而不能转动，则应取下轴承加以清洗和检查，并重新装配注油。

8. 紧固件的检查维护

对紧固件的检查原则上对整机每个螺栓应经常检查，发现松动，应立即拧紧。对运转过程中经常处于振动状态下的紧固螺栓，如驱动装置、机尾装载段、张紧绞车及各滚筒安装定位螺栓应重点检查。

9. 装载情况的检查维护

偏载将会引起输送带跑偏。如果在机尾装载段发现偏载，必须及时调整。

10. 对底板上浮煤和积水的日常清理

在机身、机尾部的下托辊位置较低，浮煤堆积和煤水浸泡将会影响下托辊或机尾滚筒的正常运转，增大整机运行阻力，因此，必须经常清理。

11. 电控和安全装置的检查

每周必须至少检查一次所有控制和安全装置的运行情况。

12. 润滑点的检查维护

按润滑周期表定期给润滑点补充或更换润滑剂。巡视过程中发现油脂污损情况，可以提前更换或补充。

（二）润滑

减速器出厂不带油，第一次换油在运转 150 h 后进行，其后的换油在运转 6 个月以后进行，具体时间应根据具体情况而定。

可伸缩带式输送机的润滑周期见表5－2。

表5－2 可伸缩带式输送机润滑周期表

序号	产品代号	润滑点	注油方式	润滑剂	注油量	建议润滑周期
1	①~④ ⑤~⑦	减速器	上盖注入	22号双曲线齿轮油	加到大伞齿轮1/3处	投产150 h后，将油排出刷净重新注油，以后每6个月换一次油
2	① ② ③ ④ ⑤ ⑥~⑦	液力偶合器	注油孔注入	22号汽轮机油或20号机械油	(YOXD560)19 L (YOXD500)18 L (Tfa487)14.5 L (YOXD400)9 L (YOXIM50)16 L	每12个月检查油位，需要时应随时补充
3	①~④ ⑤~⑦	传动滚筒	注油嘴油枪注入	钙钠基润滑脂		3个月
4	①~④ ⑤~⑦	滚筒内轴承	用油枪从轴头注入	钙钠基润滑脂		3个月
5	①~② ⑤~⑦	张紧绞车减速器和卷带减速器	注油塞注入	20号齿轮油		12个月
6	①~② ⑤~⑦	张紧绞车和卷带装置各轴承	经注油嘴注入	钙钠基润滑脂		6个月
7	①~⑦	钢丝绳滑轮	经注油嘴注油	50号以上机油		每个月
8	①~⑦	清扫器及其他枢轴	油枪喷注	20号机械油		每个月
9	①~⑦	齿轮箱	经检查盖孔注油	石墨钙基润滑脂或二硫化钼润滑脂		每个月检查一次，需要时则加注
10	③	张紧链轮	注油嘴注油	50号以上机油		
11	③	液压张紧动力站	注油孔注入	30号机械油	使油缸注满油后，再向油箱注油，使油位超过中间位置	12个月（经检查必要时缩短周期）
12	①~⑦	电动机轴承		1号工业锂基脂		运转12个月后重新注油
13	①~⑦	托辊轴承	涂抹	托辊专用锂基润滑脂		拆修时更换

注：①SSJ1000/160型；②SSJ1000/125型；③SSJ800/90型；④SSJ650/40型；⑤SSJ1000/2×75型；⑥SSJ800/2×40型；⑦SSD800/2×40型。

四、常见故障及其处理方法

可伸缩带式输送机的常见故障及其处理方法见表5-3。

表5-3　可伸缩带式输送机的常见故障及其处理方法

故障现象	故障原因	处理方法
电动机不能启动或启动后就立即慢下来	1. 线路故障 2. 保护电控系统闭锁 3. 速度（断带）保护安装调节不当 4. 电压下降 5. 接触器故障 6. 在1.5 s内连续操作	1. 检查线路 2. 检查跑偏、限位、沿线停车等保护，事故处理完毕，使其复位 3. 检查速度继电器的安装和旋钮，指示速度与卸载滚筒转速，使其符合要求 4. 检查电压 5. 检查过负荷继电器 6. 减少操作次数
电动机发热	1. 由于超载、超长度或输送带受卡阻，使运行阻力增大，电动机超负荷运行 2. 由于传动系统润滑条件不良，致使电动机功率增加 3. 在电动机风扇进风口或径向散热片中堆积煤尘，使散热条件恶化 4. 双电动机时，由于电动机特性曲线不一或滚筒直径差异，使轴功率分配不匀	1. 检测电动机功率，找出超负荷运行原因，对症处理 2. 各传动部位及时补充润滑 3. 清除煤尘 4. 采用等功电动机，使特性曲线趋向一致；通过调整液力偶合器充油量，使两电动机功率合理分配
满负荷时，液力偶合器不能传递额定力矩	液力偶合器充油量不足	加油（当双电动机驱动时，必须用电流表测量两电动机，通过调整充油量使功率趋向一致）
减速器过热	1. 减速器中油量过多或太少 2. 油使用时间过长 3. 润滑条件恶化，使轴承损坏 4. 冷却装置未使用	1. 按规定量注油 2. 清洗内部，及时换油 3. 修理或更换轴承，改善润滑条件 4. 使用冷却装置
输送带跑偏	1. 安装质量：①机架、滚筒没有调整平直；②托辊轴线与输送带中心线不垂直 2. 输送带质量：①输送带接头与中心不垂直；②输送带带边呈S形 3. 装载质量：装载点不在输送带中央（偏载）	1. 调整机架或滚筒，使之保持平直；利用托辊调位，纠正输送带跑偏 2. 重新做接头，保证接头与输送带中心线垂直；割去不直部分，重做接头 3. 调正落煤点位置
输送带老化、撕裂	1. 输送带与机架摩擦，导致带边拉毛、开裂 2. 输送带与固定硬物干涉导致撕裂 3. 保管不善；张紧力过大；铺设过短导致挠曲次数超过限值，提前老化	1. 及时调整，避免输送带长期跑偏 2. 防止输送带挂到固定构件上或输送带中掉进金属构件 3. 按输送带保管要求贮存；尽量避免短距离铺设使用
断带	1. 带体材质不适宜，遇水、遇冷变硬脆 2. 输送带长期使用，强度变差 3. 输送带接头质量不佳，局部开裂未及时修复	1. 选用机械物理性能稳定的材质制作带心 2. 及时更换破损或老化的输送带 3. 经常观察接头，发现问题及时处理

表5-3（续）

故障现象	故障原因	处理方法
打滑	1. 输送带张紧力不足，负载过大 2. 由于淋水使传动滚筒与输送带之间摩擦因数降低 3. 超出使用范围，倾斜向下运输	1. 重新调整张紧力或者减少运输量 2. 消除淋水；增大张紧力；采用花纹胶面滚筒 3. 订货时向供方说明使用条件，提出特殊要求
托辊小车、游动小车掉道	储带仓架变形或设计结构不合理，使行走导轨轨距不易保证设计要求	1. 测量轨距，重新调整 2. 改变导轨或小车轮子结构
托辊不转	1. 托辊与输送带不接触 2. 托辊外壳被煤泥卡阻；或托辊端面与托辊支座干涉 3. 托辊密封不佳，使煤末进入轴承而引起轴承卡阻	1. 垫高托辊位置，使之与输送带接触 2. 清除煤泥；干涉部位加垫圈或校正托辊支座，使端面脱离接触 3. 上井拆开托辊，清洗或更换轴承，重新组装
负荷传感器失效（压力表不显示压力）	密封元件失效，致使其皮碗中缺油	更换密封元件

第四节　带式输送机的安装、运转与维护

一、安装要求

（1）直线运行的输送机机头、机身和机尾的中心线应成一条直线。

（2）机头、机尾各滚筒、铰接托辊、吊架的位置必须与输送机中心线垂直。

（3）输送带接头必须保证正和直。

（4）输送机与支柱间应留有间隙，一面不小于0.4 m，另一面不小于0.7 m。靠近机头和机尾的过道不应小于0.6 m。

（5）对于绳架吊挂式的机身钢丝绳，两端必须固定牢固，不允许有松动，两根钢丝绳高度应相同，张紧程度应一致。机尾固定钢丝绳必须系结牢固。

二、输送带跑偏与调整

由于安装及多种原因，输送带在运转中可能发生跑偏，需要进行及时调整。调整部位为机头卸载滚筒、机头部拉紧滚筒、铰接托辊以及吊架。跑偏调正的方法应根据输送带运行方向和跑偏方向来确定。

1. 输送带跑偏的基本规律

（1）偏大不偏小。滚筒与托辊两侧直径大小不一，输送带运行过程中就会向大的一侧跑偏。

（2）偏高不偏低。支承装置造成输送带两侧不在同一个水平面上，输送带运行中便向高的一侧跑偏。

（3）偏紧不偏松。输送带两侧的松紧程度不一样，运行中则向紧的一侧跑偏。

（4）偏后不偏前。以输送带运行方向为准，托辊或滚筒不在运行方向的垂直截面上，一侧后一侧前，则输送带在运行中便会向后的一侧跑偏。

“大、高、紧、后”是输送带跑偏的方向和规律，但“紧”是跑偏的最终方向和最根本的规律。

2. 输送带跑偏的原因及危害

输送带跑偏通常由以下因素造成：

（1）转动滚筒和尾部滚筒两头直径不等，一头大一头小。

（2）滚筒或托辊表面有煤泥或其他附着物。

（3）机头部转动滚筒与尾部不平行。

（4）转动滚筒、尾部滚筒轴中心线与机身中心线不垂直。

（5）滚筒轴中心线与机身中心线垂直，但滚筒中心不在机身中心线上。

（6）槽形托辊或平形托辊不正。

（7）输送带接头不正或输送带老化变质造成两侧松紧不一。

（8）给料位置不正。

（9）机身不正。

输送带跑偏不仅会影响生产，损坏输送带，当使用非阻燃输送带时，还会因跑偏而增加输送带的运行阻力，使输送带打滑，可能引起矿井火灾等事故。

3. 现场调整输送带跑偏的方法

（1）自动托辊调偏，即当输送带跑偏范围不大时，可在输送带跑偏的最大处，安装调心托辊。

（2）单侧立辊调偏，即当输送带始终向一侧跑偏时，可在跑偏的一侧跑偏范围内加装若干立辊，使输送带复位。

（3）适度拉紧调偏，即当输送带跑偏忽左忽右，方向不定时，说明输送带过松，可适当调整张紧装置以消除跑偏。

（4）调整滚筒跑偏，即当输送带在滚筒处跑偏时，检查滚筒是否异常或窜动，调整滚筒至水平位置正常转动，消除跑偏。

（5）校正输送带接头调偏，即当输送带跑偏始终向一个方向，而且最大跑偏在接头处，可校正输送带接头与输送带中心线垂直，消除跑偏。

（6）垫高托辊调偏，即当输送带跑偏方向、距离一定，可在跑偏方向的对侧垫高托辊若干组，消除跑偏。

（7）调整托辊跑偏，即当输送带跑偏方向一定时，检查发现托辊中心线与输送带中心线不垂直，就可调整托辊，消除跑偏。

（8）消除煤泥调偏，即当输送带跑偏点不变，发现托辊、滚筒黏着煤泥，就要消除煤泥调偏。

（9）校正给料调偏，即当输送带轻载不跑偏、重载跑偏时，可调整给料重量及位置消除跑偏。

（10）校正支架调偏，即当输送带跑偏方向、位置固定、跑偏严重时，可调整支架的水平和垂直度，消除跑偏。

消除输送带跑偏要先查明原因，“对症下药”，就能达到目的。

三、输送带打滑原因及防止打滑的措施

打滑就是主动滚筒转动而输送带不动或不同步运动。造成打滑的主要原因是输送带与滚筒之间的摩擦力不够，如输送带的拉紧程度不够或滚筒上有水或煤泥等。克服的办法是将输送带拉紧或停车后在主动滚筒和下段输送带之间撒上锯末或煤粉将水吸干。

四、运转维护中应注意的主要问题

（1）带式输送机的工作场所必须保持清洁；保证电动机、液力联轴器和减速器具有良好的散热条件，煤粉应及时清除。

（2）应尽量避免频繁启动，一般情况下应空载启动。在用两个电动机驱动时，可先后启动也可同时启动。

（3）每班工作前必须仔细检查液力联轴器有无漏油现象，定期检查其充油量，发现油量不足应立即按规定补充。工作中禁止取掉液力联轴器的护罩。

（4）经常检查机身钢丝绳的张紧度，发现松弛现象时应立即张紧，但紧绳后应注意观察输送带是否跑偏。

（5）托辊应定期检修，检修时密封圈内必须填满润滑脂，转动不灵活的托辊应立即更换。

（6）不允许输送带沿传动滚筒有打滑现象，发现输送带松弛应立即张紧。

（7）发现输送带跑偏应立即调正，不允许产生磨损输送带边缘的现象。

（8）经常检查输送带接头，发现断裂应及时修理或更换。

（9）绳卡上的斜楔必须打紧，严禁在运输的煤炭中有较长的铁器，以防止输送带跑偏时划破输送带。

（10）经常检查清扫装置的工作状况。经清扫后的输送带以及传动滚筒表面，不允许粘附碎煤或煤粉。

（11）装载应保证物料装在输送带正中，不允许在较大的高度上直接装载，以防止大块煤砸伤输送带。

复习思考题

1. 试述带式输送机的基本组成、工作原理及适用条件。
2. 带式输送机有哪几种类型？各有什么特点？
3. 输送带有哪几种类型？各用什么方法连接？
4. 托辊的类型有几种？说明各自的作用。
5. 拉紧装置、制动装置、清扫装置的作用是什么？说明各自的类型及适用范围。
6. 试述可伸缩带式输送机的工作原理。
7. 可伸缩带式输送机分哪几种类型？
8. 可伸缩带式输送机由哪几部分组成？各部分的功用和特点是什么？
9. SSD1000/125 型可伸缩带式输送机的传动系统是怎样的？

10. SSD1000/125型可伸缩带式输送机主要由哪几部分组成?

11. SSD1000/125型可伸缩带式输送机的张紧绞车、卷带装置、移机尾装置、机身伸缩如何操作?

12. 如何调整输送带跑偏?

13. 可伸缩带式输送机正常运行期间如何维护和润滑?

14. 可伸缩带式输送机有哪些常见故障?如何处理?

第六章 桥式转载机和破碎机

【教学目标】

1. 掌握桥式转载机和破碎机的结构。
2. 了解桥式转载机和破碎机的使用。

【教学重点】

1. 桥式转载机的使用。
2. 破碎机的结构和工作原理。

【教学难点】

轮式破碎机的结构和工作原理。

第一节 桥 式 转 载 机

桥式转载机是国内外机械化采煤运输系统中普遍采用的一种中间转载输送设备，如图6-1所示，其传动系统如图6-2所示。

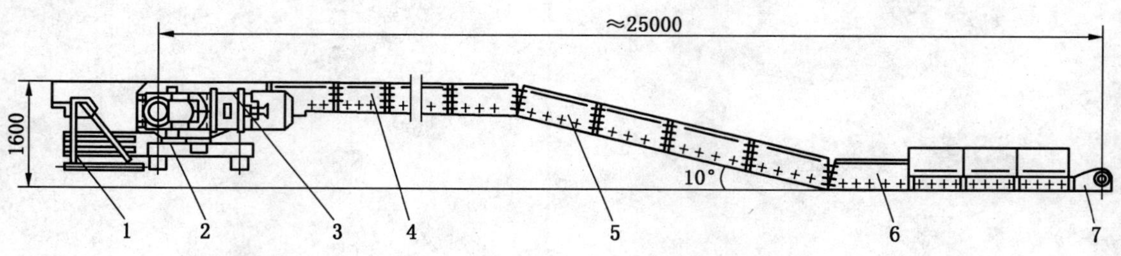

1—导料槽；2—支承小车；3—机头；4—中间悬拱部分；5—爬坡段；6—水平装载段；7—机尾

图6-1 SZQ-40型桥式转载机

桥式转载机安置在采煤工作面下顺槽中，与可伸缩带式输送机配套使用，同采煤工作面刮板输送机衔接配合，它的作用是将采煤工作面刮板输送机运出的货载输送到顺槽中可伸缩带式输送机上。

桥式转载机实际上是一种可以纵向整体移动的重型刮板输送机。它的长度较小，便于随着采煤工作面的推进和带式输送机的伸缩而整体移动。在机械化采煤工作的顺槽中使用转载机，可减少顺槽中可伸缩带式输送机的伸缩、拆装次数，并将货载抬高，便于向带式输送机装载，从而加快采煤工作面的推进速度，提高采煤效率，增加煤炭产量。

桥式转载机的机头部，通过横梁和小车搭接在可伸缩带式输送机机尾部两侧的轨道上，并沿此轨道整体移动；转载机的机尾部和水平装载段则沿巷道底板滑行。转载机与可伸缩带式输送机配套使用时的最大移动距离，等于转载机机头部和中间悬拱部分及带式输送机机尾部的搭接长度。当转载机移动（后退或前进）到极限位置（即悬拱部分全部与带式输送机分离或全部重叠）时，需将带式输送机进行伸缩，搭接状况达到另一极限位置时，转载机才能继续移动并与带式输送机配合工作。

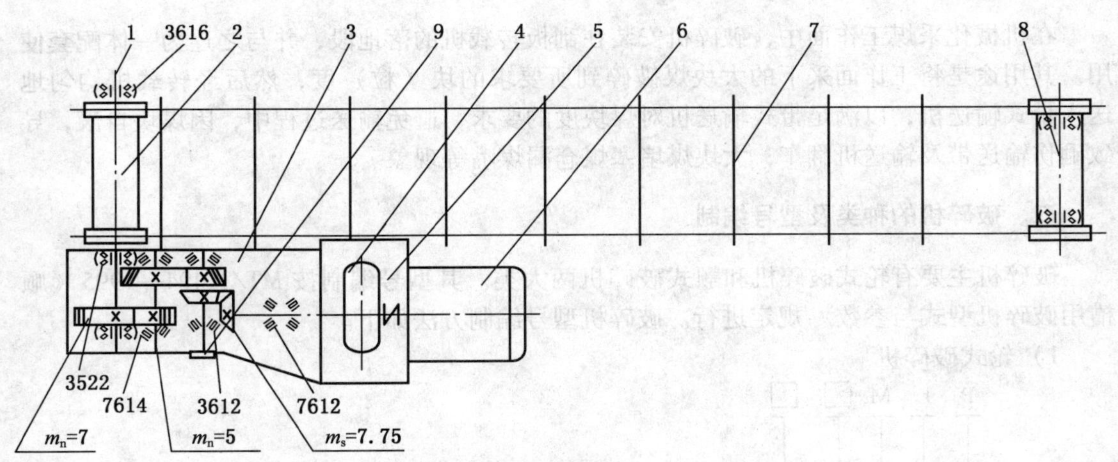

1—盲轴；2—链轮；3—减速器；4—联轴器；5—连接罩；6—电动机；7—刮板链；8—滚筒；9—紧链器

图 6-2 SZQ-40 型转载机的传动系统

随着采煤工作面的推进，顺槽转载机和可伸缩带式输送机陆续移动和伸缩，因可伸缩带式输送机的不可伸缩部分为 50 m 左右，故当顺槽运输距离小于 60 m 时，不能继续使用可伸缩带式输送机，而应将转载机的水平装载段接长，机头部增加一套传动装置，单独完成顺槽中货载运输任务。有的也将伸缩带式输送机的储带部分逐段拆除，不接长转载机，或全部拆除可伸缩带式输送机，用转载机单独完成顺槽中货载的运输任务。

在掘进巷道时，转载机可作掘进工作面输送机，也可和伸缩带式输送机配套使用，输送掘出的煤和矸石。如果转载机用于掘进采区运输巷，则当巷道掘进完成后，直接转作采煤工作面的顺槽运输设备。

转载机在采煤工作面顺槽中使用时，可按照回采工艺进行整体移动。当采空区运输巷进行维护时，在工作面推进 5 m 的过程中，不必移动转载机；当采空区运输巷不进行维护时，转载机应与工作面输送机同步推进。转载机和可伸缩带式输送机的有效搭接长度为 12 m，故转载机移动 12 m 后，必须缩短可伸缩带式输送机（后退式采煤时）后才能继续移动。

在与 SGW-150 型工作面刮板输送机配合使用时，转载机可由绞车牵引。在与 SGW-250 型工作面刮板输送机配合使用时，转载机可由工作面端头液压支架的水平千斤顶推动机尾进行移动。在用绞车牵引时，牵引钢丝绳的挂钩必须挂在机头架两侧板的孔中。

在掘进巷道中，转载机的移动可用绞车牵引，也可由掘进机牵引。当转载机机头行走小车及传动装置移动到带式输送机机尾末端时，需接长带式输送机后转载机才能继续移动。

第二节 破 碎 机

一、用途

在机械化采煤工作面中，破碎机安装在刮板转载机的落地段，并与之连为一体配套使用。其用途是将工作面采下的大块煤破碎到所要求的块（粒）度，然后经转载机均匀地送入带式输送机，以满足带式输送机对煤块度的要求，避免输送过程中，因煤块自滚，导致砸伤输送带及输送机翻车，大块煤堵塞煤仓漏煤嘴等现象。

二、破碎机的种类及型号编制

破碎机主要有轮式破碎机和颚式破碎机两大类。其型号编制按 MT/T 494—1995《顺槽用破碎机型式与参数》规定进行。破碎机型号编制方法如下。

1）轮式破碎机

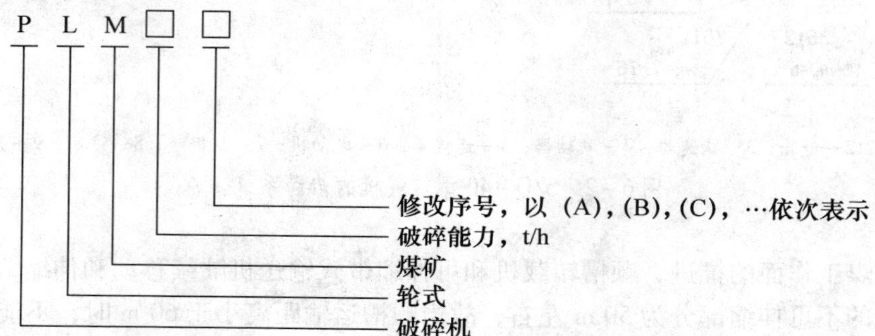

2）颚式破碎机

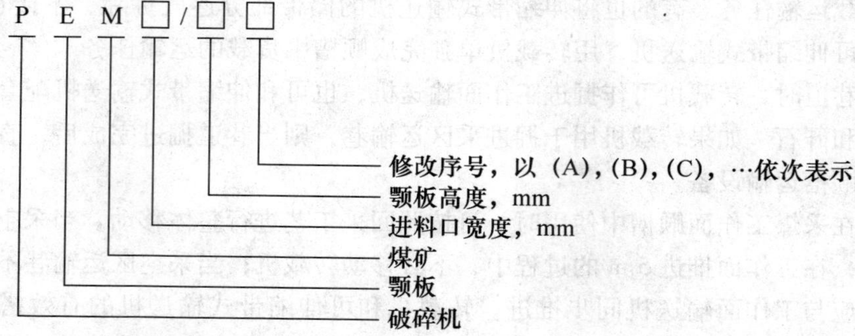

三、破碎机的结构和工作原理

破碎机的类型较多，使用时按物料的物理性质、粒度、生产量、用途等进行选择。对于机械化采煤工作面，与转载机配套使用的破碎机有轮式（锤式）破碎机和颚式破碎机两大类。颚式破碎机的生产能力较低，只适宜破碎中等硬度的煤。轮式破碎机生产能力大，可破碎普氏硬度 $f \leqslant 4.5$ 的硬煤。下面主要介绍轮式破碎机的基本组成与工作原理。

1. 轮式破碎机的结构和工作原理

轮式破碎机传动系统如图 6－3 所示。它由电动机 1、联轴器 2、三角带 3、摩擦离合器4及破碎轴（锤轴）5等组成。电动机的动力由三角带减速传导到破碎轴，通过破碎轴上破碎齿对煤炭进行破碎。轮式破碎机的结构如图6－4所示，包括进料腔1、出料腔3、传动装置4、破碎轴5以及润滑系统和安全装置等部分。轮式破碎机的主要作用是冲击破煤，破碎轴以450～530 r/min转速旋转，带动破碎齿以25 m/s的冲击速度破碎煤块。由于连续旋转，小时破碎能力也较高，因此工作面产量在高于1000 t/h的情况下，大多采用轮式破碎机。

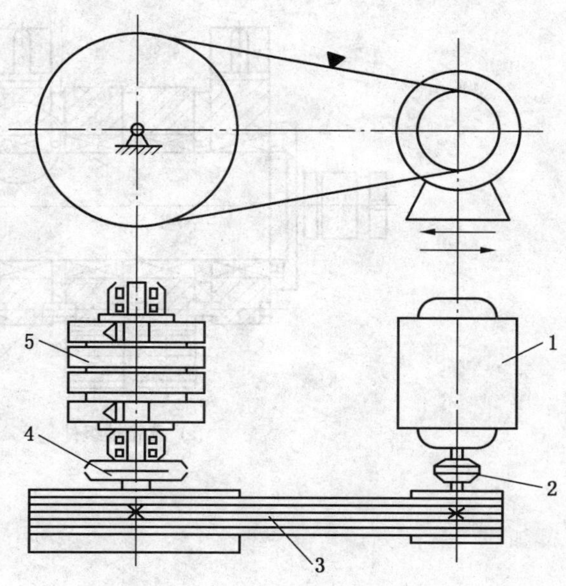

1—电动机；2—联轴器；3—三角带；
4—摩擦离合器；5—破碎轴

图6－3　轮式破碎机的传动系统

1）破碎装置

破碎装置的主要部件是破碎轴组件，如图6－5所示。破碎轴组件由破碎轴1、破碎齿座2、破碎齿3、拉紧螺栓4，内涨圈5、外涨圈6等零部件组成。内、外涨圈由40Mn钢制成，在一侧都开有豁口，拧紧拉紧螺栓4时，两内涨圈沿外圆锥面向内靠拢，使外涨圈向外扩张，内涨圈向内收

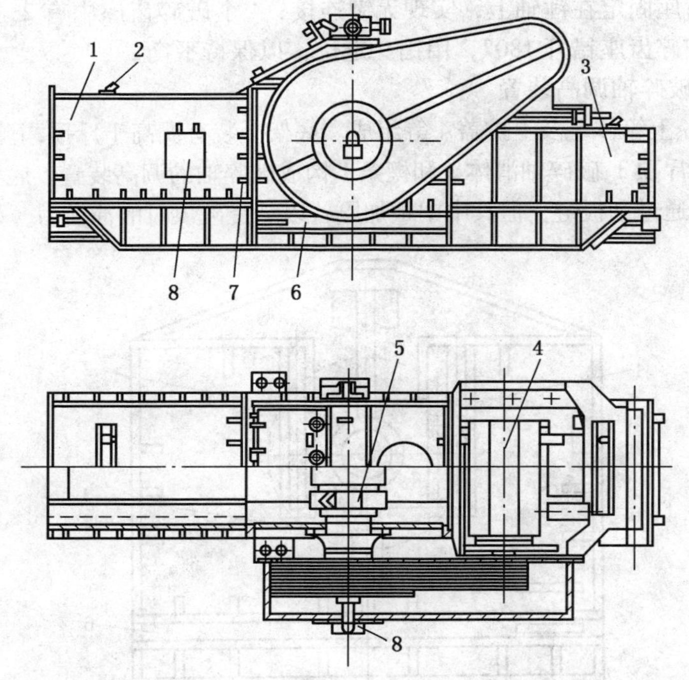

1—进料腔；2—喷水装置；3—出料腔；4—传动装置；5—破碎轴；6—破碎腔；
7—润滑系统；8—电气过载保护

图6－4　轮式破碎机结构

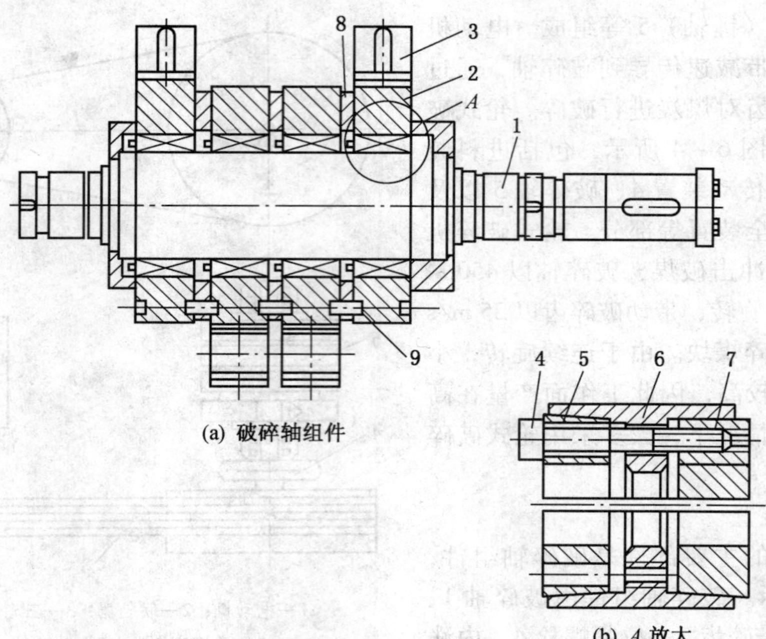

(a) 破碎轴组件

(b) A 放大

1—破碎轴；2—破碎齿座；3—破碎齿；4—拉紧螺栓；5—内涨圈；6—外涨圈；7—前内涨圈；8—间隔板；9—销

图 6-5 破碎轴组件

缩，从而使破碎齿座固定在锤轴上，实现无键连接；4 个破碎齿座中有 2 个并排装在破碎轴中间，与两侧破碎齿座错开 180°，用销 9 定位，以保持平衡。

2）破碎腔及破碎轴调高装置

破碎腔由底架、上箱体 5 及上护盖 4 等组成。底架上装有调高千斤顶，上箱体上装有破碎轴滑体和楔条。千斤顶 3、破碎轴滑体 2 和楔条 1 构成破碎轴的调高装置。底架形状与转载机中部槽类似，以便通过刮板链，但其中中板加厚，以承受破煤时的冲击力，如图 6-6 所示。

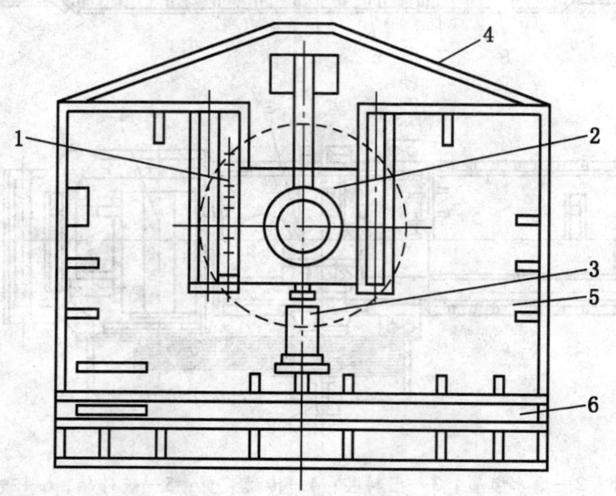

1—楔条；2—破碎轴滑体；3—千斤顶；4—上护盖；5—上箱体；6—破碎腔

图 6-6 破碎腔及破碎轴调高装置

3）过载保护装置

轮式破碎机过载保护装置是一个摩擦离合器，它配以作为低速开关的电控系统来实现过载保护。

4）安全保护装置

轮式破碎机有两项安全保护：

（1）开盖保护，即当打开破碎机上盖时，将自动切断电动机电源，破碎机停止运转。

（2）在破碎腔入口前的 8 m 范围内设有钢丝绳安全保护段，这些钢丝绳与电动机紧急开关手柄相连。当人们撞击钢丝绳时，电动机电源将被切断。

2. 颚式破碎机的结构与工作原理

1）颚式破碎机的结构

颚式破碎机的传动系统（图 6－7）由电动机 1、飞轮 2、液力偶合器 3、减速器 4、偏心轴 5、连杆 6、活动颚板 7、固定颚板 8、速度监视信号接收器 9 及永久磁钢 10 组成。其结构如图 6－8 所示，主要部件有进煤口支撑架 2、出煤口支撑架 3、底架 5、固定破碎颚板 6、活动破碎颚板 7、传动装置 8 及压力润滑装置 9 等组成。

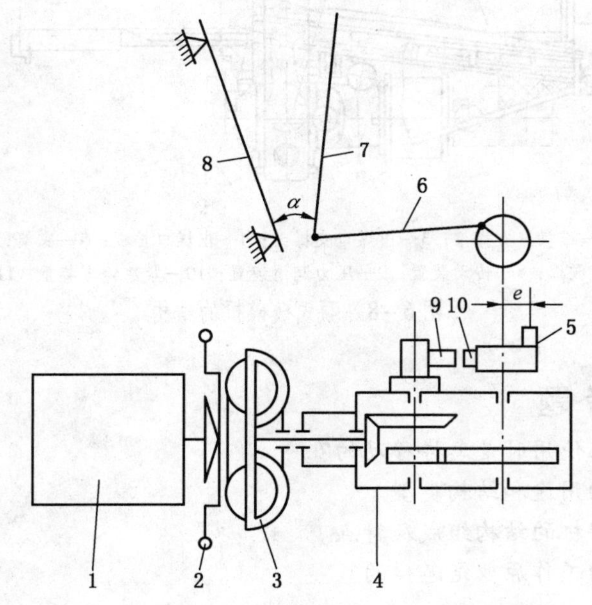

1—电动机；2—飞轮；3—液力偶合器；4—减速器；5—偏心轴；6—连杆；
7—活动颚板；8—固定颚板；9—速度监视信号接收器；10—永久磁钢

图 6－7　颚式破碎机的传动系统

2）颚式破碎机的工作原理

颚式破碎机通过传动系统带动活动破碎颚板做往复运动，对进入活动破碎颚板与固定破碎颚板之间的块煤施加挤压冲击等机械力，进而把大块煤破碎。所需煤块的大小（破碎后）可通过调整出煤口宽度来调节，所能破碎块煤的最大块度为入煤口宽的 75% ~ 85%。它属于非连续破碎机，有工作行程（破碎过程）和空转行程（排煤过程）之分。

装在液力偶合器外壳上的飞轮，在空转行程时储存能量，在工作行程释放能量，以减轻负荷的不均匀性。

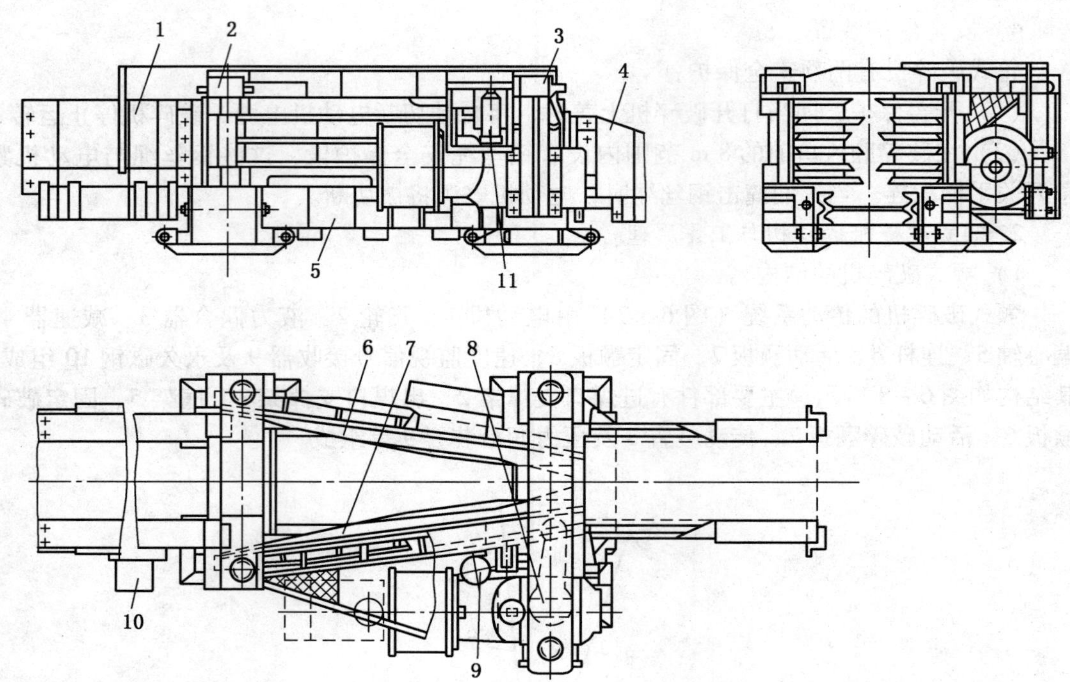

1—进煤口挡板；2—进煤口支撑架；3—出煤口支撑架；4—出煤口挡板；5—底架；6—固定破碎颚板；7—活动破碎颚板；8—传动装置；9—压力润滑装置；10—紧急停车装置；11—摆动支承

图 6-8 颚式破碎机的结构

复习思考题

1. 桥式转载机在使用时是怎样移动的？
2. 说明破碎机的用途和结构类型。
3. 说明轮式破碎机的结构组成及特点。
4. 轮式破碎机的工作原理是怎样的？

第七章 小 型 绞 车

【教学目标】

1. 了解小型绞车的作用、类型及特点。
2. 熟悉常用调度绞车的结构、工作原理及使用要求。
3. 熟悉常用回柱绞车的结构、工作原理及使用要求。

【教学重点】

1. JD－11.4 型调度绞车的结构及工作原理。
2. JH2－5 型回柱绞车的结构及工作原理。

【教学难点】

JD－11.4 型调度绞车和 JH2－5 型回柱绞车的操作。

第一节 概 述

矿用绞车是借助于钢丝绳带动提升容器沿井筒或斜坡道运行的提升机械。煤矿井下，一般将直径在 1.2 m 及以下的绞车称为小型绞车或小绞车。

一、小型绞车的类型

小型绞车的分类方法较多，主要有以下几种：

（1）按照钢丝绳的缠绕方式：可分为缠绕式绞车和摩擦式绞车。
（2）按照滚筒个数：可分为单滚筒绞车和双滚筒绞车。
（3）按照传动方式：可分为齿轮传动绞车和液压绞车。
（4）按照防爆性能：可分为防爆绞车和非防爆绞车。
（5）按照滚筒直径：可分为 1.2 m、0.8 m 及其以下绞车。

煤矿井下常用的绞车为：调度绞车、回柱绞车和无极绳绞车等。

二、常用小型绞车型号编制

小型绞车型号的含义如图 7－1～图 7－3 所示。

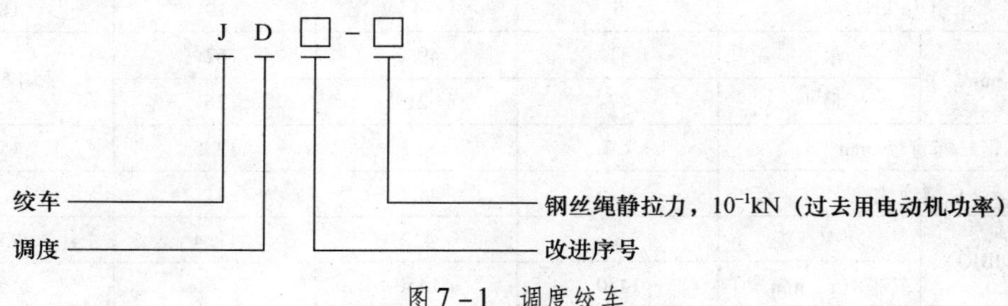

图 7－1 调度绞车

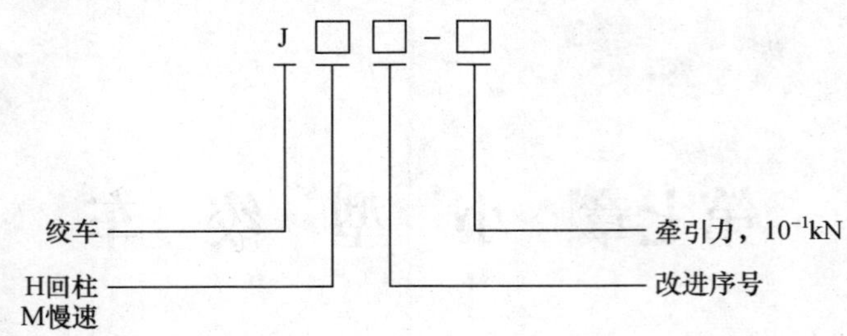

图7-2 回柱绞车

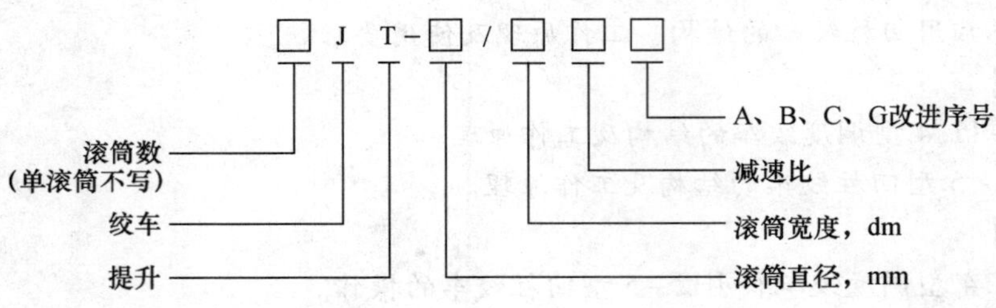

图7-3 矿用绞车

第二节 调 度 绞 车

调度绞车在煤矿井下供调车之用。它的电气设备部分具有防爆性能，故可用在有煤尘及瓦斯爆炸危险的矿井中，用于井下采掘工作面装载点调度编组矿车、中间巷道拖动矿车及其他辅助搬运工作。在地面建筑行业中，可用调度绞车来完成起吊和搬运重物的工作。

为了适应经常迁移和在狭小范围条件下工作，调度绞车具有结构紧凑、操纵简单、安全可靠和移动方便等优点。所以，调度绞车是目前采掘工作面必不可少的小型辅助机械。

一、调度绞车的主要技术特征

我国现有调度绞车的主要型号及技术特征见表7-1。

表7-1 调度绞车的主要技术特征表

型号		JD-3	JD-4.5	JD-11.4	JD-25
牵引力/kN		5	4	10	18
绳速/($m \cdot min^{-1}$)	最大	31	49.2	62	平均65.16
	最小	27	21	26	
钢丝绳直径/mm		7.7	9.2	12.5	15
总减速比		34.5	45.5	41	32.5
电动机（JBJQ）	功率/kW	3	4.2	11.4	25
	转速/($r \cdot min^{-1}$)	1430	1450	1460	1460

表 7-1（续）

型号		JD-3	JD-4.5	JD-11.4	JD-25
外形尺寸/mm	长	910	900	1100	1408
	宽	530	520	765	1275
	高	450	648	730	915
传动形式		内齿轮行星传动			
容绳量/m		100	300～400	400	400
绞车质量/kg		220	448	578	1354

二、调度绞车的结构及工作原理

JD-11.4 型调度绞车的外形如图 7-4 所示。它主要由卷筒装置 1、制动装置 2、3、机座 4 和电动机 5 等部分组成，其结构如图 7-5 所示。JD-11.4 型绞车的符号意义是：J——绞车；D——调度；11.4——电动机功率为 11.4 kW。

为使调度绞车结构紧凑、体积小，其减速机构采用了两组内齿轮传动和一组行星轮系，并将内齿轮行星传动装入卷筒体腔内，电动机又半伸入卷筒端部。同时，调度绞车内部各传动轴均采用滚动轴承，故此运转灵活。

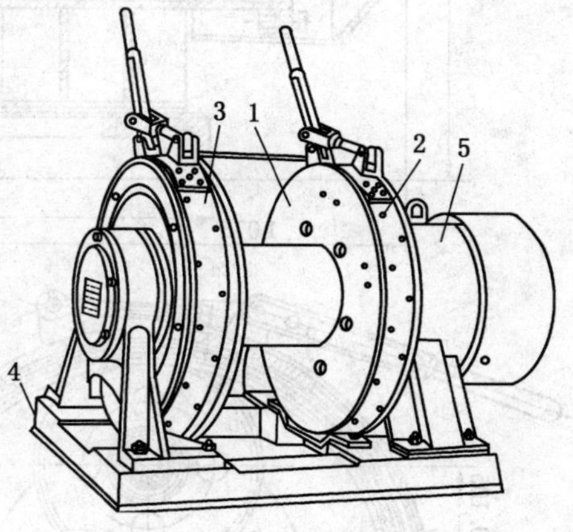

1—卷筒装置；2、3—制动装置；4—机座；5—电动机

图 7-4 JD-11.4 型调度绞车

1. 卷筒装置

卷筒 7 由铸钢焊接而成，其功用为：在卷筒外表面上缠绕钢丝绳，以牵引载荷；在卷筒两端的制动盘上装设制动闸，以操作调度绞车的运转或停止；在卷筒体腔内装有减速齿轮系，故具有减速机壳的作用。

卷筒体腔内的左端装有用螺钉固定的滚柱套 8。装在电动机端盖 32 伸出部分上的 2218 单列向心短圆柱滚子轴承（1）即压入滚柱套 8 中，并用弹性挡圈轴向固定。

第一组内齿轮传动副中的电动机齿轮 1 用键及弹性挡圈与电动机轴相固定，并与内齿轮 2 相啮合。在内齿轮 2 的轴柄孔中，用键及弹性挡圈固定有轴齿轮 3。内齿轮 2 与轴齿轮 3 由两个 410 单列向心球轴承（Ⅱ）支承。该轴承则装在卷筒体腔内的偏心齿轮架 9 上。两轴承之间用定位圈相互隔开，并用弹性挡圈轴向定位。齿轮架 9 则用 3 个按圆周等分的螺钉 10 固定在卷筒体腔内壁上。

第二组内齿轮传动为轴齿轮 3 与第二个内齿轮 2 相啮合。第二个内齿轮 2 由两个 410 单列向心球轴承（Ⅱ）支承。该轴承则装在大齿轮架 11 中，并用两个定位圈及弹性挡圈固定。大齿轮架 11 用两个键与卷筒相配合，用 6 个螺栓 12 固定在卷筒边上（图 7-5 的 *B—B* 剖面）。

第三组传动为行星轮系，太阳轮 4 用键及弹性挡圈固定在第二个内齿轮 2 的柄孔中。装在大齿轮架的两个行星齿轮 5 与太阳轮 4 相啮合。行星齿轮各由两个 306 单列向心球轴

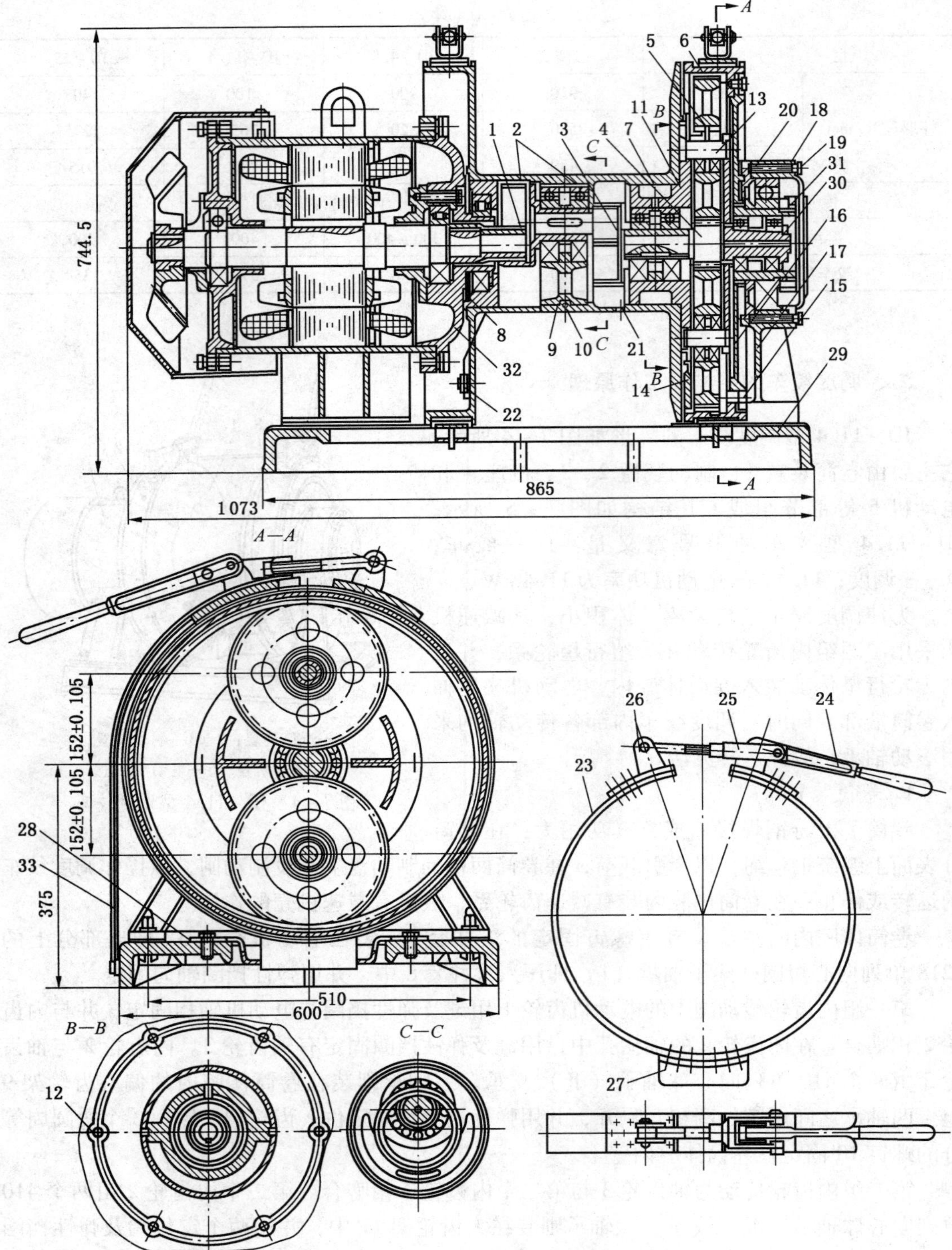

1—电动机齿轮；2—内齿轮；3—轴齿轮；4—太阳轮；5—行星齿轮；6—大内齿轮；7—卷筒；8—滚柱套；9—齿轮架；10—螺钉；11—大齿轮架；12、15、19—螺栓；13—小轴；14—滑盘；16—挡盘；17—轴承支架；18—轴承盖；20—滑圈；21—油堵；22—绳卡；23—制动钢带；24—制动手把；25—叉头；26—拉杆轴承架；27—丁字板；28—垫板；29—机座；30—圆螺母；31—大圆螺母；32—电动机端盖；33—保护罩

图7-5 JD-11.4型调度绞车结构图

承（Ⅲ）支承，故行星齿轮可绕小轴13自行回转，又可在大内齿轮6中滚转。大内齿轮的一侧用3个螺钉径向与滑盘14相连。此滑盘上切有凹形环槽与卷筒边上的凸环相嵌合，其内缘敷有密封的毛毡，以防灰尘进入及润滑油外漏。大内齿轮的另一侧用6个螺栓15（这些螺孔又可用油枪来给齿轮加润滑油）与挡盘16固定在一起。挡盘柄孔内压入两个309单列向心球轴承（Ⅳ），以支承大内齿轮架。套装在挡盘上的224单列向心球轴承（Ⅴ）装在轴承支架17上。轴承支架由铸钢制成，是绞车卷筒的一个支承点。电动机与轴承支架用普通螺栓与螺尾锥销固定在机座29上，螺尾锥销在装卸时起定位作用。

在大齿轮架和挡盘柄尾用圆螺母30和大圆螺母31锁紧，通过轴承支架及轴承盖18并用6个螺栓19拉紧滑圈20，以阻止224单列向心球轴承（Ⅴ）移动。挡盘上的凸环与滑圈上的凹环相嵌合，在其内缘敷设毛毡圈。在卷筒面上有两个带油堵21的注油孔。

钢丝绳头穿入绳孔后，用螺钉及绳卡22固定在卷筒侧边上。

2. 制动装置

调度绞车上装有两个结构完全相同的制动装置。在电动机一侧的制动闸带用来制动卷筒，在另一侧大内齿轮6上的制动闸带具有摩擦离合器的作用。当该制动闸带被完全刹紧时，行星齿轮5即沿大内齿轮滚转，带动卷筒工作。若放松该制动闸带时，则大内齿轮空转，卷筒不转。

制动闸带是由制动钢带23与铅铆钉固定的石棉板组成的。当制动时，需按下制动手把24，经杠杆和叉头25将两个拉杆轴承架26拉向一起，使制动闸带两端互相靠拢，产生制动作用。若向上提起制动手把24时，则制动闸带即可松弛。

固定在制动闸带上的丁字板27插入与调度绞车机座连接在一起的垫板28中，以防止制动装置在制动时转动。调节活动螺栓拧入叉头螺母中的长度，便可调节制动手把24的位置及制动闸带的制动力大小。

3. 机座

调度绞车的机座由铸铁制成。在其上用螺栓固定有电动机、轴承支架及垫板，保护罩33也固定在机座上。

4. 电动机

调度绞车的电动机为专用的JBJQ－11.4隔爆三相笼型异步电动机。电动机的端盖32由铸钢制成，是调度绞车卷筒的一个支承点。

5. 传动系统

调度绞车的传动系统如图7－6所示。通过操作手把将制动闸带3闸住（同时将闸2松开），则大内齿轮 Z_7 不动，由电动机→Z_1→Z_2→Z_3→Z_4→Z_5→Z_6（做自转又做公转）→卷筒H旋转并缠绕钢丝绳；反之，松开制动闸带3，闸住制动闸带2时，卷筒不动（这时才是真正调度绞车的制动），电动机及各齿轮均为空转。

三、使用与维修

1. 操作

1）操作方法

调度绞车的操作较为简单，整个动作过程就是启动和关闭电动机，以及用手交替操纵制动手把，其操纵过程如下：

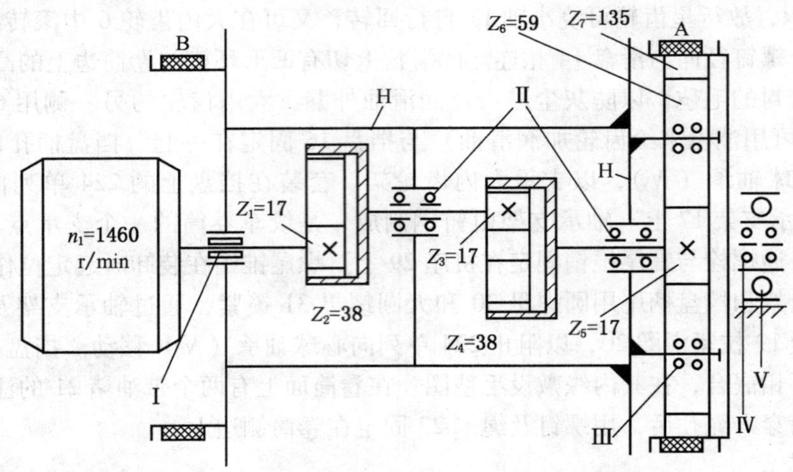

图 7-6 JD-11.4 型调度绞车的传动系统图

（1）启动电动机，此时必须先将卷筒上的制动闸带闸住，松开大内齿轮的制动闸带，其卷筒不动，仅大内齿轮空转。

（2）若要开动卷筒，需将卷筒上的制动闸带松开，将大内齿轮上的制动闸带闸紧，这时卷筒旋转并缠绕钢丝绳进行工作。

（3）如需短程调度被牵引载荷的位置时，只需交替提起或下压左、右制动手把，使卷筒一转一停即可。

（4）如需调度绞车暂时停止运转，需将大内齿轮上的制动闸带松开，把卷筒上的制动闸带闸紧。

（5）若利用绳端重物放绳使卷筒反转，应将电动机倒转。先闸住卷筒，使调度绞车进入正常运转，然后松开卷筒上的制动手把，闸住大内齿轮上的制动闸带。这时卷筒是在电动机驱动下正常反转，不会过速。而下放的速度，可借闸带对卷筒进行半制动来加以控制。

2）操作注意事项

（1）当开动电动机以后不能把两个制动闸带同时闸住，如果同时闸上将会烧坏电动机或出现其他事故。

（2）卷筒的开动或停止必须迅速，以减少闸带的磨损。但不允许做急骤的开车或停车，以防损坏设备。

（3）两个制动闸带必须接触良好，稳妥可靠。

（4）应时刻注意闸带的工作状况，如动作不灵活必须加以调整。

（5）绳头要牢靠，不准超载荷运转。

（6）调度绞车应固定牢靠，以防拉翻。

2. 维护

调度绞车在使用中，应做好维护工作，这是保证调度绞车的正常运转及安全生产的重要条件，也是提高使用寿命的重要措施。司机每班应进行如下的维护保养工作：

（1）开车前应先开空车试运转，无发现异常情况，方可进行运转。

(2) 经常检查润滑油是否充足，如不足时应及时补充。

(3) 经常检查温升，电动机的温度不允许超过 80 ℃，卷筒、制动闸带及轴承等的温度不得超过 70 ℃。

(4) 经常检查连接零部件的牢固程度，如发现问题应及时处理。

(5) 必须及时将落在制动闸带上的油或脏物擦拭干净。

(6) 及时清扫电动机上的脏物，不准在电动机上堆积煤尘和杂物。

检修工必须经常检查调度绞车的使用情况，及时处理当班发现的故障，并做好检修记录。

3. 检修

调度绞车必须有计划地按规定时间进行小修、中修和大修。

(1) 小修。一般在井下进行，主要是调整、更换或修理制动闸带，紧固连接零件，排除故障，补充或更换润滑油，清理绞车外表部分。

(2) 中修。一般在本矿机修车间进行，其内容是全部拆开绞车零部件，检查磨损程度，更换已磨损的零件，排除在小修时未解决的故障，更换机械各部分的润滑油。中修后需试运转。

(3) 大修。一般在本集团公司机修厂进行，其内容是全部拆开绞车零部件，检查并清洗所有零件，全部恢复绞车的工作性能，并进行油漆更新。大修后应进行试运转。

4. 润滑

正常进行润滑对保证调度绞车的安全运行和延长寿命具有很大意义。润滑油质必须符合要求，不能混有灰尘、污物及水等杂质。加油时，必须仔细清除油孔处的灰尘和污垢，以免随油进入部件内。注油后，应及时将油堵拧紧。新的或大修后的调度绞车，在运转 8 ~ 10 天后必须更换润滑油，以清除零件在运转过程中磨落的金属微粒细屑，防止零件加剧磨损。

第三节 回 柱 绞 车

一、概述

(一) 回柱绞车的用途及布置方式

回柱绞车又称为慢速绞车，主要用于采煤工作面中的回柱放顶，也可用来拖运物料和调度车辆。

回柱绞车在采煤工作面的布置方式有以下 3 种：

(1) 安装在回风巷道内，距采煤工作面 20 ~ 30 m，如图 7 - 7 所示。这种布置方式适用条件广泛，尤其是对煤层倾角较大、顶板比较破碎、压力较大的工作面更加适用。但这种布置方式会影响回风巷道的运料工作。按这种布置的回柱绞车，必须沿钢丝绳牵引方向长条式布置，绞车宽度不得超过 900 mm，否则会堵塞巷道。

(2) 安装在采煤工作面的上端，紧靠回风巷上部和密集支柱之间，如图 7 - 8 所示。这种布置方式适用于顶板较好，煤层倾角较小的条件下。但每进行一个循环都需移动绞车，因支柱密集且需移开柱子，所以不够方便。

（3）安装在采煤工作面上，这样工作时可有数台绞车同时回柱，如图7-9所示。这种布置方式对使用机采工作面尤为需要，加快了回柱速度。

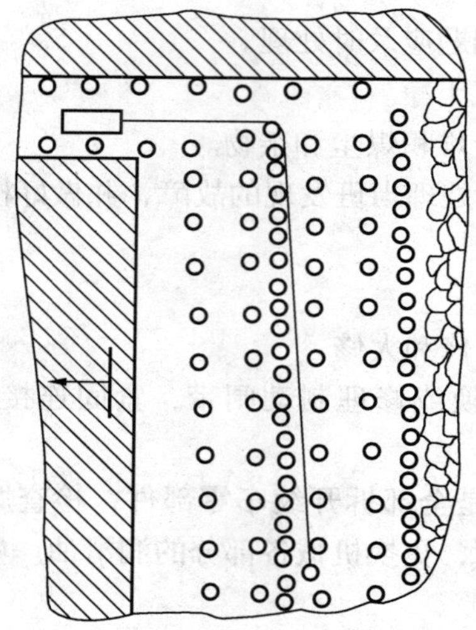
图7-7 在回风巷布置回柱绞车

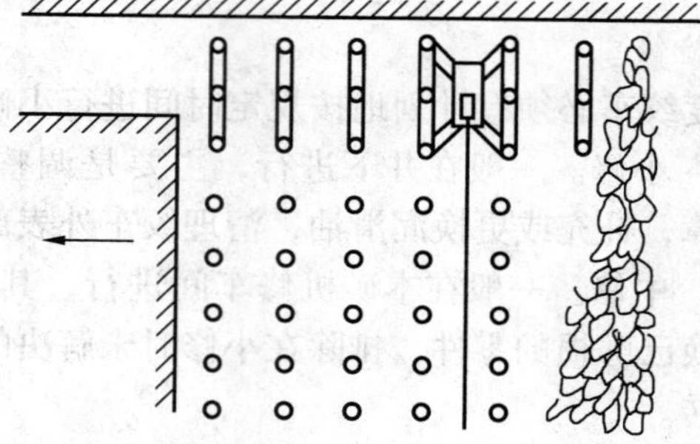
图7-8 在采煤工作面上端布置回柱绞车

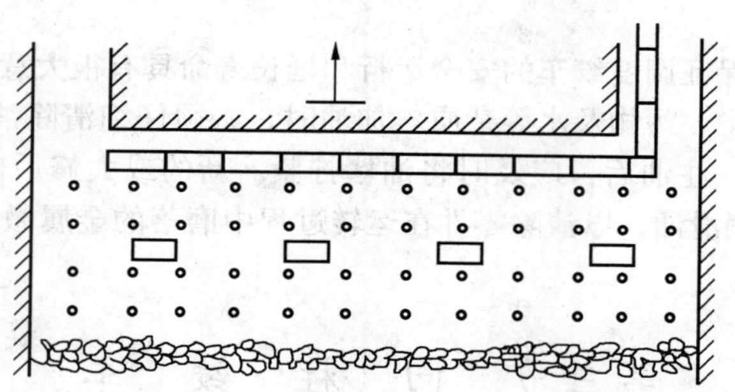
图7-9 在工作面上布置数台绞车

（二）回柱绞车的类型及主要技术特征

1. 回柱绞车的类型

1）按驱动机构分类

按驱动机构，回柱绞车可分为手摇式回柱绞车、风动式回柱绞车和电动式回柱绞车。其中，电动式回柱绞车使用范围最广泛。

2）按卷筒结构分类

按卷筒结构，回柱绞车可分为缠绕式卷筒、摩擦式卷筒和链条式卷筒。其中，缠绕式卷筒目前使用最多。

3）按传动机构分类

按传动机构，回柱绞车可分为普通蜗杆蜗轮传动和圆弧面蜗杆传动。

2. 回柱绞车的主要技术特征

几种回柱绞车的主要技术特征见表7-2。

表7-2 回柱绞车的主要技术特征

型号	最大牵引力/kN	卷筒直径×宽度/mm	容绳量/m	钢丝绳绳径/mm	传动减速比	平均绳速/(m·min^{-1})	电动机		外形尺寸长×宽×高/(mm×mm×mm)	质量(包括电动机)/kg
							功率/kW	转数/(r·min^{-1})		
JH2-5	50	276×272	80	16	157	10.2	8	1465	1450×512×509	610
JH-8	80	280×230	80	15.5	182.2	5.93	6	970	1550×503×570	650
JH2-14	14	400×300	15	22	225	7.72	17	975	1817×956×956.5	1678
JH-14	140	380×300	120	22	188	6.06	11	720	1900×680×720	1350

二、JH2-5型回柱绞车的结构及工作原理

JH2-5型回柱绞车由底盘、卷筒、中间轴、蜗轮减速器和电动机等主要部分组成，其结构如图7-10所示。其符号的意义是：J——绞车；H——回柱；2——改进序号；5——最大牵引力为50 kN。

1. 底盘部件

底盘根据各处受力的大小，选用不同厚度的A3和16Mn两种钢板焊接而成。底盘左侧箱上的ϕ433 mm孔的外面平槽内嵌有毛毡与卷筒侧边相密合，以防灰尘和脏物进入箱内。左侧箱后端的孔为上下椭圆长孔。底盘的尾部焊有两个绳环，以供绞车在井下安装固定用。

2. 卷筒部件

卷筒部件由主轴、卷筒及大齿轮等零件组成。主轴用45号钢制成，固定在底盘左侧箱壁和支承架上。卷筒用ZG25B铸钢制成，左端的ϕ240 mm圆上固定有大齿轮。大齿轮用40Cr合金钢制成，调质硬度为HB230~260。卷筒内孔两端装有7317单列圆锥滚子轴承，以支承主轴。卷筒上还设有绳孔，以将绳头穿入后用螺钉固定。

3. 中间轴部件

中间轴部件是为适应回柱绞车结构上的需要（加大卷筒轴与蜗轮轴的中心距）增设的。中间轴固定在底盘左侧箱中部，轴上装有一过桥齿轮。该齿轮用40Cr合金钢制成，齿面硬度为HRC50~55。齿轮孔内镶有铜套，轴心部挖空，加一旋盖，组成桥压式润滑油杯。

4. 蜗轮减速器部件

蜗轮减速器箱体由HT28-48铸铁制成。其后部ϕ285 mm的孔与电动机端盖配合；右侧下部设有放油孔，在箱盖上设有加油孔并装有排气测油杆。在箱体内装有圆弧面蜗杆和蜗轮。为使蜗杆和蜗轮得到良好润滑，将蜗杆的下部浸入润滑油中。蜗杆用40Cr合金钢制成，调质硬度为HRC250~300。蜗杆两端分别以214单列向心球轴承和8314单向推力球轴承支承，两端还装有调节环和紧定螺钉等零件，以调节蜗杆的轴向位置。

蜗轮由轮缘和轮毂组成。轮缘用锡磷青铜材料制成，装于铸铁轮毂上。蜗轮轴两端分别以312单列向心球轴承和3614双列向心球面滚子轴承所支承。轴右端的轴承套上装有调节螺母，以调节蜗轮的轴向位置。3614轴承外口装有密封套，防止漏油。蜗轮轴伸出

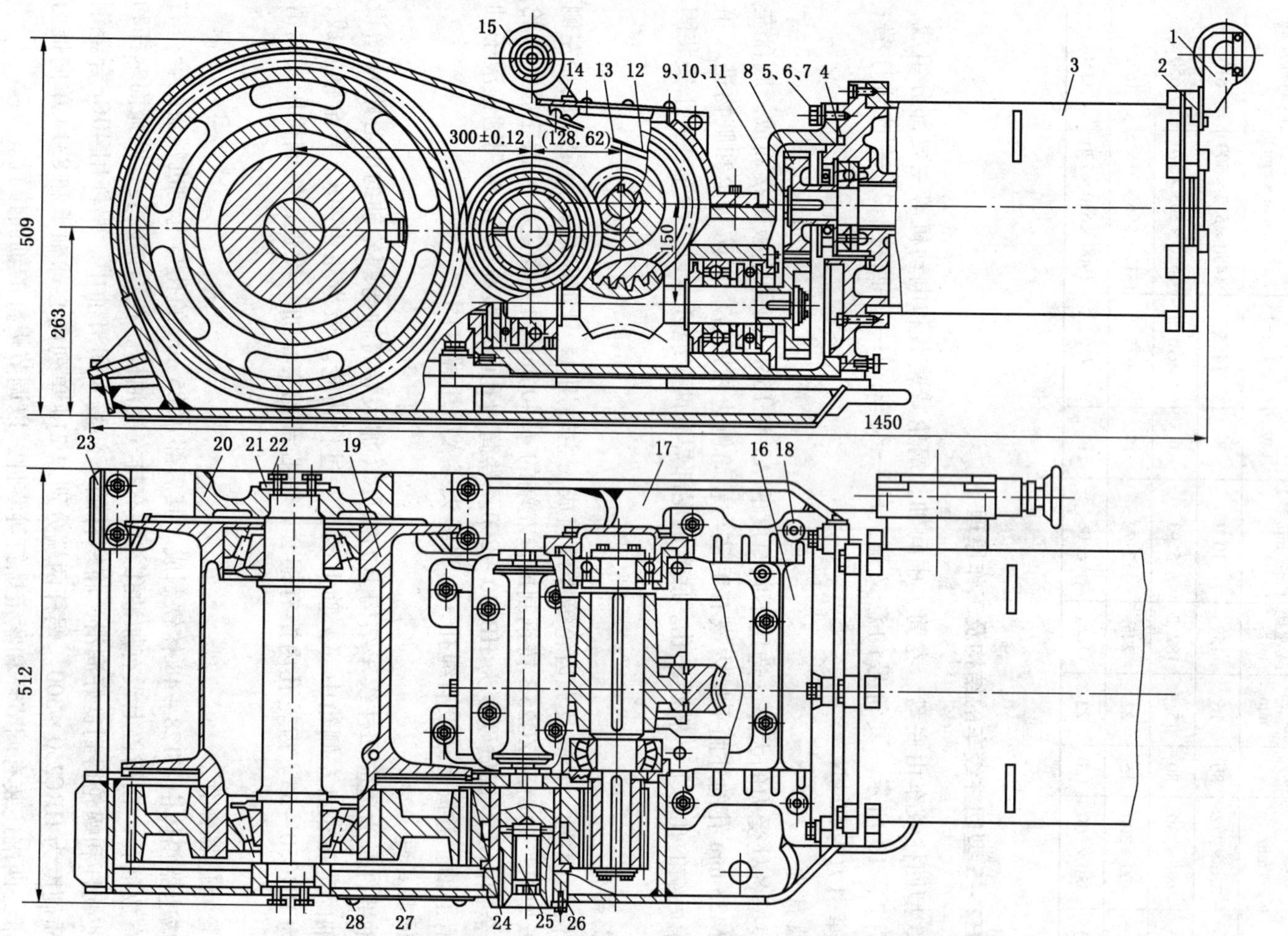

1—滑轮部件；2—螺栓；3—JBJL－8 型隔爆电动机；4—密封圈；5—垫圈；6—弹簧垫圈；7—螺栓；8—斜齿轮；9—轴头挡圈；
10—保险垫板；11—螺栓；12—螺钉；13—盖板；14—螺栓；15—倒绳轮部件；16—蜗轮减速器部件；17—底盘部件；18—螺栓；
19—滚筒部件；20—支撑架；21—轴承压板；22—螺栓；23—挡铁；24—密封圈；25—中间轴部件；26—卡板；27—标牌；28—铆钉

图 7－10 JH2－5 型回柱绞车的结构图

一端装有小齿轮，与过桥齿轮相啮合，小齿轮用40Cr合金钢制成，齿面硬度为HRC45～50。

5. 电动机

电动机的定子绕组是用E级绝缘高强度漆包线绕制。电动机以端盖止口定位，悬装在蜗轮减速器的后部，在两个结合面之间采用O形密封圈密封。电动机出轴端装有一个斜齿轮，并与蜗杆出轴端的斜齿轮相啮合。斜齿轮用35SiMn合金钢制成，齿面硬度为HRC48～52。

6. 传动系统

回柱绞车的传动系统如图7－11所示。通过控制装置启动电动机，经一对斜齿轮(2，9)→蜗杆(3)→蜗轮(4)→小齿轮(8)→过桥齿轮(7)→大齿轮(6)→带动卷筒，使钢丝绳进行工作。

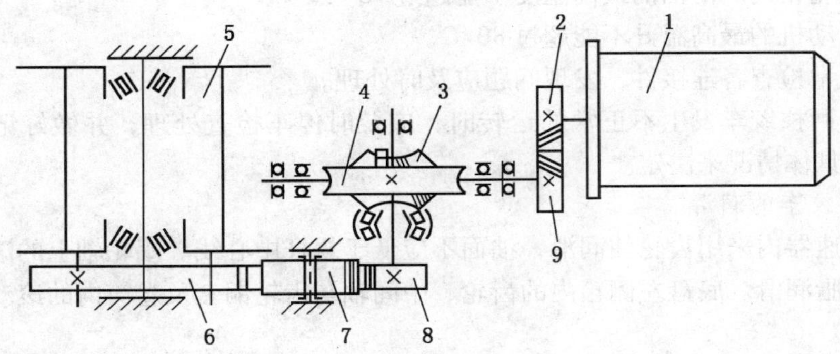

1—电动机；2、9—斜齿轮；3—蜗杆；4—蜗轮；5—卷筒；6—大齿轮；7—过桥齿轮；8—小齿轮

图7－11 JH2－5型回柱绞车的传动系统图

三、回柱绞车的使用与维修

1. 回柱绞车的使用

回柱绞车随工作面的推进需经常移动，因此要求回柱绞车的安装应简单、可靠与安全，一般采用打顶柱和绳栓的方法，如图7－12所示。将绞车后面的钢丝绳扣拴在横木上或拴在柱脚上，然后启动开车将绳拉紧，再打上两根顶柱。顶柱上端应向前倾斜10°左右，以免拉倒。

煤层倾角小、顶板较好的工作面，回柱绞车可直接安装在工作面上进行回柱。若采煤工作面长度在100 m以上，可用两台或多台绞车分别安装在工作面各段上，分段同时进行回柱。在急倾斜煤层工作面上，绞车可安装在回风巷中，钢丝绳通过导向轮进入工作面回柱。

回柱绞车在安装后应进行回柱试车，查看绞车的安装支护是否牢靠、安全，电气设备的接地是否良好，以及绞车的运转是否正常。

回柱绞车进行回柱时，司机只按动电钮控制绞车的反、正转及停车。要求司机与回柱工人要有信号联络，密切配合。司机在操作过程中应时刻注意信号，不断观察绞车的工作情况，并帮助排绳。

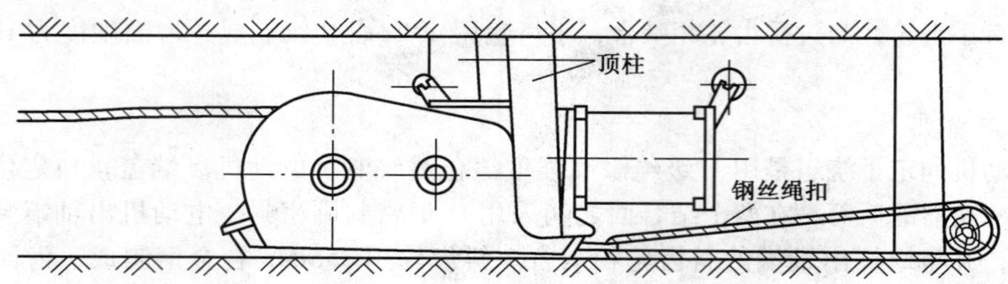

图 7－12　绞车安装示意图

2. 回柱绞车的维修

（1）经常检查回柱绞车各润滑部位的油量。

（2）蜗轮箱内润滑油的最高温度不能超过 70 ℃。

（3）电动机的最高温升不能超过 80 ℃。

（4）经常检查各连接件，发现问题应及时处理。

（5）当回柱绞车发生不正常的运转时，应及时停车检查处理，并做好记录。绞车的检修可根据具体情况来决定。

3. 回柱绞车的润滑

蜗轮减速器内采用齿轮油润滑，油面不应低于蜗杆中心线。蜗轮轴上的滚动轴承用三号钙基润滑脂润滑。底盘左侧箱内的齿轮、中间轴与齿轮铜套及卷筒内的滚动轴承均采用润滑脂润滑。

复习思考题

1. JD－11.4 型调度绞车的用途是什么？它具有哪些优点？能在什么范围内使用？
2. JD－11.4 型调度绞车主要由哪几大部分组成？各部分的作用是什么？
3. 怎样正确地操作调度绞车？
4. JH2－5 型回柱绞车的用途是什么？
5. JH2－5 型回柱绞车主要由哪几大部分组成？
6. 回柱绞车在采煤工作面的布置方式有几种？
7. 简述 JD－11.4 型调度绞车的传动系统。
8. 简述 JH2－5 型回柱绞车的传动系统。

第三篇　高档普采工作面支护设备

第八章 单体液压支柱

【教学目标】

1. 了解单体液压支柱的用途、特点和类型。
2. 熟悉 NDZ 型内注式单体液压支柱的结构、工作原理及特点。
3. 掌握 DZ 型外注式单体液压支柱的结构、工作原理及特点。
4. 熟悉 DWX 悬浮式单体液压支柱的工作原理及特点。
5. 了解金属顶梁的用途、类型及使用要求。
6. 掌握金属摩擦铰接顶梁的使用及维护的基本方法。

【教学重点】

1. DZ 型外注式单体液压支柱的结构和工作原理。
2. DWX 悬浮式单体液压支柱的技术特点。
3. 金属摩擦铰接顶梁的使用。

【教学难点】

NDZ 型内注式单体液压支柱的结构、工作原理。

第一节 单体液压支柱概述

一、单体液压支柱的适用条件

单体液压支柱简称为单柱，在结构上与液压支架不同。它与金属铰接顶梁配套，供普通机械化采煤工作面支护使用；也可供综采工作面局部地区，如端头或临时支护使用。单体液压支柱没有推移装置、整体底座和顶梁，但柱体本身的结构较液压支架上的支柱复杂。单体液压支柱也是恒阻工作式的支柱。

单体液压支柱适用于倾角小于 25°的水平或缓倾斜煤层（当采用可靠的安全措施时，也可在 25°~35°的煤层中使用），并且要求底板不宜过软、顶板周期压力明显、直接顶易于垮落的围岩条件。在底板过软、地质条件复杂或分层的工作面使用单柱时，应采取相应的措施。

单体液压支柱不准在下列条件下使用：

（1）淋水过大的工作面。

（2）使用其他性能支柱的工作面。

（3）使用木顶梁（帽）的工作面。

（4）有严重酸碱性淋水的工作面。

（5）暂不适用炮采工作面（有防护及安全措施经有关单位批准者例外）。

二、单体液压支柱的分类和特点

1. 分类

1）按供油方式分类

根据供油方式的不同，单体液压支柱可分为内注式和外注式。内柱式单体液压支柱靠柱内的手摇泵获得压力，使工作液储存在柱内循环使用。外柱式单体液压支柱用液压枪将泵站输来的高压液体注入单柱。

2）按用途分类

按用途分类，可分为通用类支柱和重型支柱。通用类支柱适于一般条件下使用，重型支柱适于具有冲击地压条件下使用。

内、外注式单体液压支柱都可用于一般条件工作面；若将安全阀改为大流量安全阀，也可用于具有冲击地压的工作面。

3）按工作行程分类

按工作行程分类，可分为单伸缩（单行程）和双伸缩（双行程）。

4）按使用材料不同

按使用材料不同，可分为普通钢质支柱、高钛合金支柱、铝合金支柱和不锈钢支柱。

5）按结构形式分类

按结构形式分类，可分为活塞式和柱塞悬浮式。柱塞悬浮式采用水介质，属于“环保型”新型支柱。

2. 特点

内、外注式单体液压支柱的工作原理、性能和回柱方式均相同，而结构、工作介质等有所不同，其各自的特点如下：

(1) 外注式单体液压支柱的工作液为乳化液，回柱时乳化液排至采空区。内注式单体液压支柱的工作液为液压油，回柱时油缸中的液压油流回活柱内腔形成闭式循环。

(2) 外注式单体液压支柱用的乳化液由设在巷道中的泵站经高压胶管、注液枪供给，并给予支柱一定的初撑力，初撑力由泵站压力保证。内注式单体液压支柱是靠支柱本身手摇泵来获得初撑力，所以初撑力是根据操作力的大小来确定的。

(3) 外注式单体液压支柱是靠活柱体自重和复位弹簧降柱。内注式单体液压支柱仅靠自重降柱。

(4) 内注式单体液压支柱在升降柱时，需要进气、排气，要求设有通气装置。外注式单体液压支柱则不需要。

(5) 外注式单体液压支柱的活柱升到最大高度时依靠限位装置限位。内注式单体液压支柱的活柱升到最大高度时则依靠活柱体内装油量的多少来限位。

(6) 外注式单体液压支柱上的所有阀都装在一起，便于井下更换和井上维修。内注式单体液压支柱的安全阀、单向阀和卸载阀分别装在不同的位置上，在井下无法更换。

外注式单体液压支柱的优点是：

(1) 结构简单。除三用阀外，支柱内腔零件少（不像内注式单体液压支柱装有一个手摇泵以及通风装置等），因此加工容易、成本低。

(2) 维护方便。支柱一般故障大多发生在三用阀上，在井下更换一个好的三用阀后，支柱即可投入使用，无需整体升井，因此零件发生故障的可能性小（而内注式单体液压支柱的任何内部零件的损坏都需支柱升井解体，维修工作量大）。

(3) 初撑力由乳化液泵保证，可靠性高。

支柱初撑力 $P_{初}$ 由下式确定：

$$P_{初}=\frac{\pi D^2}{4}p \tag{8-1}$$

式中　D——油缸内径，mm；

p——泵站压力，MPa。

初撑力完全由泵站压力和油缸直径的大小决定，与人工操作无关（内注式支柱的初撑力是依靠人工操作支柱的手摇泵获得，并受多种因素的影响，如工人的责任心、精神状态等，因此不易保证，每根支柱的初撑力也很难一致）。

(4) 升柱速度快。一般外注式单体液压支柱的升柱速度为 70 ~ 80 mm/s。泵站压力越高，升柱速度也就越高（内注式单体液压支柱靠人工来完成，每摇一次手把，升柱行程一般为 20 ~ 30 mm）。在升柱行程相同的情况下，外注式单体液压支柱比内注式单体液压支柱的升柱速度快 4 ~ 5 倍。

(5) 工作行程大，适应煤层变化范围大。外注式单体液压支柱行程不受升柱限制，可设计得大些，因而适应煤层变化的范围大（内注式单体液压支柱因手工操作升柱，每次行程又小，所以支柱行程不可能设计得太大，否则将影响工人操作）。

(6) 质量较轻。外注式单体液压支柱零件少，所以质量轻。同一高度的内、外注式单体液压支柱的质量相差 3 ~ 5 kg。

外注式单体液压支柱的缺点是：

(1) 增加一套泵站和管路系统，系统多、环节多、管理较复杂（内注式单体液压支柱就不需要这些设备，在没有电源和泵站的地方也可应用，灵活性强，管理较简单，对工作面生产的影响也小）。

(2) 消耗乳化液，吨煤成本略有提高。外注式单体液压支柱在回柱时，将单体液压支柱内腔乳化液排至采空区，不能回收复用（内注式单体液压支柱回柱时，其液压油流回活柱内腔，实现支柱本身压油闭路循环，所以液压油的消耗量少）。

(3) 外注式单体液压支柱是开式系统，单向阀、卸载阀暴露在外表，容易污染而失效（内注式单体液压支柱的阀全部装在支柱内腔，受外界污染的可能性小，所以可靠性较高）。

(4) 劳动条件较差。外注式单体液压支柱在注液前要冲洗注液嘴，操作不当就容易弄湿工作服（内注式单体液压支柱的液压系统为闭式系统，油液不易外漏，所以劳动条件好些）。

内、外注式单体液压支柱由于具有不同的特点，因而是选用外注式单体液压支柱还是内注式单体液压支柱，各矿可根据具体条件和习惯通过实践来确定。但是在 2.2 m 以上的高煤层中，考虑到内注式单体液压支柱的重量较大，所以选用外注式单体液压支柱为好。

三、单体液压支柱的工作过程

单体液压支柱在工作面的使用情况如图 8 - 1 所示，由泵站经主油管路 1 输送的高压

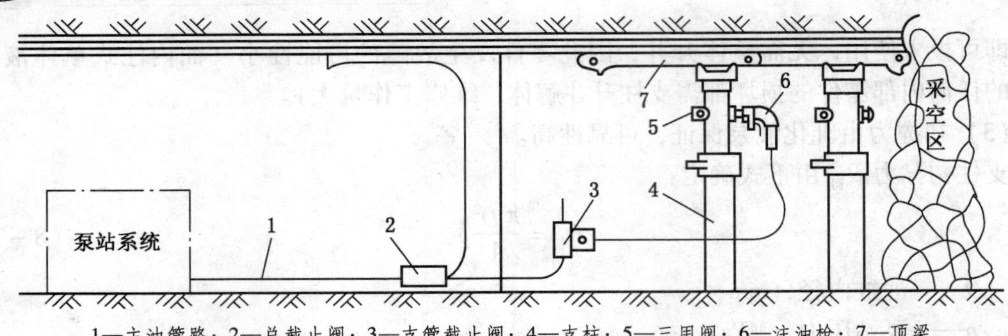

1—主油管路；2—总截止阀；3—支管截止阀；4—支柱；5—三用阀；6—注油枪；7—顶梁

图 8-1 单体液压支柱工作面布置图

乳化液用注油枪 6 注入支柱 4。每个注油枪可担负几个单柱的供液工作。在输送管路上并装有总截止阀 2 和支管截止阀 3，以作控制用。

四、单体液压支柱型号编制

支柱型号主要由“产品类型代号”、“第一特征代号”、“第二特征代号”、“主参数代号”四部分组成。若如此划分还不能区别不同产品时，允许增加“补充特征代号”、“修改序号”以示区别。编制方法如下：

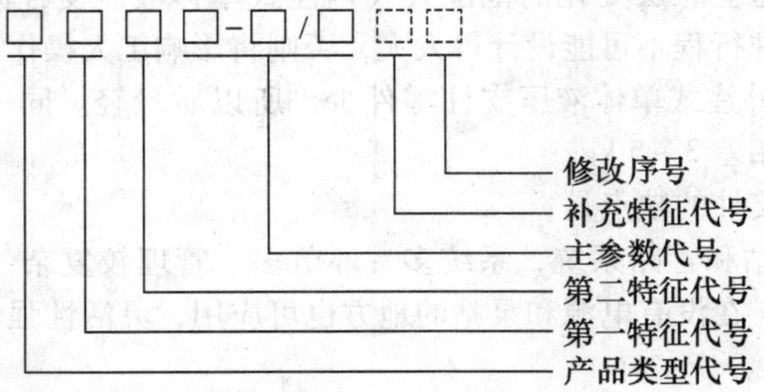

(1)“产品类型代号”表明产品类别，支柱用 D 表示。

(2)“第一特征代号”表明支柱按供液方式和工作液不同的分类，内注式用 N 表示，外注式用 W 表示；“第二特征代号”表明支柱按行程不同的分类，双伸缩支柱用 S 表示，无字母代表单伸缩支柱。

(3)“主参数代号”依次用支柱的最大高度、额定工作阻力和液压缸内径三个参数表明，三个参数均用阿拉伯数字表示，参数之间分别用“-”和“/”符号隔开，最大高度的单位为分米（dm），额定工作阻力的单位为 kN，液压缸内径单位 mm。

以 NDZ18-25/80 为例：N——内注式；D——单体液压；Z——支柱；18——支柱最大高度 1800 mm；25——支柱额定工作阻力为 25 kN；80——液压缸直径为 80 mm。

第二节 NDZ 型内注式单体液压支柱

一、NDZ 型内注式单体液压支柱的结构

NDZ 型内注式单体液压支柱如图 8-2a 所示。由顶盖、通气阀、安全阀、卸载阀、活

塞、活柱体、油缸、手摇泵和手把体等部分组成，如图 8-2b 所示。

1. 顶盖

单柱的顶盖是将顶板岩石的压力传递到支柱上的部件，其作用为直接承受载荷。利用顶盖上面的柱爪，可防止顶板来压时支柱滑倒失效。支柱采用球面形锻造而成的顶盖。这种顶盖比摩擦式金属支柱常用的铰接活顶盖的零件少，强度高，又不易损坏和丢失，还可减少加工和维修工作量，从而改善支柱的受力状况。

2. 通气阀

内注式单体液压支柱是靠大气压力进行工作的。活柱升高时，活柱内腔储存的液压油不断压入油缸，需要不断补充大气；活柱下降时，油缸内液压油排出活柱内腔，活柱内腔的多余气体通过通气阀排出；支柱放倒时，通气阀自行关闭，防止内腔液压油漏出。NDZ 型内注式单体液压支柱采用重力式通气阀，它由端盖 1、钢球 3、通气阀体 2、顶杆 5、阀芯 6 和弹簧 7 等部件组成，如图 8-3 所示。

端盖 1 上装有两道过滤网，以防止吸气时煤尘等脏物进入活柱内腔。支柱在直立时，钢球 3 的重量作用在顶杆 5 和阀芯 6 上，并压缩弹簧 7，使阀芯 6 离开通气阀体 2，从而使通气阀被打开。这时，空气经过滤网后进入阀体，从阀芯和阀体之间再进入活柱上腔，补充随着支柱升高而使活柱上腔存油减少所需的空气。回柱时，油缸中的液压油流回活柱上腔，活柱内腔的空气便从通气阀排出。当支柱倾斜或放倒时，钢球 3 靠重力自动离开顶杆 5，阀芯 6 在弹簧 7 的作用下关闭通气阀，以防止活柱内腔的液压油漏掉。

3. 安全阀

内注式单体液压支柱随着顶板的下沉，活柱要下降一点，但要求支柱对顶板的作用力应基本上保持不变，即支柱的工作特性是恒阻力，这一特性是由安全阀来调定保证的。同时，安全阀又起着保护作用，使支柱不致因超载过大而受到损坏。

NDZ 型单体液压支柱的安全阀结构如图 8-4 所示，它由安全阀垫 1、导向套 2 和弹簧 3 等部件组成。当支柱所承受的载荷超过额定工作阻力时，高压液体作用在安全阀垫 1 和六角形的导向套 2 上的推力大于安全阀弹簧的弹力，使弹簧 3 被压缩，安全阀垫与导向套一起向右移位而离开阀座。这时，高压液体便经阀针节流后从阀座与阀垫及导向套之间的缝隙外溢，使支柱内腔的液体压力降低，于是活柱下降。若支柱所承受的载荷低于额定工作阻力时，高压液体作用在阀垫和导向套上的力减小，这时在弹簧力的作用下，阀垫和导向套便向左移动复位，关闭安全阀，高压液体停止外溢，支柱载荷不再降低，保证支柱基本恒阻。安全阀弹簧的压缩力是由右边的调压螺钉来调定的，以适应不同的工作阻力。

4. 卸载阀

内柱式单体液压支柱在正常工作时要求卸载阀关闭。当回柱时，将卸载阀打开，使油缸中的高压液体经该阀流回到活柱内腔，从而达到降柱的目的。卸载阀由卸载阀垫 4、阀座 5 和弹簧 6 等部件组成，如图 8-4 所示。为了减少卸载时高压液体运动阻力，提高密封性能，将卸载阀垫密封面制成圆弧形。

5. 卸载装置

单体液压支柱不论是内注式还是外注式，都是采用人工方式回柱。NDZ 型支柱的卸载装置由卸载环 1、凸轮 2、方销 3 和开口销 4 等部件组成，如图 8-5 所示。当扳动卸载环 1 时，通过方销 3 与凸轮 2 将卸载环的旋转运动变成卸载阀垫的直线运动，从而达到回

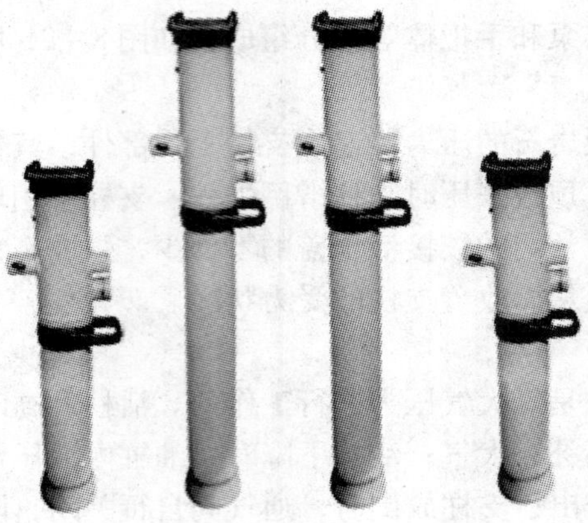

(a) NDZ型内注式单体液压支柱

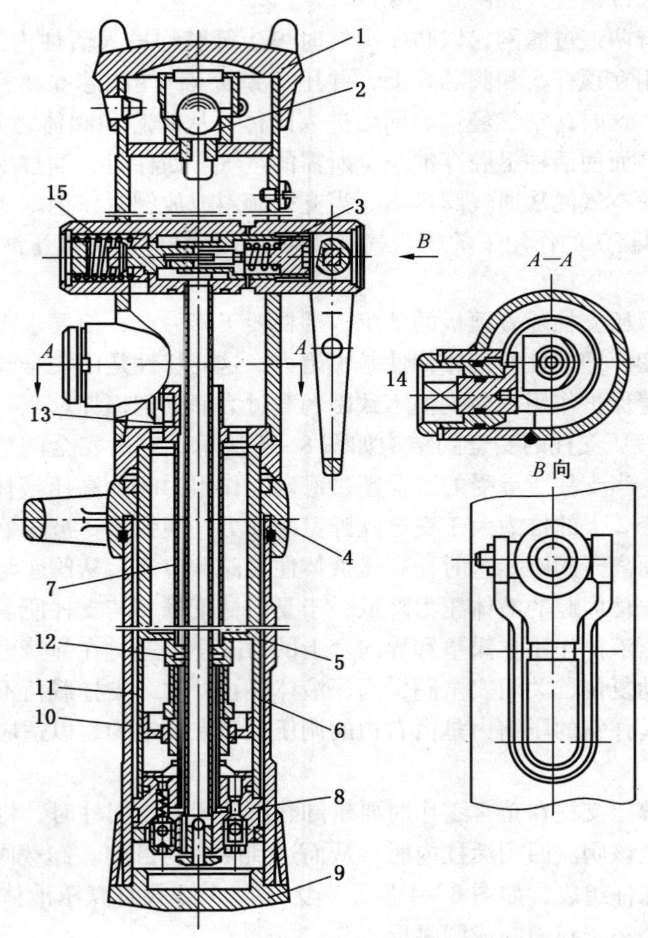

(b) NDZ型内注式单体液压支柱结构图

1—顶盖；2—通气阀；3—安全阀；4—手把体；5—活柱体；6—油缸；7—柱塞；8—活塞；
9—缸底；10—泵活塞；11—泵套；12—连接头；13—滑块；14—曲柄；15—卸载阀弹簧

图 8－2 NDZ 型内注式单体液压支柱外形及结构

柱的目的。

6. 活塞

活塞是密封油缸和活柱在运动时作为导向用的，其上装有手摇泵及有关阀组。活塞由进油阀 K1、单向阀 K2、活塞头 3、泵套 1、过滤网 2 和导向环 7 等部件组成，如图 8－6 所示。当支柱工作时，活塞靠导向环 7 导向，可减少摩擦和损坏，保护油缸镀层。

耐油橡胶制成的 Y 形密封圈起密封油缸的作用。随着油缸中液体压力的增大，作用在 Y 形圈唇边上的力也逐渐加大，从而保证了唇边紧贴在油缸上，提高了支柱的密封性能。为了避免 Y 形密封圈在高压液体的作用下挤入活塞与油缸之间的间隙中，在 Y 形密封圈上装设了皮碗防挤圈 8，从而提高了 Y 形密封圈的强度，使其不易损坏。

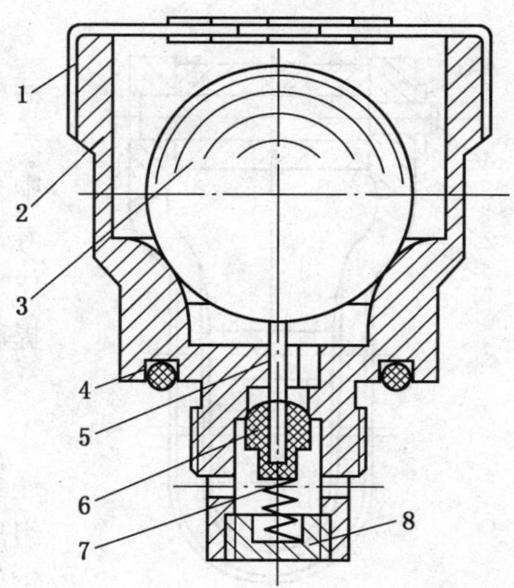

1—端盖；2—通气阀体；3—钢球；4—密封圈；5—顶杆；6—阀芯；7—弹簧；8—螺母

图 8－3 通气阀

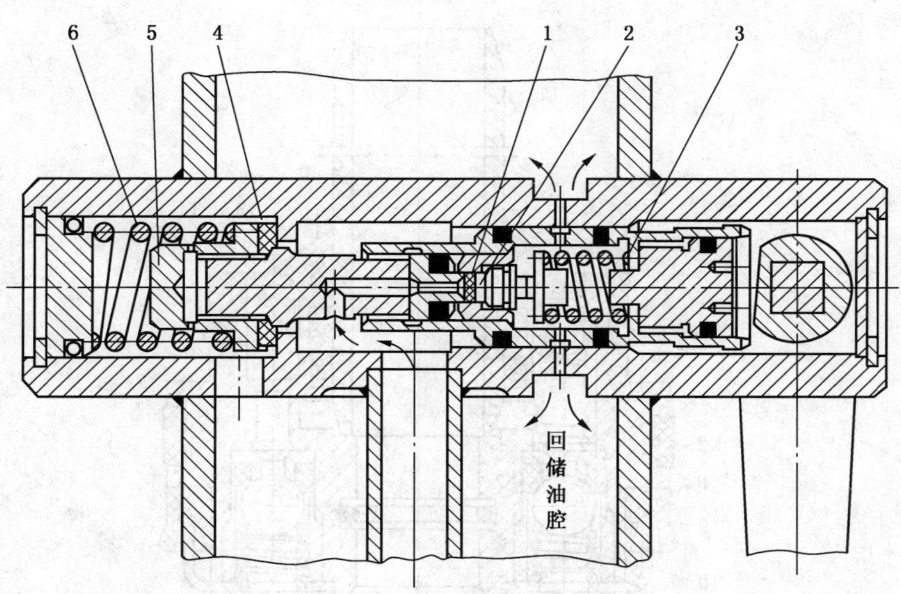

1—安全阀垫；2—导向套；3、6—弹簧；4—卸载阀垫；5—卸载阀座

图 8－4 安全阀和卸载阀

7. 活柱体

活柱体是支柱上部的承压杆件，顶板对支柱的压力经活柱体传递到油缸内的液压油和底座上。支柱在使用过程中，由于各种原因，如顶板不平、支设角度不当时，使支柱往往处于偏心受力状况，因此，活柱体在工作过程中不仅要承受压应力，还要承受弯曲应力的作用；同时活柱体内腔是储存液压油的油池，因此要求活柱体必须有足够的强度。

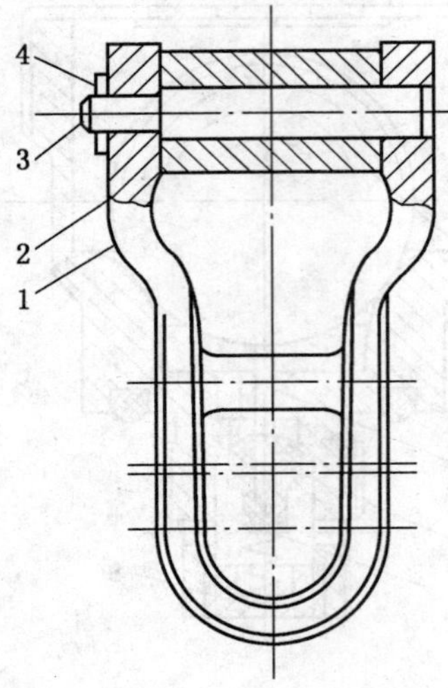

1—卸载环；2—凸轮；
3—方销；4—开口销
图 8-5 卸载装置

活柱体由长接管 1、阀体 2、芯管 3、连接环 4 和活柱筒 6 等部件组成，如图 8-7 所示。由于井下湿度大、淋水多，并存在硫化氢等各种有害气体以及矿水中含有酸碱物质，因而为了延长支柱和防尘圈的使用寿命，在活柱表面采用复合镀层，即用含锡 10% ~ 18% 的锡青铜打底，表面再镀硬铬，以防支柱锈蚀并提高其强度。

8. 油缸体

油缸体是支柱下部的承载杆件，顶板压力经它传递到底板上。它由油缸 1、底座套筒 2 和底座 3 等部件组成，如图 8-8 所示。油缸体采用 27SiMn 热轧无缝钢管加工而成。为防止油缸内壁锈蚀，延长使用寿命，在油缸内表面镀一层锡青铜，底座套筒与底座焊接在一起。为便于回收时拔柱，底座套筒的斜度不宜过大，否则支柱可能被矸石卡住，增加回柱时的困难。

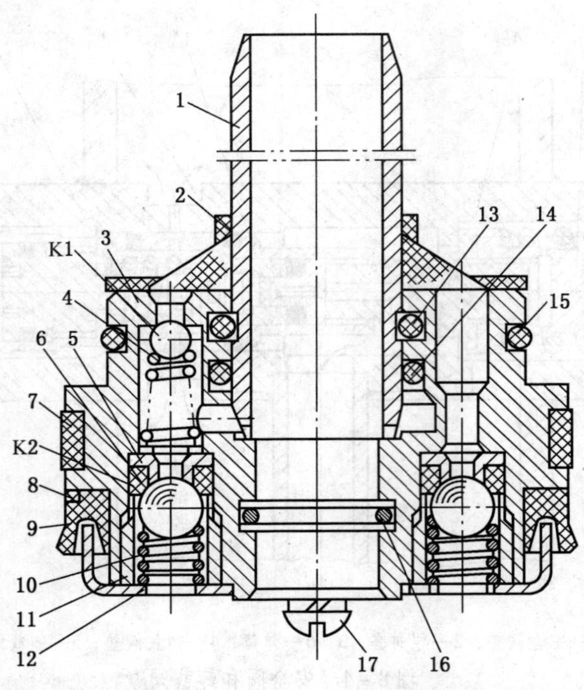

1—泵套；2—过滤网；3—活塞头；4—锥形托簧；5—限位套；6—单向阀套；7—导向环；8—皮碗防挤圈；9—Y 形密封圈；10—单向阀弹簧；11—衬套；12—托碗；13、14、15、16—O 形密封圈；17—半圆头螺钉和轻型弹簧垫圈；K1—进油阀；K2—单向阀
图 8-6 活塞

单体液压支柱的底座有平底座、圆弧底座和加大底座 3 种。实践证明，平底座虽然在支设时稳定性较好，在角度较大的煤层中使用时不易下滑，但由于工作面底板不可能很平

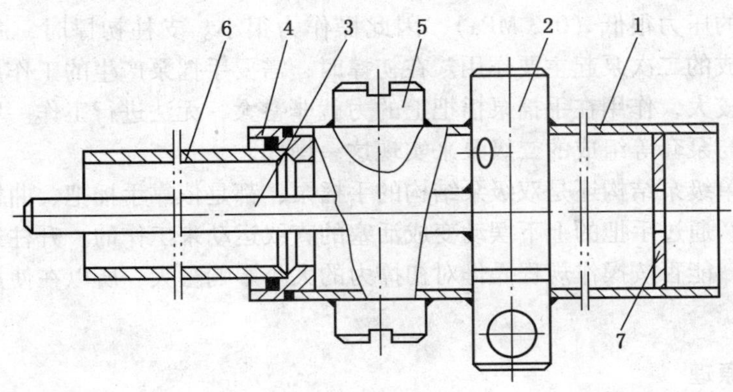

1—长接管；2—阀体；3—芯管；4—连接环；5—曲柄；6—活柱筒；7—底托板

图8-7　活柱体

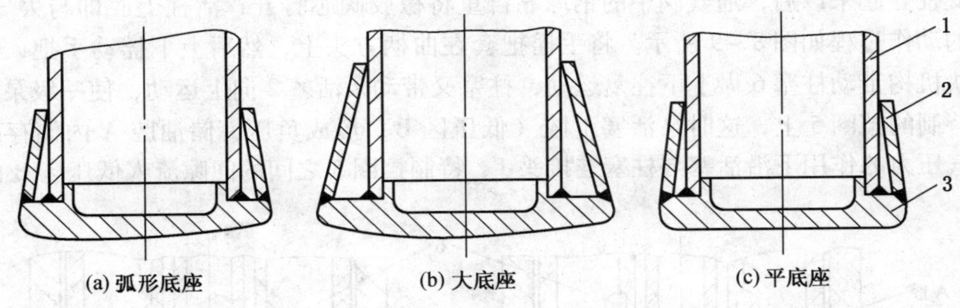

1—油缸；2—底座套筒；3—底座

图8-8　油缸体及其底座

整，往往使平底座中部被压成凹坑，造成油缸焊缝开裂，更主要的是使支柱的受力状况恶化，增大支柱受力的偏心距。圆弧底座克服了平底座的缺点，改善了支柱的受力状况，所以使用的较多。底座面积的大小，完全由底板岩石的性质和支柱工作阻力的大小所决定。对于软岩底板，为防止支柱压入底板造成回柱困难，应采用较大面积的加大底座。

9. 手把体

手把体通过连接钢丝装在油缸上，便于搬运和回收支柱。手把体也是活柱上部的导向装置。手把体内槽上装有防尘圈，活柱下缩时，防尘圈可将活柱上的煤粉等脏物刮掉，以防煤粉和其他脏物进入油缸上腔。

10. 手摇泵

内注式单体液压支柱的升柱及其对顶板产生的初撑力，都是靠手摇泵来完成的。手摇泵按结构一般分为单级泵和双级泵。

为减小初撑时的操作力，单级手摇泵直径不可能设计过大，故此泵的活塞面积小，每动作一次排出的油量少，升柱速度慢，但结构简单、体积小。

目前使用的 NDZ 型内注式单体液压支柱采用的是双级结构的手摇泵。活柱升高时，主要利用活柱内腔与泵活塞组成的一级泵工作。由于泵的活塞面积大，排油量大，所以升柱速度较快。一般手摇泵动作一次，活柱可升高 20 mm 以上。尽管泵的面积大，但由于升柱时所需要的压力很低（0.3 MPa），因此操作力很小。支柱初撑时，芯管、柱塞的连接头和泵套组成的二次泵起主要作用。在初撑时，需要手摇泵产生的工作压力较高。如果泵的活塞面积较大，作用在手摇泵摇把上的力就非常大，无法进行工作。所以，采用面积较小的连接头与泵套等组成的二级泵来实现这一操作。

无论采用单级泵结构还是双级泵结构的手摇泵，都是依靠手摇把、曲柄和滑块组成的曲柄滑块机构，通过手把的上下摆动变成活塞的直线运动来工作的。升柱过程完全靠工人的操作来实现，能否按操作规程操作对初撑力的大小影响很大，所以在使用时要特别注意这个问题。

二、工作原理

NDZ 型内注式单体液压支柱的工作原理包括升柱、初撑、承载和回柱 4 个过程。

1. 升柱

支柱立起来以后，通气阀中的钢球靠自重将橡胶阀芯打开，活柱上腔即与大气相通。升柱的动作过程如图 8－9 所示。将手摇把套在曲柄方头上，然后上下摇动手把，通过曲柄滑块机构带动柱塞 6 做上下往复运动，柱塞又带动泵活塞 2 向上运动，使一级泵活塞紧贴在特制的挡圈 5 上，这时泵活塞下腔（低压区 B）形成负压，储油腔 A 内储存的油液在大气压力的作用下沿活塞与柱塞连接头 1、特制挡圈 5 之间的间隙流入低压区 B 内，完

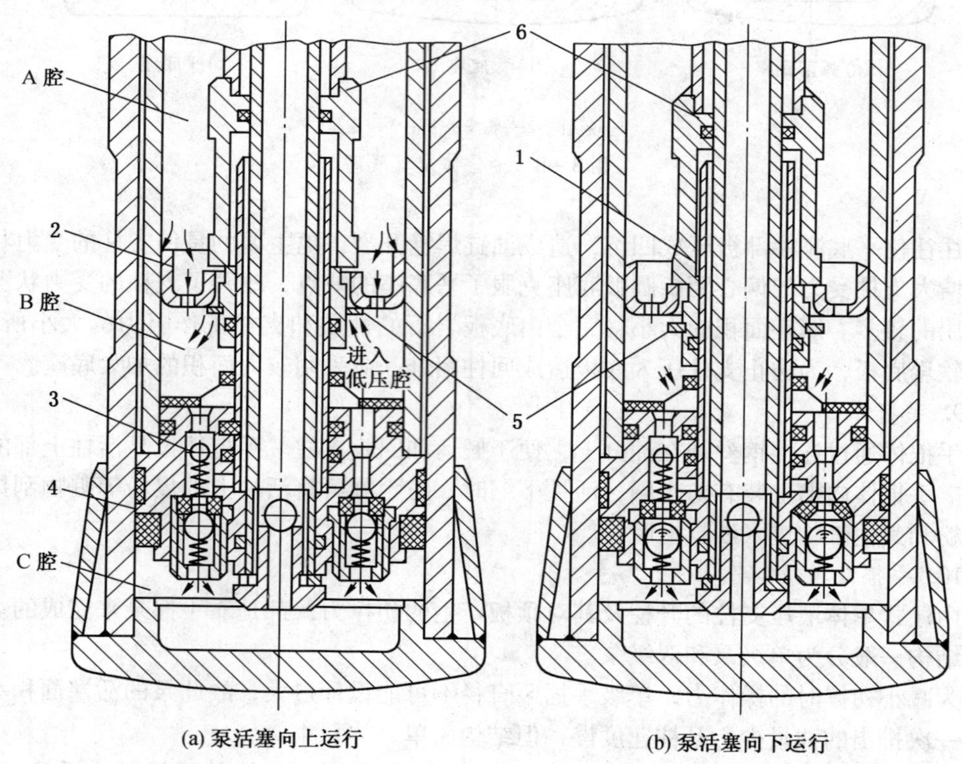

1—连接头；2—泵活塞；3—进油阀；4—单向阀；5—挡圈；6—柱塞

图 8－9 升柱过程

成一次吸油过程。柱塞向下运动时，泵活塞上部端面顶在柱塞连接头凸出的圆环面上，低压腔 B 内受压缩的油液绝大部分经进油阀 3 和单向阀 4 压入工作区 C（即油缸）内，使活柱升高。连续摇动手把，活柱不断升高，直到支柱顶盖与顶梁或顶板接触为止，即完成升柱的过程。由于活柱升高时所需要的压力较低，因而二级泵只起次要的作用。

2. 初撑

初撑动作过程如图 8－10 所示。支柱顶盖与顶梁接触时，继续摇动手把。当柱塞向上运动时，储油腔 A 内的油液流入低压腔 B，并经进油阀 3、活塞环形槽充满于泵套 6 和连接头 1 之间的间隙。当柱塞向下运动时，由于油缸中的油压较高，而低压腔 B 内的油液虽经一级泵活塞压缩，但油压仍较低，因而打不开单向阀 4，只能经泵活塞 2 上的两个阻尼孔和泵活塞与活柱筒间的间隙返回到储油腔 A，以减轻操作阻力。与此同时，柱塞连接头 1 内腔的油液受到压缩后经活塞头 5 环形槽返回，迫使进油阀 3 关闭，打开单向阀 4，高压油经单向阀 4 压入工作腔 C 内，使工作腔 C 内的油压不断升高。柱塞向上运动时，二级泵内的油压降低并形成负压，打开进油阀 3，储油腔 A 内的油液继续流入低压腔 B

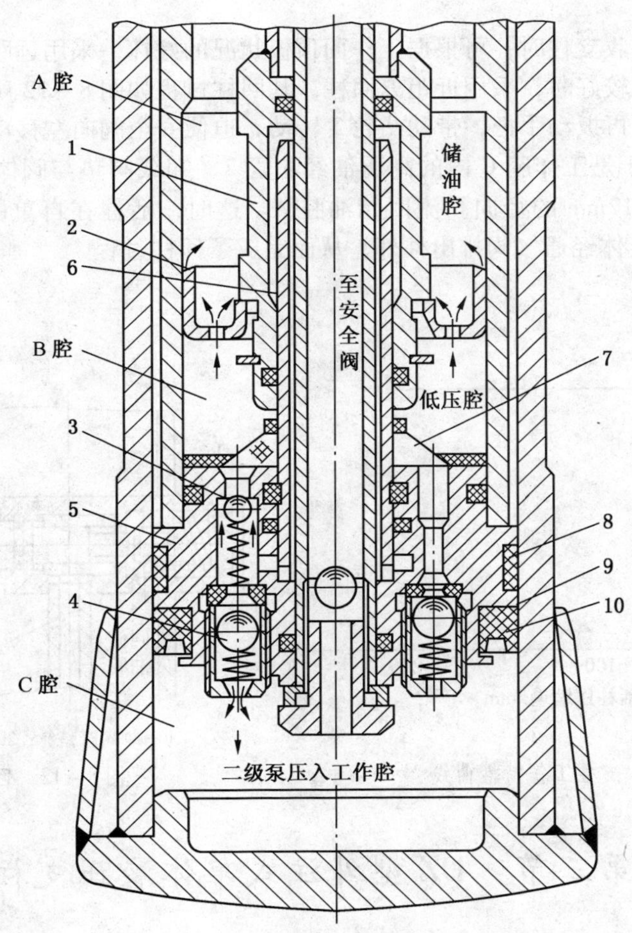

1—连接头；2—泵活塞；3—进油阀；4—单向阀；5—活塞头；6—泵套；7—滤油网；8—导向环；9—皮碗防挤圈；10—Y 形密封圈

图 8－10　初撑过程

内，同时油缸中的压力油将单向阀关闭。低压腔 B 内的液压油又经活塞头环形槽吸入二级泵而完成吸油过程。就这样连续摇动手把，直到手把感到很费劲时，使支柱获得了规定的初撑力，并完成了初撑过程。

3. 承载

随着工作面的推进，支护空间的扩大和支护时间的延长，回采工作面的顶板将产生不同程度的下沉，使作用在支柱上的顶板压力逐渐增加。当支柱所承受载荷达到额定工作阻力时，油缸工作腔 C 内的高压油经芯管进入安全阀，作用在安全阀垫 1 上，使导向套 2 向右移动压缩弹簧 3，高压油经阀垫和阀座间的间隙和小孔流回到储油腔 A。这时活柱就均匀下缩，顶板微量下沉，而使顶板压力形成新的平衡。当顶板作用在支柱上的载荷降低到支柱额定工作阻力以下时，工作腔 C 内的油压同时下降，在弹簧 3 的作用下，六角导向套复位，安全阀自行关闭，工作腔 C 内的油就停止向储油腔 A 回流。支柱在整个工作过程中，上述现象反复出现，使支柱始终处于恒阻状态，从而达到有效地管理顶板的目的。支柱的这种工作特性曲线如图 8－11 所示。

4. 回柱

工作面放顶回收支柱时，可根据工作面顶板状况的好坏，采用远距离方式或近距离方式回柱。顶板条件较好时，采用近距离回柱，其回柱过程如图 8－12 所示。将卸载手把插入卸载环中，然后再扳动手把，带动凸轮 3 转动，迫使安全阀向左移动，压缩卸载阀弹簧 1，打开卸载阀，于是工作腔 C 内的高压油经芯管 2，卸载阀垫与阀体接触平面之间的间隙及阀体上 3 个 $\phi12$mm 的径向孔流回储油腔 A。这时，活柱在自重的作用下快速降柱，而储油腔 A 内的气体经通气阀排出柱外，从而完成了回柱过程。

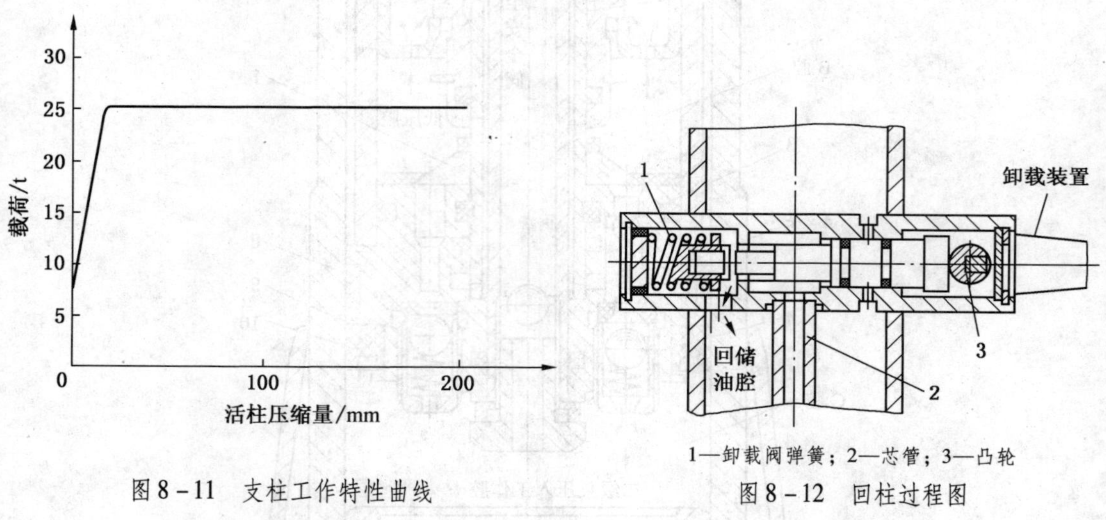

图 8－11　支柱工作特性曲线

图 8－12　回柱过程图

第三节　DZ 型外注式单体液压支柱

一、DZ 型外注式单体液压支柱的结构

外注式单体液压支柱的结构比内注式单体液压支柱简单，如图 8－13 所示。其结构如

图 8－14 所示，它由顶盖、活柱体、三用阀、手把体、油缸、活塞、限位装置、复位弹簧和底座等部件组成。外注式单体液压支柱的油缸、活柱体、活塞、手把体和卸载装置等部件的结构及作用都与内注式单体液压支柱相同，这里不再赘述。下面仅就与内注式单体液压支柱不同的几个部件作一讲述。

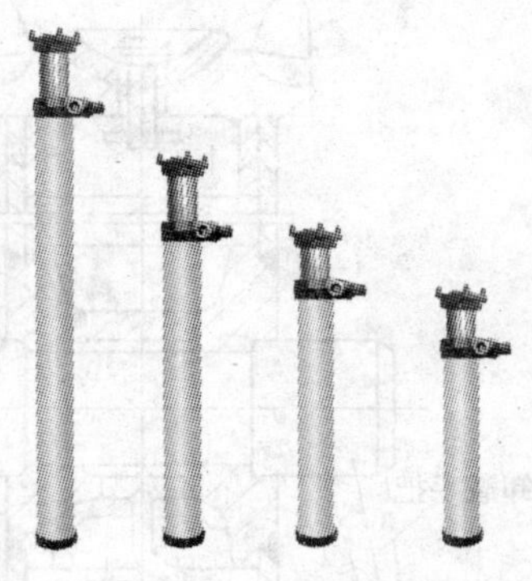

图 8－13　外注式单体液压支柱

1. 三用阀

三用阀是外注式单体液压支柱的心脏，其结构如图 8－15 所示，它由单向阀、卸载阀和安全阀三部分组成。单向阀供单体液压支柱注液用；卸载阀供单体液压支柱卸载回柱用；安全阀保证单体液压支柱具有恒阻特性。DZ 型外注式单体液压支柱采用 NDZ 型内注式单体液压支柱相同的安全阀、卸载阀及相同结构的单向阀。所不同的是外注式单体液压支柱的 3 个阀组装在一起，便于井下更换和维修。使用时，利用左右阀筒上的螺纹将三用阀连接组装在支柱柱头上，依靠阀筒上的 O 形密封圈与柱头密封。

2. 限位装置

内注式单体液压支柱靠活柱内腔储存油量的多少来限制活柱行程，保证油缸与活柱具有一定的重合长度，防止活柱拔出。而外注式单体液压支柱靠活柱上的限位装置来限制活柱的行程。限位装置有限位套、限位环、钢丝挡圈和活柱上的限位台阶等多种形式。2 m 以上的 DZ 型单体液压支柱采用活柱上的限位台阶限位；1. 8 m 以下的则采用钢丝圈限位。

升柱时，当活柱上的限位装置碰到手把体后，如果继续供液，活柱也不再升高，以防止活柱超高或自油缸中拔出。因此，限位装置必须具有一定的强度，承受初撑力时，限位装置也不允许损坏。

3. 复位弹簧

采用复位弹簧回柱时，可加速活柱的下降速度。复位弹簧的一头挂在柱头上，另一头挂在底座上。安装时，应使复位弹簧具有一定的预拉力。由于使用复位弹簧复位，DZ 型单体液压支柱的底座不能像内注式单体液压支柱一样焊在油缸上，而是采用活接，即用钢丝连接在油缸上。

4. 注液枪

注液枪的种类很多，但结构原理都一样。注液枪的用途是将管路来的高压乳化液供给单体液压支柱。注液枪的结构如图 8－14 所示，它由注液管 22、锁紧套 23、顶针 16、隔离套 15、手把 17、钢球 19、弹簧 20 和压紧螺钉 21 等部件组成。

使用时将高压胶管用 U 形卡接在注液枪直管上。不注液时，泵站来的高压乳化液将单向阀钢球 19 压在单向阀座 18 上，关闭单向阀，液体不能通过。升柱时，将注液管 22 插入三用阀注液嘴上，转动锁紧套 23 使其卡在左阀筒相应槽里，以防止注液枪被高压液体推出；然后握紧手把 17，使顶针 16 向右移动顶开钢球 19，打开单向阀，胶管中的高压乳化液就经单向阀、注液管进入支柱。当支柱达到额定初撑力后，松开手把 17，单向阀钢球 19 在液体压力和弹簧 20 的作用下复位，关闭单向阀，停止向支柱供液。一般工作面每隔 9～10 m 装备一个注液枪，支完一根支柱后，可拔下注液枪再支设另一根支柱。注液

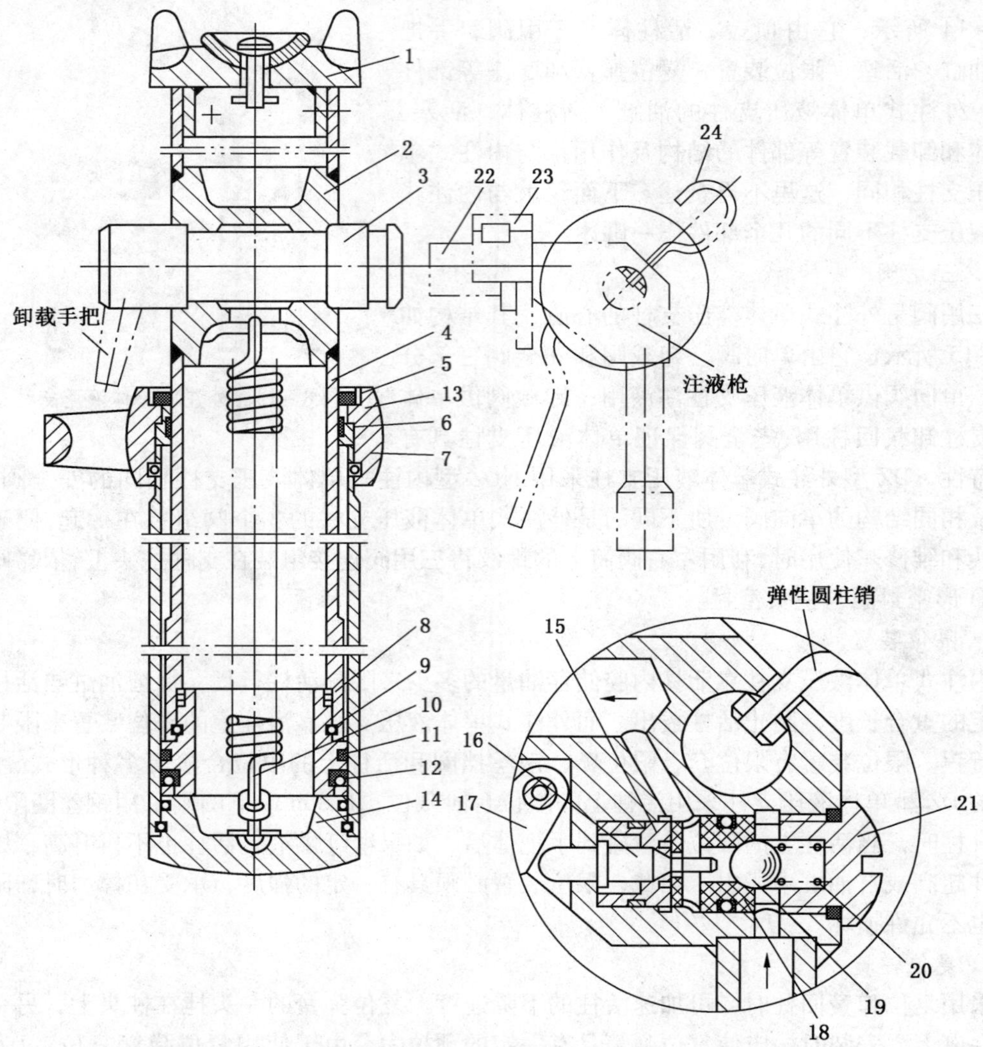

1—顶盖；2—柱头；3—三用阀；4—活柱体；5—防尘圈；6—挡环；7—手把体；8—油缸；9—钢丝；10—复位弹簧；11—活塞；12—Y 形圈；13—导向环；14—底座；15—隔离套；16—顶针；17—手把；18—单向阀座；19—钢球；20—弹簧；21—压紧螺钉；22—注液管；23—锁紧套：24—挂钩

图 8－14　DZ 型外注式单体液压支柱结构

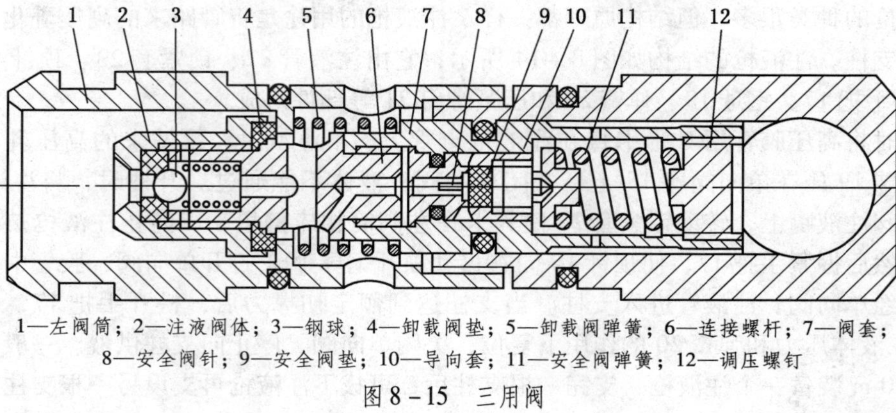

1—左阀筒；2—注液阀体；3—钢球；4—卸载阀垫；5—卸载阀弹簧；6—连接螺杆；7—阀套；8—安全阀针；9—安全阀垫；10—导向套；11—安全阀弹簧；12—调压螺钉

图 8－15　三用阀

枪不用时，可用挂钩 24 将注液枪挂在支柱手把上，或不从支柱上拔下来亦可，以免弄脏。

二、DZ 型外注式单体液压支柱的工作原理

DZ 型外注式单体液压支柱的工作原理与内注式单体液压支柱相似，其动作过程分为升柱—初撑、承载和回柱三个过程，其工作原理如图 8－16 所示。

1. 升柱—初撑

将注液枪插入三用阀的单向阀，卡好注液枪上的锁紧套。然后操作注液枪手把（图 8－16a)，泵站来的高压乳化液经单向阀和阀筒上的径向孔进入单体液压支柱下腔，活柱上升。当单体液压支柱顶盖使金属顶梁紧贴顶板，活柱不再上升时，松开注液枪手把，切断高压液体的通路，使单体液压支柱给予顶板一定的初撑力，即完成升柱—初撑过程。

2. 承载

随着支护时间的延长，工作面顶板作用在支柱上的载荷增加。当顶板压力超过支柱的额定工作阻力时，支柱内腔的高压乳化液将三用阀的安全阀打开（图 8－16b)，然后从右阀筒和安全阀套之间的间隙溢出，支柱下缩，使顶板压力形成新的平衡。若支柱所承受的载荷低于额定工作阻力时，支柱内腔压力降低，在安全阀的弹簧作用下，将安全阀关闭，

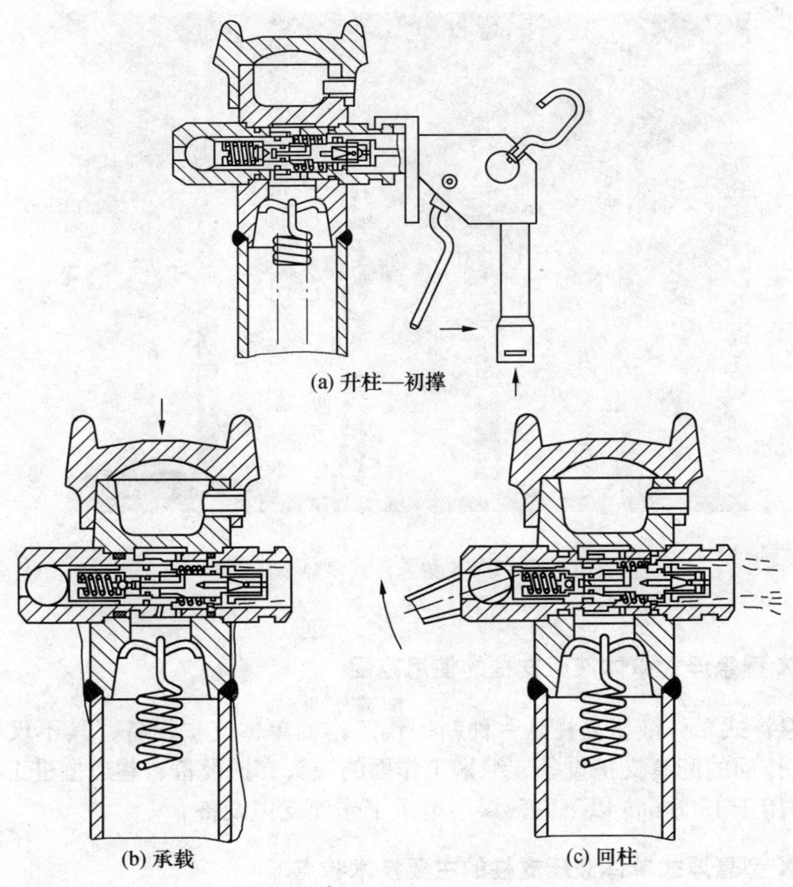

图 8－16　DZ 型外注式单体液压支柱的工作原理

停止外溢，使支柱对顶板的阻力始终保持一致，从而实现支柱的恒阻特性。

3. 回柱

回柱时，将卸载手把插入三用阀右阀筒卸载孔中，转动卸载手把，使安全阀轴向移动（图 8－16c），打开卸载阀，支柱内腔的高压乳化液经卸载阀、右阀筒与注液阀体间隙喷到工作面采空区，活柱在自重和复位弹簧的作用下缩回复位，从而完成回柱过程。

第四节 DWX 型悬浮式单体液压支柱

一、DWX 型悬浮式单体液压支柱的技术现状

DWX 悬浮式单体液压支柱外形如图 8－17 所示。

随着 DWX 型悬浮式单体液压支柱的推广应用，它的柱塞悬浮、密封胀紧、密封补偿等技术特点已被社会了解和认识，它的无内泄漏、无圆弧焊缝等安全理念也已被社会接受，并被社会誉为“生命支柱”和“矿工生命的保护神”。也有人把 DWX 型悬浮式单体液压支柱形象地比喻为“以柔克刚，太极功夫”，这也恰恰说明了其支撑力大的特点。

图 8－17 DWX 型悬浮式单体液压支柱

二、DWX 型悬浮式单体液压支柱的使用范围

DWX 型悬浮式单体液压支柱是一种新一代工作面单体支护设备，其不仅可用于高档机械化普采工作面的配套支护设备、综采工作面的端头支护设备、巷道掘进工作面超前支护设备，也可用于 1300 mm 以下的薄煤层炮采工作面支护设备。

三、DWX 型悬浮式单体液压支柱的主要技术特点

（1）采用柱塞悬浮式技术原理，悬浮力达到工作阻力的 4/5，立柱受力仅为 1/5。

大大提高了支柱的稳定性和安全性，也提高了支柱的支撑高度、承载能力和抗偏载能力。

(2) 在活柱上不再设有工艺难以保证的圆弧焊缝，也提高了立柱的强度和可靠性，避免了因焊缝疲劳断裂而造成的冒顶等事故隐患，保证了矿工的生命安全。

(3) 在油缸内无活塞，也不存在内泄漏，避免了因内泄漏造成的支柱虚顶、支柱脱顶，避免了支柱因虚顶和脱顶而造成的伤人事故隐患，保证了矿工的生命安全。

(4) 根据支柱规格的不同，悬浮式液压支柱的整柱重量比活塞式液压支柱减轻了15%~30%以上，甚至比轻合金支柱还轻，而承载能力提高了25%，使用范围扩大了200%，支柱的最小高度大大缩短，搬动、运输、使用均很方便。

(5) DWX型悬浮式单体液压支柱工作行程大，扩大了使用范围。特别是顶板下沉较大的工作面，大行程支柱仍能满足大的恒增阻降距，不仅回柱方便，而且提高了支柱的回收率，减少了支柱消耗，降低了生产成本。

(6) DWX型悬浮式单体液压支柱的三用阀设于手把体上，当注液时，三用阀不随支柱的活柱升高而升高，操作方便，安全可靠。

(7) DWX型悬浮式单体液压支柱的各静密封点，均采用了密封胀紧技术原理。在顶板来压的情况下或在支柱高压支撑的情况下，可保持支柱的密封胀紧状态，而且压力越大密封越紧，保证了顶板的支护质量和矿工的生命安全。

(8) DWX型悬浮式单体液压支柱的滑动密封点，采用了密封补偿和密封胀紧技术原理。在密封有磨损的情况下，可有效补偿。在支柱高压的支撑情况下，可保持密封胀紧状态，大大提高了滑动密封点的密封和安全性能，减少了密封的更换率，降低了维修和维护费用。

(9) DWX型悬浮式单体液压支柱活柱外表面采用特殊的氮化处理工艺或采用镍-磷-硼镀层处理工艺，实现防腐、耐磨、防爆的性能。工作介质使用煤矿的井下水，保证了工作环境和地下水不受污染，保证了矿区饮用水的质量，从而保障了矿区生活人群的健康，是一种理想的环保型采煤工作面支护设备。

(10) DWX型悬浮式单体液压支柱使用于整个工作面，不仅提高了安全性、可靠性，而且整个工作面整齐美观，操作方便，为工作面的安全管理带来方便。

(11) DWX型悬浮式单体液压支柱的工作行程大，使用范围广，每个规格可替代活塞式液压支柱的2~4个规格，减少了规格品种，给支柱管理带来方便，也降低了支柱的设备成本和管理成本。

(12) DWX型悬浮式单体液压支柱系列产品包括120缸径、110缸径、100缸径、90缸径、80缸径、70缸径、63缸径7个缸径系列108个规格型号产品，每个工作面可根据顶板情况进行选择，特别是对于顶板压力较小的工作面，选择较小缸径系列的支柱，将大大减轻矿工的劳动强度。

(13) DWX型悬浮式单体液压支柱内腔形成了一个细长的液体柱，该液体柱产生的纵向力不仅是DWX型支柱的悬浮力，同时也是从顶盖到底座之间的一个液体弹簧，当支柱受到冲击地压的作用时，该液体柱起到很好的缓冲作用，提高了采煤工作面的安全性。

第五节 切 顶 支 柱

一、QD 型切顶支柱

1. QD 型切顶支柱的组成

QD 型切顶支柱如图 8－18 所示，它主要由以下 5 部分组成。

(1) 立柱。它是带有螺纹调高段的单伸缩双作用立柱，是支撑顶板的主要部件。

(2) 推移千斤顶。为浮动活塞式双作用液压缸，它分别与输送机和底座相连，从而实现机械化移溜和拉柱。

(3) 柱帽与底座。其作用是将立柱的支撑力分别传给顶底板。

(4) 控制阀。它由液控单向阀和安全阀组成。其作用是使立柱保持恒阻特性和过载保护。

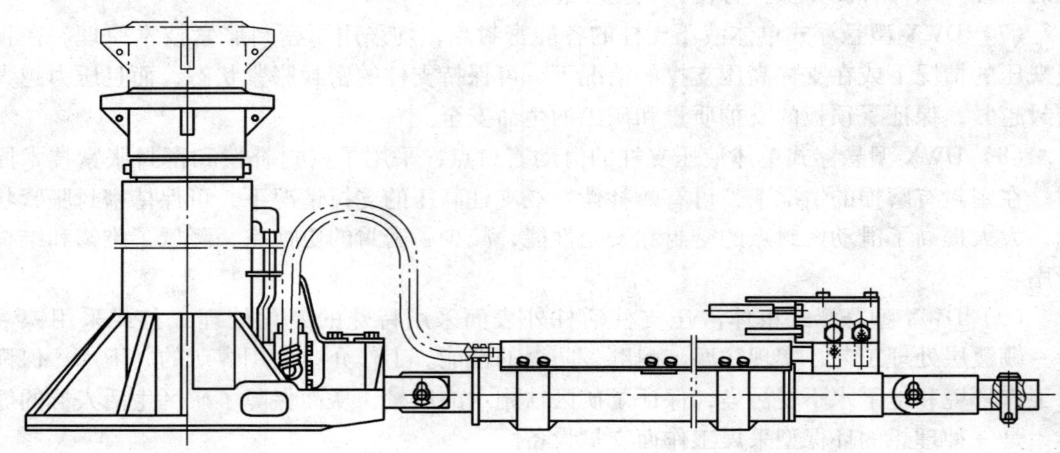

图 8－18 QD 型切顶支柱

(5) 操纵阀。它是由上、下两个片阀组成，其作用是完成立柱升、降和千斤顶推、拉等动作。

2. QD 型切顶支柱的结构特点

(1) 支柱上有螺纹加长杆，可无级调高。

(2) 支柱的中部设有复位橡胶，它可使支柱工作中不致因横向力过大而损坏。

(3) 支柱的柱帽与活柱为球面接触，可适应顶板的起伏。

(4) 底座底面焊有垂直于煤层倾斜方向的防滑筋，可适应倾角小于 15°的条件。

3. QD 型切顶支柱的工作原理

QD 型切顶支柱的工作原理与液压支架相同，该支柱的一个工作循环为：

(1) 支撑顶板。高压液进入立柱下腔，使活柱上升支撑顶板。

(2) 推移输送机。高压液进入千斤顶活塞腔，千斤顶活塞杆伸出将输送机推向煤壁。

(3) 支柱降落。高压液进入立柱上腔，使活柱下降。

(4) 支柱前移。支柱下降后，高压液进入千斤顶活塞杆腔，千斤顶缸体前移带动支柱拉向煤壁。

二、ZQF 型切顶支柱

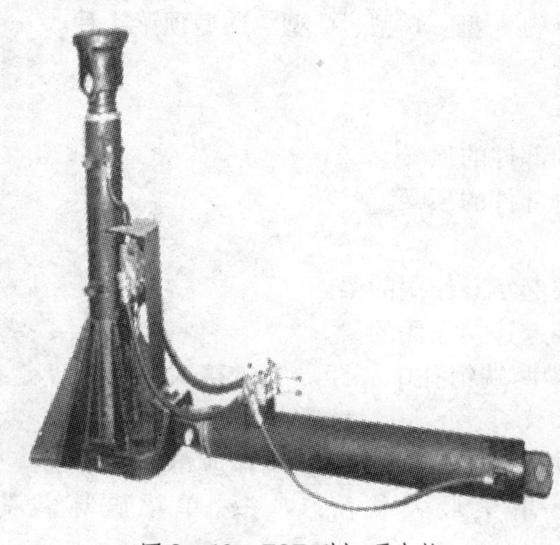

图 8-19 ZQF 型切顶支柱

ZQF 型切顶支柱是在传统切顶支柱的基础上改进研制成功的新型支护设备，能显著提高回采工作面的支护技术，减少生产工序，提高回采工作面机械化程度，如图 8-19 所示。ZQF 型切顶支柱主要作用在于可取代木垛、台棚、矸石带、戗柱、丛柱等特殊支护形式，提高放顶线上的支护强度，有效地隔断控顶区和采控区之间的顶板联系。同时，可以解决采面输送机的前段和实现机械化装煤。

1. ZQF 型切顶支柱的特点

(1) 立柱工作阻力高，能显著提高支护强度。

(2) 防倒滑效果好，安全可靠，操作方便。

(3) 能显著减少单体支柱使用量和维修量，工作面单产可提高 30% 以上。

(4) 生产效率高，能显著降低吨煤成产。

2. ZQF 型切顶支柱的使用

切顶支柱用于煤层倾角小于 15°（加防倒防滑装置可扩大到 25°），顶板中等稳定以上的回采工作面支护。它是保证回柱安全和有效切顶的一种特殊支护装置。在需要用特种支架管理顶板的高档普采工作面配用切顶支柱后，可以代替液压移溜器和其他特种支架（木垛、台棚、密采支柱和石墙等），实现移溜机械化和简化顶板管理工序，减轻劳动强度和节约材料消耗。同时，由于支护强度的加强，使工作面维护状况明显改善，回柱放顶安全可靠，从而为工作面安全、稳产、高产创造了有利条件。

目前，矿上使用的切顶支柱其型号参数虽然各不相同，但其结构形式和工作特性基本相同。国内生产的切顶支柱大致可分为单柱和双柱两大类。其中，双柱切顶支柱主要是用于中厚煤层，为提高其稳定性而设计的。

第六节 金属顶梁

金属顶梁是用于煤矿采煤工作面、位于单体支柱之上顶板之下、传递顶板压力的支撑梁，是煤矿采煤工作面支护顶板用的顶梁。

一、分类

(1) 按连接方式金属顶梁可分为铰接顶梁和非铰接顶梁两种。

(2) 按顶梁梁体截面形状，金属顶梁可分为 A 型、B 型、C 型、D 型顶梁 4 种。

二、术语

(1) 铰接式顶梁：梁体端头焊有铰接结构部件的顶梁。

(2) 非铰接式顶梁：梁体端头无铰接结构部件的顶梁。

(3) 单梁：单根的顶梁。

(4) 主梁：由主副梁构成的顶梁中，主要起承载作用的梁。

(5) 副梁：由主副梁构成的顶梁中，主要起连接作用的梁。

(6) 顶梁长度：铰接式顶梁长度是指顶梁两端销孔中心距。非铰接式顶梁长度是指顶梁全长，用 L 表示。

(7) 单梁载荷：单梁梁体在规定的试验方法和性能要求下，梁体应承受的外加集中载荷。包括：F_1——单梁最小载荷；F_2——单梁最大载荷；F_3——单梁破坏载荷；F_4——单梁反复加载载荷。

(8) 相互铰接的顶梁：在规定的试验方法和性能要求下，铰接部应承受的外加集中载荷。包括：F_5——铰接部最小载荷；F_6——铰接部最大载荷；F_7——铰接部破坏载荷；F_8——铰接部重复加载载荷。

三、金属铰接顶梁

金属铰接顶梁是一种铰接式顶梁，适合与各种类型带铰接顶盖的金属支柱（单体或摩擦支柱）组成金属支架，供煤矿在水平及缓倾斜回采工作面支护顶板使用。该产品既适用于炮采工作面，同时又是高档普采工作面顶板支护必要的配套设备，如图 8－20 所示。

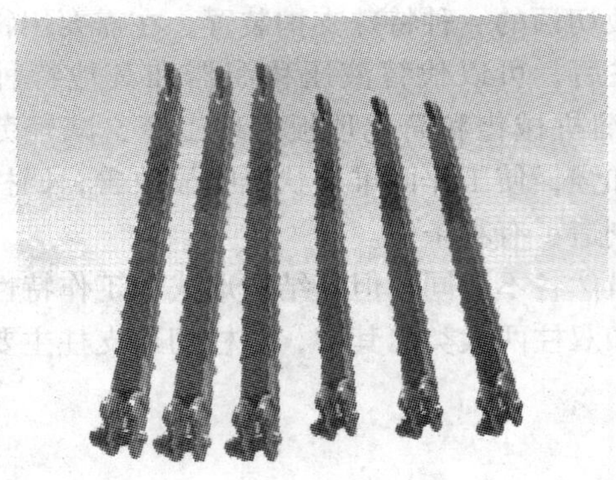

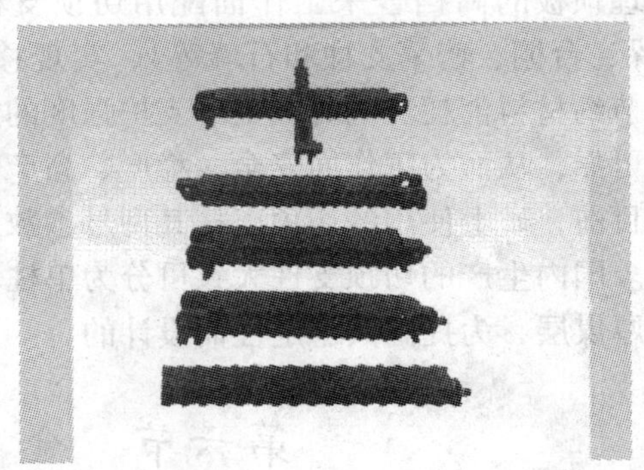

图 8－20 金属铰接顶梁

1. 金属铰接顶梁的作用

金属铰接顶梁主要作用于煤矿水平及缓倾斜回采工作面及机头或其他较大控顶区使用，它能长跨度悬臂式支护控顶区顶板，实现工作面有较大的无支柱支护的工作空间，为改善劳动条件和采用新型采煤机械及可弯曲运输机出入创造了有利条件。

金属铰接顶梁主要是用于煤矿坑道（巷道）顶板支护，与单体液压支柱配合组成金属支架起到顶梁的支护作用。Π 型梁是用两根 Π 型钢经过热处理对焊而成，是巷道临时支护中最常用到的顶梁。

2. 金属铰接顶梁的使用

1）架设方法

如图 8－21 所示，金属铰接顶梁由梁体 1、楔子 2、销子 3、耳子 4、定位块 5、接头 6、夹口 7 等组成。在架设顶梁时，先将要安设的顶梁右端接头 6 插入已架设好的顶梁一端的耳子 4 中，然后用销子 3 穿上并固紧，以使两根顶梁铰接在一起。最后将楔子 2 打入夹口 7 中，顶梁就可悬臂支撑顶板。待新支设的顶梁已被支柱支撑时，需将楔子拔出，以免因顶板下沉将楔子咬死。

2）选用方法

在选用顶梁时，应使其长度与采煤机截深相适应。

在选用支柱时，其最大高度应为煤层最厚度减去顶梁的高度；支柱最小高度，应保证支柱在顶板下沉量最大的情况下能顺利回撤。因此，支柱的最小高度应是煤层最小厚度减去顶板最大下沉量和顶梁高度及支柱卸载高度。

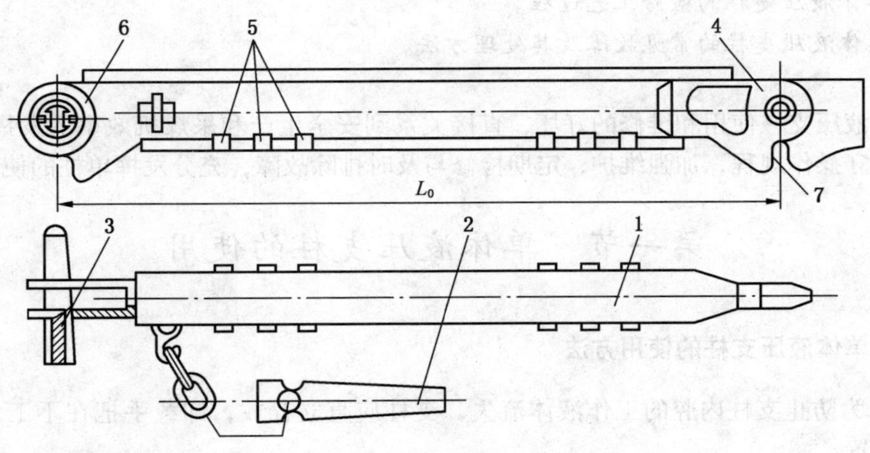

1—梁体；2—楔子；3—销子；4—耳子；5—定位块；6—接头；7—夹口

图 8－21 金属铰接顶梁

复习思考题

1. 简述单体液压支柱的用途、使用范围及特点。
2. 简述内注式单体液压支柱的结构组成。
3. 简述外注式单体液压支柱的结构组成及其工作原理。
4. 简述三用阀和注液枪的功用。
5. 简述 DWX 型悬浮式单体液压支柱的主要技术特点。
6. 简述金属铰接顶梁的使用和架设方法。

第九章 单体液压支柱的使用、维修与故障处理

【教学目标】

1. 熟悉单体液压支柱常用的使用方法和管理内容。
2. 掌握单体液压支柱维修的内容、检修工艺过程；能在老师指导下参与日常检修。
3. 了解单体液压支柱常见的故障现象及其处理方法，并能对简单的故障现象进行分析和处理。

【教学重点】

1. 单体液压支柱的使用方法和管理内容。
2. 单体液压支柱的检修工艺过程。
3. 单体液压支柱的常见故障及其处理方法。

【教学难点】

1. 单体液压支柱的检修工艺过程。
2. 单体液压支柱的常见故障及其处理方法。

单体液压支柱使用和维修的好坏，直接关系到安全生产和采煤机效率的发挥。因此，要严格遵守操作规程，加强维护，定期检修与及时排除故障，充分发挥单柱的使用效果。

第一节 单体液压支柱的使用

一、单体液压支柱的使用方法

（1）为防止支柱内腔的工作液体流失，支柱应直立存放，卸载手把在不工作时应处于关闭位置。

（2）支柱在搬运时，应将支柱缩到最小高度，严禁随意抛扔支柱。

（3）在支设前，必须检查支柱上的零部件是否齐全，柱体有无弯曲凹陷，不准使用不合格的支柱。

（4）当工作面倾角大于25°时，要采取防止倒柱的有效安全措施，按规定的排柱距支设支柱，不准用金属物敲打支柱。

（5）支柱支设要牢固，支柱顶盖与顶梁接触要严平。

（6）活柱最小伸出量不应小于顶板最大下沉量加50 mm的回撤量。

（7）不准在工作面爆破，若迫不得已时，则要采取防护措施，并报矿总工程师批准。

（8）发现死柱时，要先打临时柱，然后用掏底或刨顶的方法回收，严禁采用炮崩或机械强行回撤的做法。

（9）支柱支护后出现缓慢下缩时，应先行卸载再重新支设，如无效则应升井检修。

（10）长时间没有使用的支柱或新的支柱，在使用前应排出柱腔内的空气。

（11）在支柱时，支柱必须对号入座，两人配合作业，将柱子支在实底或柱靴上，并要有一定的迎山角。注液前要用注液枪冲刷注液嘴，然后插入注液枪注液。

（12）在支柱时，应将三用阀中的单向阀朝采空区侧或工作面下方，将内注式单体液压支柱的卸载手把朝向煤壁侧。

（13）用手抓支柱手把时应掌心向上，防止升柱过程中从顶板掉落小块矸石砸伤手背。

（14）支柱在运输和使用过程中，不许摔砸。

二、单体液压支柱的管理

（1）工作面每班应设专职管理人员，负责本班工作面的支柱及顶梁的管理工作。

（2）工作面的支柱及顶梁应实行“对号入座”，牌板管理。

（3）每日（班）要对支柱进行一次数量、编号、完好状态和有无渗油（液）的检查，及时更换失效或损坏的支柱，换下来的支柱要尽快升井检修。

（4）对内注式单体液压支柱要有专人定期分批地补充规定牌号和质量合格的液压油。

（5）除支柱顶盖外，不准在井下修理支柱。

（6）支柱的检修周期，应按检修规程执行。

（7）在单体液压支柱工作面附近的安全、干燥地点，必须存放足够数量的备用支柱。注液枪的拖拉胶管的长度必须大于主供液管路上相邻两处注液枪距离的1/2。

第二节　单体液压支柱的维修

定期维修支柱，是保证支柱的良好性能、安全生产和延长支柱使用寿命的重要措施。

一、日检

（1）检查、更换损坏的支柱顶盖。

（2）更换漏液的三用阀。

（3）检查支柱油缸有无凹陷。

（4）更换、补齐损坏丢失的零件。

二、大修

（1）清洗所有零件，更换工作液（内注式）。

（2）更换安全阀垫、单向阀、卸载阀垫、Y形密封圈、防尘圈、导向环、皮碗防挤圈以及所有O形密封圈。

（3）更换所有磨损和损坏的部件。

使用单体液压支柱的工作面回采结束后，如需将支柱转到其他工作面继续使用时，应按《单体液压支柱维修暂行规程》中的维修质量标准抽查2%的支柱，抽试支柱根数的合格率应在90%以上方可使用。否则，应加倍抽试，若合格率达不到90%以上时，应全部升井检查或大修，但支柱大修周期最长不超过：NDZ型内注式单体液压支柱为1.5～2

年，DZ 型外注式单体液压支柱为 2 年；三用阀为 1 年；注液枪为 1 年。

三、零部件的修理

修理车间的主要任务是清洗和更换损坏的零部件，在特殊情况下，也可承担部分零部件的修理。零部件的修理办法见表 9－1。如砸扁油缸的修复、长接管压弯、活柱压弯和活柱油缸电镀层的修复等都应送到集团公司机修厂去修理。

表 9－1 部分零部件的修理办法

零部件名称	损坏情况	修理办法	备注
活柱筒	不严重的弯曲	在压力机或调查机上调查，校直时应防止活柱压出明显凹坑	
活柱体	长接管与柱头或柱头与活柱筒开焊漏液	车掉焊缝，重新焊接，焊接时应注意活柱体的不直度	外注式单体液压支柱
左阀筒	卸载阀密封面锈蚀	用车或铣的办法将卸载阀密封面精加工，加工深度以去掉麻坑为限	外注式单体液压支柱
芯管	开焊弯曲	1. 将长接管与挡环间焊缝车掉，重新焊接 2. 去掉长接管与挡环间焊缝 （1）芯管与阀体如铜焊时，用氧气烤吹掉焊缝，使芯管掉下，校直芯管，装在专用夹具上重焊 （2）芯管与阀体电焊时，将弯曲部分切断并套扣；切一段长度适合的芯管用螺杆连接并用铜焊将螺纹处焊死；也可将弯曲部分切断，对焊一段合适的芯管	内注式单体液压支柱
底座套筒	砸扁	车掉套筒与底座间焊缝，换上一个新的底座套筒重焊	
油缸	开焊漏油	车掉焊缝，重新补焊	
注油螺钉	螺纹砸变形退不出来	焊死，在旁边另打眼，套 M10×1 的扣	
手把体	手把断	将手把焊上	
安全阀座	与阀座接触的密封面变形或冲毛	在平板上研磨光	
单向阀	密封面污染	以端面定位，装在专用夹具上，车去污杂面，加工深度以下不超过 0.5 mm 为限	

四、单体液压支柱的拆装与修理

（一）NDZ 型内注式单体液压支柱的拆装

1. NDZ 型内注式单体液压支柱的拆卸

NDZ 型内注式单体液压支柱的拆卸按图 9－1 所示的顺序进行：将支柱卡在工作台或台钳上，用特制冲头退出 3 个弹性圆柱销 25，取下顶盖 1；用通气阀扳手拧下通气阀 2，放掉活柱内腔的液压油。用钢丝钳把手把体 11 上的连接钢丝 12 抽出；打开卸载阀，从油

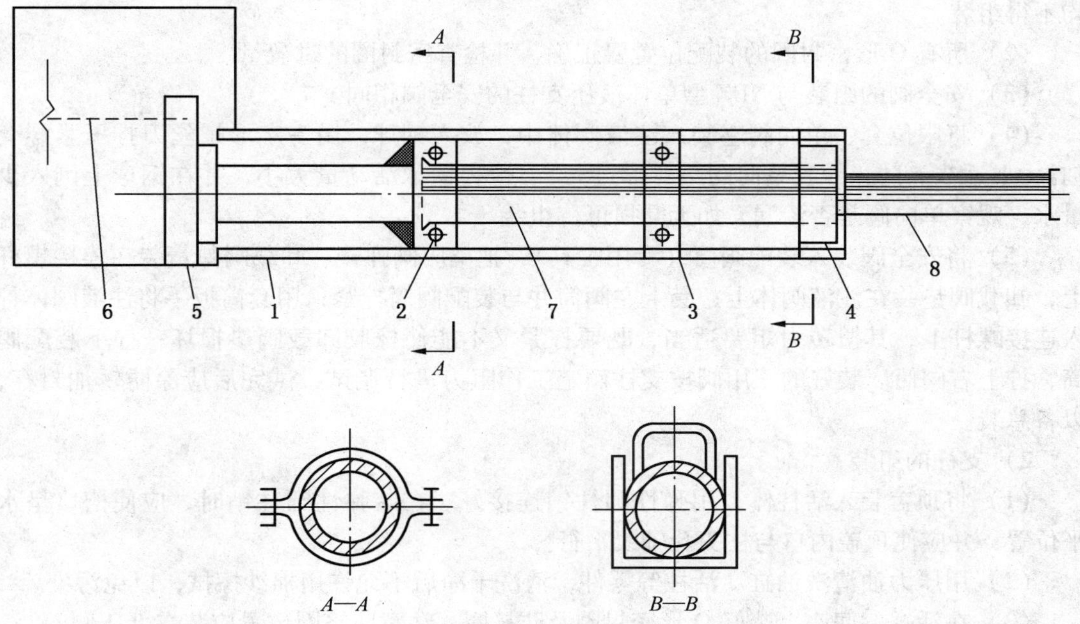

1—固定卡套；2—卡盘；3—机架；4—卡槽；5—减速箱；6—电动机；7—缸体；8—活塞

图9-2　卸柱器示意图

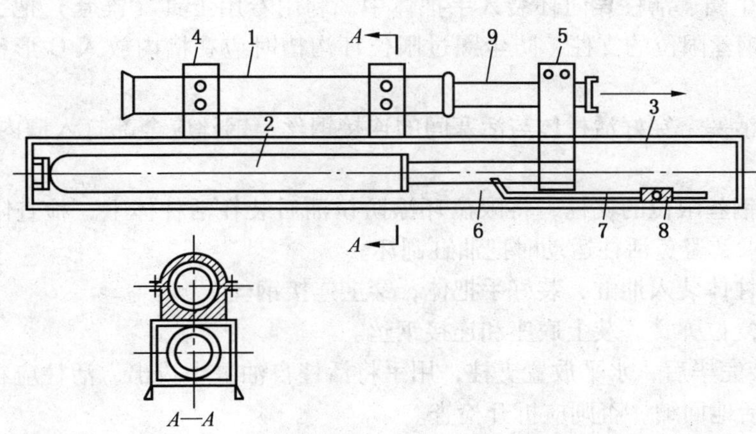

1—被拆支柱油缸；2—移溜器；3—机架；4—卡套；5—连接卡套；

6—移溜器活塞；7—胶管；8—液压阀；9—活柱

图9-3　拔柱器示意图

定在其上的连接卡套一起运动，连接卡套卡在顶盖上将活柱拔出。如果活柱变形过大，则应先整形，校直后才能用拔柱器拔柱。

2. DZ 型外注式单体液压支柱的组装

DZ 型外注式单体液压支柱的组装及注意事项如下：

1）三用阀的组装

（1）必须使用合格的三用阀零件，组装前必须清洗干净，任何有毛刺、铁屑的零件均不得组装。

（2）所有O形密封圈的装配位置要正确，并检查密封圈的过盈量。

（3）安全阀的组装与NDZ型单体液压支柱的安全阀相同。

（4）将限位套、单向阀座装入注液阀体中，放入钢球，用一字形螺丝刀拧压紧螺套（拧力要适当，防止橡胶单向阀垫变形过大）。检查钢球活动量大小，并在钢球上倒入少量水，观察单向阀是否渗漏，如无漏损可待组装。

（5）将安全阀装入装配阀筒（专用工具），把单向阀弹簧、卸载阀弹簧装在连接螺杆上，卸载阀垫装在注液阀体上；套上左阀筒并与装配阀筒拧紧；用套筒扳手将注液阀体拧入连接螺杆上，其扭转力矩要适当，既要拧紧又不能使橡胶卸载阀垫损坏；拧下装配阀筒，拧上右阀筒。装好的三用阀按支柱额定工作阻力进行调试，试完后应涂防锈油封存，以备总装。

2）支柱的组装

（1）将顶盖装入活柱体，用弹性圆柱销连接好。在装弹性圆柱销时，应使槽口呈水平位置，并应使顶盖内口与柱头孔轴线平行。

（2）用压力油清洗油缸、活柱等零件，清洗干净后不允许用棉纱擦拭，以免污染。

（3）在活塞、底座上装好O形密封圈及防挤圈，注意防挤圈位置应装在低压侧。

（4）把Y形密封圈、皮碗防挤圈、活塞导向环装在活塞上。导向环外径应大于活塞最大直径。开口的防挤圈，接头应搭接好。

（5）将防尘圈、活柱导向环装入手把体中。利用专用工具（锥套）把手把体装在活柱筒上。采用钢丝限位的支柱，防尘圈过限位环沟槽时应在槽内放入O形密封圈，防止损坏防尘圈。

（6）装上活塞，穿好活柱体与活塞间的连接钢丝，钢丝应全部打入槽内，不许露出，防止刮缸。

（7）采用钢丝限位的支柱，将限位环涂防锈油后装在活柱体上，检查限位环外径是否符合图纸要求，避免活柱运动时把油缸刮坏。

（8）将活柱体装入油缸，装好手把体，穿上连接钢丝。

（9）挂好复位弹簧，装上底座和连接钢丝。

（10）组装完毕后，水平放置支柱，用手将活柱自油缸中拔出，活柱应在复位弹簧的作用下自动灵活地回缩，否则应拆开检查。

（11）装好三用阀，以待试验。

3）组装过程中的注意事项

（1）除油缸、底座、接长管裸露表面及电镀面外，所有连接配合处均应涂防锈油。

（2）在装配底座、活塞时，应将防挤圈切口背向钢丝槽口。打入底座、活塞时，应注意避免槽口碰伤防挤圈。

（3）所有连接钢丝处最好涂丝扣脂，钢丝应打入槽内。手把体、底座处连接钢丝装好后，槽口应用火漆或油漆腻子封严，以防钢丝锈蚀。

（4）在组装支柱时，不允许用铁锤敲打油缸、活柱和活塞。

（5）组装完毕的支柱应轻拿轻放，防止损坏。

（6）支柱出厂前表面应喷涂防锈漆。

（三）单体液压支柱的修理

煤矿修理车间的主要任务是清洗和更换损坏的零部件。零部件的修理如砸扁油缸的修复、接长管压弯、活柱弯曲、活柱油缸镀层修复等都应送矿区维修中心。只是在特殊情况下，维修车间才承担部分零部件，如变形较小的油缸、活柱修理和焊缝修复工作。这些零部件的修理办法见表9－2。

表9－2　部分零部件的修理办法

序号	零件名称	损坏情况	修理办法	备注
1	活柱筒	弯曲但不严重	用校直机校直，校直时应防止压出明显凹坑	
2	活柱体	接长管与柱头或柱头与活柱筒开焊而漏液	车掉焊缝，重新焊接。焊接时应注意活柱体直度	DZ 型单体液压支柱
3	左阀筒	卸载阀密封面锈蚀	用车或铣的方法将卸载阀密封面精加工，加工深度以去掉麻坑为限，连续修复加工深度不应超过1 mm，加工时注意该面与外圆的垂直度	
4	芯管	开焊弯曲	将接长管与挡环间焊缝车掉，重新铜焊 车掉接长管与挡环间焊缝，用氧气焊烧芯管焊缝处，使芯管脱落；校直芯管，装在专用夹具上重焊	NDZ 型单体液压支柱
5	底座套筒	砸扁	车掉套筒与底座间焊缝，重新焊接	
6	油缸	开焊漏油	车掉油缸与底座焊缝，重新焊接	
7	注油螺钉	螺纹变形，注油螺钉退不出来	把原有螺钉焊死，在旁边另钻1个M10×1的螺孔	

（四）单体液压支柱的安全操作措施

（1）单体液压支柱工作面不准与不同性质的支柱混合使用。

（2）按照支护设计的规格，严格注意并检查支护规格质量，保证横成排、竖成线。不合格的支柱一定要检查改正以至更换。

（3）使用单体液压支柱的工作面不允许爆破，若工作面必须爆破时，要有防止损坏单体液压支柱的有效措施，并报矿总工程师批准。

（4）工作面支柱应实行“对号入座”、“牌板管理”，与顶梁配套使用。

（5）升柱工作完成后，一定要保证支柱达到额定的初撑力。

（6）如果发现工作面支柱“压死”，则严禁用炮崩或用机械强行回撤。而是要打好临时支柱，通过挑顶、挖底方法将其取出。

（7）支柱在支设前要用注液枪把单向阀和注液嘴清洗洁净，无煤粉污染物后，再把注液枪插入三用阀，连接完毕，开始供液。

（8）支设支柱要垂直于顶板。

(9) 液压泵站液体压力要稳定，防止拔除注液枪时支柱卸载阀溢流。

(10) 单体液压支柱注液完毕后，注液枪应置于支柱的手把上，或置于支柱的注射嘴上。

(11) 当采面移杆子时，至少要有两人操作，一人将准备好的单体液压支柱放入挖好靠大墙的柱窝内，另一人对采空区侧的单体液压支柱进行放液卸载。

(12) 工作面切勿用金属物体敲击、铁锤敲击液压支柱各部分，尤其是镀铬层；否则，产生凹坑，镀层剥落，有损支柱性能以至报废。

(13) 支柱不支护时，不能将支柱水平放置作推移千斤顶用，尤其注意不能以支撑手把作为推移千斤顶的支点，否则会损坏支柱。

第三节 单体液压支柱的常见故障及其处理方法

一、DZ 型外注式单体液压支柱的常见故障及其处理方法

DZ 型外注式单体液压支柱的常见故障及其处理方法见表 9－3。

表 9－3 DZ 型外注式单体液压支柱的常见故障及处理方法

故障现象	产生原因	处理方法
注液时，活柱不从油缸中伸出或伸出很慢	1. 泵站无压力或压力低 2. 截止阀关闭 3. 注液阀体进液孔被脏物堵塞 4. 密封失效 5. 管路滤网堵塞 6. 注液枪失灵	1. 检查泵站 2. 打开截止阀 3. 清洗注液嘴 4. 更换密封件 5. 清洗过滤网 6. 检查密封圈
活柱降柱速度慢或不降	1. 复位弹簧松脱 2. 油缸有局部凹坑 3. 活柱表面损坏 4. 防尘圈、Y 形圈损坏 5. 导向环、防挤圈膨胀过大	1. 重新挂好复位弹簧 2. 更换油缸 3. 更换活柱 4. 更换防尘圈、Y 形圈 5. 更换导向环或防挤圈
工作阻力低	1. 安全阀调压螺钉松动 2. 安全阀开启或关闭压力低 3. 密封件失效	1. 拧紧调压螺钉 2. 检查安全阀 3. 更换失效的密封件
工作阻力高	1. 安全阀开启压力高 2. 安全阀垫挤入溢流间隙	1. 重新调定 2. 更换阀垫
乳化液从手把溢出	1. 活塞与活柱间密封圈损坏 2. Y 形圈损坏 3. 油缸变形或镀层脱落	1. 更换损坏的密封圈 2. 更换 Y 形圈 3. 更换或重新镀铬
乳化液从底座溢出	底座与油缸间 O 形密封圈损坏	更换 O 形密封圈

表9-3（续）

故障现象	产生原因	处理方法
乳化液从 ϕ42 柱头溢出	1. ϕ42 密封圈损坏 2. 柱头密封面损坏	1. 更换O形密封圈 2. 更换或修理
乳化液从单向阀、卸载阀溢出	单向阀、卸载阀密封面损坏或污染	清洗或更换损坏的零件
油缸弯曲	1. 推输送机时顶坏 2. 被采煤机撞坏 3. 油缸硬度低而被压坏 4. 支柱压死时绞车拉坏油缸	1. 更换油缸 2. 改进操作方法 3. 更换油缸 4. 应先挑顶或挖底再用绞车回柱
活柱弯曲	1. 活柱硬度不够被压坏 2. 突然来压时安全阀来不及打开 3. 推输送机时顶弯	1. 更换活柱 2. 根据顶板压力，加大支柱密度 3. 改进操作方法
手把断裂	1. 推输送机时顶坏 2. 处理压死支柱时用绞车硬拉坏	1. 改进操作方法 2. 更换手把
顶盖损坏	支设不当	更换顶盖
活柱从油缸中拔出	未装限位装置	装设限位装置
左阀筒卸载孔变形或安全阀套端面变形	不用专门工具回柱，被凿坏	1. 按操作要求使用专用手把 2. 更换变形零件
注液枪漏油	1. 注液枪管螺纹松动 2. 密封圈损坏 3. 密封面损坏	1. 拧紧注液管 2. 更换密封圈 3. 更换注液枪

二、NDZ型内注式单体液压支柱的常见故障及其处理方法

NDZ型内注式单体液压支柱的常见故障及其处理方法见表9-4。

表9-4 NDZ型内注式单体液压支柱的常见故障及其处理方法

故障现象	产生原因	处理方法
支柱打不上，初撑或支设后过一段时间活柱缓慢下降	1. 单向阀座、卸载阀垫污染或损坏 2. 芯管开焊 3. Y形密封圈损坏 4. 阀套、芯管和泵套上的密封圈损坏 5. 安全阀垫损坏	1. 清洗或更换 2. 重新补焊 3. 更换Y形密封圈 4. 更换O形密封圈 5. 更换阀垫
不能升柱	1. 卸载阀在卸载位置 2. 单向阀、卸载阀污染或损坏 3. 通气阀堵塞 4. 阀套受卡或卸载阀弹簧变形太大	1. 使卸载阀复位 2. 清洗或更换 3. 拆下清洗 4. 更换弹簧
活柱行程不够	1. 油量不足 2. 注油螺钉松动漏油 3. 通气阀污染漏油	1. 加油 2. 拧紧注油口螺钉 3. 清洗通气阀

表9-4（续）

故障现象	产生原因	处理方法
曲柄、套管、堵头和注油螺钉处漏油	密封圈损坏	更换O形密封圈
手把处漏油	1. Y形密封圈损坏 2. $\phi65$ 密封圈损坏 3. 油缸变形	1. 更换Y形密封圈 2. 更换密封圈 3. 更换油缸
升、降柱不灵活	1. 通气阀堵塞 2. 活柱变形或油缸变形 3. 活柱表面严重锈蚀 4. 卸载行程小 5. 导向环或皮碗防挤圈损坏	1. 清洗 2. 更换 3. 重镀或更换 4. 重新调定 5. 更换损坏件
顶盖处漏油	通气阀失灵	清洗或更换损坏件
工作阻力低	1. 安全阀开启或关闭压力低 2. 密封件损坏	1. 检查调定 2. 更换损坏件
液压油乳化	油中进水	更换
工作阻力高	安全阀失灵	1. 检查六角导向套是否蹩住，安全阀垫是否挤出 2. 检查安全阀进油口是否堵塞
曲柄滑块机构卡阻	个别零件磨损	检修或更换
长接管弯曲或焊缝开裂	采高太小，压成“死柱”	选用适当的支柱

复习思考题

1. 如何加强单体液压支柱的使用和管理工作？
2. 单体液压支柱的维修包括哪些内容？
3. 简述NDZ型或DZ型单体液压支柱的拆装工艺过程。
4. 单体液压支柱的安全操作措施是什么？
5. 单体液压支柱的常见故障有哪些？如何进行处理？

第十章　乳化液泵站

【教学目标】

1. 了解乳化液泵站的组成和特点。
2. 熟悉乳化液泵站的结构特点及供液工作过程。
3. 掌握乳化液泵的工作原理。
4. 明确乳化液泵的结构部分及工作过程。
5. 明确乳化液箱及其附属装置的作用。
6. 掌握乳化液泵站液压系统的组成和工作原理。
7. 了解乳化液泵站的使用、维护与故障处理的方法。

【教学重点】

1. 乳化液泵站的结构特点及供液工作过程。
2. 乳化液泵的结构及工作过程。
3. XRXT 型乳化液箱及其附属装置的作用。
4. 乳化液泵站液压系统的组成和工作原理。
5. 泵站的使用、维护与故障处理。

【教学难点】

1. 乳化液泵站液压系统的工作原理。
2. 乳化液泵站的维护与故障处理的方法。

第一节　概　　述

一、乳化液泵站的组成和特点

如图 10－1 所示为乳化液泵站的外形图。

图 10－1　乳化液泵站的外形图

乳化液泵站是用来向综采工作面液压支架及其他用乳化液的液压装置输送乳化液的设备，是液压支架、单体液压支柱以及运输巷皮带机尾、转载机、破碎机向前拖移所用千斤顶等液压设备的动力源。乳化液泵站是液压支架、单体液压支柱的动力源，它好比人的心脏，如果使用维护不好就会出现流量、压力不足等故障，从而影响到工作面液压支架和外注式单体液压支柱的支撑性能、工作面的顶板管理以及正常生产。

1. 乳化液泵站的组成及功用

如图 10－2 所示，乳化液泵站由两套乳化液泵组、一套乳化液箱及附属装置等组成。

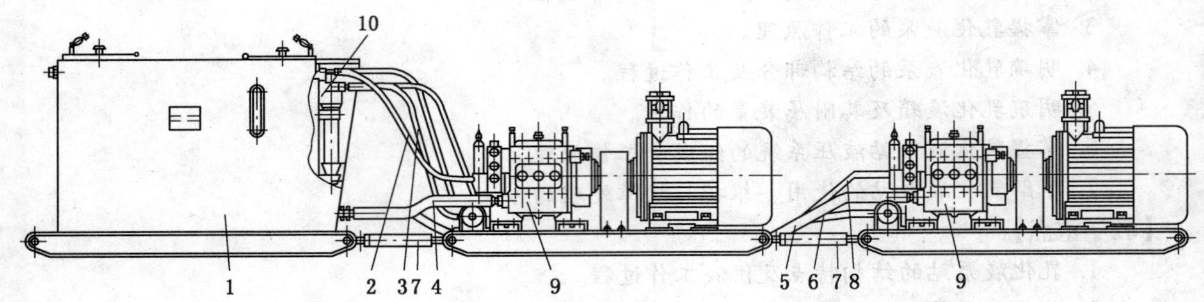

1—乳化液箱；2、8—回液软管；3、6—高压软管；4、5—吸液软管；
7—连接杆；9—乳化液泵组；10—压力控制装置

图 10－2 XRB 乳化液泵站

乳化液泵组 9 由两台乳化液泵、防爆电动机、联轴器和底架等组成，通过连接杆 7 与乳化液箱 1 连接为一个整体，由吸液软管 4、5 分别从乳化液箱吸液，经泵加压后由高压软管 3、6 供给压力控制装置 10，然后经压力控制装置以一定的压力供给液压支柱。两台乳化液泵通常是一台工作，一台备用，交替使用。但当工作面液压支柱动作较多，需要增大供液量时，也可同时开动两台乳化液泵。

乳化液箱 1 是储存、回收和过滤乳化液的装置。若在井下配制乳化液，还应在乳化液箱上附带自动配液器。

压力控制装置 10 由手动卸载阀、自动卸载阀、压力表开关以及压力表等组成，用来控制供给液压支架乳化液的压力，并可实现对液压系统的保护。

2. 乳化液泵站的结构特点

液压支架或外柱式液压支柱的工作介质是水包油型乳化液，其黏度低，润滑性能差，因此乳化液泵与一般以矿物油为工作介质的液压泵相比，在结构上有如下明显的特点：

（1）柱塞与缸体之间不能采用间隙密封，必须采用密封圈密封。

（2）传动部分与工作部分必须隔开，传动部分用专用的润滑油，工作部分使用乳化液。

（3）为满足液压支架的需要，乳化液泵站要有很高的供液压力，而且要有很大的流量。

（4）泵站要配置一台容量很大的乳化液箱，由于液压支柱的工作液体是排到采空区的，必须不断地补充乳化液。

3. 乳化液泵站设备的配套情况

乳化液泵站设备的配套情况见表10－1。

表10－1 乳化液泵站设备的配套情况

产品名称	型 号	典型产品参数				
		压力/MPa	流量/(L·min^{-1})	配套电机功率/kW	配套乳化液箱型号	容积/L
乳化液泵站	GRB315/31.5	31.5	315	200	RX400/25	2500＋1000
	LRB400/31.5	31.5	400	250	RX400/25	2500
	MRB200/31.5	31.5	200	125	RX200/16A	1600
	WRB125/31.5	31.5	125	75	X10RX	1000
	XRB110/32	32/20	110	75/55	XRXT	640

二、乳化液泵的工作原理

乳化液泵一般为卧式三柱塞或五柱塞往复泵，它是将曲轴的转动经过连杆—滑块机构而使柱塞成直线的往复运动。它的工作原理如图10－3所示。

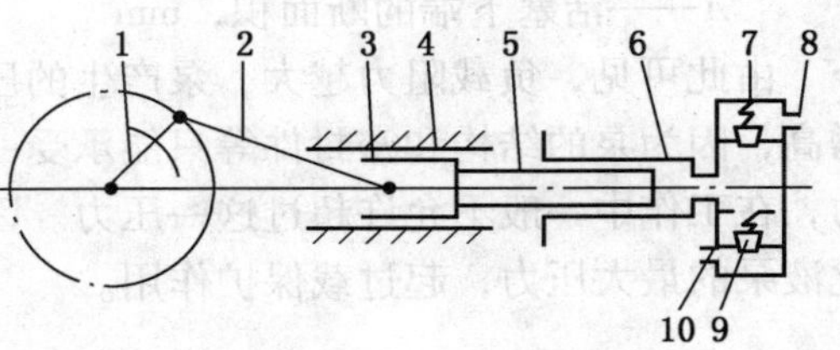

1—曲轴；2—连杆；3—滑块；4—滑道；5—柱塞；6—缸体；7—排液阀；8—排液口；9—进液阀；10—进液口

图10－3 乳化液泵的工作原理

当电动机带动曲轴1按图示箭头方向旋转时，曲轴就带动连杆2运动，连杆带动滑块3沿滑道4做往复直线运动，从而带动柱塞5做往复直线运动。当柱塞向左运动时，缸体6右端的容积由小变大而形成真空，乳化液箱内的乳化液在大气压力的作用下顶开进液阀9进入缸体。当柱塞向右运动时，缸体内容积减小，此时吸进的液体受到压缩而使其压力升高，打开排液阀7由排液口8经主进液管送到工作面液压支架。这样，柱塞往复运动一次，就吸、排液一次。

综上可知，一个柱塞在吸液过程中就不能排液，所以单柱塞泵的排液量是很不均匀的。为了使排液比较稳定和均匀，可采用三柱塞泵、四柱塞泵或五柱塞泵等。

三、乳化液泵的流量和压力

1. 乳化液泵的流量

从泵的工作原理可知，其流量取决于工作容积变化的大小以及柱塞在单位时间内变化的次数，而理论流量为：

$$Q=\frac{\pi}{4}D^2SnZ\times10^{-3} \quad (10-1)$$

式中 D——柱塞直径，cm；

S——柱塞行程，cm；

n——柱塞每分钟往复次数；

Z——柱塞数目。

实际上，因为乳化液泵有泄漏损失，所以泵的实际流量要比理论流量小一些。某一具体的乳化液泵，它的柱塞直径、行程、往复次数和数目都是一定的，其流量也基本是定值，因此乳化液泵是一种定量泵。

从理论上分析，乳化液泵的流量与压力无关，但实际上随着压力的升高，由于泄漏量的增加，因而流量要有所减少。

2. 乳化液泵的压力

乳化液泵在工作时要克服外部负载及管道阻力，所以泵的压力是随着负载及管道阻力的大小而变化的。如单柱在升柱时将受负载阻力 F 的作用，于是油缸下腔的油液产生压力，其值 P 可用下列公式计算：

$$P=\frac{F}{A} \tag{10-2}$$

式中 F——单柱所受的负载阻力，N；

A——活塞下端的断面积，mm^2。

由此可见，负载阻力越大，泵产生的压力也就越高。但乳化液泵的压力不允许无限地增高，因为泵的结构和密封件等只能承受一定的压力，所以泵在出厂时规定了一个额定压力，在工作中一般不允许超过这一压力。因此，在液压系统中必须装设安全阀，以限制乳化液泵的最大压力，起过载保护作用。

第二节 乳化液泵的结构

一、乳化液泵型号的意义

1. 乳化液泵型号编制

乳化液泵型号编制举例说明见表 10－2。

表 10－2 乳化液泵型号编制举例

型 号	符号说明	型 号	符号说明
$XRB_2B110/32$ 型乳化液泵	X—无锡煤矿机械厂 R—乳化液 B—泵 2—改进序号 110—额定流量（L/min） 32—额定压力（MPa）	$MRB_2200/31.5$ 型乳化液泵	M—煤矿用乳化液泵 R—乳化液 B—泵 2—改进序号 200—额定流量（L/min） 31.5—额定压力（MPa）

2. 乳化液泵的主要技术特征

XRB 型乳化液泵的主要技术特征见表 10－3。

表 10-3 XRB 型乳化液泵的主要技术特征

参数	额定压力/MPa	额定流量/(L·min^{-1})	传动方式	电动机功率/kW	曲轴转速/(r·min^{-1})	柱塞直径/mm	柱塞行程/mm	主轴瓦	润滑方式	质量/kg	外形尺寸(长×宽×高)/(mm×mm×mm)
XRB110/32	$\frac{20}{32}$	110	一级齿轮传动	55 75	517	38	70	标准瓦	飞溅		
XRB_2B	$\frac{20}{35}$	80		55 75		32				400	760×680×420
XRB60/50		6500		75		28					

二、乳化液泵的结构

以 XRB_2B 型乳化液泵为例，这种泵主要由箱体传动部分、泵头和安全阀三部分组成，如图 10-4 所示。

1. 箱体传动部分

箱体传动部分主要包括箱体、一级齿轮减速、曲轴、连杆、滑块及滤油器等。如图 10-5 所示，箱体是安装齿轮、曲轴、连杆和滑块的基架。箱体为整体式结构，用 HT20-40 高强度铸铁制成。箱体里有两个腔：一个是曲轴腔，在其内装设有曲轴、连杆和滑块等件；另一个是进液腔。在箱体侧面装置齿轮箱，由电动机经轮胎联轴器驱动主动轴小齿轮 1（19 个齿），传动大齿轮（54 个齿）带动曲轴 3 旋转。主动齿轮轴由一对单列向心短圆柱滚子轴承（42310）支承。曲轴由一对双列向心球面滚子轴承（3165）支承。曲轴上有 3 个曲拐，呈 120°均匀分布。每个曲拐上通过前轴瓦 4 和后轴瓦 5 装有连杆 6。连杆的另一端用连杆衬套 7 和滑块销与滑块 9 相连接。

为了在井下更换柱塞方便，滑块与柱塞的连接采用半圆环结构，如图 10-6 所示。在柱塞端部装有一个承压块 1 承受柱塞压力，用一组半圆环 2 卡在柱塞的颈部，并用螺套 3 将柱塞压在承压块上。为了防止螺套松动，用锁紧螺母 4 锁紧。

传动部的各相对运动件之间均采用飞溅方式润滑。为确保曲轴与连杆大端轴承之间的润滑，在连杆瓦盖上下各钻一个小孔，如图 10-7 所示。当曲轴旋转时，下部小孔没入油池，曲拐按正转方向将润滑油捞入轴瓦与曲轴之间的摩擦面，再经上面小孔泄出，实现可靠的润滑。这也就是该泵不能反转的原因所在。在运转过程中，曲轴箱润滑油同时飞溅到油池，通过油池底部的 3 个孔经导向铜套注入连杆小端衬套与滑块销间，以及滑块与滑道孔间，保持良好的润滑。同时，为了加强柱塞与缸体间的润滑，在箱里装有油杯 10（图 10-5），向柱塞与缸体之间注油。为向箱体里注油和放掉内部的空气，在箱体的上部还装有放气帽 11 和滤油器 12（图 10-5）。

2. 泵头部分

泵头主要由泵头体、吸液阀、排液阀、缸体和柱塞等部分组成，如图 10-8 所示。泵头体 1 为 45 号锻钢制成的整体结构。为了放出缸体内的空气，在泵头体前端的柱塞腔螺塞 17 上装有放气螺钉 18。

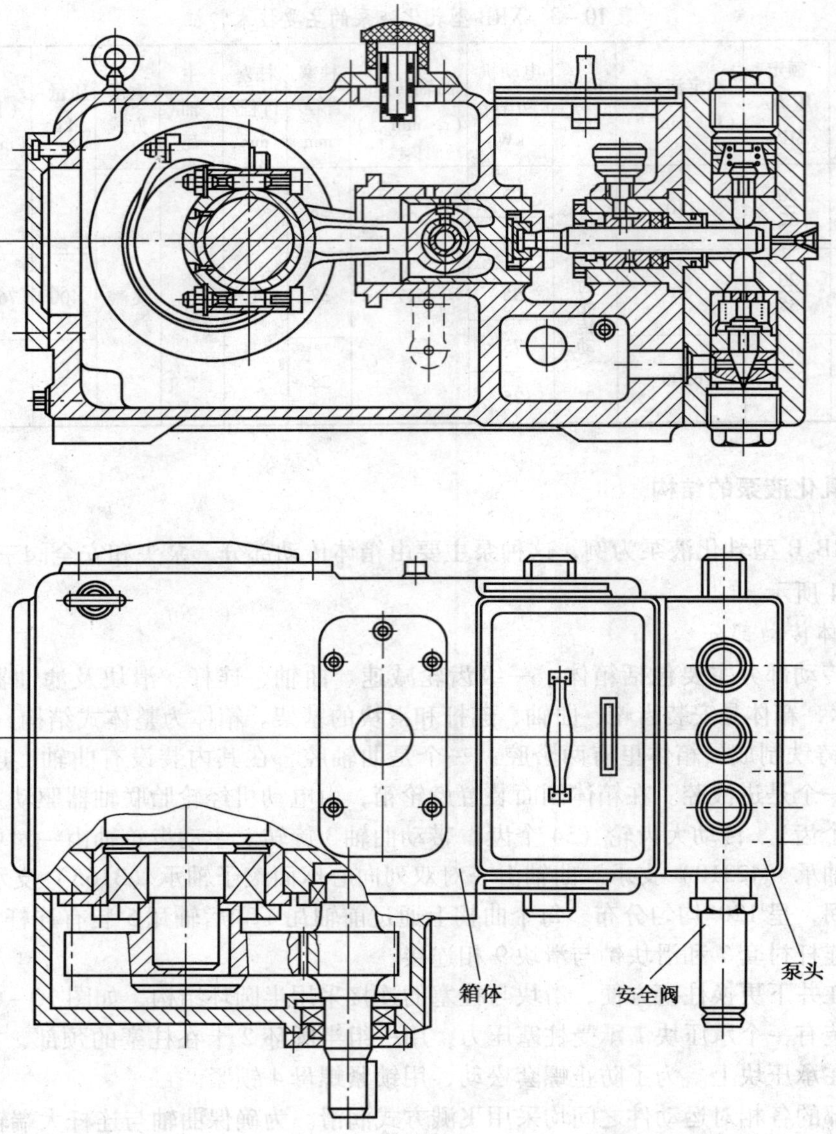

图 10－4 XRB_2B 型乳化液泵

柱塞 2 用 38CrMoAiA 合金结构钢制成，表面经氮化热处理，以提高柱塞的硬度和耐磨性。柱塞在缸体内的密封采用 V 形夹布橡胶密封圈。密封圈由压环 8、密封环 9 和衬环 10 组成。密封圈的外侧装有导向铜套 7，并用钢套螺塞 3 压紧。为防止螺塞松动，由螺母 4 锁紧。V 形夹布橡胶密封圈是自紧密封结构，压力越高则密封性能就越可靠。V 形密封圈磨损后，可稍微拧动螺塞进行补偿，能延长使用寿命。

泵的吸、排液阀均采用导向装置的锥阀。排液阀由排液螺塞 11、排液阀定位螺钉 12、排液阀套 13、弹簧 14、阀芯 15 和阀座 16 等零件组成。吸液阀的结构与排液阀基本相同。吸液时，由于柱塞泵体内产生负压，乳化液箱里的油液在大气压力的作用下压缩吸液阀的

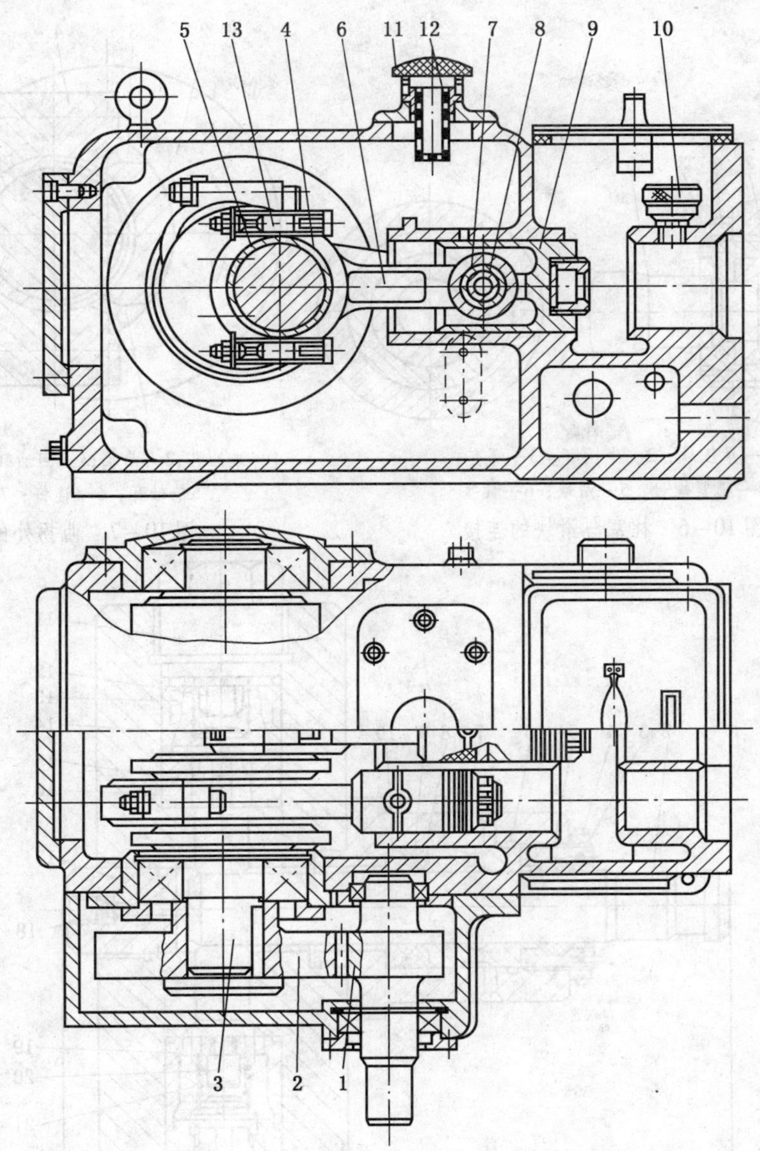

1—主动轴齿轮；2—大齿轮；3—曲轴；4—前轴瓦；5—后轴瓦；6—连杆；7—连杆衬套；8—滑块销；9—滑块；10—油杯；11—放气帽；12—滤油器；13—连杆螺栓

图 10－5 XRB$_2$B 型乳化液泵箱体传动部分

弹簧，于是油液通过阀芯与阀座的间隙进入缸体内。排液时，高压乳化液将吸液阀关闭，打开排液阀，进入液压系统中。

3. 安全阀

乳化液泵的安全阀安装在泵头的一侧，它由阀壳、阀芯、阀套、顶杆、阀垫和弹簧等部件组成，如图 10－9 所示。该阀为直接作用滑阀式的安全阀。阀的 P 口与泵的高压排液口相通，高压乳化液作用在阀垫 10 上。当乳化液压力小于弹簧力时，安全阀处于关闭位

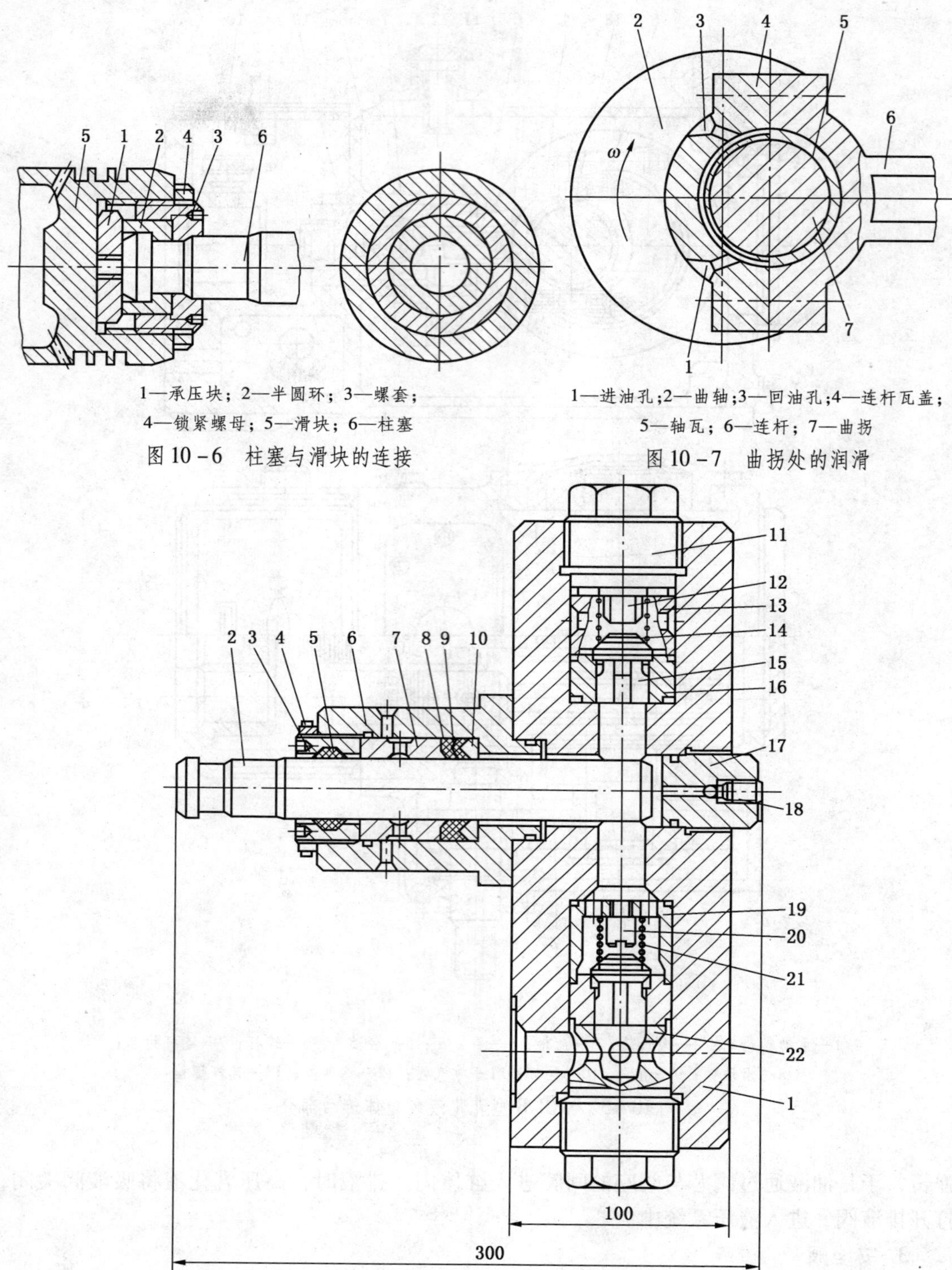

1—承压块；2—半圆环；3—螺套；
4—锁紧螺母；5—滑块；6—柱塞

图 10-6 柱塞与滑块的连接

1—进油孔；2—曲轴；3—回油孔；4—连杆瓦盖；
5—轴瓦；6—连杆；7—曲拐

图 10-7 曲拐处的润滑

1—泵头体；2—柱塞；3—钢套螺塞；4—螺母；5—毛封油圈；6—高压钢套；7—导向铜套；8—压环；9—密封环；
10—衬环；11—排液螺塞；12—排液阀定位螺钉；13—排液阀套；14—排液阀弹簧；15—阀芯；16—阀座；
17—柱塞腔螺塞；18—放气螺钉；19—吸液阀套；20—吸液阀定位螺钉；21—吸液阀弹簧；22—吸液螺塞

图 10-8 泵头

置。若工作压力超过弹簧力时，高压乳化液通过阀垫 10、阀芯 4 和顶杆压缩弹簧，使阀座和阀芯右移，高压乳化液便从 P 口到 O 口释放。安全阀释放出的乳化液不回乳化液箱，直接喷出泵体外。调整安全阀的压力是靠调定螺钉 8 来实现的，其调定压力为额定工作压力的 1.1 倍，即 22 MPa 或 38.5 MPa。

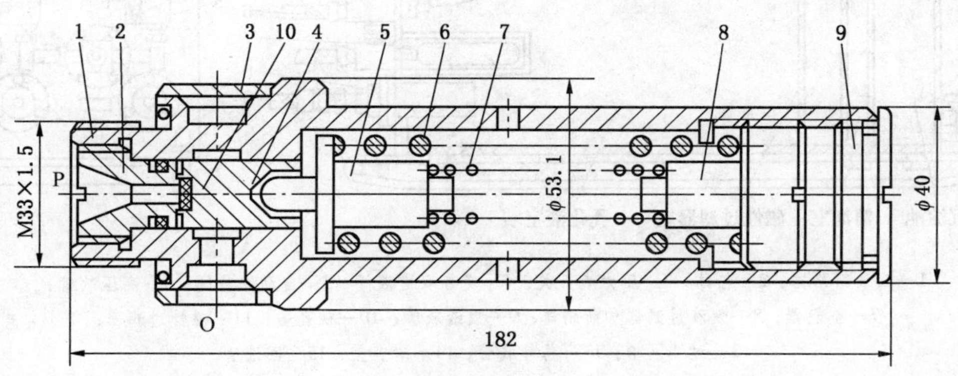

1—阀壳；2—阀套；3—套；4—阀芯；5—顶杆；6—大弹簧；7—小弹簧；
8—调定螺钉；9—保护塞；10—阀垫

图 10-9　安全阀

第三节　XRXT 型乳化液箱及其附属装置

一、XRXT 型乳化液箱型号的意义

乳化液箱是泵站的主要组成部分，其符号的意义是：X——无锡煤机厂；R——乳化液；X——箱；T——通用。

XRXT 型乳化液箱的主要技术特征见表 10-4。

表 10-4　XRXT 型乳化液箱的主要技术特征

工作容积/L	额定压力/MPa	卸载阀调压范围/MPa	蓄能器充气容积/L	蓄能器充气压力/MPa	外形尺寸（长×宽×高）/（mm×mm×mm）	质量/kg
640	35	10~35	4	泵站额定工作压力的 63%	2130×720×1040	500

二、乳化液箱结构

乳化液箱是储存和回收乳化液的容器，主要由箱体、吸液断路器、回液断路器、卸载阀、蓄能器、磁性过滤器、压力表和交替双进液阀等部件组成，如图 10-10 所示。

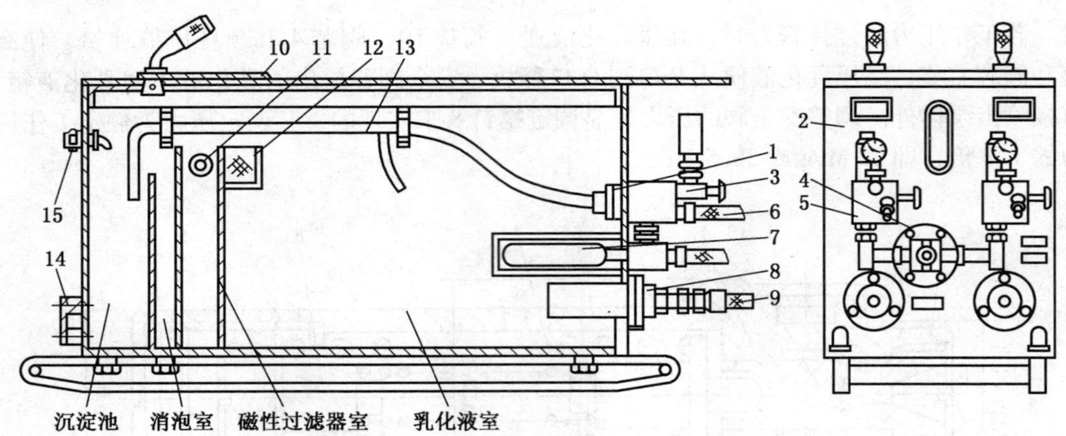

1—回液断路器；2—箱体；3—压力表开关；4—交替双进液阀；5—自动卸载阀；6—高压软管；
7—蓄能器；8—吸液过滤器和断路器；9—吸液软管；10—视孔盖；11—磁性过滤器；
12—过滤网槽；13—总卸载管；14—清查盖；15—回液管

图 10-10　XRXT 型乳化液箱结构

箱体 2 的一端装有两个自动卸载阀 5，两个压力表开关 3 及压力表，一个蓄能器 7，两个吸液过滤器和断路器 8 等。两个自动卸载阀同时汇接于交替双进液阀 4，由交替双进液阀的一个接头去工作面。这样，一台乳化液箱可以连接两台乳化液泵。

乳化液箱体内的另一端设有沉淀室、消泡室、磁性过滤器和过滤网槽等。单体液压支柱和泵站卸载阀的回液先进入沉淀室，经沉淀后的乳化液从上部流进消泡室，然后从消泡室的下部进入磁性过滤器室，清除乳化液中的金属粉末，再经过滤网槽除去其他悬浮微粒，最后进入乳化液室。

三、乳化液箱的附属装置

乳化液箱的附属装置包括卸载阀、吸液过滤器、断路器、蓄能器和磁性过滤器等。

1. 卸载阀

卸载阀的作用如下：

(1) 在液压泵启动前先打开手动卸载阀，以使泵在空载下启动。

(2) 当供液系统压力超过调定压力时（如停止用液时），卸载阀动作，把泵排出的乳化液直接送回乳化液箱，使泵站处于空载下运行。

(3) 若供液系统压力低于规定压力时（是调定压力的 70% 左右），使泵站重新恢复供液状态。

卸载阀由单向阀、主阀、先导阀、手动卸载阀和顶杆等部件组成，如图 10-11 所示。

卸载阀的动作过程是：由泵站排出的高压乳化液经 P 孔进入卸载阀 4 并推开单向阀 1，然后由接头 13 送到工作面；与此同时，乳化液通过孔道 11、主阀 2 上的节流孔 6、孔道 8 到达先导阀 3 下面的先导阀腔 9，并作用在先导阀 3 上。当乳化液的压力低于弹簧 7 的弹力时，先导阀处于关闭位置，此时的乳化液不流动，因此在节流孔 6 两侧的液压力相

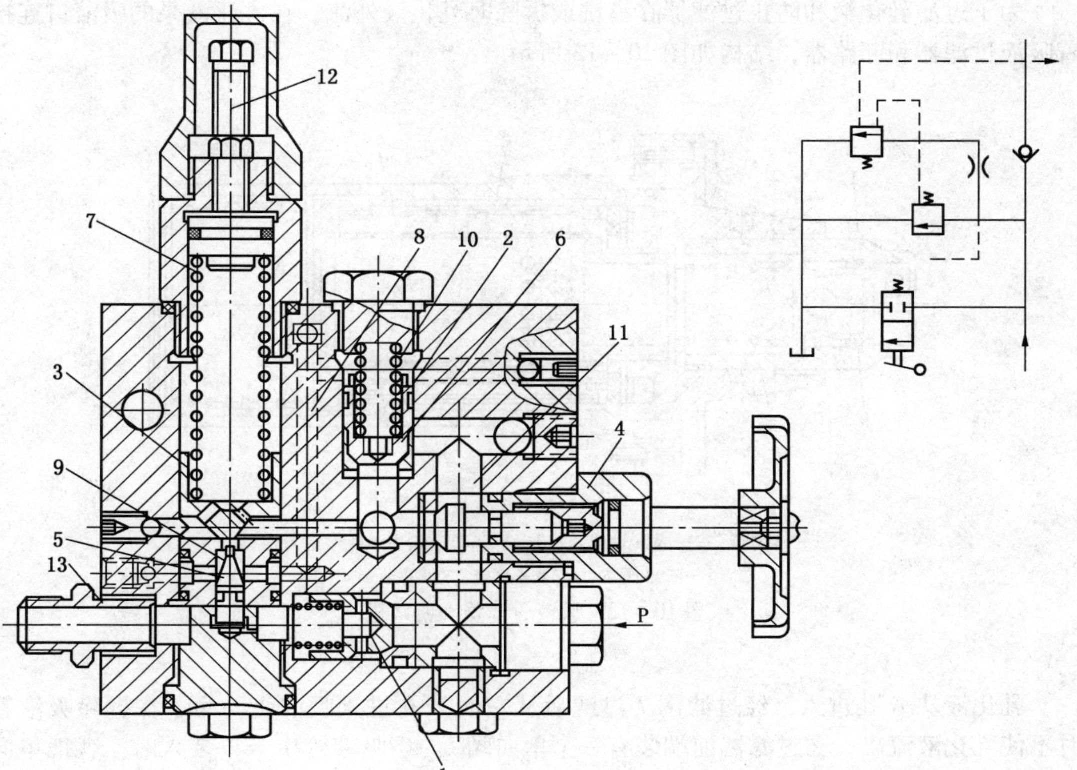

1—单向阀；2—主阀；3—先导阀；4—手动卸载阀；5—顶杆；6—节流孔；
7、10—弹簧；8、11—孔道；9—先导阀腔；12—调节螺钉；13—接头

图 10－11 卸载阀组

等。这时，作用在主阀 2 上向下的液压力再加上弹簧力大于作用在主阀上向上的液压力，因此主阀关闭不能卸载。若工作面用乳化液量减少或不使用时，泵排出的乳化液压力增高。当压力达到卸载阀的调定压力时（XRB_2B 型泵为 19.6 MPa 或 34.3 MPa），就把先导阀 3 打开，使先导阀腔 9 与回液孔 R 导通，该腔里的压力降低，顶杆 5 在下部液压力的作用下向上移动顶开先导阀，因此一部分乳化液就经孔道 11、节流孔 6、孔道 8、先导阀腔 9、回液孔 R 流回乳化液箱。当乳化液流过节流孔时将产生压力降，使作用在主阀上节流孔内侧（即弹簧 10 的一侧）的向下液压力加上弹簧 10 的弹力小于作用在主阀上节流孔外侧向上的液压力，因此把主阀 2 打开。此时，高压乳化液就经孔道 11、主阀与阀座的间隙直接由回流孔 R 流回乳化液箱。同时，泵的压力立刻下降，单向阀关闭，顶杆还继续顶住先导阀，维持在打开位置，泵一直处于卸载状态下工作。当工作面管路压力低于恢复压力时，在弹簧 7 的作用下将先导阀关闭，把先导阀腔 9 与回液孔 R 的通路切断。此时，节流孔 6 中的乳化液不流动，节流孔两侧的乳化液压力相等，于是主阀下移关闭，泵压力升高而打开单向阀 1，从而又开始工作面供液。XRB_2B 型乳化液泵恢复工作压力约为 10.3 MPa。

2. 吸液过滤器和断路器

为了过滤乳化液和防止过滤器在清洗或拆除时乳化液外流，在乳化液泵的吸液口连接着吸液过滤器和断路器，结构如图 10－12 所示。

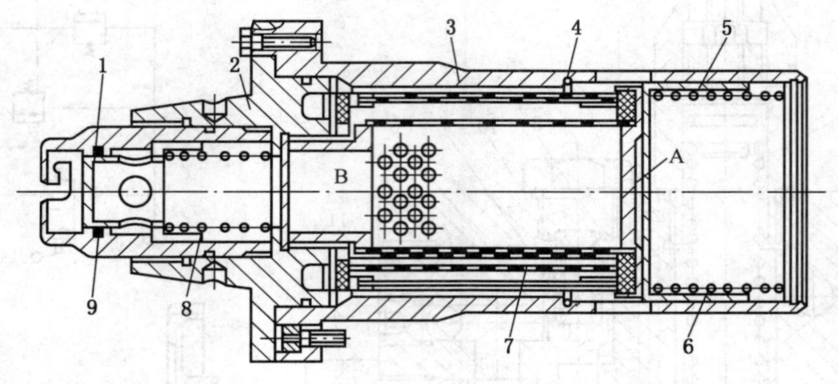

1—单向阀；2—吸液过滤器；3—断路器；4、9—O 形密封圈；
5—断路阀芯；6、8—弹簧；7—滤油网

图 10－12　吸液过滤器和断路器

乳化液从 A 孔进入，经过滤网 7 过滤后从左面 B 孔进入吸液管。为了在拆除吸液管时不使乳化液流出，在过滤器前端装有一个单向阀 1。当吸液管由卡口装入时，就把单向阀顶开，乳化液就可自由流过。若卸下吸液管时，在弹簧 8 的作用下将单向阀 1 关闭，从而阻止乳化液从过滤器中流出。为防止在拆除吸液过滤器时乳化液的外流，在过滤器的后端装有断路器 3。过滤器安装好之后，滤芯轴可将断路器打开，乳化液箱中的乳化液从 A 孔进入过滤器。在拆除过滤器时，断路阀芯 5 在弹簧 6 的作用下前移堵住 A 孔，使乳化液箱里的乳化液不能流出。

3. 蓄能器

为了减少由于往复式柱塞泵的流量不均匀而引起的压力波动、流量脉动和软管的振动，在液压系统中设置了蓄能器。在乳化液泵站中一般采用气囊式的蓄能器。

当蓄能器接入液压系统后，若乳化液泵站压力升高，则有一部分乳化液进入蓄能器的下腔，从而平缓了管路压力的升高。若泵站压力降低时，则胶囊中的氮气就膨胀，把下腔进液的乳化液挤压出蓄能器而进入管路系统，从而补偿了系统中压力的降低，减少管路系统中的压力波动。

4. 磁性过滤器

磁性过滤器安装在乳化液箱内的隔室里，当乳化液经过磁性过滤器时，其中的金属粉末被吸附在磁性过滤器上。磁性过滤器主要由挡块、铜套管、磁套、隔套和轴等部件组成，如图 10－13 所示。由 16 块磁套 3 组成一个磁棒，外面套有铜套管 2，用来吸附乳化液里面悬浮的铁磁性微粒。因为磁套较脆，在清洗时要小心，以免碰撞碎裂。清洗时，应把铜套管搬离磁棒，擦去铜套管上的吸附物，再重新装上。

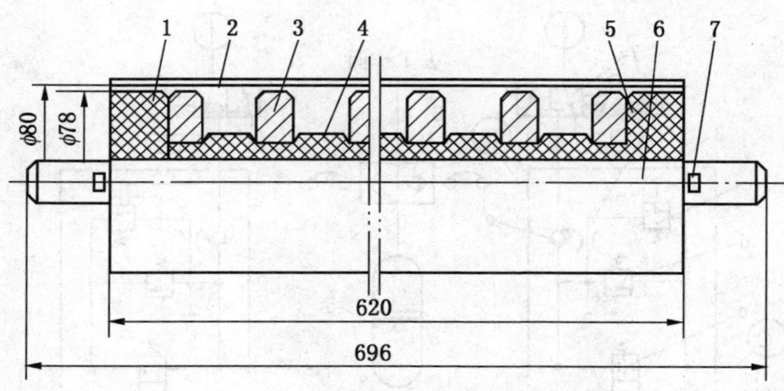

1—挡块；2—铜套管；3—磁套；4—隔套；5—大隔套；6—轴；7—开口销

图 10－13　磁性过滤器

第四节　乳化液泵站液压系统

乳化液泵站液压系统由乳化液箱、管路、单体液压支柱、保护装置和调节装置等组成。

一、对乳化液泵站液压系统的要求

对乳化液泵站液压系统有如下要求：

（1）泵站系统应满足工作面单柱的工作要求。当工作面需要支护时，能及时供应高压乳化液；若暂时不用乳化液时，泵仍然能照常运转，但要能自动卸载。

（2）保证泵是在空载下启动。

（3）停泵时，应保证单柱管路中的乳化液不倒流。

（4）泵站系统中应设缓冲减振装置。

二、XRB_2B 型乳化液泵站的液压系统

1. 乳化液泵站的液压系统组成

泵站的液压系统主要包括两台并联的乳化液泵（一台工作，一台备用）、安全阀、卸载阀、蓄能器、乳化液箱和管路等，液压系统如图 10－14 所示。

2. 乳化液泵站的液压系统工作原理

1）泵站启动

为保证泵在空载条件下启动，必须首先打开手动卸载阀 e，于是乳化液由乳化液箱10→吸液过滤器和断路器 4→乳化液泵 1→高压供液管Ⓐ→手动卸载阀 e→低压回液管Ⓒ→乳化液箱。

2）泵站正常工作

待泵启动正常后，关闭手动卸载阀，乳化液由乳化液箱 10→吸液过滤器和断路器 4→乳化液泵 1→高压供液管Ⓐ→单向阀 a→高压供液管Ⓑ→交替双进液阀 6→工作面单柱。

3）卸载阀卸载

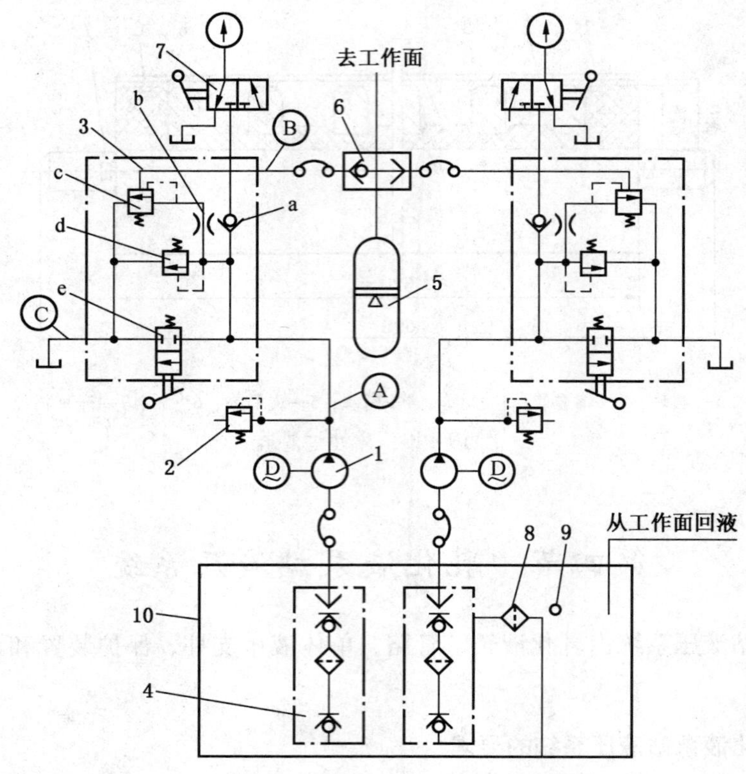

1—乳化液泵；2—安全阀；3—卸载阀组；4—吸液过滤器和断路器；5—蓄能器；6—交替双进液阀；7—压力表开关；8—过滤器；9—磁性过滤器；10—乳化液箱
a—单向阀；b—节流孔；c—先导阀；d—自动卸载阀；e—手动卸载阀

图 10－14 XRB_2B 型乳化液泵站的液压系统

当工作面暂不用乳化液而泵站继续运转时，高压管路中的乳化液压力急剧升高，待达到卸载阀的动作压力时，先导阀和自动卸载阀打开，实现自动卸载。此时的乳化液从乳化液箱吸液过滤器和断路器 4→乳化液泵 1→高压供液管Ⓐ→自动卸载阀 d→低压回液管Ⓒ→乳化液箱。同时，经高压供液管Ⓐ→节流孔 b→先导阀 c→低压回液管Ⓒ→乳化液箱。

4）安全保护回路

当乳化液泵站的液压系统过载时，安全阀被打开，乳化液从乳化液箱 10→吸液过滤器和断路器 4→乳化液泵 1→安全阀 2→喷出泵体之外，从而保护了泵和液压件。

第五节　泵站的使用、维护与故障处理

泵站是整个液压系统的关键设备，所以泵站维护检修的好坏，直接影响到泵站的使用寿命和正常运转。因此，要加强对泵站的保养和维修工作。

一、泵站的操作

1. 交接班内容

（1）交清设备运转情况。

（2）交清当班发生的故障。

（3）开车观察各部位运转是否正常，出口压力是否符合要求。

（4）乳化液配比是否符合要求。

（5）填写交接班记录。

2. 开泵前的准备工作

（1）检查泵站各零部件有无松动和损坏。

（2）检查润滑油的油位是否符合规定，量少时应立即补油。

（3）检查泵的过滤器，必要时应进行清洗。

（4）检查乳化液量，少时应立即补充，严禁添加清水，特别是矿井坑水。

（5）检查各连接管是否有泄漏现象，吸排液软管是否有折叠损坏。

3. 开泵顺序

（1）将泵吸液腔放气螺母拧松，放尽空气，然后拧紧。

（2）打开手动卸载阀，并打开泵的进液管阀门。

（3）闭合磁力启动器的换向开关。

（4）启动开泵，观察泵的运转方向是否正确，禁止反转。

（5）开泵，泵启动后拧松高压腔压盖上的螺钉，放尽空气后再拧紧，空载运行 10 ~ 15 min。

（6）一切正常后，关闭手动卸载阀，打开供液阀门进行供液。

4. 停泵顺序

（1）打开手动卸载阀。

（2）关闭供液阀门。

（3）停泵，关闭供液阀门。

（4）断开磁力启动器的换向开关，并进行闭锁。

5. 运转注意事项

（1）注意听运转声音。

（2）经常观察压力表指示范围。

（3）检查卸载阀的工作情况。

（4）检查润滑油和温度是否符合规定，泵工作对箱体油温不应超过 70% 。

（5）检查乳化液箱的温度和液量是否符合规定，乳化液配比是否适当。

（6）检查泵柱塞腔的漏液情况。

（7）在正常运转中，不允许用安全阀代替卸载阀。

（8）当蓄能器、卸载阀、安全阀和压力表等保护装置中的任何一个失效时，应立即停泵进行检查。

（9）若发现异常情况，应立即停泵进行处理。

二、泵站的维护

1. 日检

（1）检查各连接螺钉是否齐全紧固。

（2）检查各管路、阀门、柱塞腔和减速箱的密封情况。

（3）泵箱体的油量、油质和油温是否正常。

（4）运转情况及声音是否正常，卸载工作是否正常。

（5）检查清洗过滤网。

（6）检查乳化液箱中各部位的积垢情况，并及时清理。

（7）检查整个泵站系统及管路系统。

2. 周检

（1）包括日检内容。

（2）检查泵站各运动件和连接件是否有松动、变形和损坏等情况，应及时修理和调整。

（3）检查吸、排液阀的工作性能，发现问题应及时进行清洗或更换。

（4）检查电气系统，维修防爆面，整修开关触头。

（5）蓄能器工作后的第一周至少要检查一次充气压力，在开始的2个月内，每两周检查一次，以后每3个月检查一次。

3. 月检

（1）包括周检内容。

（2）更换箱体润滑油，清洗油池。

（3）调整曲轴和轴瓦、连杆球头等运动件的间隙，修整瓦衬。

4. 移装时的注意事项

（1）泵站移动时必须由专人跟车，防止拉坏管路。

（2）泵站要水平安装，最大倾角不得超过5°。

（3）联轴器的间隙应保持2～3 mm。

（4）管路要完好不漏，连接正确。

（5）工作面搬家时，泵站应升井检修。

三、常见故障及其处理方法

泵站常见故障及其处理方法见表10－5。

表10－5 泵站常见故障及其处理方法

故障现象	产生原因	处理方法
泵启动后无流量或流量不足，压力不稳定，管路抖动	1. 泵内空气未放尽 2. 柱塞密封损坏严重 3. 吸排液阀密封泄漏或弹簧断裂 4. 吸液过滤器堵塞 5. 乳化液箱里的液面过低 6. 吸液软管有杂物或折叠 7. 蓄能器漏气或无压力	1. 拧松放气螺母，排尽空气 2. 更换密封件 3. 修理或更换 4. 清洗 5. 补充乳化液 6. 清除杂物，修复软管 7. 更换或重新充气
有流量，无压力或压力不足	1. 压力表开关未打开或阀座变形堵塞 2. 手动卸载阀密封不良	1. 打开压力表开关或更换阀座 2. 修理或更换

表10－5（续）

故障现象	产生原因	处理方法
	3. 卸载阀调压弹簧断裂或疲劳 4. 先导阀密封不良 5. 卸载阀主阀密封不良 6. 排液管道断裂	3. 更换 4. 修理或更换 5. 修理或更换 6. 更换
柱塞密封处泄漏严重	1. 密封圈损坏 2. 柱塞表面严重划伤、拉毛	1. 更换 2. 更换或修理
运转噪声大，有撞击声	1. 曲轴与轴瓦磨损严重，间隙过大 2. 滑块压紧螺母松动 3. 连杆螺钉松动 4. 泵内有杂物 5. 柱塞端部与承压块磨损过大	1. 更换轴瓦 2. 拧紧螺母 3. 拧紧螺钉 4. 清除杂物 5. 更换柱塞和承压块
润滑油温升过高	1. 润滑油位过低、过高或太脏 2. 轴瓦损坏或曲轴拉毛 3. 超负荷运转时间过长	1. 补油、控制或更换 2. 修理或更换 3. 严加控制调整
泵压力突然升高	1. 安全阀失灵 2. 卸载阀失灵 3. 系统中有故障	1. 调修或更换 2. 修理或更换 3. 检查排除故障

复习思考题

1. 乳化液泵站的作用是什么？它由哪几大部分组成？其供液过程如何？
2. 说明 XRB_2B 型乳化液泵的结构和作用。
3. 简述乳化液泵站液压系统的组成和工作原理。
4. 简述 XRXT 型乳化液箱及附属装置的结构、作用和工作原理。
5. 试述泵站的启动与停车的过程。
6. 泵站的日常维护包括哪些内容？
7. 泵站的常见故障有哪些？如何进行处理？

参考文献

[1] 赵宏珠．采掘机械［M］．北京：煤炭工业出版社，2008.
[2] 梁兴义，徐蒙良．液压传动与采掘机械［M］．北京：煤炭工业出版社，1997.
[3] 蔡有章．采煤机司机［M］．北京：煤炭工业出版社，2006.
[4] 朱真才，韩振铎．采掘机械与液压传动［M］．徐州：中国矿业大学出版社，2005.
[5] 钟诚．采煤机司机［M］．北京：煤炭工业出版社，2003.
[6] 陈伟健，齐秀丽，等．矿山运输与提升设备［M］．徐州：中国矿业大学出版社，2007.
[7] 李东芳．绞车操作工［M］．北京：煤炭工业出版社，2003.
[8] 毋虎城，王东平．矿山运输与提升设备［M］．北京：煤炭工业出版社，2011.
[9] 韩文东，黄艳杰．综采液压支架使用与维修［M］．北京：煤炭工业出版社，2008.
[10] 韩文东，雷红彪．综采采煤机使用与维修［M］．北京：煤炭工业出版社，2009.
[11] 韩文东，王登贵．综采运输机使用与维修［M］．北京：煤炭工业出版社，2008.

中国煤炭教育协会审定煤炭工业出版社出版
煤炭技工学校“十二五”规划教材

专业	书　　名	专业	书　　名
综合机械化采煤专业	机械制图与CAD	综采机械维修专业	机械制图与CAD
	机械基础与液压传动		工程力学
	煤矿电工学		金属工艺学
	煤矿地质与矿图		机械基础与液压传动
	采煤概论		煤矿电工学
	综采电气设备		公差配合与技术测量
	矿井通风与安全		采煤概论
	综合机械化采煤工艺		采掘机械
	采煤机		综掘机械
	液压支架与泵站		综采电气设备
	煤矿安全概论		煤矿安全概论
	综采运输机械		综采机械维修与安装
	电工基本技能实训		电工基本技能实训
	钳工基本技能实训		钳工基本技能实训
综采电气维修专业	机械制图与CAD	普通采煤专业	机械制图与CAD
	电工学		工程力学
	煤矿电子技术基础		机械基础与液压传动
	机械基础与液压传动		煤矿电工学
	采掘机械		煤矿地质与矿图
	采煤概论		巷道掘进
	矿山电力拖动与控制		煤矿开采方法
	综采电气设备维修技术		采煤机械
	综掘机械		煤矿安全爆破技术
	煤矿安全概论		矿井通风与安全
	电工基本技能实训		采煤工艺
	钳工基本技能实训		煤矿安全法律法规基础知识
			电工基本技能实训
			钳工基本技能实训

专业	书　　名	专业	书　　名
机械化掘进专业	机械制图与 CAD	矿井建设专业	机械制图与 CAD
	工程力学		工程力学
	机械基础与液压传动		机械基础与液压传动
	煤矿电工学		煤矿电工学
	煤矿地质与矿图		煤矿地质与矿图
	煤矿测量		矿山测量
	煤矿开采方法		采煤概论
	掘进工程		建井机械
	综掘机械		煤矿建井技术
	综掘工艺		煤矿建井工艺
	矿井通风与安全		特殊凿井工艺
	煤矿安全概论		矿井通风与安全
	电工基本技能实训		煤矿安全概论
	钳工基本技能实训		电工基本技能实训
			钳工基本技能实训
矿山机械运行与维修专业	机械制图与 CAD	煤矿电气设备检修专业	机械制图与 CAD
	煤矿电工学		工程力学
	工程力学		电工学
	机械基础与液压传动		煤矿电子技术基础
	采煤概论		机械基础与液压传动
	矿山电力拖动与控制		采煤概论
	矿山固定机械与运输设备		矿山固定机械与运输设备
	矿山机械检修与安装工艺		矿山电力拖动与控制
	采掘机械		煤矿供电技术
	煤矿安全法律法规基础知识		煤矿电气设备检修工艺
	电工基本技能实训		煤矿安全法律法规基础知识
	钳工基本技能实训		电工基本技能实训
			钳工基本技能实训

专业	书　　名	专业	书　　名
矿井运输专业	机械制图与CAD	地质与测量专业	测绘学基础
	工程力学		煤矿地质基础
	机械基础与液压传动		煤矿电工学
	煤矿电工学		矿区地形测量
	采煤概论		采煤概论
	铆焊工艺		矿山测量
	矿井轨道运输		矿井水文地质
	电机车电机与拖动		采矿 CAD
	电机车机械与维修		煤矿地质与矿图
	电机车电气与供电设备		煤矿安全法律法规基础知识
	煤矿安全法律法规基础知识		矿区控制测量
	电工基本技能实训		岩移观测
	钳工基本技能实训		钻探工程
			电工基本技能实训
			钳工基本技能实训
通风与安全专业	机械制图与CAD	选煤专业	机械制图与CAD
	煤矿地质与矿图		煤矿电工学
	煤矿电工学		机械基础与液压传动
	矿山流体机械		煤化学
	煤矿开采方法		选煤机械
	巷道掘进		选煤厂流体机械
	矿井通风技术		选煤厂电气设备与控制技术
	煤矿安全技术		重力选煤
	煤矿安全检测仪器与监控系统		浮选
	采煤概论		选煤厂技术检查
	煤矿安全法律法规基础知识		煤矿安全法律法规基础知识
	电工基本技能实训		电工基本技能实训
	钳工基本技能实训		钳工基本技能实训

图书在版编目（CIP）数据

采煤机械/中国煤炭教育协会职业教育教材编审委员会编．--北京：煤炭工业出版社，2014
煤炭技工学校“十二五”规划教材
ISBN 978-7-5020-4535-7

Ⅰ.①采… Ⅱ.①中… Ⅲ.①采煤机械—技工学校—教材 Ⅳ.①TD421.6

中国版本图书馆 CIP 数据核字(2014)第 101197 号

煤炭工业出版社 出版
（北京市朝阳区芍药居 35 号 100029）
网址：www.cciph.com.cn
煤炭工业出版社印刷厂 印刷
新华书店北京发行所 发行
*
开本 787mm×1092mm $^{1}/_{16}$ 印张 $18^{1}/_{2}$ 插页 2
字数 441 千字 印数 1—3 000
2014 年 8 月第 1 版 2014 年 8 月第 1 次印刷
社内编号 7400 定价 38.00 元
